中国科学院近海海洋观测研究网络
黄海站、东海站观测数据图集V

刘长华　贾思洋　王春晓　编著

海洋出版社

2021年·北京

图书在版编目(CIP)数据

中国科学院近海海洋观测研究网络黄海站、东海站观测数据图集. V / 刘长华, 贾思洋, 王春晓编著. —北京 : 海洋出版社, 2021.1

ISBN 978-7-5210-0739-8

Ⅰ. ①中… Ⅱ. ①刘… ②贾… ③王… Ⅲ. ①黄海－海洋站－海洋监测－数据集②东海－海洋站－海洋监测－数据集 Ⅳ. ①P717

中国版本图书馆CIP数据核字(2021)第017087号

中国科学院近海海洋观测研究网络
黄海站、东海站观测数据图集V
ZHONGGUO KEXUEYUAN JINHAI HAIYANG GUANCE YANJIU WANGLUO
HUANGHAI ZHAN, DONGHAI ZHAN GUANCE SHUJU TUJI V

策划编辑：白　燕
责任编辑：杨传霞　林峰竹
责任印制：赵麟苏

海洋出版社出版发行
http://www.oceanpress.com.cn
北京市海淀区大慧寺路 8 号　邮编：100081
北京新华印刷有限公司印刷　新华书店总经销
2021年1月第1版　2021年2月第1次印刷
开本：889mm × 1194mm　1 / 16　印张：13.25
字数：317千字　定价：155.00元
发行部：62132549　邮购部：68038093

本数据图集出版得到以下项目支持

- 中国科学院战略性先导专项（A 类）地球大数据科学工程（XDA19020303）
- 国家自然科学基金（41876102）
- 中国科学院科研仪器设备研制项目（YJKYYQ20170010）
- 中国科学院仪器设备功能开发项目“适用于海洋综合观测浮标的北斗 GPS 双模定位信标系统研制”
- 中国科学院仪器设备功能开发项目“基于浮标载体的海洋可视化系统研制”

序

海洋作为人类未来生存和发展的新空间和资源宝库，一直是全球关注的焦点。“海兴则国强民富，海衰则国弱民穷”，我国作为海洋大国近几十年来在关心海洋、认识海洋、经略海洋方面取得了重大进展，海洋资源环境可持续利用一直是我国社会经济发展的重要支撑。

海洋数据是海洋科学研究的基础，海洋观测是获取海洋数据的重要手段，也是全球海洋科技竞争的重要发力点。加强海洋观测系统体系建设，是加快建设海洋强国的必经之路。我国的长期海洋观测能力尚处于快速发展中，随着海洋观测体系的不断发展和多年海洋长期观测数据的积累，以前并不明晰的复杂的海洋现象和规律得到了更为深入的研究和诠释，海洋研究领域涌现了大量具有重要影响力的研究成果，如揭示了中国近海陆架环流系统，更加明确了南海环流、黑潮及其分支、台湾暖流、闽浙沿岸流、黄海冷水团环流、黄海暖流、渤海环流等的变化特征，并在中小尺度海洋动力过程解析上有重要认识；发展了浅海水团的研究方法，基本厘清了中国近海水团的分布和消长特征与机制；阐明了中国近海海洋锋的空间分布和季节变化特征，提出了地形、正压不稳定和斜压不稳定等锋面动力学机制；发现了黄海和南海次表层以溶解氧最大值为代表的生态环境跃层以及长江口和珠江口低氧区生消特征及生态环境效应等。这些具有中国特色的海洋新认识的获得离不开海洋科学调查技术和手段的支撑，长期系统观测站和锚泊式定点浮标监测作为过程解析更为有效的数据获取手段起到了不可或缺的重要作用，这其中锚泊式浮标连续不间断实时提供定点海域监测数据资料，在解析复杂过程和捕捉极端大气 - 海洋现象等方面更是其他海洋数据获取手段所不可替代的。

中国科学院近海海洋观测研究网络——黄海海洋观测研究站和东海海洋观测研究站经过十余年的建设和发展，已经初步构建成集海洋常规观测浮标系统、海洋剖面实时观测系统、海底实时观测系统和海岛自动气象站系统的全方位立体观测体系，可定点对海洋大气、海洋表层、剖面水体和海底进行观测，有效促进了“透明海洋”战略的实施。目前，黄海、东海海洋观测研究站已初步开始尝试开展海洋多层次、多维度、多平台的智能协同观测。

在建设运行中国科学院近海海洋观测研究网络——黄海海洋观测研究站和东海海洋观测研究站的过程中，技术人员在认真高标准维护监测设备和定点浮标的同时，严控监测数据的质量，最难能可贵的是他们利用工作间隙和休息时间，认真分析所获数据，形成图集，供社会各界参考利用，他们在数据共享上进行的有益尝试，值得称赞。《中国科学院近海海洋观测研究网络黄海站、东海站观测数据图集Ⅴ》是黄海站、东海站长期观测数据的第五分册，该图集以时间序列曲线图和玫瑰图的形式集中展示了黄海、东海若干定点浮标关键站点2014年度的气象和水文观测数据，同时该图集还清晰地梳理出不同监测浮标系统捕获的台风、寒潮、冷空气等特殊天气现象发生期间的海洋水文特征变化，可为读者获取关键数据信息提供支持。

2020年10月15日

前　言

据《2014年中国海洋灾害公报》统计，2014年是近10年（2005—2014年）海洋灾害直接经济损失较低的一个年份。海洋灾害以风暴潮、海浪、海冰和赤潮灾害为主，各类海洋灾害造成直接经济损失136.14亿元。据《2014年中国海洋环境状况公报》显示，2014年，我国海洋生态环境状况基本稳定，近岸局部海域海水环境污染依然严重，赤潮和绿潮灾害影响面积较上年有所增大。本年度东海发现赤潮27次，赤潮累计面积2 509平方千米，黄海发现赤潮2次；赤潮高发期集中在5月。绿潮主要是4—8月期间发生于黄海沿岸海域。4月初在江 苏如东附近海域发现零星漂浮绿潮藻。5月12日，在江苏盐城以北近岸海域发现漂浮浒苔。6月至7月中旬，漂浮浒苔向东北海域漂移，其影响规模不断扩大，7月3日浒苔覆盖面积达到最大，为540平方千米；7月14日，分布面积达到最大，为50 000平方千米。7月下旬，漂浮浒苔继续向东北海域漂移，分布和覆盖面积开始逐渐减小；至8月中旬，浒苔绿潮基本消失。2014年黄海沿岸海域浒苔绿潮影响范围为近5年来最大，最大分布面积比近5年平均值增加近19 000平方千米，最大覆盖面积与近5年平均值基本持平。黄海、东海月均海洋表层水温2月最低，8月最高，黄海的海洋表层水温季节变化最为明显，东海次之。2014年度，黄海海洋表层平均水温较上年升高0.2℃，东海海洋表层平均水温较上年降低0.1℃。春季、夏季和秋季，黄海平均盐度分别为31.2、30.8和31.3，东海平均盐度分别为32.2、31.6和32.0。

这些典型的海洋灾害和海洋环境特征与本年度黄、东海观测站长期的观测数据基本吻合。特别是通过黄海和东海浮标观测站位于北黄海、南黄海和长江口邻近海域的海上观测浮标获取的关键参数，对上述特征可有效印证。

本图集是中国科学院近海观测研究网络黄海海洋观测研究站和东海海洋观测研究站的观测数据图集第五分册（总第五卷），起止时间为2014年1月1日至2014年12月31日，为一年周期的数据累积成果。观测站点的分布主要集中于3个区域，分别是北黄海长海县附近海域、南黄海山东荣成楮岛和青岛灵山岛海域以及东海长江口外海附近海域（见技术说明中浮标分布图），观测站点选取9个浮标的观测数据，主要观测项目包括海洋气象、水文、水质，具体使用的观测设备和获取的观测参数等内容可参见技术说明部分。

本图集的编写方式较以前出版的几卷图集有所改进。选取典型站位浮标的观测数据进行曲线绘制，针对每一个参数全年的曲线变化特征进行简要概括描述和分析，并就本年度该观测参数所记录的特殊天气现象进行专题描述，如寒潮和台风等。做出这些改进的主要目的是通过数据曲线展示中国科学院近海观测研究网络黄海海洋观测研究站和东海海洋观测研究站的数据获取情况和数据质量情况，进而吸引广大海洋科研工作者深入挖掘数据或者是申请我们已经获取的长序列观测数据，以支持其相关研究。因此，该图集的出版核心是宣传和促进数据应用及共享，这一宗旨与国家近几年所大力提倡

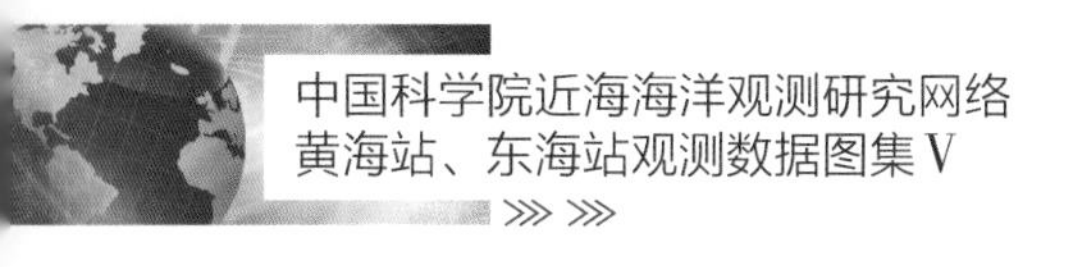

的开放数据、共享数据的精神是完全符合的。

基于这一新的图集编写目的，在观测站点的选择上也就没必要面面俱到，更不必要对所有获取的原始数据进行处理、质量控制和成图。我们需要做的仅仅是将我们拥有的观测数据宣传出去，让众多的海洋科研工作者知道我们的资源，通过合作或直接申请的方式大力推进数据共享和应用。致力于深入研究海洋的学者们对原始数据进行全面、深入地处理与分析，将会具有更加明确的目的性，其效果也会事半功倍。

本年度数据获取情况整体评价为优秀。有很多浮标获取的观测参数时长达到 365 天，且数据有效率均达到 99% 以上，数据质量高。如位于北黄海长海县海域的 01 号浮标，其获取的气温、气压数据时长为 365 天，表层水温数据时长 365 天，有效波高、有效波周期数据时长为 364 天；位于南黄海的 09 号浮标，其获取的风速和风向数据、表层水温数据以及有效波高和有效波周期数据的连续时长均达到了 365 天；位于长江口崇明岛附近海域的 10 号浮标的风速、风向数据和气温、气压数据连续观测时长为 365 天，有效波高、有效波周期数据的观测时长也近乎 365 天。这对于锚系式定点观测方式而言，是十分难得的。本年度几个典型浮标获取参数的时长情况如表 1 所示，供大家参阅。

表 1　2014 年度黄海站、东海站典型浮标获取主要参数的时长情况

浮标	位置	观测参数	时长 / 天	主要时间段	备注
01	北黄海 大连 长海县 附近海域	气温、气压	365	全年，连续	
		风速、风向	347	1 月 1 日至 11 月 20 日 12 月 9 日至 12 月 31 日	传感器故障导致数据缺失
		表层水温	365	全年，连续	
		表层盐度	314	2 月 21 日至 12 月 31 日	传感器故障导致数据缺失
		有效波高、有效波周期	364	1 月 1 日至 11 月 13 日 11 月 15 日至 12 月 31 日	
06	东海舟山 嵊山岛 海礁附近 海域	气温、气压	280	3 月 27 日至 12 月 31 日	传感器故障导致数据缺失
		风速、风向	365	全年，连续	
		表层水温	363	1 月 1 日至 1 月 8 日 1 月 10 日至 3 月 5 日 3 月 7 日至 12 月 31 日	数据质控删除了无效数据
		表层盐度	297	3 月 10 日至 12 月 31 日	传感器故障导致数据缺失
		有效波高、有效波周期	365	全年，连续	

续表

浮标	位置	观测参数	时长 / 天	主要时间段	备注
07	黄海 荣成楮岛 附近海域	气温、气压	328	1 月 1 日至 6 月 6 日 7 月 14 日至 12 月 31 日	浮标大修导致数据缺失
		风速、风向	328	1 月 1 日至 6 月 6 日 7 月 14 日至 12 月 31 日	
		表层水温	328	1 月 1 日至 6 月 6 日 7 月 14 日至 12 月 31 日	
		表层盐度	328	1 月 1 日至 6 月 6 日 7 月 14 日至 12 月 31 日	
		有效波高、有效波周期	323	1 月 1 日至 6 月 1 日 7 月 14 日至 12 月 31 日	
09	黄海青岛 灵山岛 附近海域	气温、气压	333	1 月 1 日至 5 月 11 日 6 月 13 日至 12 月 31 日	传感器故障导致数据缺失
		风速、风向	365	全年，连续	
		表层水温	365	全年，连续	
		表层盐度	336	1 月 1 日至 4 月 1 日 4 月 20 日至 10 月 8 日 10 月 20 日至 12 月 31 日	数据质控删除了无效数据
		有效波高、有效波周期	365	全年，连续	
10	长江口 上海 崇明岛 附近海域	气温、气压	365	全年，连续	
		风速、风向	365	全年，连续	
		有效波高、有效波周期	365	1 月 1 日至 7 月 6 日 7 月 7 日至 10 月 10 日 10 月 11 日至 12 月 31 日	经过数据质控删除了 近 3 天的数据
11	东海舟山 花鸟岛 附近海域	气温、气压	306	1 月 1 日至 2 月 1 日 4 月 2 日至 12 月 31 日	传感器故障和陆基站服务器故障导致数据缺失
		风速、风向	305	1 月 1 日至 1 月 31 日 4 月 2 日至 12 月 31 日	
		有效波高、有效波周期	307	1 月 1 日至 2 月 2 日 4 月 2 日至 12 月 31 日	

根据数据曲线可以基本概括出几个观测海域的环境变化特征。

北黄海海域

通过 01 号浮标获取的气温、气压数据可以看出，北黄海海域月度变化特征与该海域常年季节气候变化特点基本吻合，年度最低气温（−6.3℃）出现在 2 月，气温平均值最高的月份为 8 月，并且在该时间段内观测到年度最高气温（29.4℃），这反映出该海域冬、夏季代表月的特征性明显。通过风速、风向数据可以看出该海域冬季盛行北风，且6级以上大风天数较多，夏季盛行偏南风，未出现6级以上大风天气。水温数据与气温数据密切相关，盐度变化特征受该海域降水影响明显，年度水温平均值为13.9℃，年度盐度平均值为31.0；测得的年度最高水温和最低水温分别为28.0℃和1.8℃；测得的年度最高盐度和最低盐度分别为32.0和28.8。测得的波浪数据主要为有效波高和有效波周期，根据数据统计得出年度有效波高平均值为0.7 m，年度有效波周期平均值为4.6 s；测得的年度最大有效波高为3.5 m，对应的有效波周期为7.5 s。

南黄海海域

通过09号浮标获取的气温、气压数据可以看出，南黄海海域月度变化特征与该海域常年季节气候变化特点基本吻合，年度最低气温（−5.0℃）出现在2月，气温平均值最高的月份为8月，并且在该时间段内观测到年度最高气温（31.3℃），这反映出该海域冬、夏季代表月的特征性明显。通过风速、风向数据可以看出该海域冬季盛行北风，且6级以上大风天数较多，夏季盛行偏南风，未出现6级以上大风天气。水温数据与气温数据密切相关，盐度变化特征受该海域降水影响明显，年度水温平均值为14.9℃，年度盐度平均值为30.1；测得的年度最高水温和最低水温分别为27.5℃和3.9℃；测得的年度最高盐度和最低盐度分别为32.5和24.8。测得的波浪数据主要为有效波高和有效波周期，根据数据统计得出年度有效波高平均值为0.5 m，年度有效波周期平均值为4.9 s；测得的年度最大有效波高为3.0 m，对应的有效波周期为6.7 s。

长江口邻近海域

通过06号浮标获取的气温、气压数据可以看出，长江口邻近海域月度变化特征与该海域常年季节气候变化特点基本吻合，1—3月因传感器故障导致气温数据缺测，其他月份气温平均值最低的月份为12月，并且在该时间段内观测到年度最低气温（2.6℃），气温平均值最高的月份为8月，年度最高气温（27.7℃）出现在7月，这反映出该海域冬、夏季代表月的特征性明显。通过风速、风向数据可以看出该海域6级以上大风天数较黄海海域明显偏多，冬季盛行偏西北风，且6级以上大风天数较多，夏季盛行南西南风，受台风影响，也出现了6级以上大风天气。水温数据与气温数据密切相关，盐度变化特征受该海域降水以及长江冲淡水影响明显，且水温和盐度数据于8月中旬同时出现了较为明显的快速下降现象，值得关注。该浮标所测年度水温平均值为19.4℃，年度盐度平均值为29.6；测得的年度最高水温和最低水温分别为29.1℃和8.5℃；测得的年度最高盐度和最低盐度分别为34.2和21.0。测得的波浪数据主要为有效波高和有效波周期，根据数据统计得出年度有效波高平均值为1.4 m，年度有效波周期平均值为6.4 s；测得的年度最大有效波高为6.5 m，对应的有效波周期为9.8 s。

上述内容是对2014年度获取数据的简单概述，各位读者可参照图集中的数据曲线做深入分析。

本图集编著过程中，吸取已经出版分册的数据质量控制经验，同样对原始数据进行了质量控制，但是依然存在由于观测浮标系统长时间锚系于海面，多变的天气、复杂的海况、海洋生物附着观测传感器及传感器自身的问题、通信不畅等诸多因素造成观测数据中断的现象。因此，在图集制作过程中，如前所述，首先是选择数据获取较为完整的代表性浮标，其次是对原始数据进行了较为严格的质量控制，剔除明显有悖事实的数据，并对缺失数据情况做了简要说明。波浪数据比较完整，有效波高0.2 m以下的数据仅供参考。

本图集工作是集体劳动成果的结晶。自2007年黄海站、东海站建站以来，几十位管理与技术人员付出了艰辛的努力，中国科学院海洋研究所的孙松、侯一筠、王凡、任建明、宋金明等领导付出了很大的精力，先后指导了此项工作的实施，具体开展工作的技术人员包括刘长华、陈永华、贾思洋、王春晓、王旭、王彦俊、冯立强、张斌、李一凡、杨青军、张钦等。同时，相关兄弟单位的管理和技术人员也给予了无私的帮助和关心，主要有上海市气象局的黄宁立、陈智强、费燕军，荣成楮岛水产有限公司的王军威，以及獐子岛集团股份有限公司的臧有才、赵学伟、张晓芳、杨殿群、张永国等，特向他们表示深深的感谢！

本图集由刘长华、贾思洋、王春晓、王旭和王彦俊等编制完成，刘长华负责图集整体构思、前言部分的撰写和统稿，贾思洋和王旭负责数据整理、曲线绘制和各参数年度曲线特征的描述，王彦俊给予曲线绘制的技术支持，其他几位同志分别负责数据的质控、曲线的校正和修订以及原始数据的获取等工作。

该图集较以往出版的图集有很大改进，如编写内容的编排、曲线的进一步标准化、部分参数年度曲线特征的简单描述等，都是总结前几分册的不足而做的改进和提升。但是，整体上与我们的设想仍相距甚远，与各位读者的要求也差距较大，尤其是获取数据的质量和连续性以及采用的数据获取技术方法，均有诸多欠缺和不足，敬请读者不吝赐教，批评指正！

刘长华

2020年10月于青岛汇泉湾畔

中国科学院近海海洋观测研究网络 黄海站、东海站观测数据图集V

技术说明

《中国科学院近海海洋观测研究网络黄海站、东海站观测数据图集Ⅴ》根据黄海站和东海站对黄海海域、东海海域长期积累的观测数据编制完成。观测内容包括海洋气象、海洋水文、水质等参数。本图集系2014年1—12月所积累的观测数据，选择气温、气压、风速、风向、海表水温、海表盐度、有效波高和有效波周期等要素进行绘图。

黄海站、东海站主要通过布放在海上的锚泊式海洋观测研究浮标系统进行海洋参数的采集，黄海站、东海站长期安全在位运行浮标系统20余套。浮标系统主要搭载了风速风向仪、温湿仪、气压仪、能见度仪、声学多普勒流速剖面仪、波浪仪、温盐仪、叶绿素－浊度仪、溶解氧仪等观测设备，浮标的数据采集系统控制上述传感器对中国近海海域的海洋气象参数、水文参数和水文参数等进行实时、动态、连续的观测，并通过CDMA/GPRS和北斗通信方式将观测数据传输至陆基站接收系统进行分类存储。

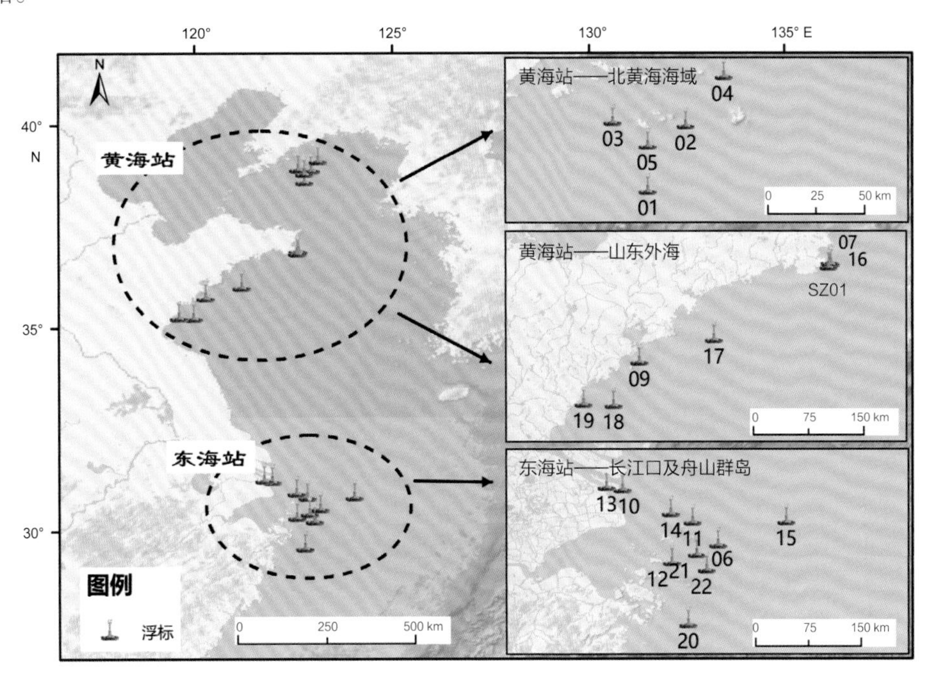

浮标分布示意图

海洋观测浮标系统的设计参照海洋行业标准《小型海洋环境监测浮标》（HY/T 143—2011）和《大型海洋环境监测浮标》（HY/T 142—2011）执行；观测仪器的选择参照《海洋水文观测仪器通用技术条件》（GB/T 13972—1992）执行。重要海洋气象、海洋水文、水质等参数的观测工作参照《海洋调查规范》（GB/T 12763—2007）和《海滨观测规范》（GB/T 14914—2006）执行。

一、数据采集设备

（一）温湿仪

观测气温使用的设备为美国 RM Young 公司生产的 41382LC 型温湿仪，气温测量采用高精度铂电阻温度传感器，观测范围为 −50 ~ 50℃，观测精度为 ±0.3℃，响应时间为 10 s。

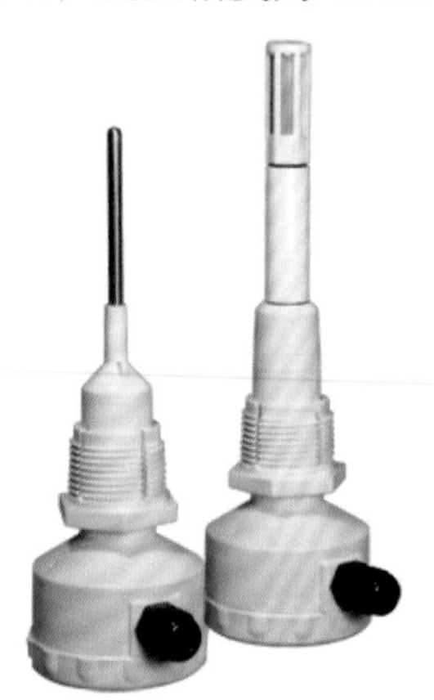

41382LC 型温湿仪

（二）气压仪

观测气压使用的设备为美国 RM Young 公司生产的 61302V 型气压仪，在浮标上使用时配备防风装置保证数据的稳定可靠，观测范围为 500 ~ 1 100 hPa，观测精度为 0.2 hPa（25℃）~ 0.3 hPa（−40 ~ 60℃）。

61302V 型气压仪

（三）温盐仪

浮标上安装的获取水温、盐度的设备为日本 JFE 公司生产的 ACTW-CAR 型温盐仪，该设备的电导率测量采用七电极探头并安装有可自动上下移动的防污清扫活刷，在每次测量时，活塞式清扫刷自动清洁探头内壁，从而有效防止生物附着，保证 2 ~ 3 个月不用维护也能获得稳定的测量数据。该设备水温测量范围为 −3 ~ 45℃，精度为 0.01℃；电导率测量范围为 2 ~ 70 mS/cm，精度为 0.01 mS/cm。

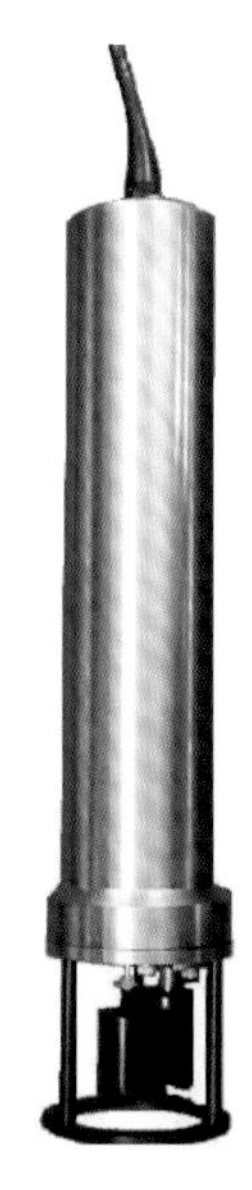

ACTW-CAR 型温盐仪

（四）波浪仪

浮标上安装的获取波浪相关数据（波高、波向和波周期）的设备为山东省科学院海洋仪器仪表研究所研制的 SBY1-1 型波浪测量仪，采用最先进的三轴加速度计与数字积分算法，具备高精度、高可靠性、低功耗和稳定性好等特点。该设备波高的测量范围为 0.2 ~ 25.0 m，精度为 ±（0.1+10%H），H 为实测波高值；波周期的测量范围为 2.0 ~ 30.0 s，准确度为 ±0.25 s；波向的测量范围为 0° ~ 360°，准确度为 ±10°。浮标在位运行过程中，若遇到风平浪静或波周期极短的情况，实际波高或波周期超出设备测量范围时，波浪仪仅给出参考值，如小于 0.2 m 的波高数据或小于 2.0 s 的波周期数据。考虑到数据的完整性，本图集对超出设备测量范围的有效波高数据和有效波周期数据也进行了保留，仅供参考。

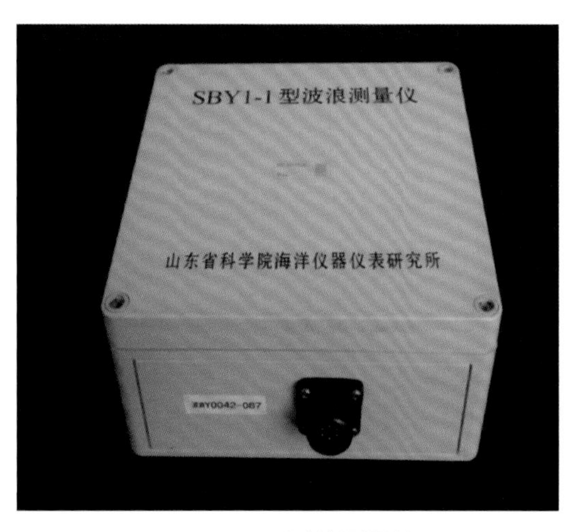

SBY1-1 型波浪测量仪

（五）风速风向仪

浮标安装的风速风向传感器为美国 RM Young 公司生产的 05106 型风速风向仪，是专门为海洋环境设计的增强型风速风向仪，能够适应海洋上高湿度、高盐度、高腐蚀性的环境，具有卓越的性能和优异的环境适应性，能够适应各种复杂的测量环境。同时，它对强沙尘环境也拥有良好的适应性，拥有比同类型其他产品更高的使用寿命。该风速风向仪的风速测量范围为 0 ～ 100 m/s，精度为 ±0.3 m/s 或读数的 1%，启动风速为 1.1 m/s；风向测量范围为 0 ～ 360°，精度为 ±3°。

05106 型风速风向仪

二、数据采集方法及采样周期

常规观测参数采集频率为每 10 min 1 次（波浪参数每 30 min 1 次），数据传输间隔可设置为 10 min、30 min、60 min（可选）。

（一）气象观测

1. 风

采用双传感器工作。每点次进行风速、风向观测，观测参数为：每 1 min 风速和风向、最大风速、最大风速的风向、最大风速出现的时间、极大风速、极大风速的时间、瞬时风速、瞬时风向、10 min 平均风速、10 min 平均风向、2 min 平均风速和 2 min 平均风向。风速单位：m/s。风向单位：（°）。

项　目	采样长度 / min	采样间隔 / s	采样数量 / 次
10 min 平均风速	10	1	600
10 min 平均风向	10	1	600

2. 气温与湿度

每 10 min 观测 1 次。

项　目	采样长度 / min	采样间隔 / s	采样数量 / 次
气温	4	6	40
湿度	4	6	40

3. 气压与能见度

每 10 min 观测 1 次。

项　目	采样长度 / min	采样间隔 / s	采样数量 / 次
气压	4	6	40
能见度	4	6	40

（二）水文观测

1. 波浪

每 30 min 观测 1 次，观测内容：有效波高和对应周期、最大有效波高和对应周期、平均有效波高和对应周期、十分之一波高和对应周期及波向（每 10° 区间出现的概率，并确定主要波向）。

2. 剖面流速流向

每 10 min 观测 1 次。

3. 水温、盐度

每 10 min 观测 1 次。

（三）水质观测

水质观测项目包括浊度、叶绿素、溶解氧 3 项，每 10 min 观测 1 次。

三、英文缩写范例

气温：AT，Air Temperature	风速：WS，Wind Speed
气压：AP，Air Pressure	风向：WD，Wind Direction
水温：WT，Water Temperature	有效波高：SignWH，Significant Wave Height
盐度：SL，Salinity	有效波周期：SignWP，Significant Wave Period

01 号浮标

03 号浮标

06 号浮标

07 号浮标

09 号浮标

14 号浮标

中国科学院近海海洋观测研究网络
黄海站、东海站观测数据图集Ⅴ

目　录

气象观测 ……1

2014 年度 01 号浮标观测数据概述及曲线（气温和气压） ……2
2014 年度 06 号浮标观测数据概述及曲线（气温和气压） ……9
2014 年度 07 号浮标观测数据概述及曲线（气温和气压） ……15
2014 年度 09 号浮标观测数据概述及曲线（气温和气压） ……22
2014 年度 10 号浮标观测数据概述及曲线（气温和气压） ……29
2014 年度 11 号浮标观测数据概述及曲线（气温和气压） ……36
2014 年度 12 号浮标观测数据概述及曲线（气温和气压） ……42
2014 年度 14 号浮标观测数据概述及曲线（气温和气压） ……48
2014 年度 01 号浮标观测数据概述及玫瑰图（风速和风向） ……55
2014 年度 06 号浮标观测数据概述及玫瑰图（风速和风向） ……60
2014 年度 07 号浮标观测数据概述及玫瑰图（风速和风向） ……66
2014 年度 09 号浮标观测数据概述及玫瑰图（风速和风向） ……71
2014 年度 10 号浮标观测数据概述及玫瑰图（风速和风向） ……76
2014 年度 11 号浮标观测数据概述及玫瑰图（风速和风向） ……82
2014 年度 12 号浮标观测数据概述及玫瑰图（风速和风向） ……88

水文观测 …………………………………………………………………………… 93

2014 年度 01 号浮标观测数据概述及曲线（水温和盐度） ……………………… 94
2014 年度 03 号浮标观测数据概述及曲线（水温和盐度） ………………………101
2014 年度 06 号浮标观测数据概述及曲线（水温和盐度） ………………………108
2014 年度 07 号浮标观测数据概述及曲线（水温和盐度） ………………………115
2014 年度 09 号浮标观测数据概述及曲线（水温和盐度） ………………………122
2014 年度 01 号浮标观测数据概述及曲线（有效波高和有效波周期） ………129
2014 年度 03 号浮标观测数据概述及曲线（有效波高和有效波周期） ………136
2014 年度 06 号浮标观测数据概述及曲线（有效波高和有效波周期） ………142
2014 年度 07 号浮标观测数据概述及曲线（有效波高和有效波周期） ………150
2014 年度 09 号浮标观测数据概述及曲线（有效波高和有效波周期） ………157
2014 年度 10 号浮标观测数据概述及曲线（有效波高和有效波周期） ………164
2014 年度 11 号浮标观测数据概述及曲线（有效波高和有效波周期） ………171
2014 年度 12 号浮标观测数据概述及曲线（有效波高和有效波周期） ………179
2014 年度 14 号浮标观测数据概述及曲线（有效波高和有效波周期） ………184

气象观测

2014年度01号浮标观测数据概述及曲线
（气温和气压）

01号浮标位于中国科学院近海海洋观测研究网络黄海站观测范围最北端的海域（38°45′N，122°45′E），是一套直径3 m的圆盘形综合观测平台。可获取的观测参数包括气象、水文和水质，气温和气压数据是气象参数中的重要观测内容。

2014年，黄海站01号浮标共获取到全年365天的气温和气压长序列观测数据。

通过对获取数据进行质量控制和分析，01号浮标观测海域2014年度气温、气压数据和季节数据特征如下。年度气温平均值为12.2℃，年度气压平均值为1 014.6 hPa。测得的年度最高气温和最低气温分别为29.4℃（8月4日14:30）和−6.3℃（2月9日08:30和09:00）；测得的年度最高气压和最低气压分别为1 036.4 hPa（12月9日10:00）和990.2 hPa（5月27日16:30和17:00）。以2月为冬季代表月，观测海域冬季的平均气温为0.2℃，平均气压为1 025.5 hPa；以5月为春季代表月，观测海域春季的平均气温为12.8℃，平均气压为1 006.9 hPa；以8月为夏季代表月，观测海域夏季的平均气温为25.1℃，平均气压为1 006.4 hPa；以11月为秋季代表月，观测海域秋季的平均气温为9.8℃，平均气压为1 020.4 hPa。

2014年，01号浮标布放海域月度气温、气压变化特征与该海域常年季节气候变化特点基本吻合。浮标观测的月平均值、最高值、最低值数据参见表1。从表中可以看出，气温平均值最低的月份为2月，并且在该月份观测到年度最低气温（−6.3℃）；气温平均值最高的月份为8月，并且在该月份观测到年度最高气温（29.4℃）。气压平均值最低的月份为7月，年度最低气压（990.2 hPa）出现在5月，气压平均值最高的月份为2月，年度最高气压（1 036.4 hPa）出现在12月。从月度气温、气压的变化情况分析，气温变化最为剧烈的是1月，最高气温为7.4℃，最低气温为−6.1℃，变化幅度达13.5℃；气压变化最为剧烈的是12月，最高气压为1 036.4 hPa，最低气压为1 007.5 hPa，变化幅度达28.9 hPa。比较而言，气温变化幅度较小的月份是9月，最高气温为17.2℃，最低气温为11.4℃，变化幅度为5.8℃；气压变化幅度较小的月份是6月，最高气压为1 010.4 hPa，最低气压为999.6 hPa，变化幅度为10.8 hPa。

2014年，01号浮标记录到2次寒潮过程和1次台风过程。第一次寒潮过程，1月7日12:30到1月8日21:00，24 h气温下降12.3℃（6.2 ~ −6.1℃），0℃以下气温持续时长为55 h，其间气压最高值为1 030.3 hPa（1月8日21:00）；第二次寒潮过程，1月19日21:30到1月20日21:30，24 h气温下降10.8℃（4.9 ~ −5.9℃），0℃以下气温持续时长为41 h，其间气压最高值为1 025.8 hPa（1月20日21:30）。2014年第10号台风“麦德姆”影响01号浮标布放海域期间（7月24日至27日），01号浮标获取到最低气压为991.5 hPa（7月25日19:00）。

表1　01号浮标各月气温、气压观测数据情况

月份	气温 / ℃			气压 / hPa			备注
	平均	最高	最低	平均	最高	最低	
1	1.5	7.4	−6.1	1 023.7	1 034.5	1 009.3	记录2次寒潮过程
2	0.2	5.3	−6.3	1 025.5	1 034.0	1 008.1	冬季代表月
3	3.9	11.7	−0.9	1 018.1	1 030.1	1 006.3	
4	8.6	15.1	4.1	1 015.5	1 021.9	1 007.4	
5	12.8	19.2	8.6	1 006.9	1 019.0	990.2	春季代表月
6	20.4	26.7	15.3	1 004.2	1 010.4	999.6	
7	23.6	28.4	19.5	1 003.9	1 010.3	991.5	记录1次台风过程
8	25.1	29.4	22.5	1 006.4	1 014.9	995.5	夏季代表月
9	22.2	17.2	11.4	1 011.7	1 020.2	1 002.6	
10	15.8	19.4	8.7	1 017.7	1 029.3	1 003.9	
11	9.8	15.2	1.9	1 020.4	1 028.7	1 010.4	秋季代表月
12	1.2	7.8	−4.7	1 023.1	1 036.4	1 007.5	

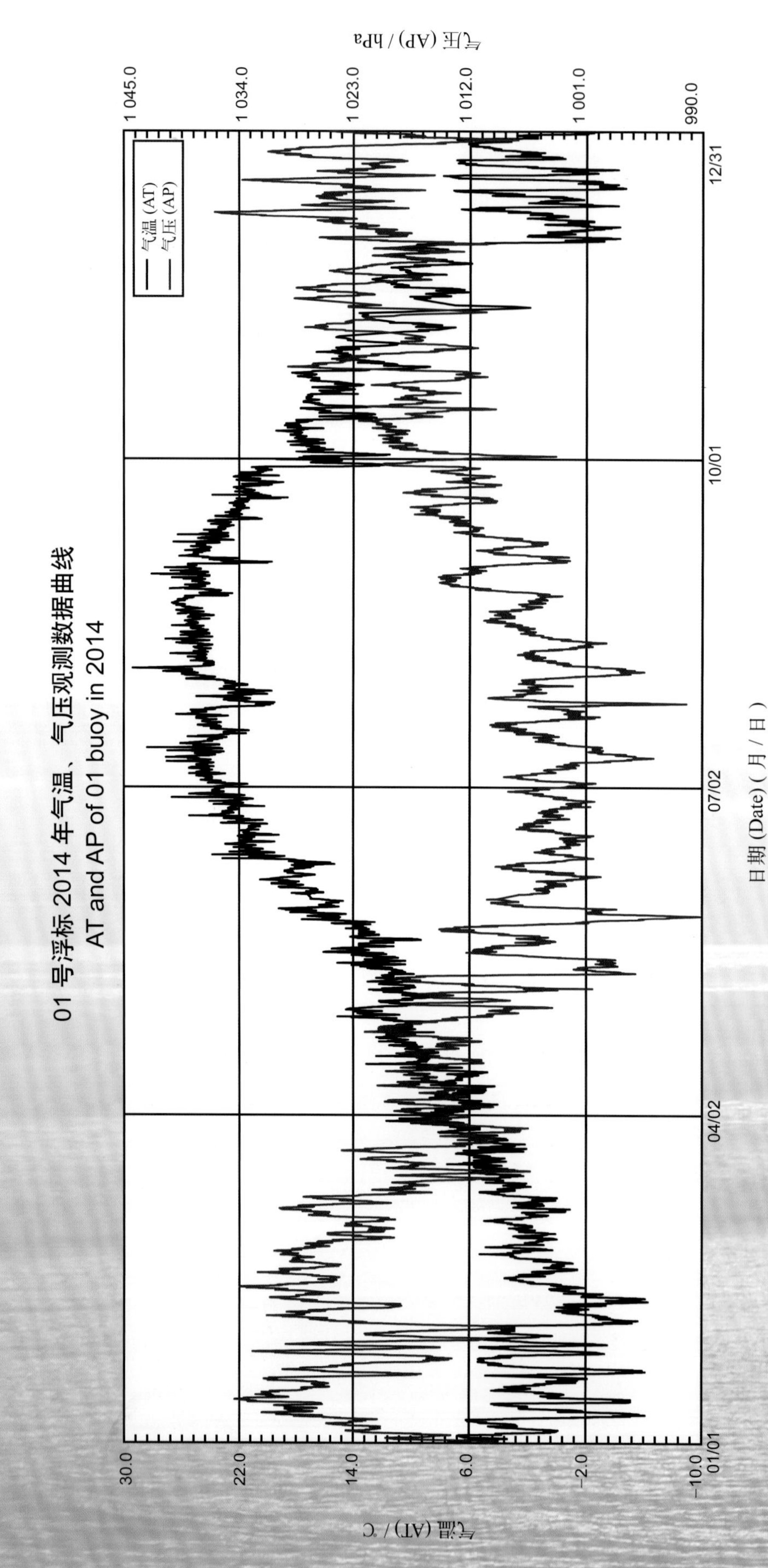

01 号浮标 2014 年气温、气压观测数据曲线
AT and AP of 01 buoy in 2014

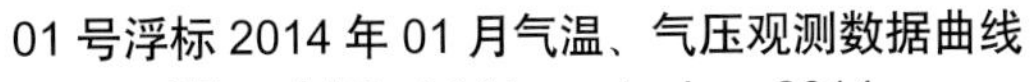

01 号浮标 2014 年 01 月气温、气压观测数据曲线

AT and AP of 01 buoy in Jan. 2014

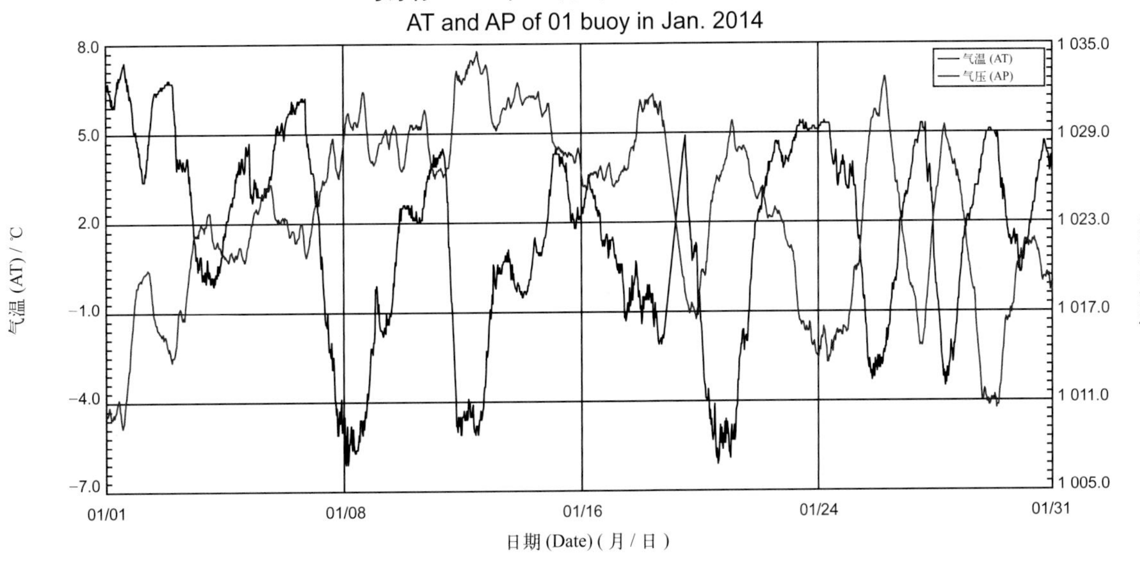

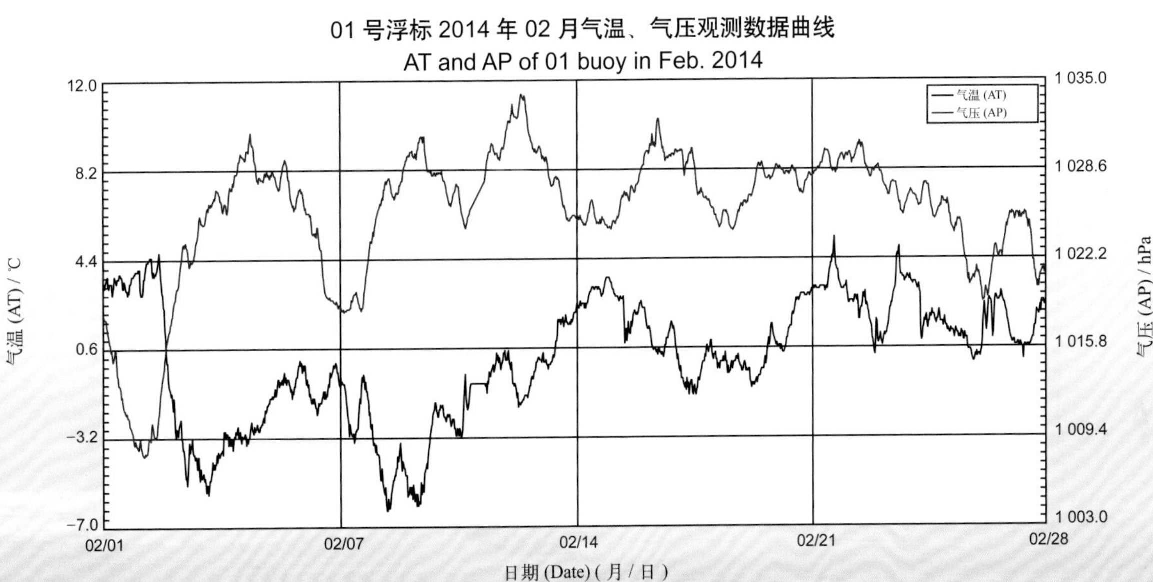

01 号浮标 2014 年 02 月气温、气压观测数据曲线

AT and AP of 01 buoy in Feb. 2014

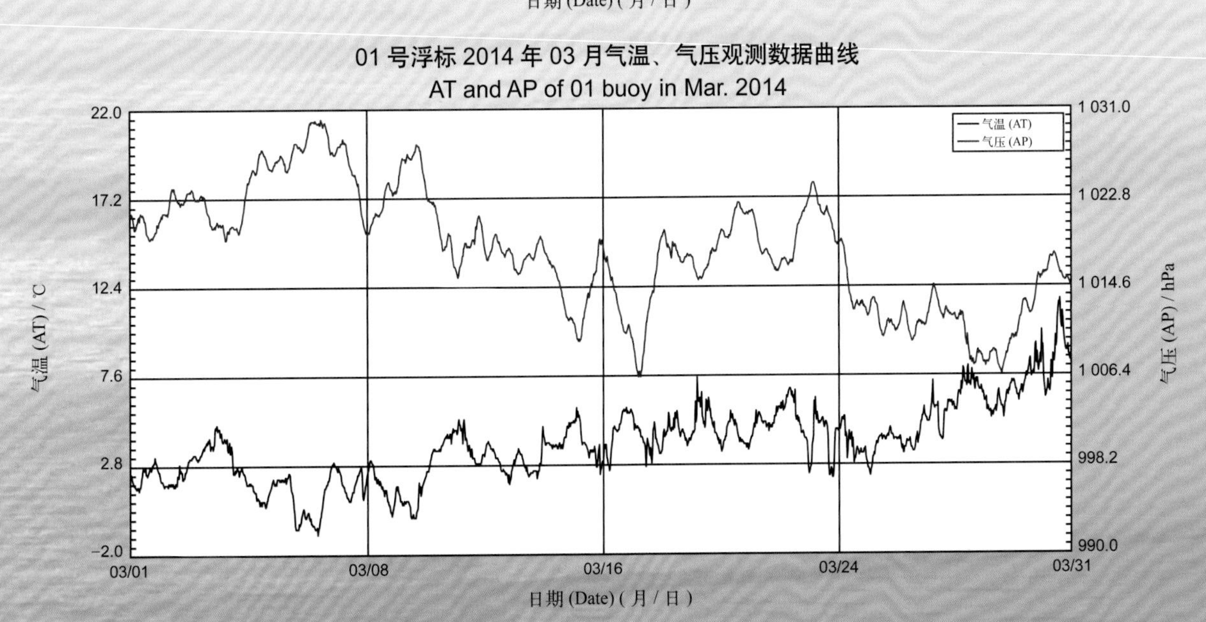

01 号浮标 2014 年 03 月气温、气压观测数据曲线

AT and AP of 01 buoy in Mar. 2014

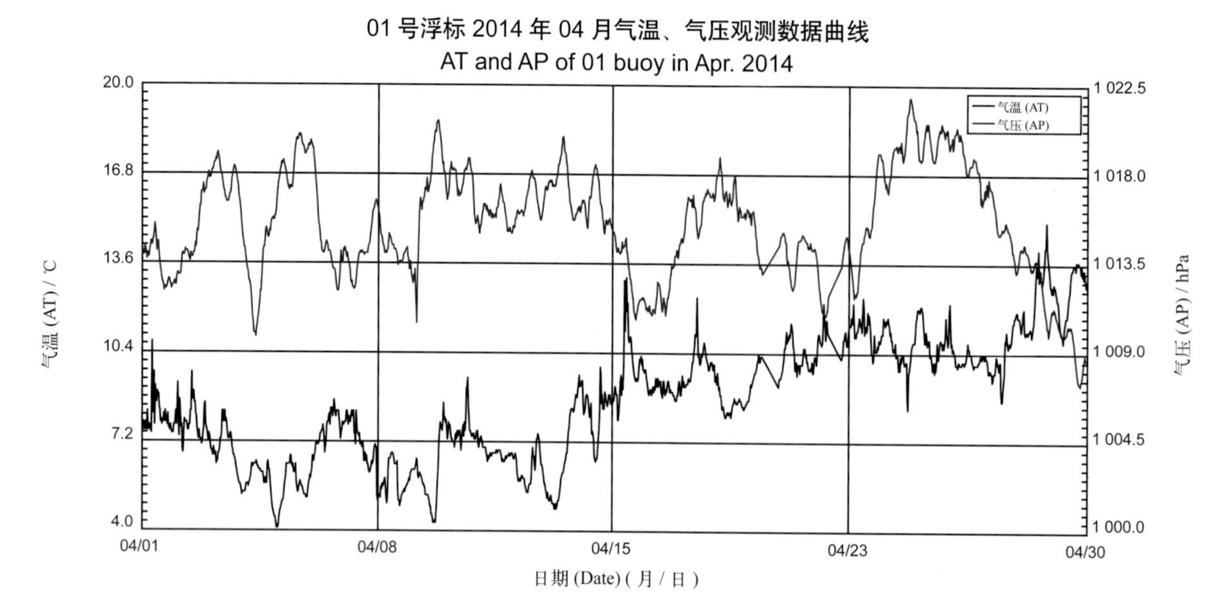
01 号浮标 2014 年 04 月气温、气压观测数据曲线
AT and AP of 01 buoy in Apr. 2014
气温 (AT)
气压 (AP)
20.0
16.8
13.6
10.4
7.2
4.0
1 022.5
1 018.0
1 013.5
1 009.0
1 004.5
1 000.0
04/01
04/08
04/15
04/23
04/30
气温 (AT) / ℃
气压 (AP) / hPa
日期 (Date) (月 / 日)

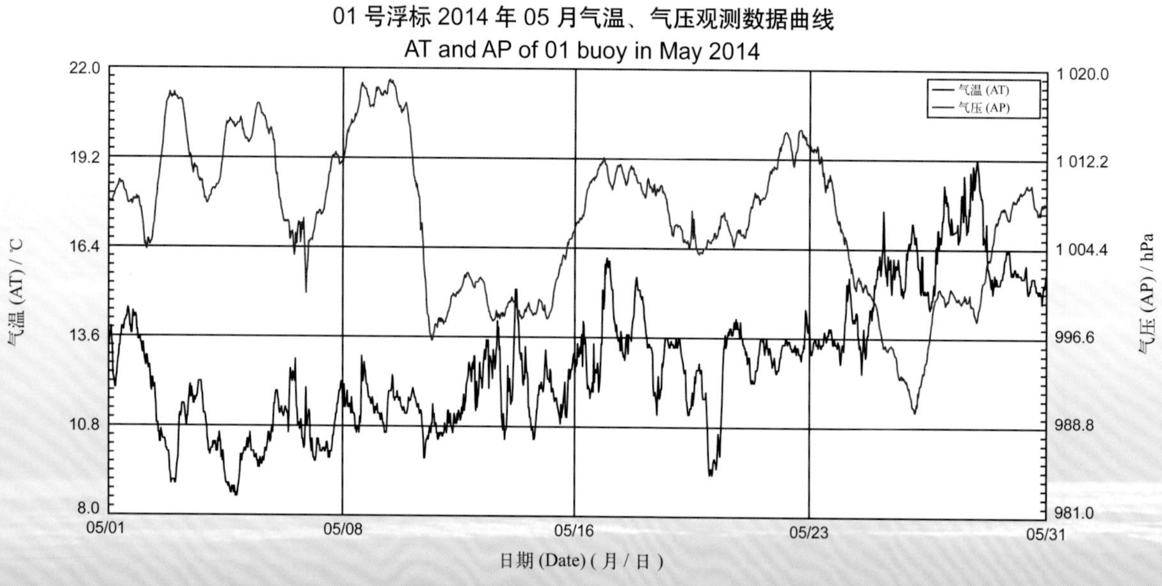
01 号浮标 2014 年 05 月气温、气压观测数据曲线
AT and AP of 01 buoy in May 2014
气温 (AT)
气压 (AP)
22.0
19.2
16.4
13.6
10.8
8.0
1 020.0
1 012.2
1 004.4
996.6
988.8
981.0
05/01
05/08
05/16
05/23
05/31
气温 (AT) / ℃
气压 (AP) / hPa
日期 (Date) (月 / 日)

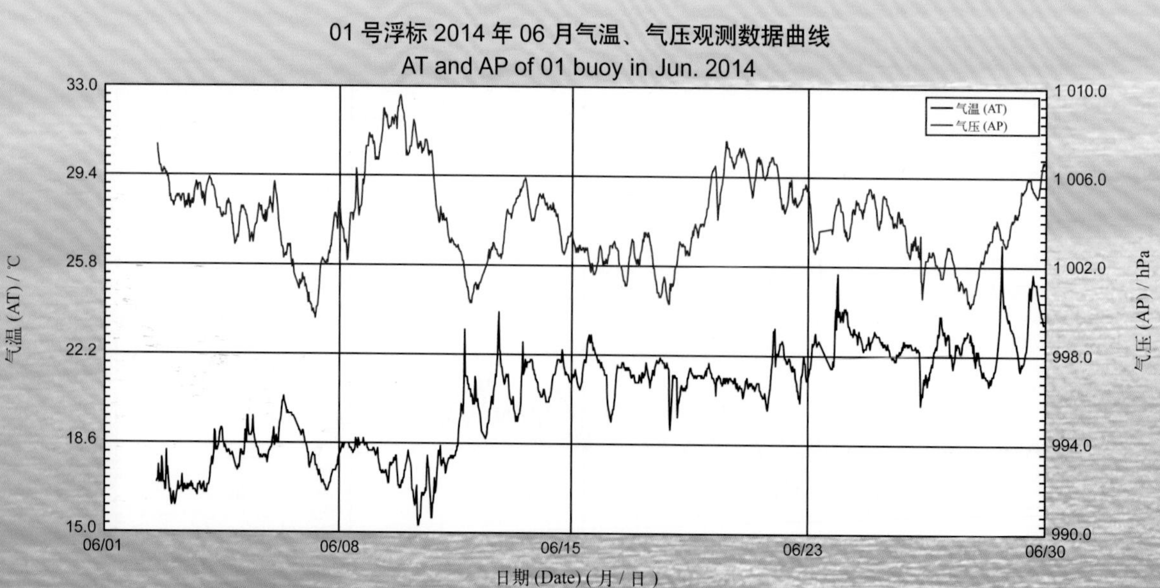
01 号浮标 2014 年 06 月气温、气压观测数据曲线
AT and AP of 01 buoy in Jun. 2014
气温 (AT)
气压 (AP)
33.0
29.4
25.8
22.2
18.6
15.0
1 010.0
1 006.0
1 002.0
998.0
994.0
990.0
06/01
06/08
06/15
06/23
06/30
气温 (AT) / ℃
气压 (AP) / hPa
日期 (Date) (月 / 日)

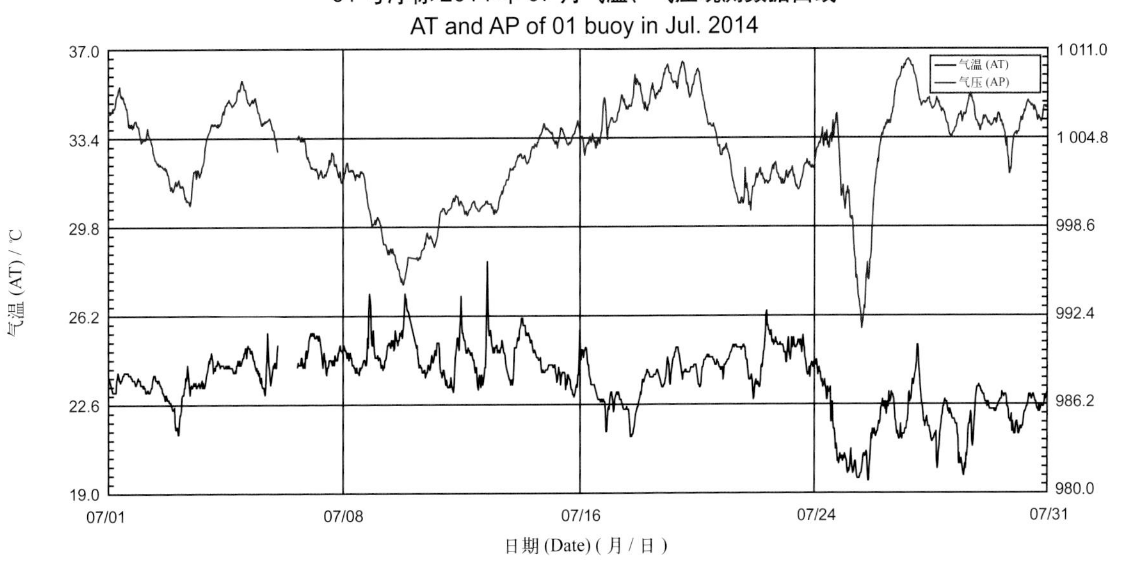
01 号浮标 2014 年 07 月气温、气压观测数据曲线
AT and AP of 01 buoy in Jul. 2014
气温 (AT)
气压 (AP)
37.0
33.4
29.8
26.2
22.6
19.0
1 011.0
1 004.8
998.6
992.4
986.2
980.0
气温 (AT) / ℃
气压 (AP) / hPa
07/01
07/08
07/16
07/24
07/31
日期 (Date) (月 / 日)

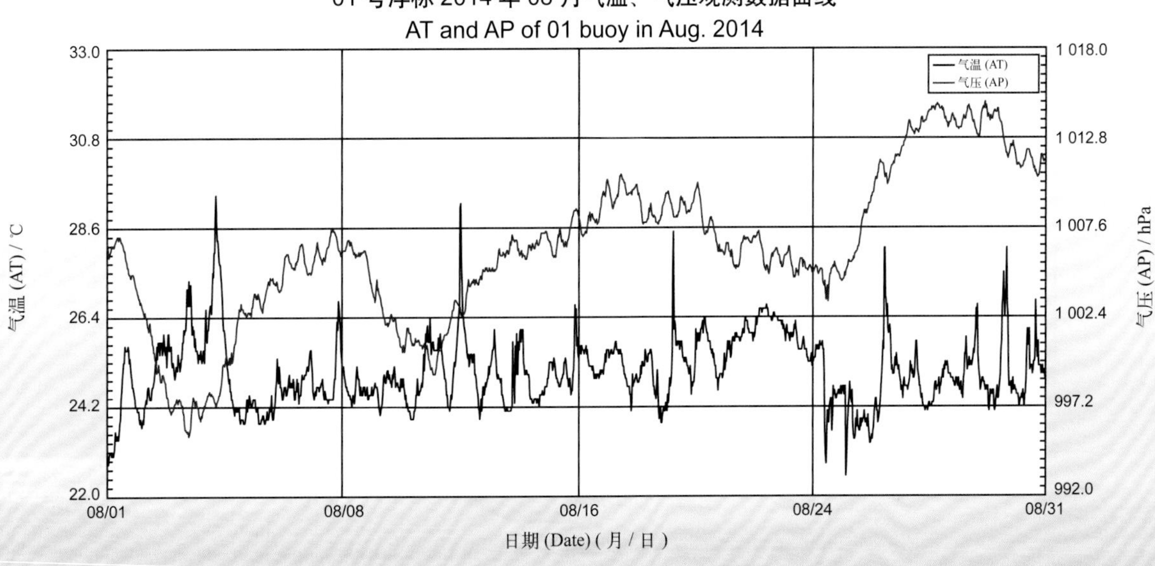
01 号浮标 2014 年 08 月气温、气压观测数据曲线
AT and AP of 01 buoy in Aug. 2014
气温 (AT)
气压 (AP)
33.0
30.8
28.6
26.4
24.2
22.0
1 018.0
1 012.8
1 007.6
1 002.4
997.2
992.0
气温 (AT) / ℃
气压 (AP) / hPa
08/01
08/08
08/16
08/24
08/31
日期 (Date) (月 / 日)

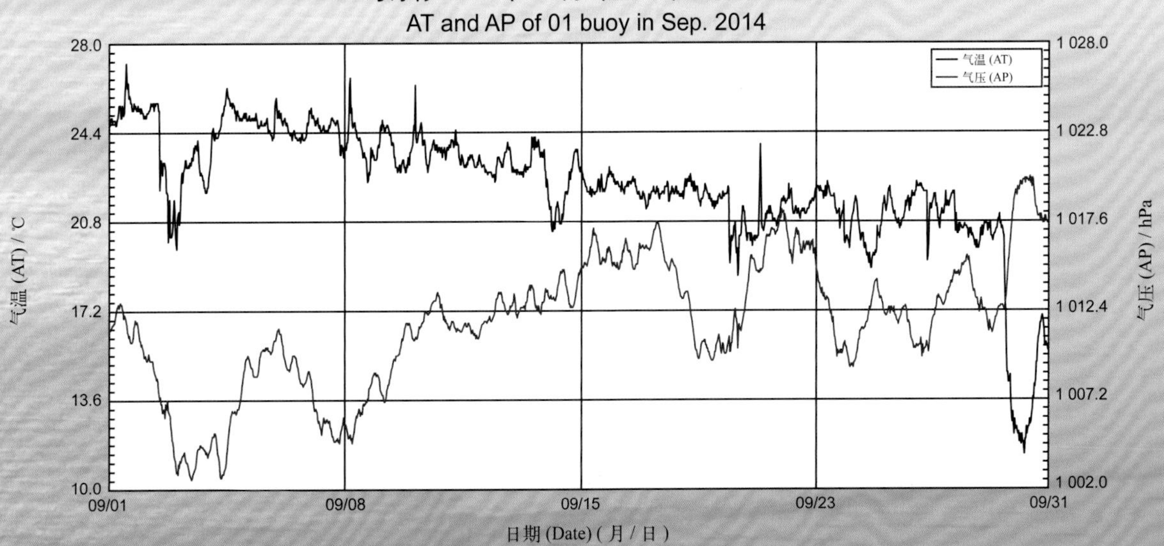
01 号浮标 2014 年 09 月气温、气压观测数据曲线
AT and AP of 01 buoy in Sep. 2014
气温 (AT)
气压 (AP)
28.0
24.4
20.8
17.2
13.6
10.0
1 028.0
1 022.8
1 017.6
1 012.4
1 007.2
1 002.0
气温 (AT) / ℃
气压 (AP) / hPa
09/01
09/08
09/15
09/23
09/31
日期 (Date) (月 / 日)

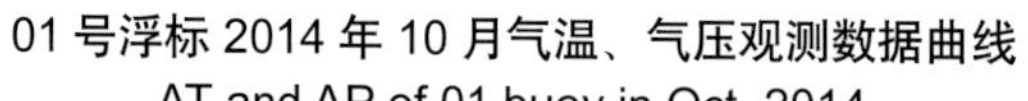

01 号浮标 2014 年 10 月气温、气压观测数据曲线
AT and AP of 01 buoy in Oct. 2014

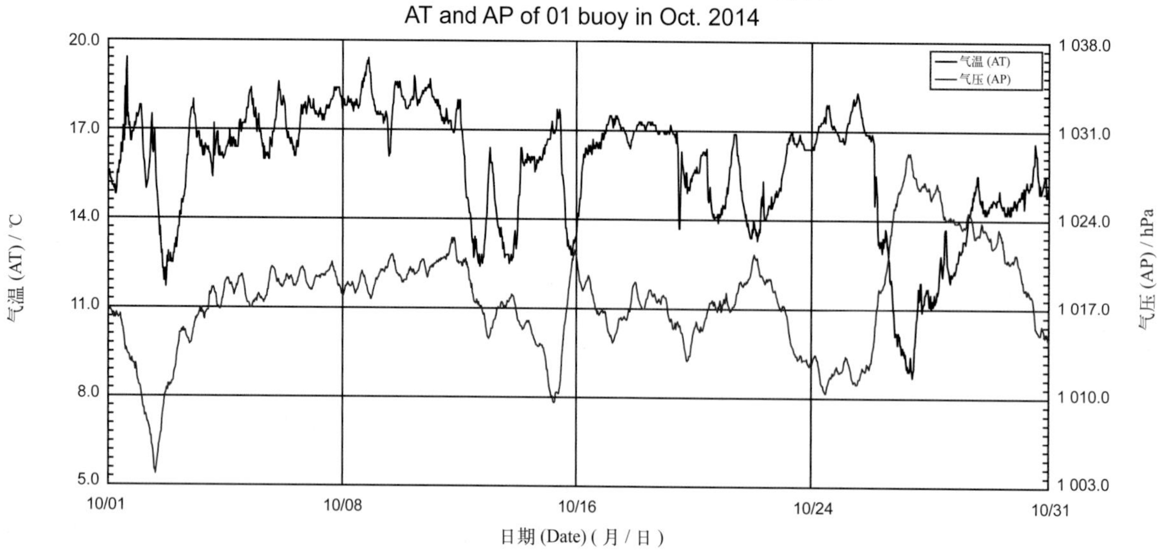

01 号浮标 2014 年 11 月气温、气压观测数据曲线
AT and AP of 01 buoy in Nov. 2014

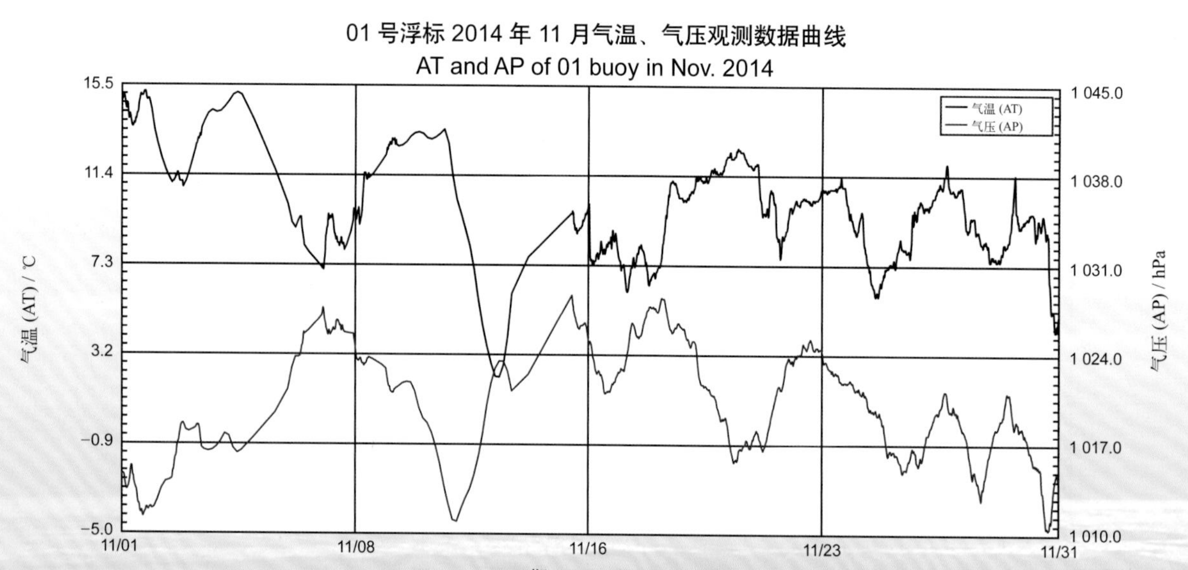

01 号浮标 2014 年 12 月气温、气压观测数据曲线
AT and AP of 01 buoy in Dec. 2014

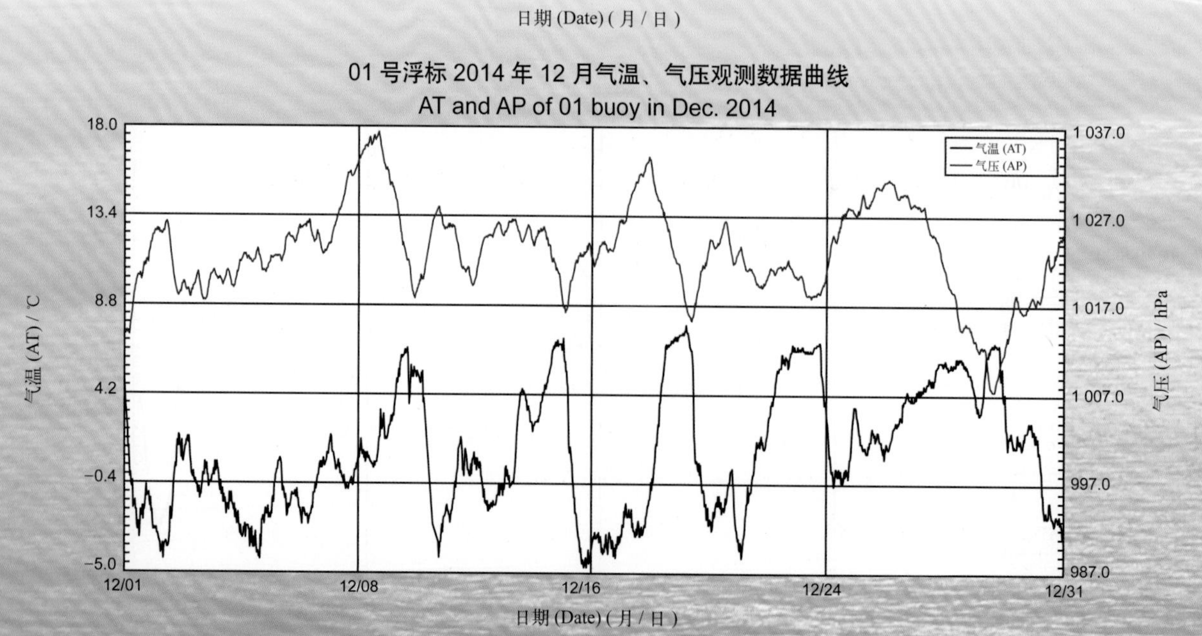

2014 年度 06 号浮标观测数据概述及曲线（气温和气压）

06 号浮标位于东海嵊山岛海礁附近海域（30°43′N，123°08′E），是一套直径 10 m 的圆盘形综合观测平台。可获取的观测参数包括气象、水文和水质，气温和气压数据是气象参数中的重要观测内容。

2014 年，东海站 06 号浮标共获取到 280 天的气温和气压观测数据。获取数据的区间为 3 月 27 日 15:30 至 12 月 31 日 23:30。

通过对获取数据进行质量控制和分析，06 号浮标观测海域 2014 年度气温、气压数据和季节数据特征如下。年度气温平均值为 18.5℃，年度气压平均值为 1 016.3 hPa。测得的全年最高气温为 27.7℃（7 月 23 日 15:30 和 16:00），2014 年 1 月至 3 月 06 号浮标气温数据缺测，其余月份所获取数据中的最低气温值为 2.6℃（12 月 17 日 01:00）；全年所测得的最高气压和最低气压分别为 1 035.2 hPa（12 月 18 日 10:00）和 986.9 hPa（8 月 1 日 23:00）。以 5 月为春季代表月，观测海域春季的平均气温为 17.0℃，平均气压为 1 012.2 hPa；以 8 月为夏季代表月，观测海域夏季的平均气温为 24.7℃，平均气压为 1 007.1 hPa；以 11 月为秋季代表月，观测海域秋季的平均气温为 16.0℃，平均气压为 1 021.6 hPa。

2014 年，06 号浮标布放海域月度气温、气压变化特征与该海域常年季节气候变化特点基本吻合。浮标观测的月平均值、最高值、最低值数据参见表 2。从表中可以看出，1—3 月无气温数据，其他月份气温平均值最低的月份为 12 月，并且在该时间段内观测到年度最低气温（2.6℃），气温平均值最高的月份为 8 月，年度最高气温（27.7℃）出现在 7 月。气压平均值最低的月份为 6 月，年度最低气压（986.9 hPa）出现在 8 月，气压平均值最高的月份为 12 月，年度最高气压（1 035.2 hPa）也出现在 12 月。从月度气温、气压的变化情况分析，气温变化最为剧烈的是 12 月，最高气温为 14.5℃，最低气温为 2.6℃，变化幅度达 11.9℃；气压变化最为剧烈的是 8 月，最高气压为 1 015.6 hPa，最低气压为 986.9 hPa，变化幅度达 28.7 hPa。比较而言，气温变化幅度较小的月份是 8 月，最高气温为 27.1℃，最低气温为 22.0℃，变化幅度为 5.1℃；气压变化幅度较小的月份是 6 月，最高气压为 1 012.6 hPa，最低气压为 999.1 hPa，变化幅度为 13.5 hPa。

2014 年，06 号浮标记录了 1 次寒潮过程。12 月 15 日至 16 日寒潮期间，36 h 内（12 月 15 日 08:30 至 16 日 20:30）气温由 13.1℃下降至 3℃，并且 4℃以下气温持续 16.5 h，寒潮期间气压最高值为 1 035.2 hPa（12 月 18 日 10:00）。台风数据方面，06 号浮标共记录了 6 次台风过程：分别为 6 月 16 日至 18 日观测到第 7 号台风“海贝思”、7 月 8 日至 10 日观测到第 8 号超强台风“浣熊”、7 月 23 日至 26 日观测到第 10 号台风“麦德姆”、7 月 31 日至 8 月 3 日观测到第 12 号台风“娜基莉”、9 月 21 日至 24 日观测到第 16 号台风“凤凰”、10 月 12 日至 13 日观测到第 19 号台风“黄蜂”。其中，“浣熊”和“娜基莉”移动路径非常接近 06 号浮标布放站位，获取到的台风期间最低气压为 988.0 hPa（7 月 9 日 04:00）和 986.9 hPa（8 月 1 日 23:00）；“海贝思”“麦德姆”“凤凰”“黄蜂”期间获取到最低气压分别为 999.1 hPa（6 月 17 日 05:30）、1 000.6 hPa（7 月 25 日 04:00）、1 004.4 hPa（9 月 23 日 04:30）、1 007.5 hPa（10 月 12 日 14:30）。

表 2　06 号浮标各月气温、气压观测数据情况

月份	气温 / ℃			气压 / hPa			备注
	平均	最高	最低	平均	最高	最低	
1	—	—	—	—	—	—	传感器故障，无数据
2	—	—	—	—	—	—	传感器故障，无数据
3	—	—	—	—	—	—	传感器故障，无数据
4	12.4	15.3	8.4	1 017.0	1 027.8	1 008.5	
5	17.0	21.9	13.0	1 012.2	1 023.6	998.8	春季代表月
6	20.4	23.2	17.3	1 006.4	1 012.6	999.1	记录 1 次台风过程
7	24.1	27.7	20.0	1 006.6	1 013.1	988.0	记录 2 次台风过程
8	24.7	27.1	22.0	1 007.1	1 015.6	986.9	夏季代表月，记录 1 次台风过程
9	23.2	26.5	18.8	1 011.5	1 018.3	1 004.4	记录 1 次台风过程
10	19.7	22.4	16.4	1 018.3	1 025.8	1 007.5	记录 1 次台风过程
11	16.0	20.0	11.9	1 021.6	1 029.9	1 011.4	秋季代表月
12	8.7	14.5	2.6	1 026.7	1 035.2	1 018.1	记录 1 次寒潮过程

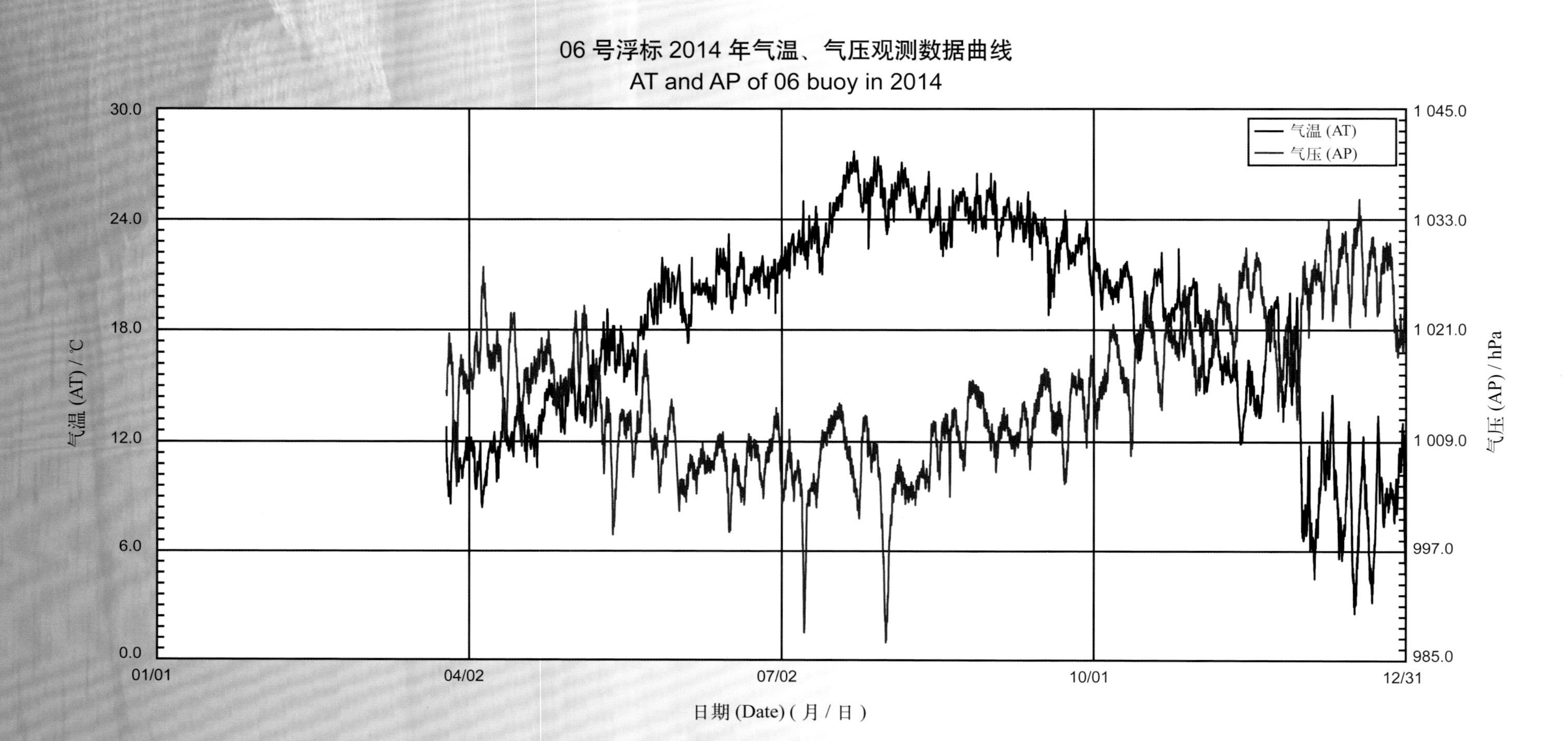
06 号浮标 2014 年气温、气压观测数据曲线
AT and AP of 06 buoy in 2014
气温 (AT)
气压 (AP)
气温 (AT) / ℃
30.0
24.0
18.0
12.0
6.0
0.0
气压 (AP) / hPa
1 045.0
1 033.0
1 021.0
1 009.0
997.0
985.0
01/01
04/02
07/02
10/01
12/31
日期 (Date) (月 / 日)

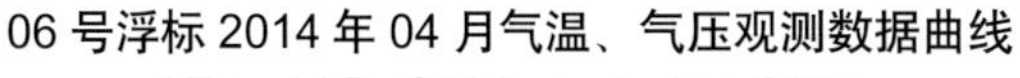

06 号浮标 2014 年 04 月气温、气压观测数据曲线
AT and AP of 06 buoy in Apr. 2014

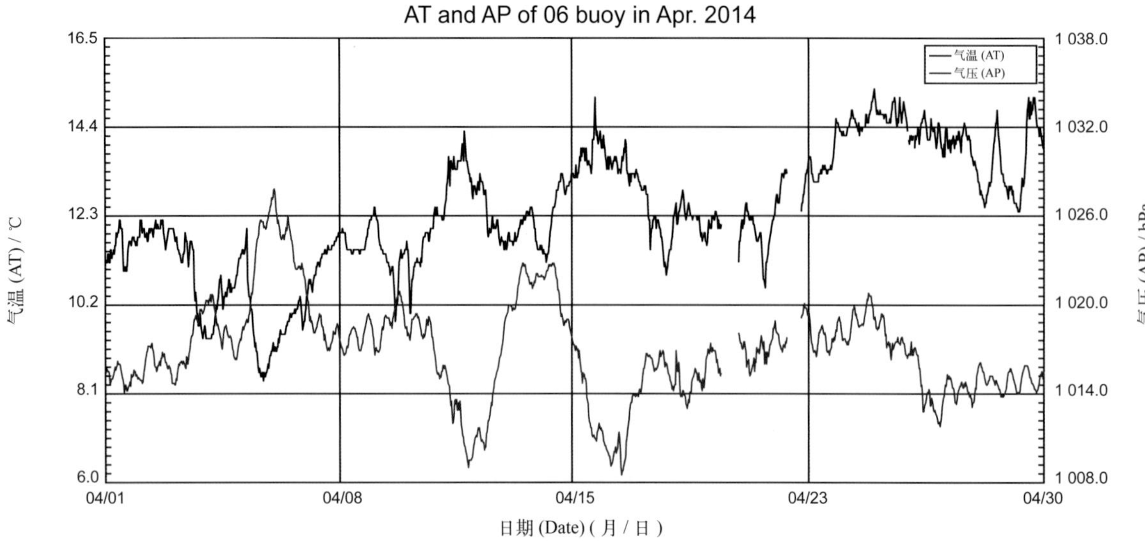

06 号浮标 2014 年 05 月气温、气压观测数据曲线
AT and AP of 06 buoy in May 2014

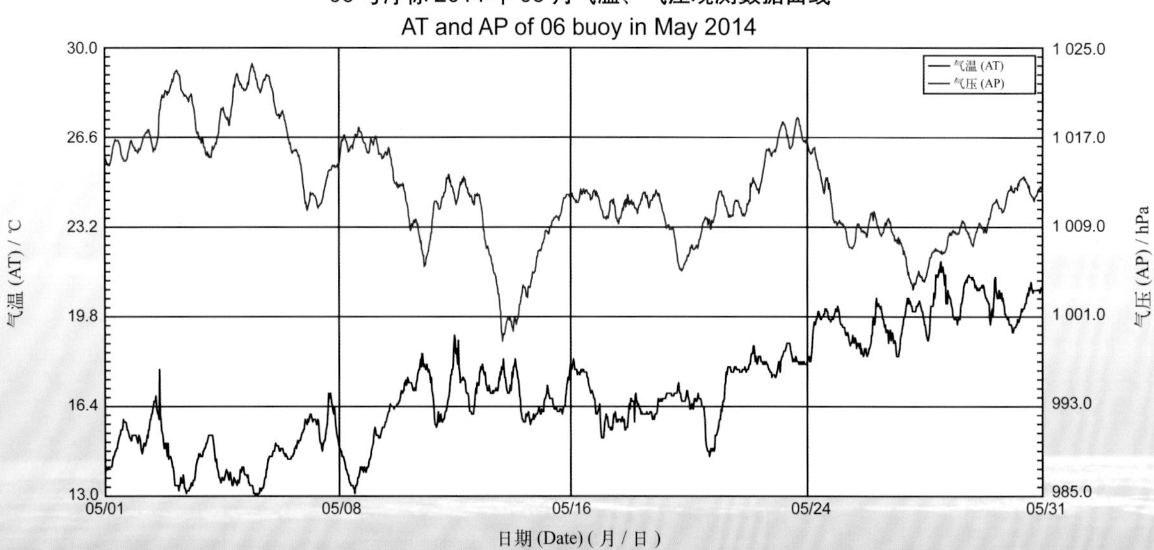

06 号浮标 2014 年 06 月气温、气压观测数据曲线
AT and AP of 06 buoy in Jun. 2014

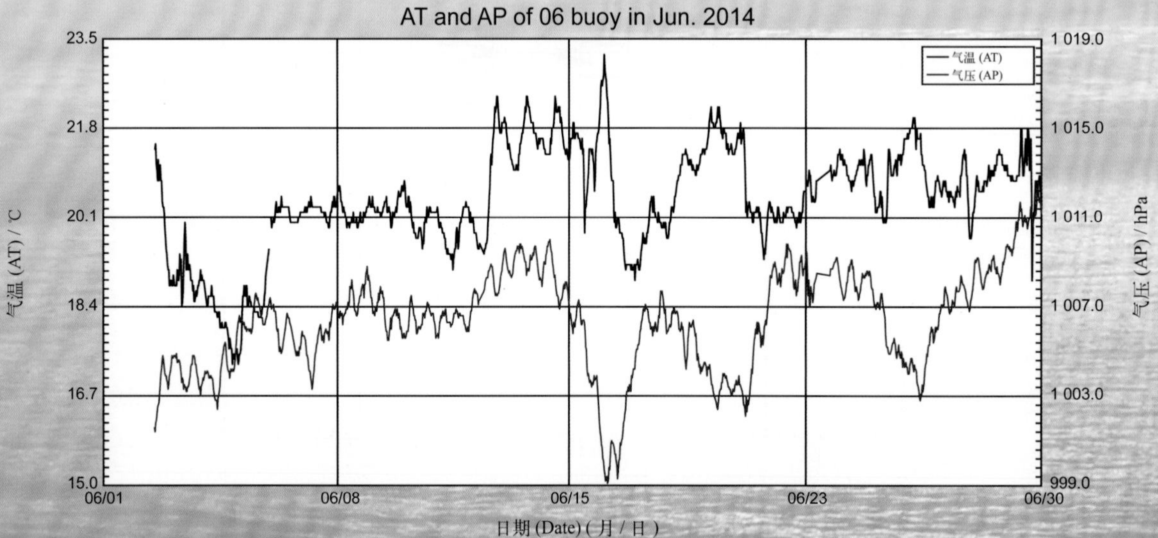

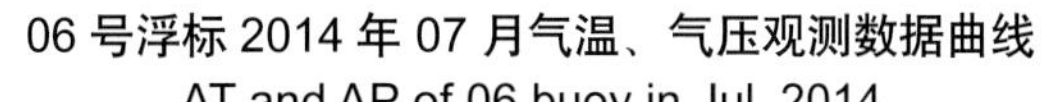

06 号浮标 2014 年 07 月气温、气压观测数据曲线

AT and AP of 06 buoy in Jul. 2014

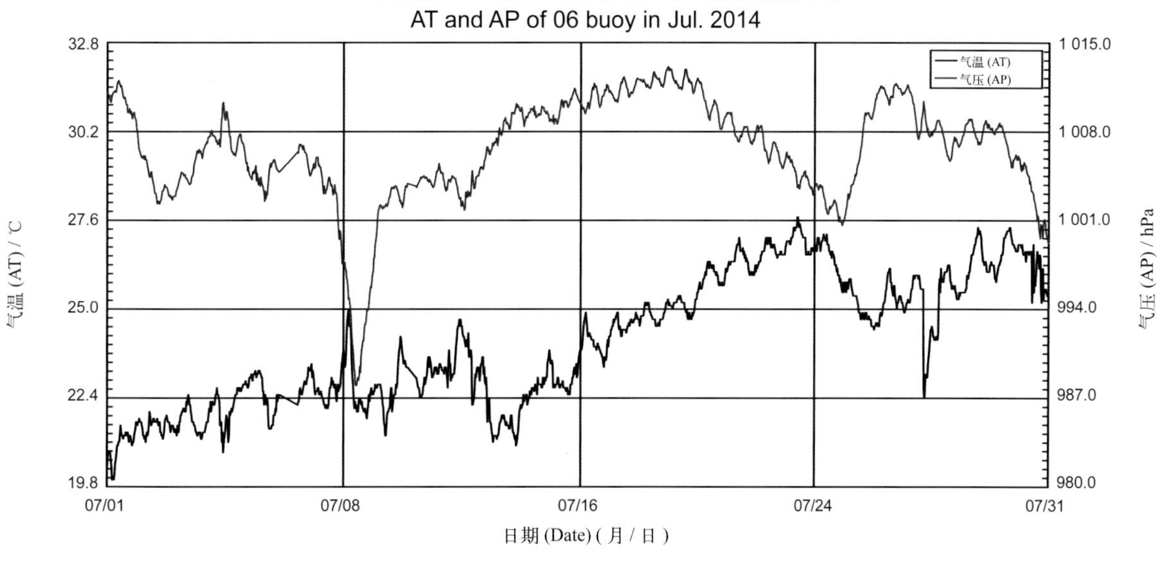

06 号浮标 2014 年 08 月气温、气压观测数据曲线

AT and AP of 06 buoy in Aug. 2014

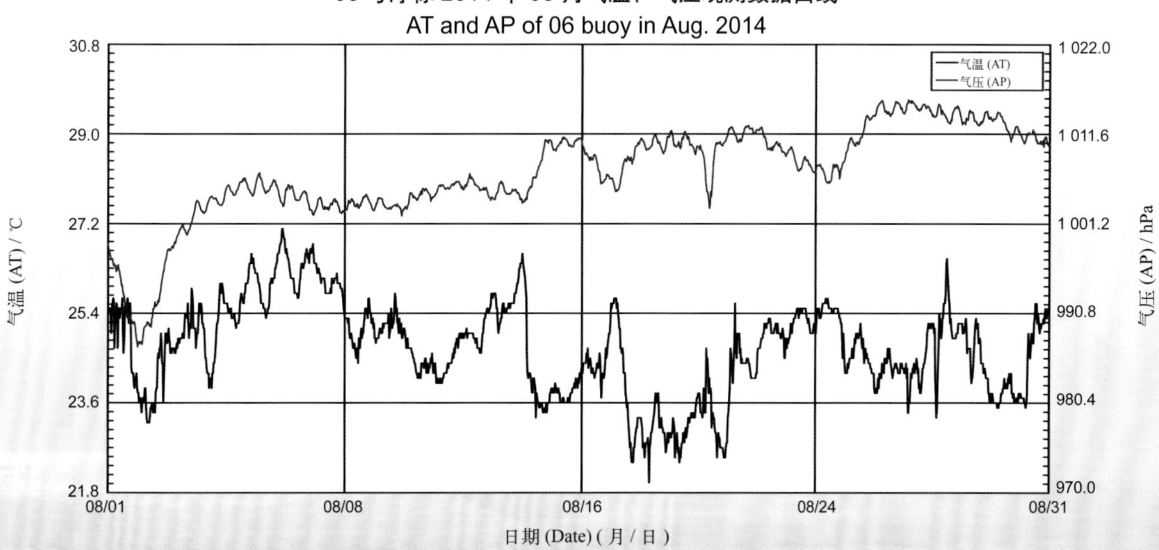

06 号浮标 2014 年 09 月气温、气压观测数据曲线

AT and AP of 06 buoy in Sep. 2014

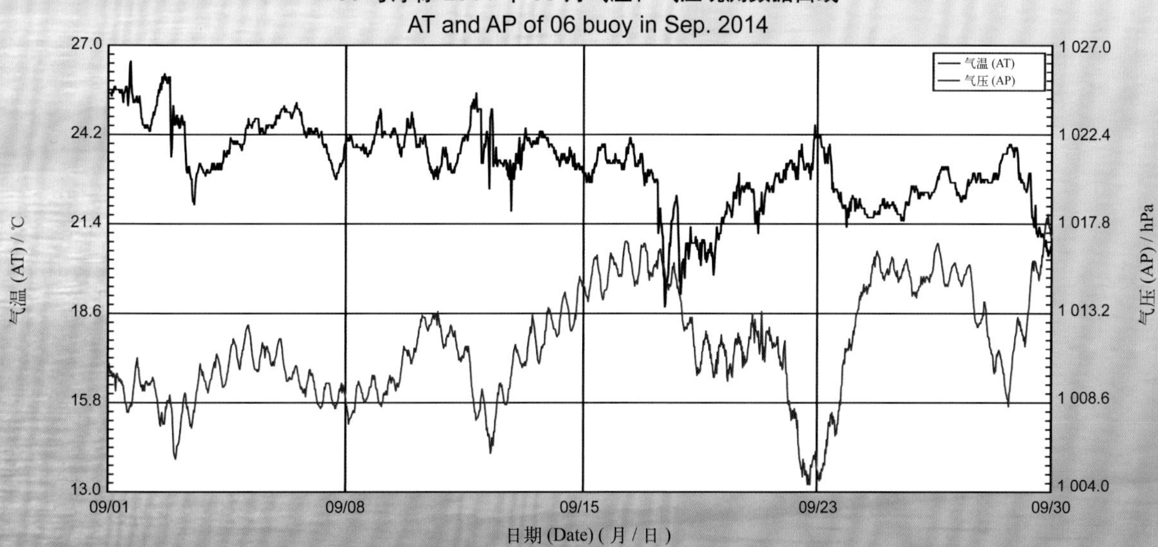

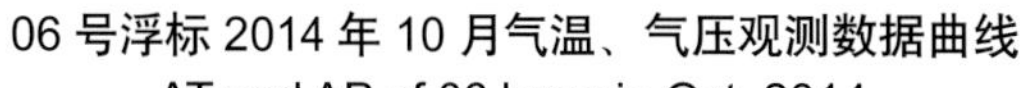
06 号浮标 2014 年 10 月气温、气压观测数据曲线
AT and AP of 06 buoy in Oct. 2014

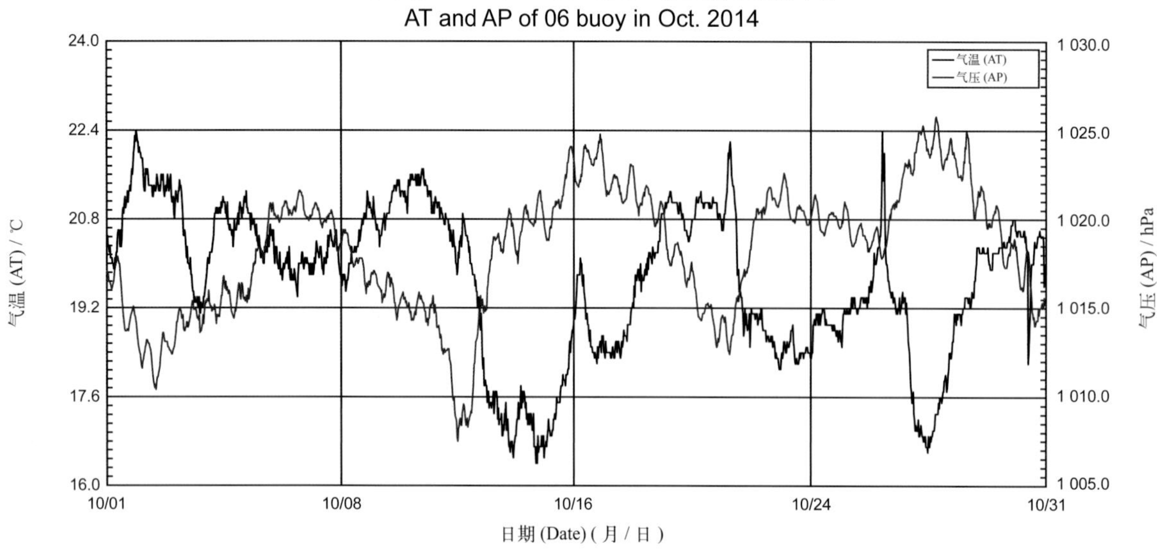

06 号浮标 2014 年 11 月气温、气压观测数据曲线
AT and AP of 06 buoy in Nov. 2014

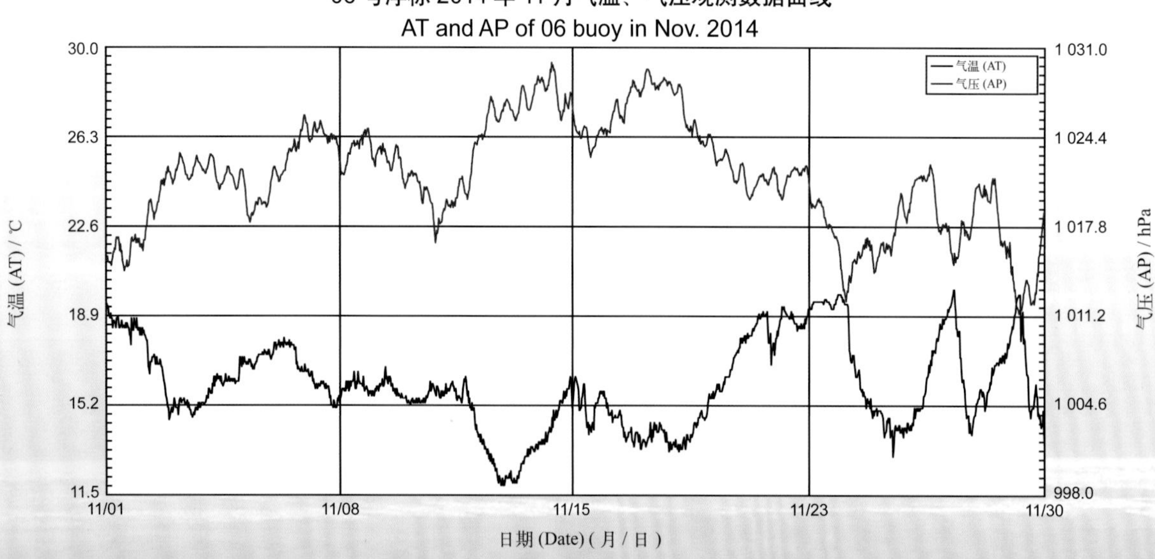

06 号浮标 2014 年 12 月气温、气压观测数据曲线
AT and AP of 06 buoy in Dec. 2014

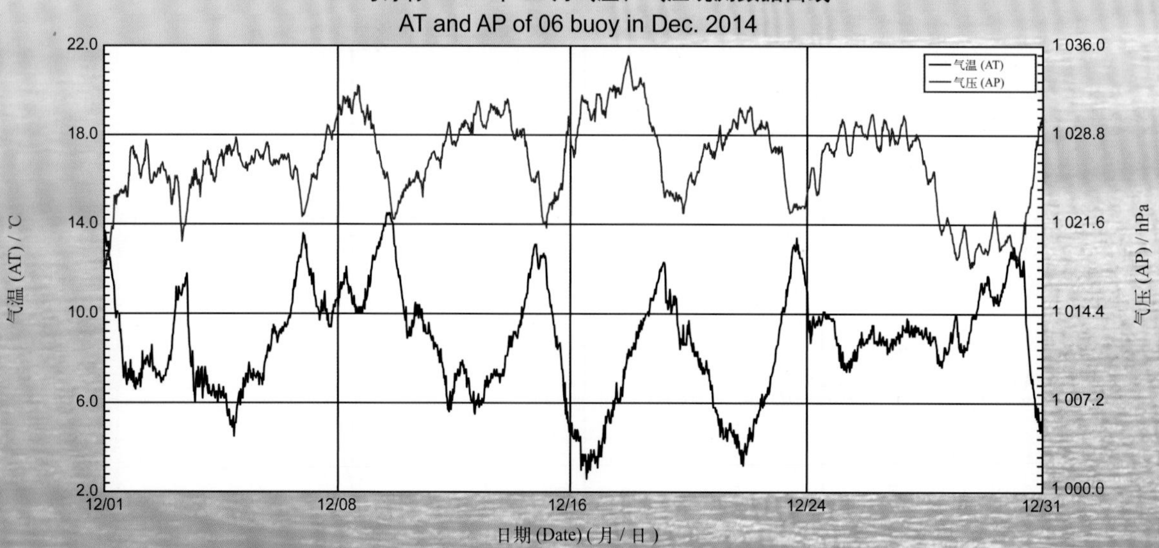

2014年度07号浮标观测数据概述及曲线
（气温和气压）

07号浮标位于黄海荣成楮岛附近海域（37°04′N，122°35′E），是一套直径3 m的圆盘形综合观测平台。可获取的观测参数包括气象、水文和水质，气温和气压数据是气象参数中的重要观测内容。

2014年，黄海站07号浮标共获取到328天的气温和气压长序列观测数据。因为浮标大修，本年度所获取数据分为两个时间段，具体为1月1日00:00至6月6日07:30和7月14日18:10至12月31日23:50。

通过对获取数据进行质量控制和分析，07号浮标观测海域2014年度气温、气压数据和季节数据特征如下。年度气温平均值为13.4℃，年度气压平均值为1 018.0 hPa。测得的全年最高气温和最低气温分别为29.4℃（7月10日15:40）和−13.8℃（3月24日11:50）；测得的全年最高气压和最低气压分别为1 038.7 hPa（12月9日10:00）和992.4 hPa（7月25日18:20）。以2月为冬季代表月，观测海域冬季的平均气温为1.3℃，平均气压为1 027.3 hPa；以5月为春季代表月，观测海域春季的平均气温为12.9℃，平均气压为1 010.11 hPa；以8月为夏季代表月，观测海域夏季的平均气温为23.0℃，平均气压为1 008.8 hPa；以11月为秋季代表月，观测海域秋季的平均气温为11.1℃，平均气压为1 023.1 hPa。

2014年，07号浮标布放海域月度气温、气压变化特征与该海域常年季节气候变化特点基本吻合。浮标观测的月平均值、最高值、最低值数据参见表3。从表中可以看出，气温平均值最低的月份为2月，年度最低气温（−13.8℃）出现在3月寒潮期间，气温平均值最高的月份为8月，年度最高气温（28.1℃）出现在9月。气压平均值最低的月份为7月，并且在该月份出现年度最低气压（992.4 hPa），气压平均值最高的月份为2月，年度最高气压（1 038.7 hPa）出现在12月。从月度气温、气压的变化情况分析，气温变化最为剧烈的是3月，最高气温为10.3℃，最低气温为−13.8℃，变化幅度达24.1℃；气压变化最为剧烈的是5月，最高气压为1 021.9 hPa，最低气压为993.2 hPa，变化幅度达28.7 hPa。比较而言，气温变化幅度较小的月份是8月，最高气温为27.0℃，最低气温为19.3℃，变化幅度为7.7℃；气压变化幅度较小的月份是4月，最高气压为1 024.2 hPa，最低气压为1 010.6 hPa，变化幅度为13.6 hPa。

2014年，07号浮标共记录了1次冷空气过程、1次寒潮过程和2次台风过程。冷空气过程：1月7日19:00的6.0℃下降至1月8日19:00的−3.8℃，24 h内下降了9.8℃，0℃以下气温持续时长为44.5 h（1月8日12:50至1月10日09:20）。寒潮过程：3月22日16:00至23日14:10，22 h气温下降了13.2℃（从5.1℃下降至−8.1℃），之后气温更是下降到−13.8℃，为2014年所测的最低气温，0℃以下气温持续时长为73 h，寒潮期间气压最高值为1 027.0 hPa（3月23日09:30）。台风方面，2014年7月24日至26日和8月1日至4日，07号浮标先后获取到第10号台风“麦德姆”和第12号台风“娜基莉”的相关数据，获取到的最低气压分别为992.4 hPa（7月25日18:20）和997.2 hPa（8月3日15:00），气压数据的降幅分别为13.9 hPa和12.2 hPa。

表 3 07 号浮标各月气温、气压观测数据情况

月份	气温 / ℃			气压 / hPa			备注
	平均	最高	最低	平均	最高	最低	
1	2.5	8.7	−4.0	1 026.4	1 036.7	1 013.5	
2	1.3	8.5	−3.9	1 027.3	1 034.8	1 010.0	冬季代表月
3	3.1	10.3	−13.8	1 020.9	1 034.1	1 007.7	记录 1 次寒潮过程
4	8.2	16.4	2.9	1 017.9	1 024.2	1 010.6	
5	12.9	24.6	8.6	1 010.1	1 021.9	993.2	春季代表月
6	—	—	—	—	—	—	浮标大修，无数据
7	21.5	26.3	17.9	1 006.0	1 013.1	992.4	缺测 13 天数据，记录 1 次台风过程
8	23.0	27.0	19.3	1 008.8	1 017.3	997.2	夏季代表月，记录 1 次台风过程
9	21.7	28.1	13.9	1 014.4	1 023.0	1 003.8	
10	17.1	21.3	10.3	1 020.5	1 030.4	1 008.9	
11	11.1	18.5	3.5	1 023.1	1 032.2	1 013.2	秋季代表月
12	2.2	8.9	−3.5	1 026.6	1 038.7	1 013.5	

07 号浮标 2014 年气温、气压观测数据曲线
AT and AP of 07 buoy in 2014

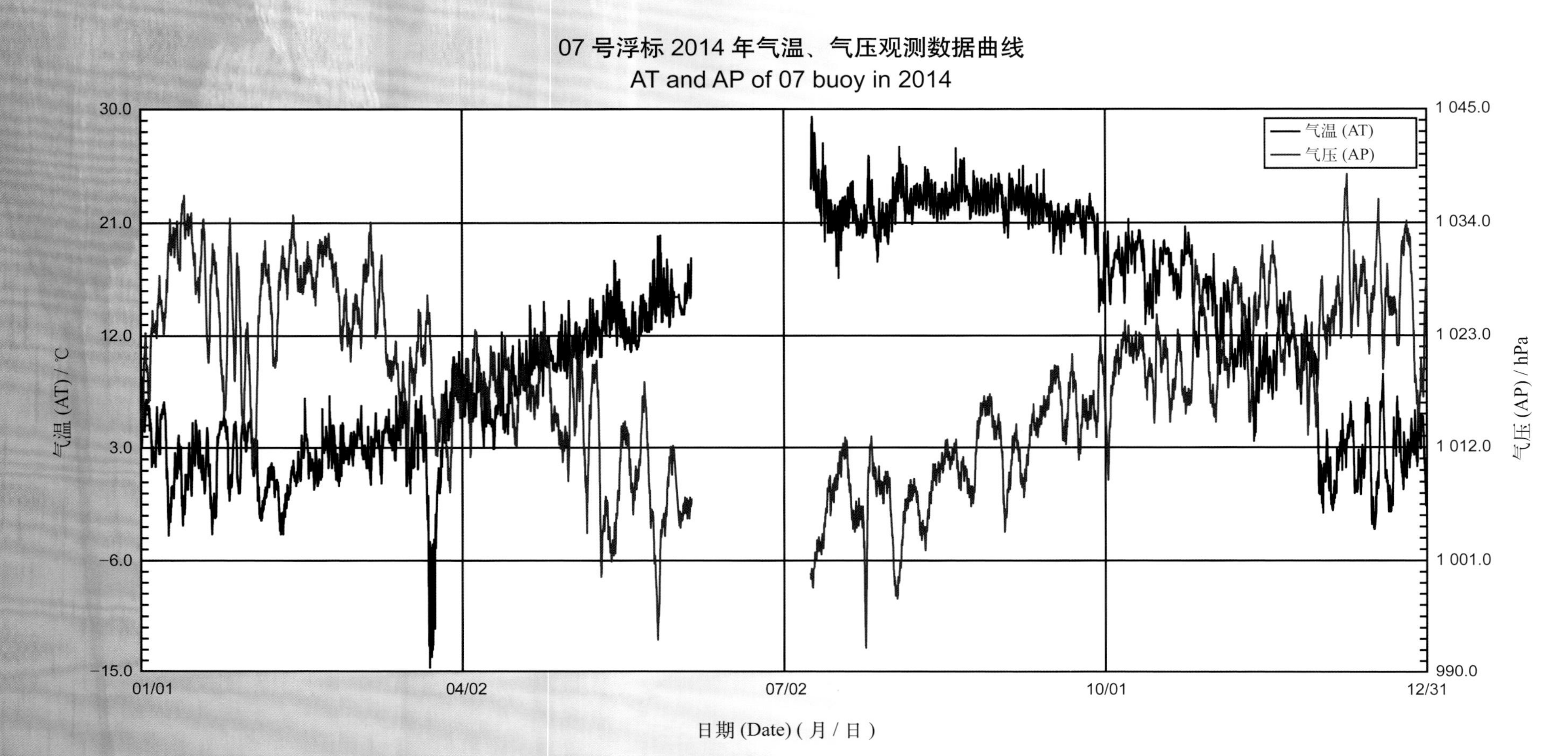

07 号浮标 2014 年 01 月气温、气压观测数据曲线

AT and AP of 07 buoy in Jan. 2014

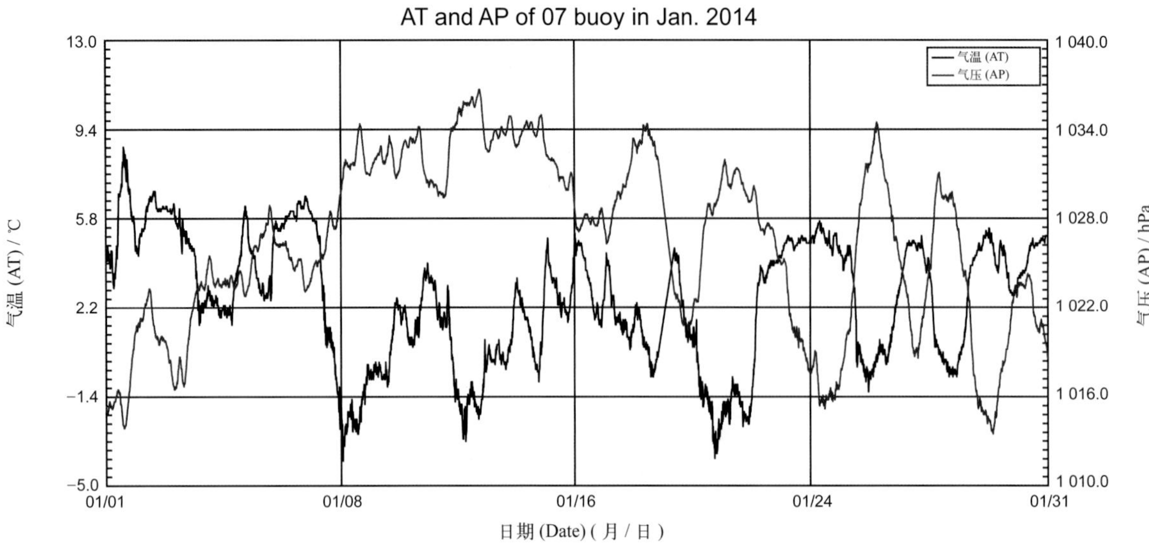

07 号浮标 2014 年 02 月气温、气压观测数据曲线

AT and AP of 07 buoy in Feb. 2014

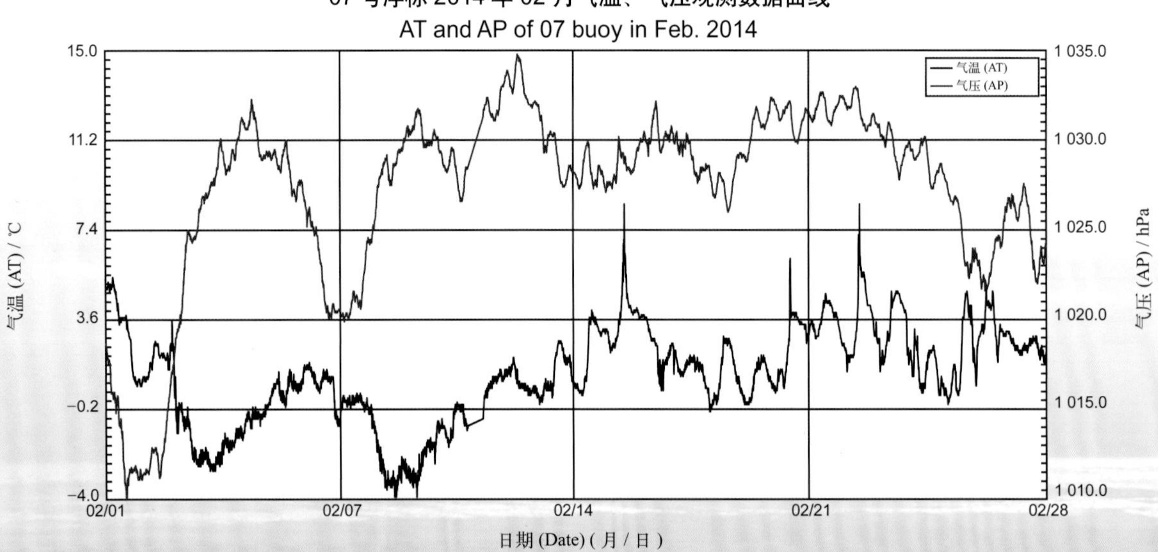

07 号浮标 2014 年 03 月气温、气压观测数据曲线

AT and AP of 07 buoy in Mar. 2014

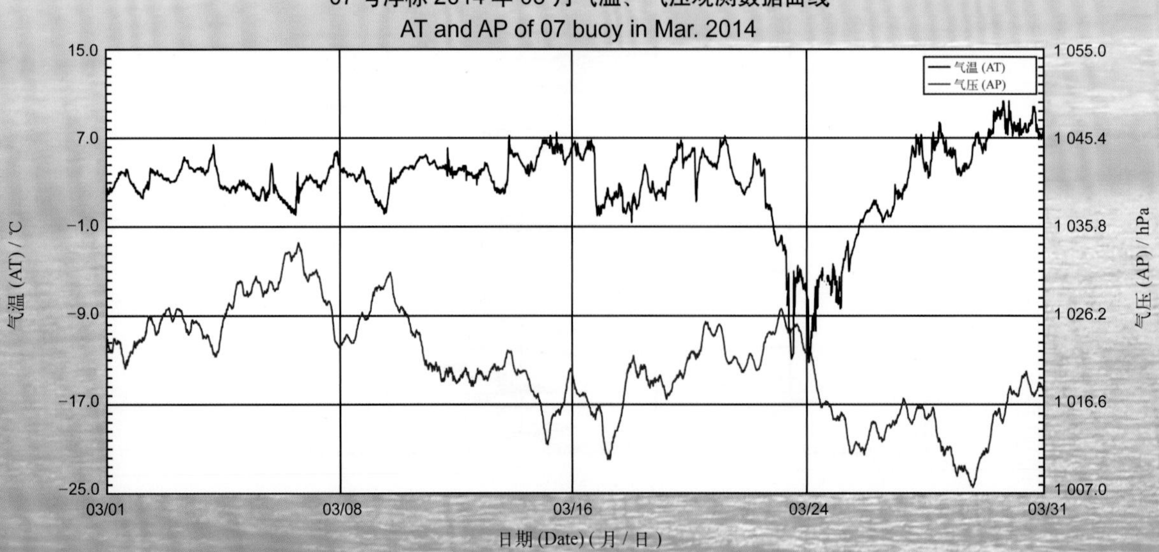

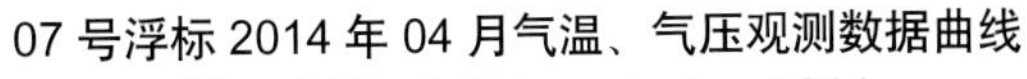

07 号浮标 2014 年 04 月气温、气压观测数据曲线

AT and AP of 07 buoy in Apr. 2014

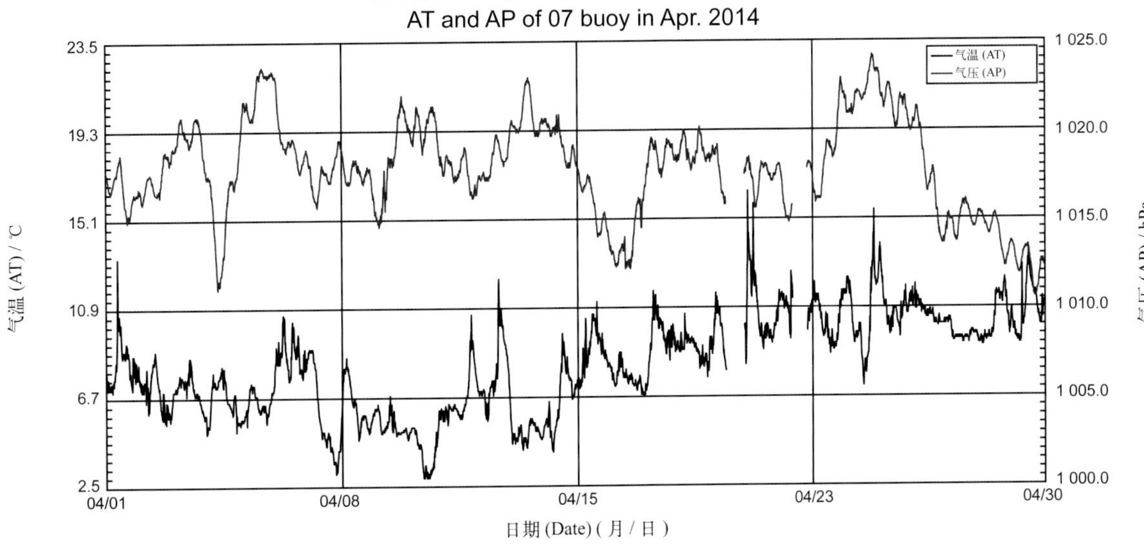

07 号浮标 2014 年 05 月气温、气压观测数据曲线

AT and AP of 07 buoy in May 2014

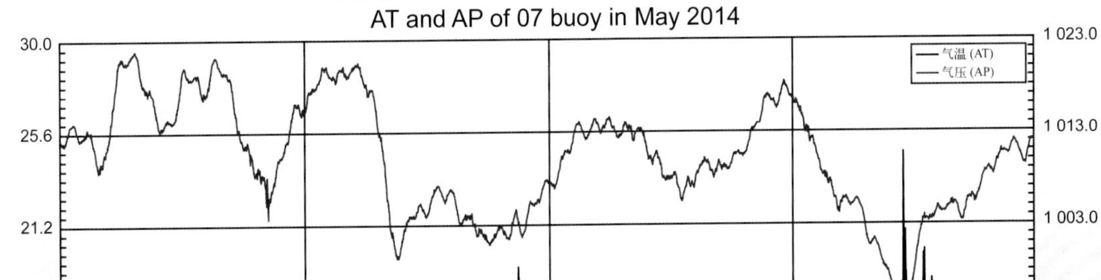

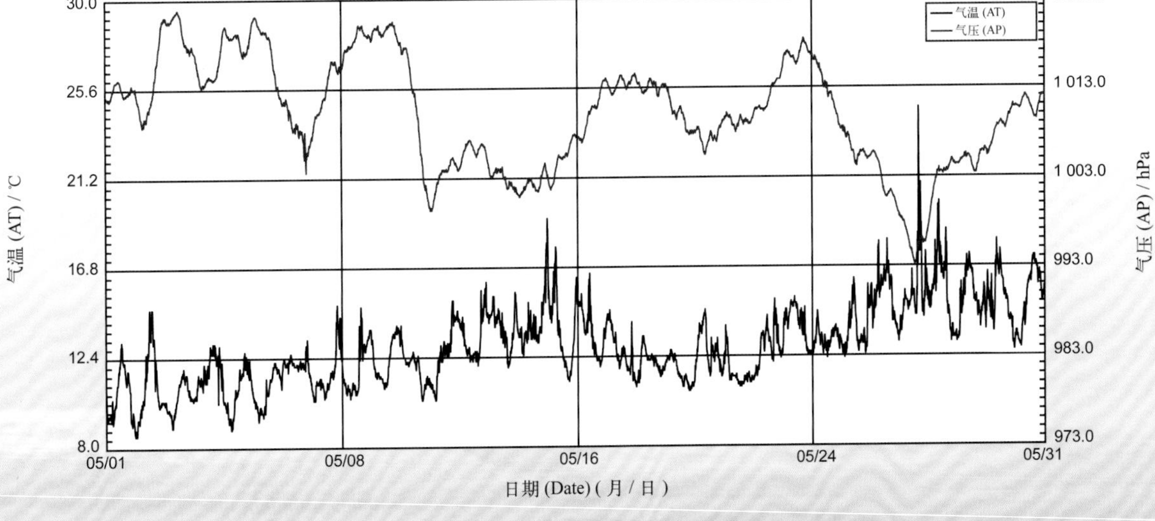

07 号浮标 2014 年 07 月气温、气压观测数据曲线

AT and AP of 07 buoy in Jul. 2014

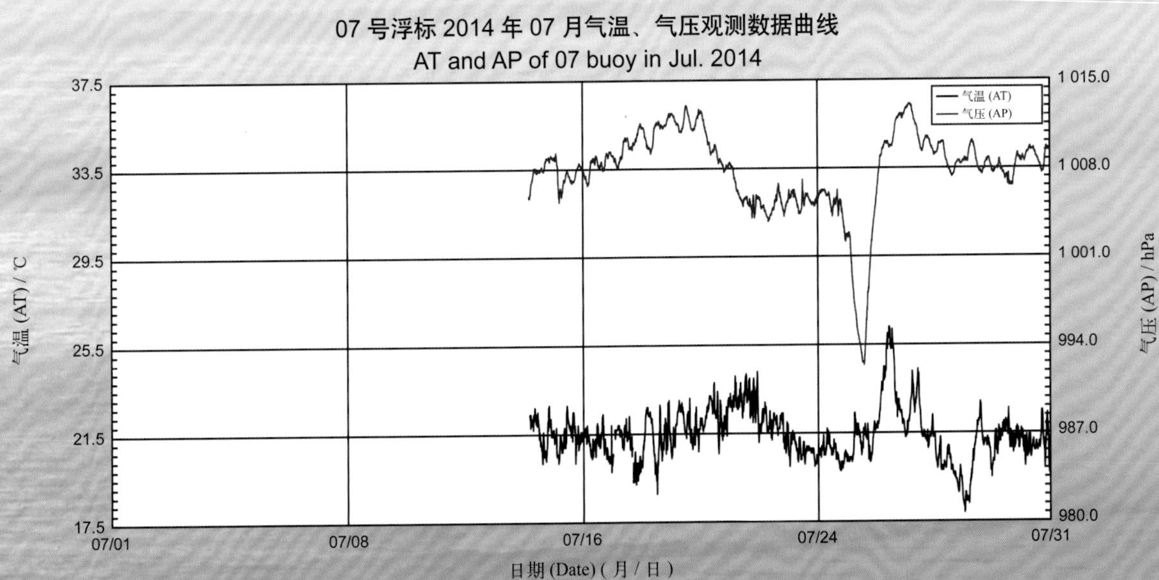

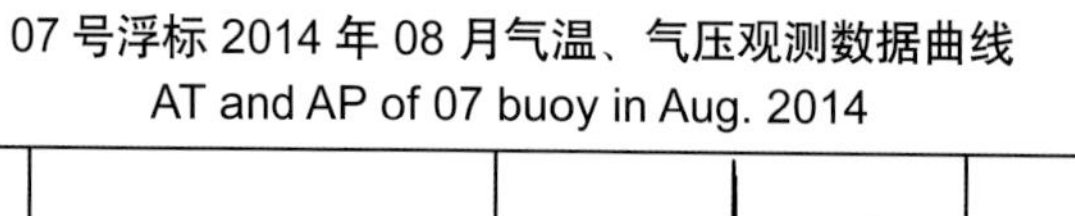

07 号浮标 2014 年 08 月气温、气压观测数据曲线
AT and AP of 07 buoy in Aug. 2014

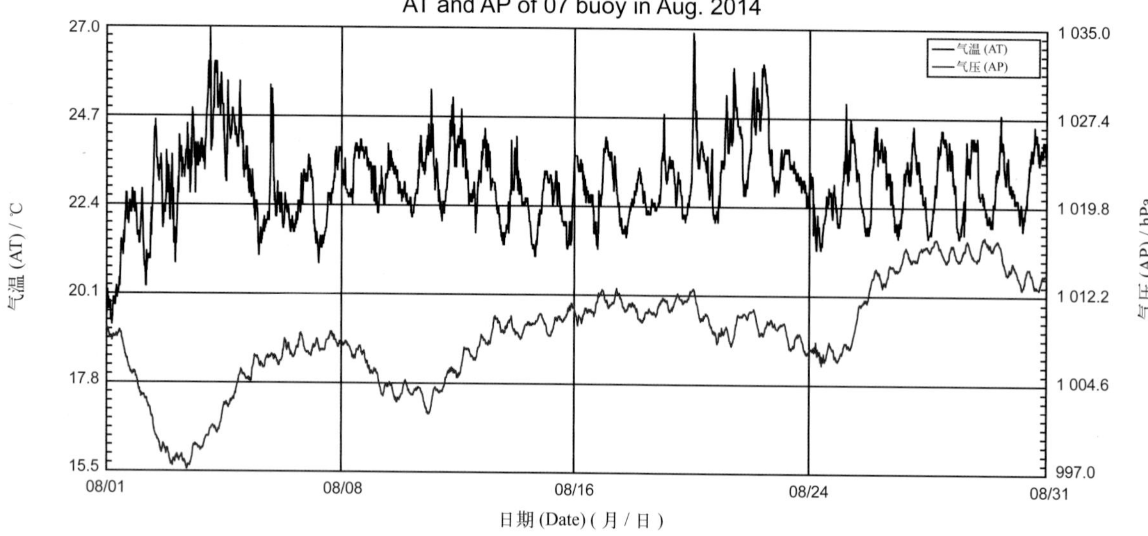

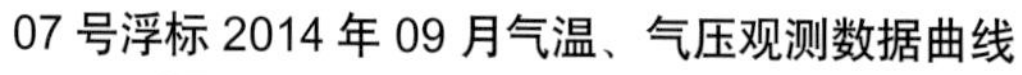

07 号浮标 2014 年 09 月气温、气压观测数据曲线
AT and AP of 07 buoy in Sep. 2014

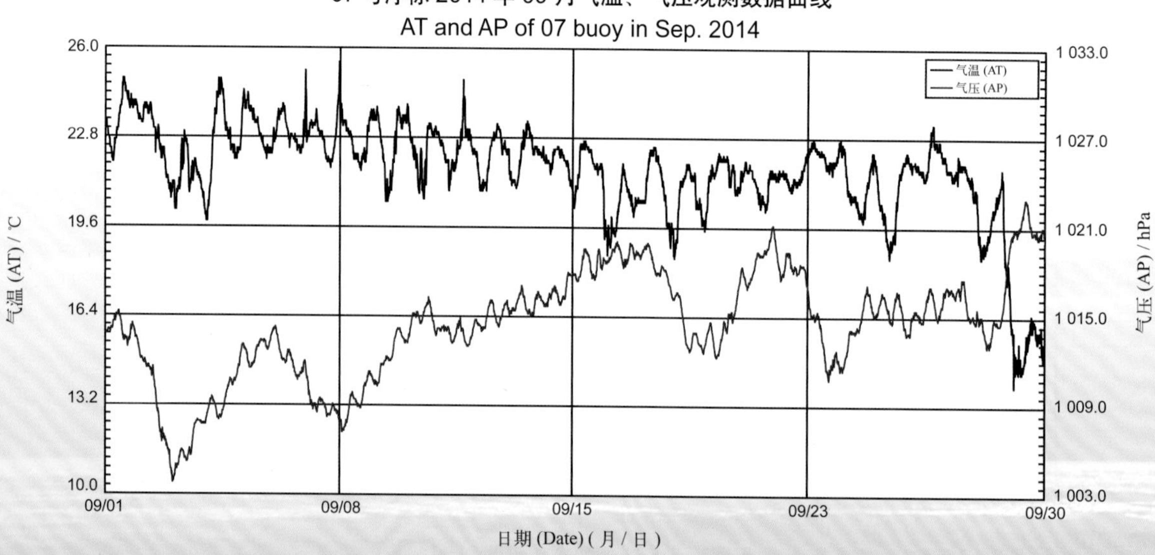

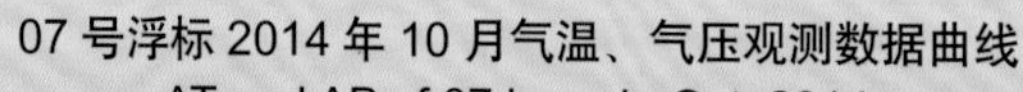

07 号浮标 2014 年 10 月气温、气压观测数据曲线
AT and AP of 07 buoy in Oct. 2014

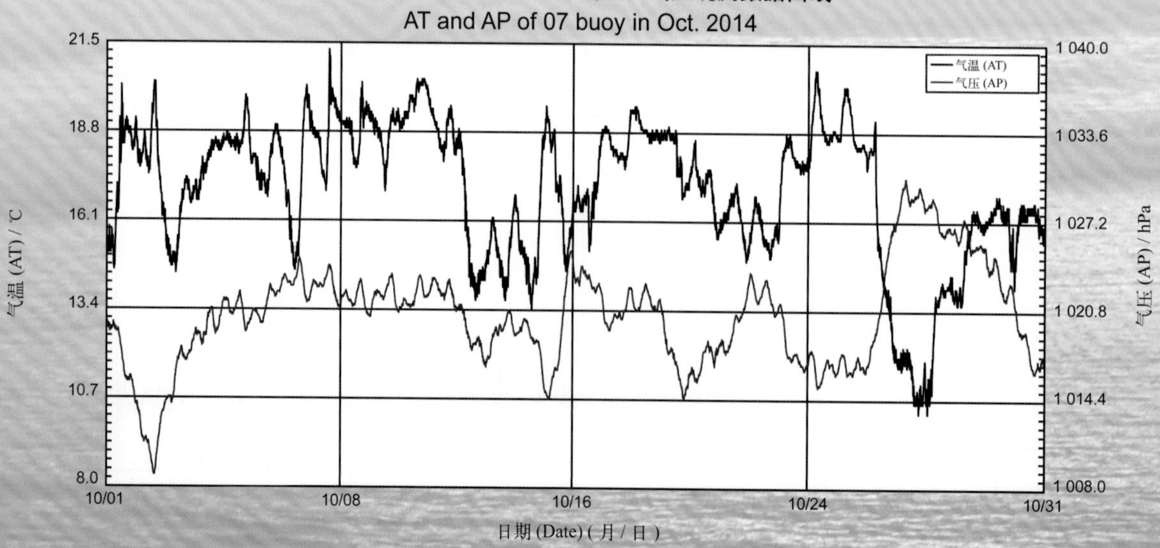

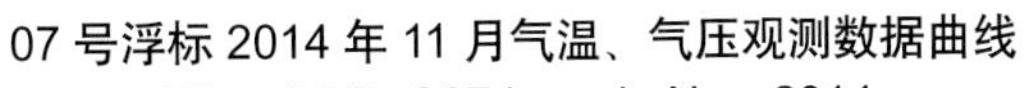

07 号浮标 2014 年 11 月气温、气压观测数据曲线
AT and AP of 07 buoy in Nov. 2014

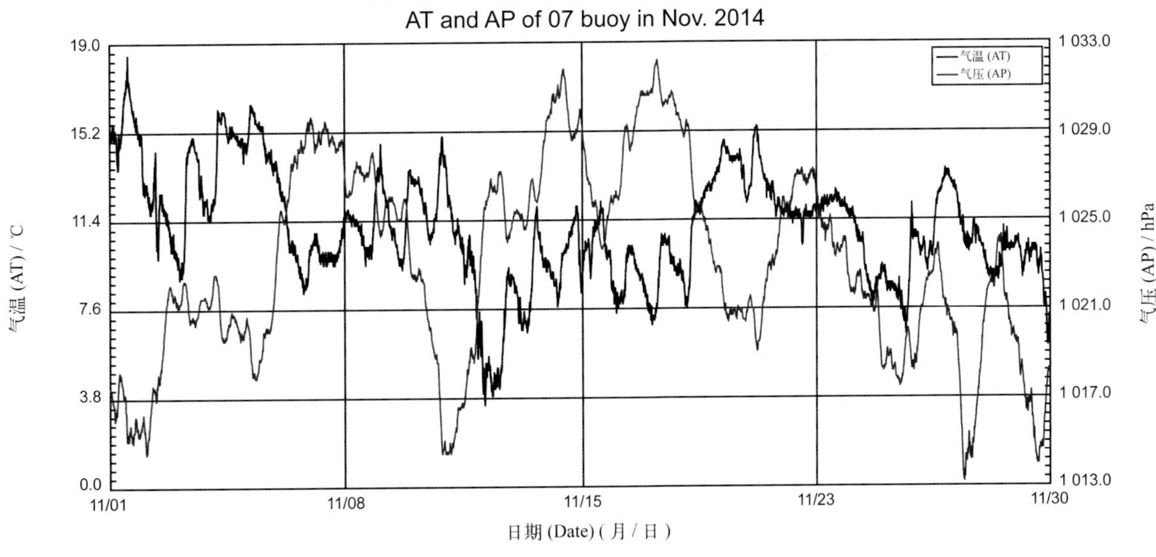

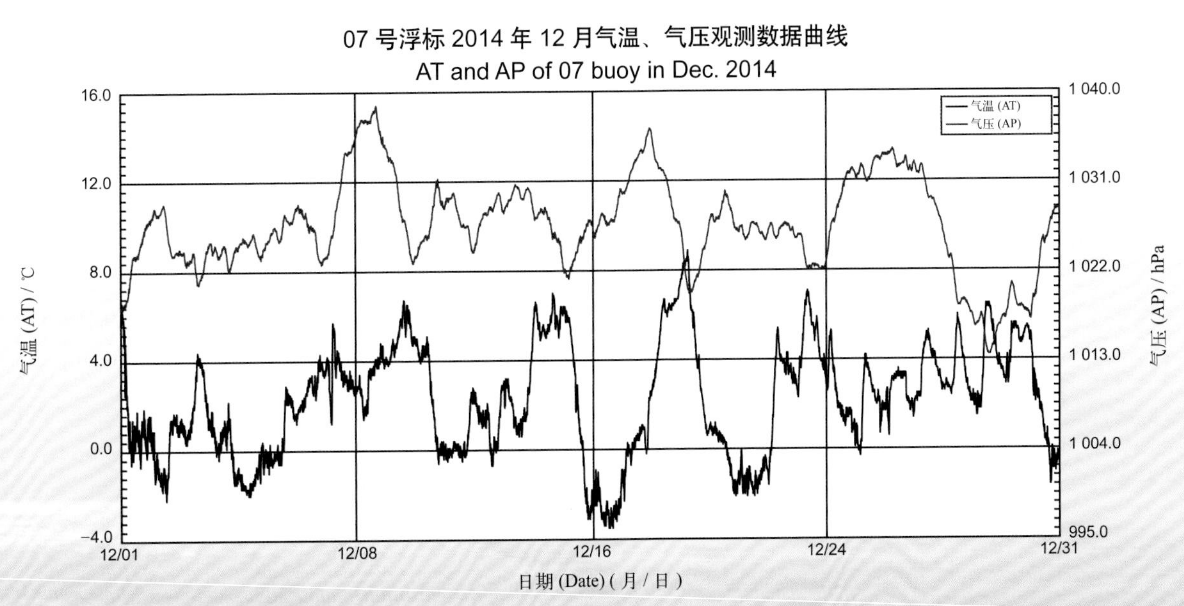

2014 年度 09 号浮标观测数据概述及曲线
（气温和气压）

09 号浮标位于黄海灵山岛附近海域（35°55′N，120°16′E），是一套直径 3 m 的圆盘形综合观测平台。可获取的观测参数包括气象、水文和水质，气温和气压数据是气象参数中的重要观测内容。

2014 年，黄海站 09 号浮标共获取到 333 天的气温和气压长序列观测数据。获取数据的区间共两个时间段，具体为 1 月 1 日 00:00 至 5 月 11 日 01:00 和 6 月 13 日 12:30 至 12 月 31 日 23:30。

通过对获取数据进行质量控制和分析，09 号浮标观测海域本年度气温、气压数据和季节数据特征如下。年度气温平均值为 13.4℃，年度气压平均值为 1 018.0 hPa。测得的全年最高气温和最低气温分别为 31.3℃（8 月 3 日 16:30）和 −5.0℃（2 月 11 日 06:30 和 07:30）；测得的全年最高气压和最低气压分别为 1 039.0 hPa（12 月 9 日 09:00）和 993.2 hPa（7 月 25 日 13:30）。以 2 月为冬季代表月，观测海域冬季的平均气温为 2.1℃，平均气压为 1 028.7 hPa；以 5 月为春季代表月，观测海域春季的平均气温为 14.1℃，平均气压为 1 013.9 hPa；以 8 月为夏季代表月，观测海域夏季的平均气温为 25.5℃，平均气压为 1 008.2 hPa；以 11 月为秋季代表月，观测海域秋季的平均气温为 12.0℃，平均气压为 1 023.3 hPa。

2014 年，09 号浮标布放海域月度气温、气压变化特征与该海域常年季节气候变化特点基本吻合。浮标观测的月平均值、最高值、最低值数据参见表 4。从表中可以看出，气温平均值最低的月份为 2 月，并且在该月份观测到年度最低气温（−5.0℃），气温平均值最高的月份为 8 月，并且在该时间段内观测到年度最高气温（31.3℃）。气压平均值最低的月份为 7 月，并且在该时间段内观测到年度最低气压（993.2 hPa），气压平均值最高的月份为 2 月，年度最高气压（1 039.0 hPa）出现在 12 月。从月度气温、气压的变化情况分析，气温变化最为剧烈的是 3 月，最高气温为 17.5℃，最低气温为 0.3℃，变化幅度达 17.2℃；本年度气压变化最为剧烈的月份同样为 3 月，最高气压为 1 033.5 hPa，最低气压为 1 006.1 hPa，变化幅度达 27.4 hPa。比较而言，气温变化幅度较小的月份是 5 月，最高气温为 18.6℃，最低气温为 11.9℃，变化幅度为 6.7℃；气压变化幅度较小的月份是 6 月，最高气压为 1 009.4 hPa，最低气压为 1 003.5 hPa，变化幅度为 5.9 hPa。

2014 年，09 号浮标共记录了 3 次台风过程。分别是 7 月 24 日至 26 日观测到第 10 号台风“麦德姆”、8 月 2 日至 4 日观测到第 12 号台风“娜基莉”、10 月 12 日至 13 日观测到第 19 号台风“黄蜂”。其中，台风“麦德姆”经过站位时，09 号浮标获取到了风眼附近宝贵的观测数据，观测到的最低气压为 993.2 hPa（7 月 25 日 13:30），“麦德姆”期间 09 号浮标获取到的气压降幅达到 11.4 hPa；台风“娜基莉”期间 09 号浮标观测到的最低气压为 997.2 hPa（8 月 3 日 16:30）；台风“黄蜂”期间 09 号浮标观测到的最低气压为 1 013.7 hPa（10 月 15 日 17:30）。

表4　09号浮标各月气温、气压观测数据情况

月份	气温 / ℃			气压 / hPa			备注
	平均	最高	最低	平均	最高	最低	
1	3.6	8.5	−2.8	1 025.0	1 035.9	1 012.2	
2	2.1	7.3	−5.0	1 028.7	1 036.0	1 013.9	冬季代表月
3	7.2	17.5	0.3	1 020.1	1 033.5	1 006.1	
4	10.8	16.4	5.8	1 016.1	1 024.6	1 007.7	
5	14.1	18.6	11.9	1 013.9	1 020.2	1 003.4	春季代表月，数据不全，缺测20天数据
6	20.8	25.9	18.4	1 006.2	1 009.4	1 003.5	数据不全，缺测12天数据
7	23.4	27.9	19.9	1 005.8	1 012.8	993.2	记录1次台风过程
8	25.5	31.3	21.6	1 008.2	1 016.4	997.2	夏季代表月，记录1次台风过程
9	22.6	27.4	13.2	1 014.0	1 024.1	1 005.3	
10	18.1	22.5	9.8	1 020.2	1 031.1	1 010.3	记录1次台风过程
11	12.0	17.1	6.2	1 023.3	1 032.8	1 013.4	秋季代表月
12	3.8	8.7	−2.1	1 027.9	1 039.0	1 014.1	

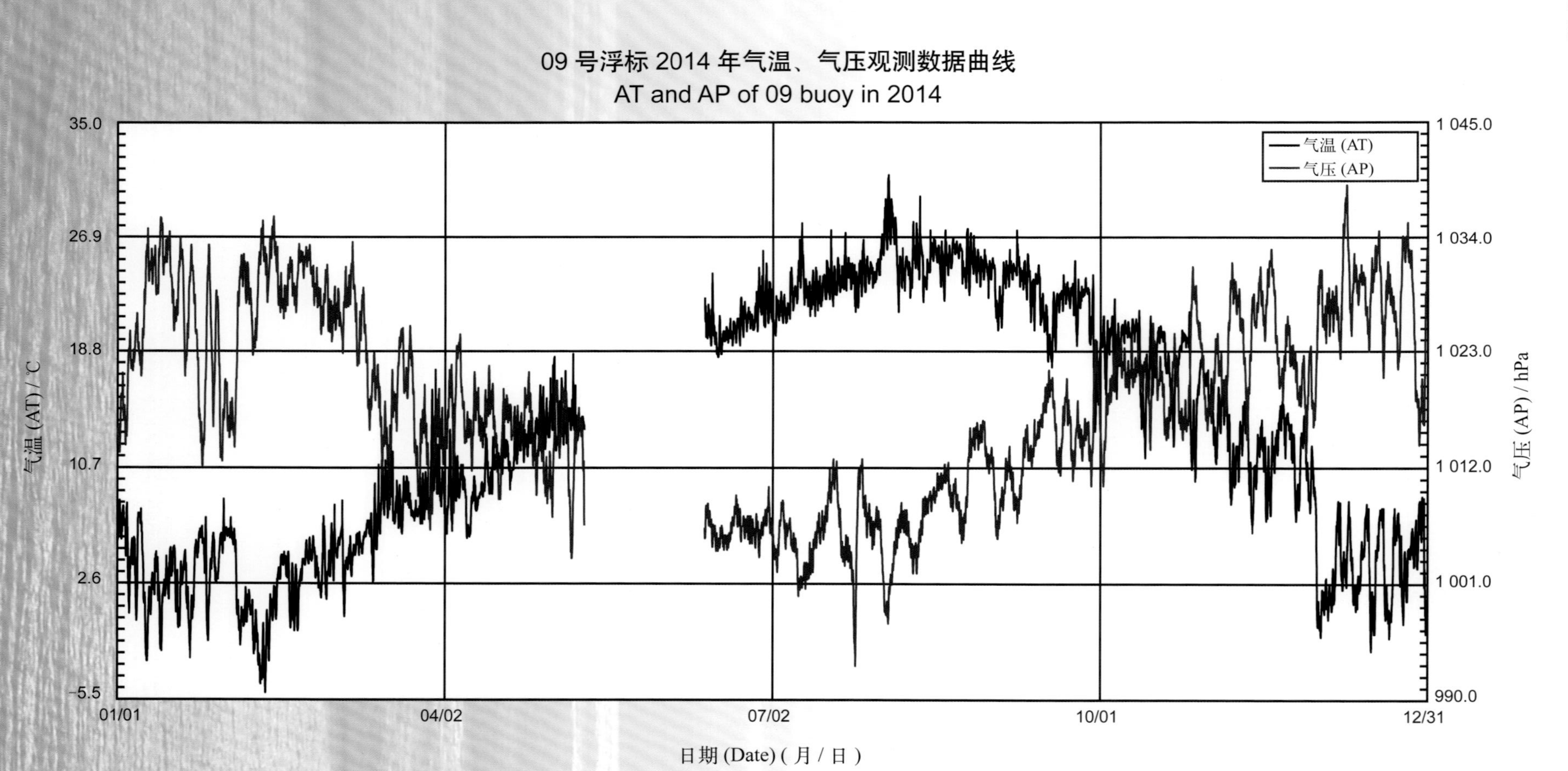
09 号浮标 2014 年气温、气压观测数据曲线
AT and AP of 09 buoy in 2014
气温 (AT)
气压 (AP)
气温 (AT) / ℃
气压 (AP) / hPa
日期 (Date) (月 / 日)
35.0
26.9
18.8
10.7
2.6
−5.5
1 045.0
1 034.0
1 023.0
1 012.0
1 001.0
990.0
01/01
04/02
07/02
10/01
12/31

09 号浮标 2014 年 01 月气温、气压观测数据曲线

AT and AP of 09 buoy in Jan. 2014

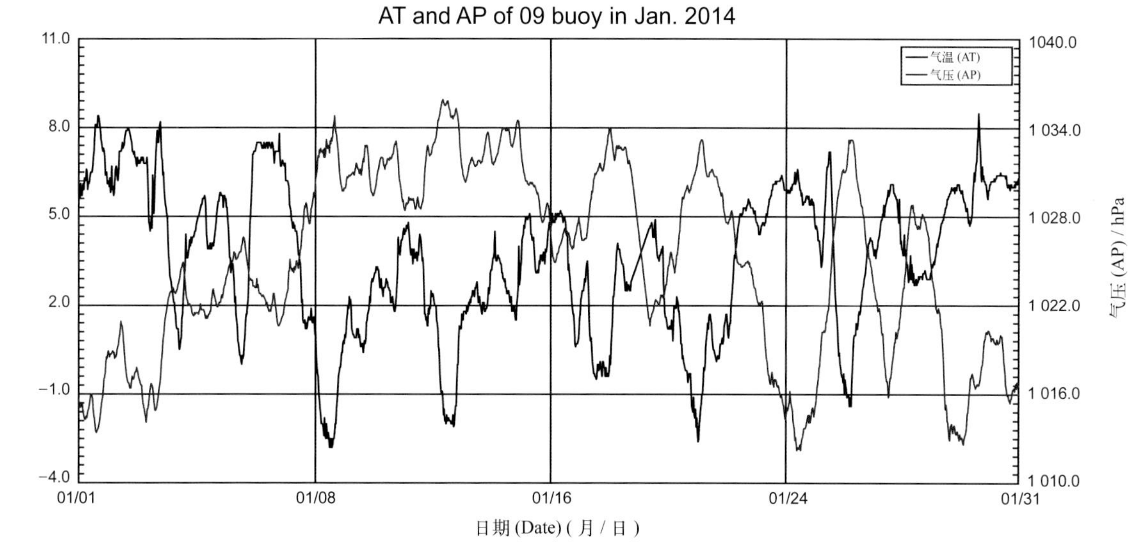

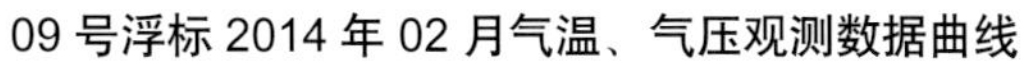

09 号浮标 2014 年 02 月气温、气压观测数据曲线

AT and AP of 09 buoy in Feb. 2014

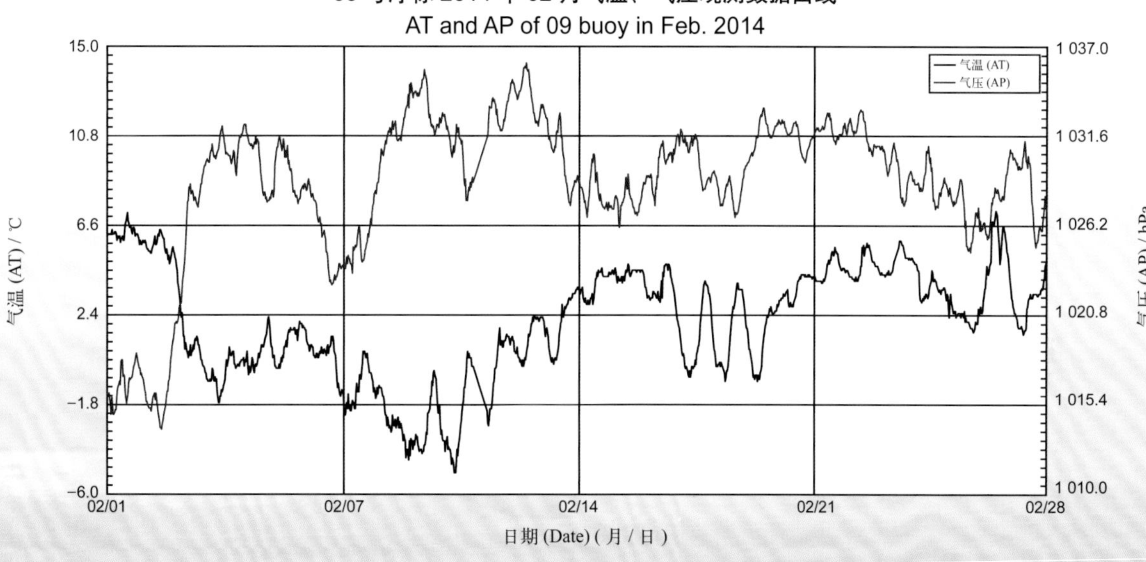

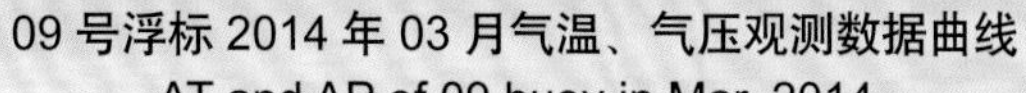

09 号浮标 2014 年 03 月气温、气压观测数据曲线

AT and AP of 09 buoy in Mar. 2014

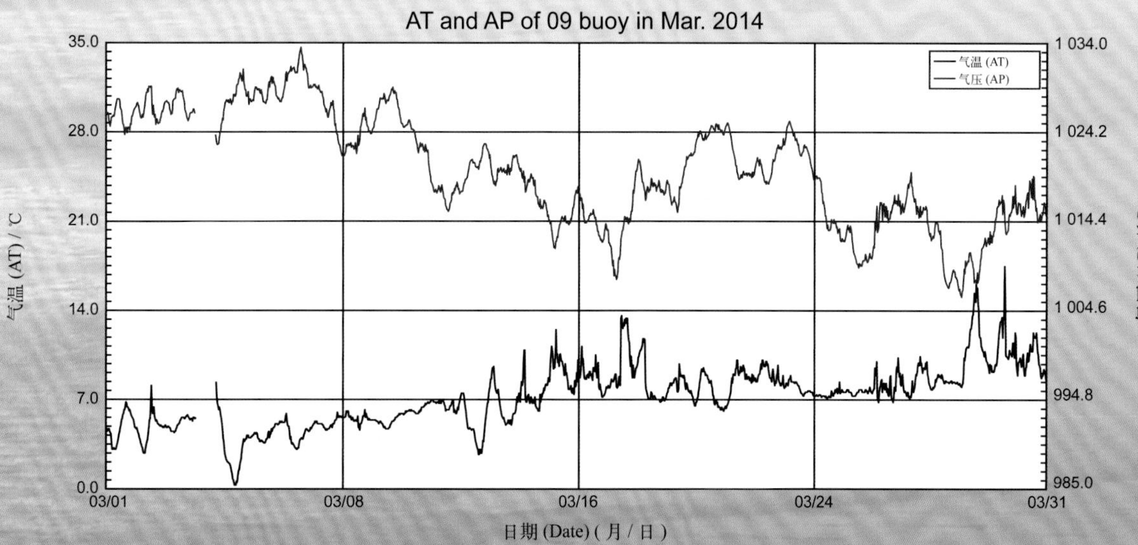

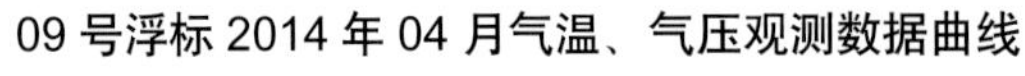

09 号浮标 2014 年 04 月气温、气压观测数据曲线
AT and AP of 09 buoy in Apr. 2014

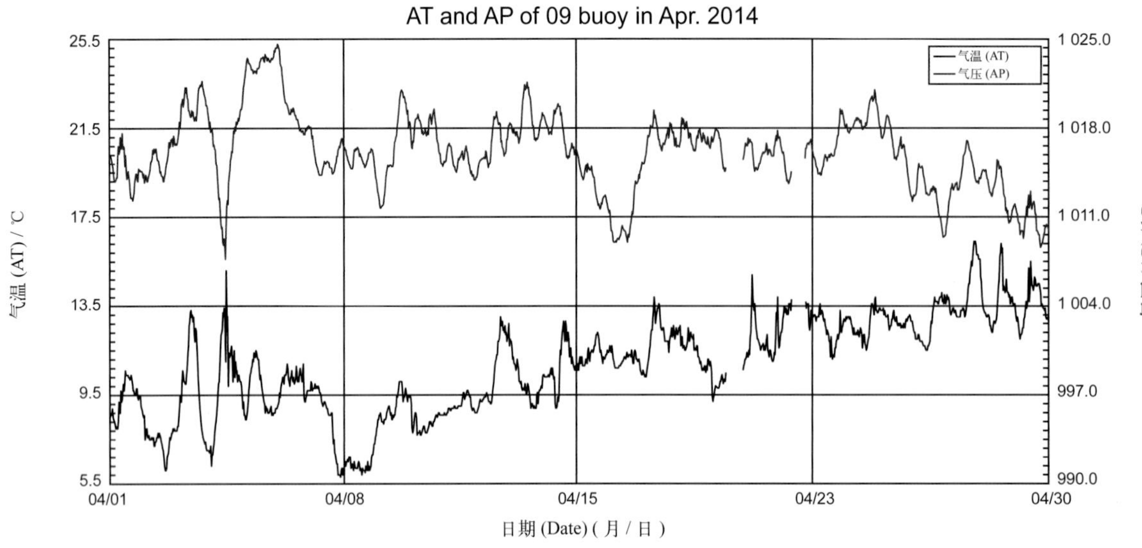

09 号浮标 2014 年 05 月气温、气压观测数据曲线
AT and AP of 09 buoy in May 2014

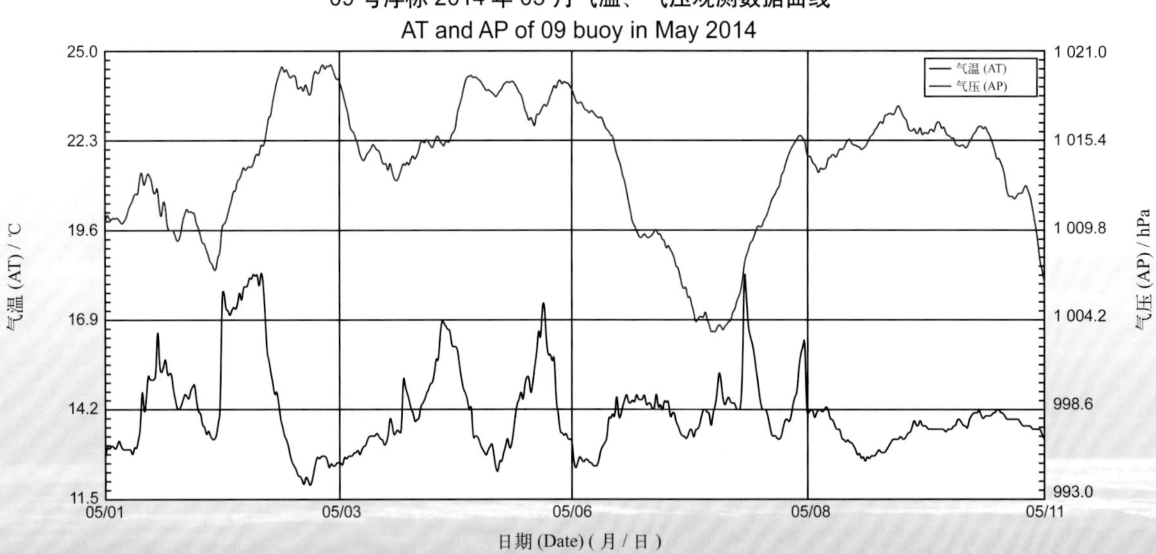

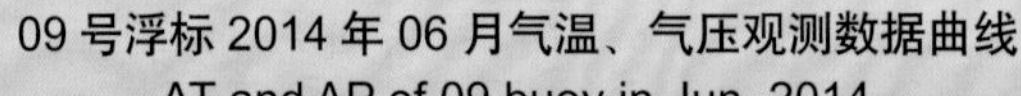

09 号浮标 2014 年 06 月气温、气压观测数据曲线
AT and AP of 09 buoy in Jun. 2014

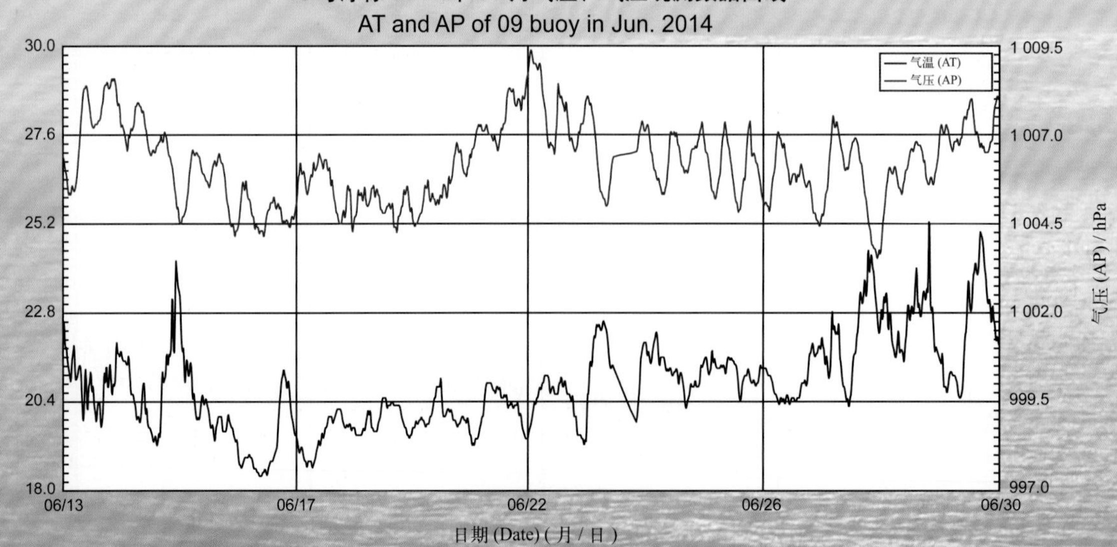

09 号浮标 2014 年 07 月气温、气压观测数据曲线
AT and AP of 09 buoy in Jul. 2014

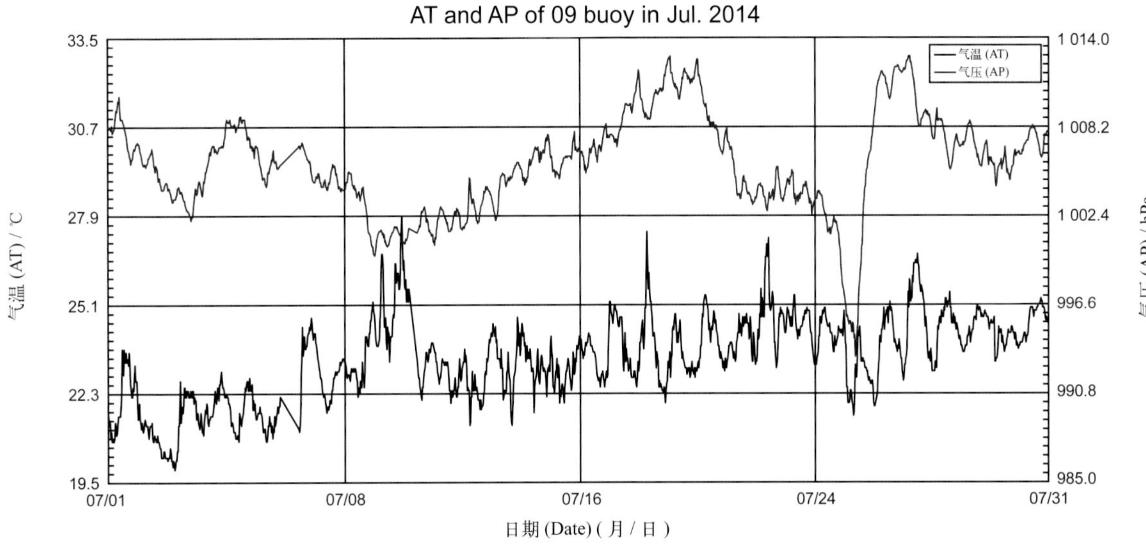

09 号浮标 2014 年 08 月气温、气压观测数据曲线
AT and AP of 09 buoy in Aug. 2014

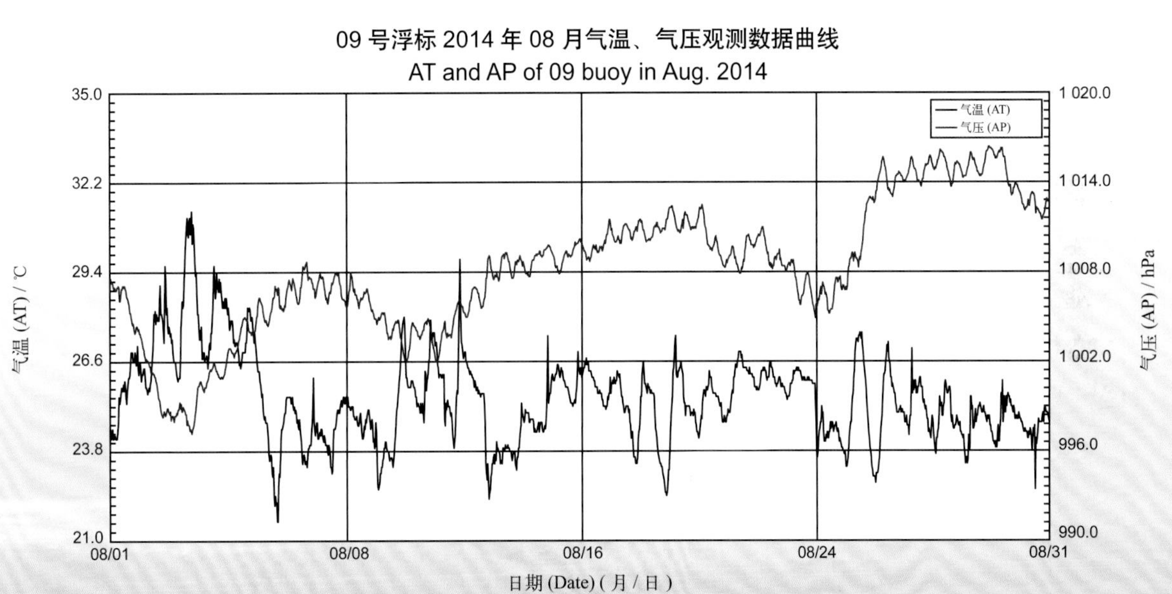

09 号浮标 2014 年 09 月气温、气压观测数据曲线
AT and AP of 09 buoy in Sep. 2014

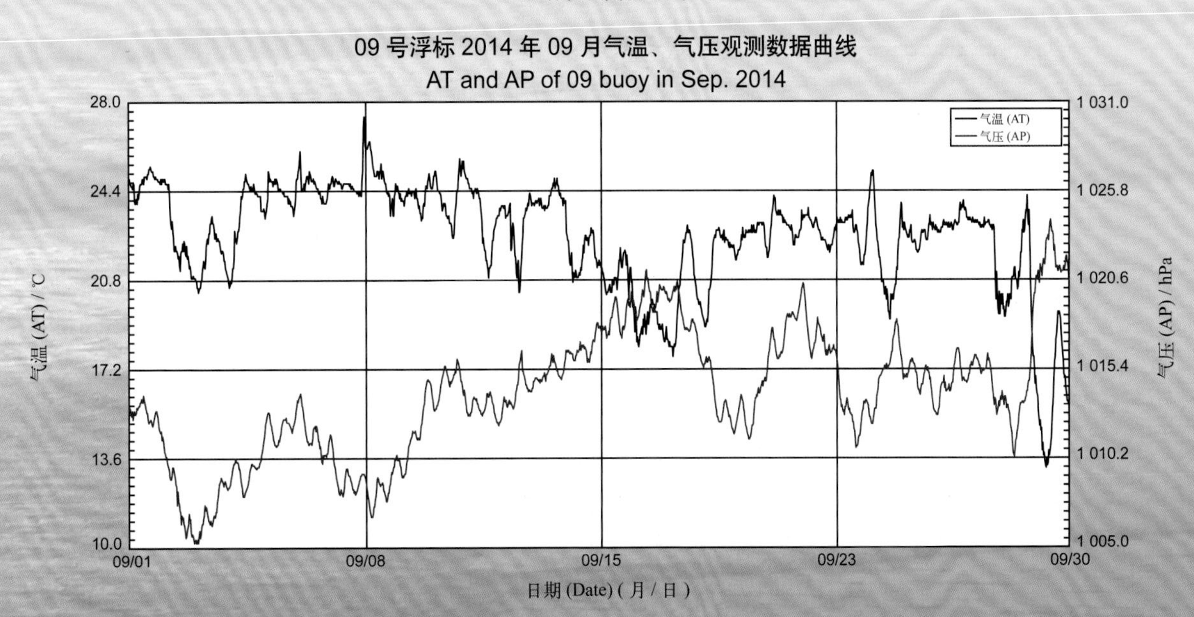

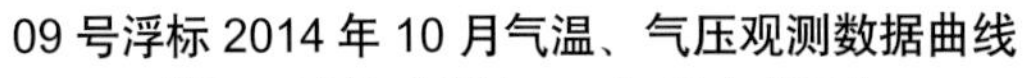

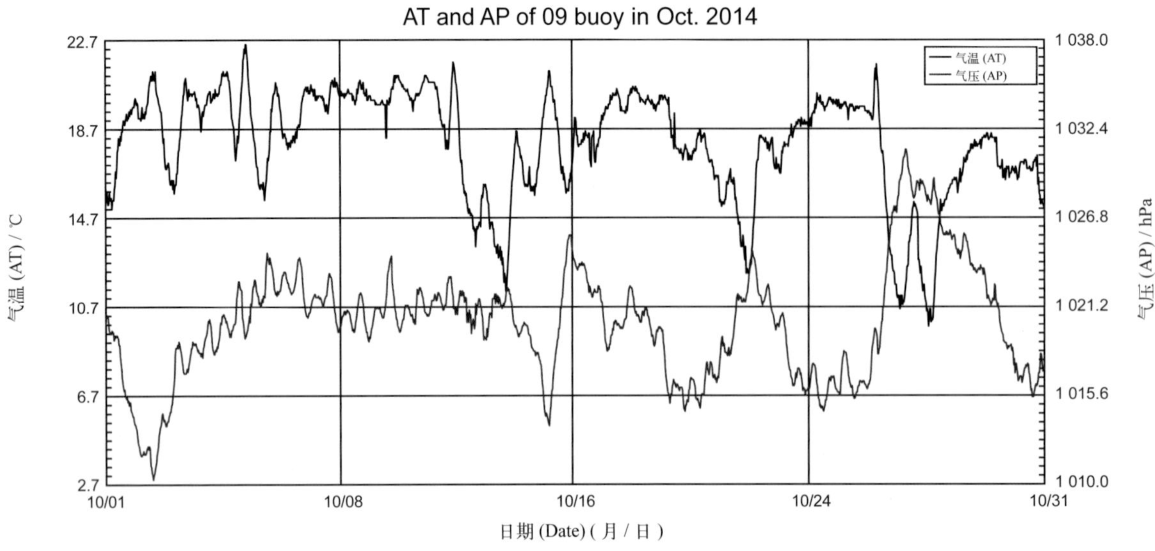

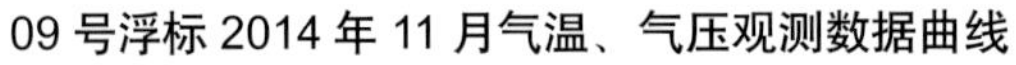

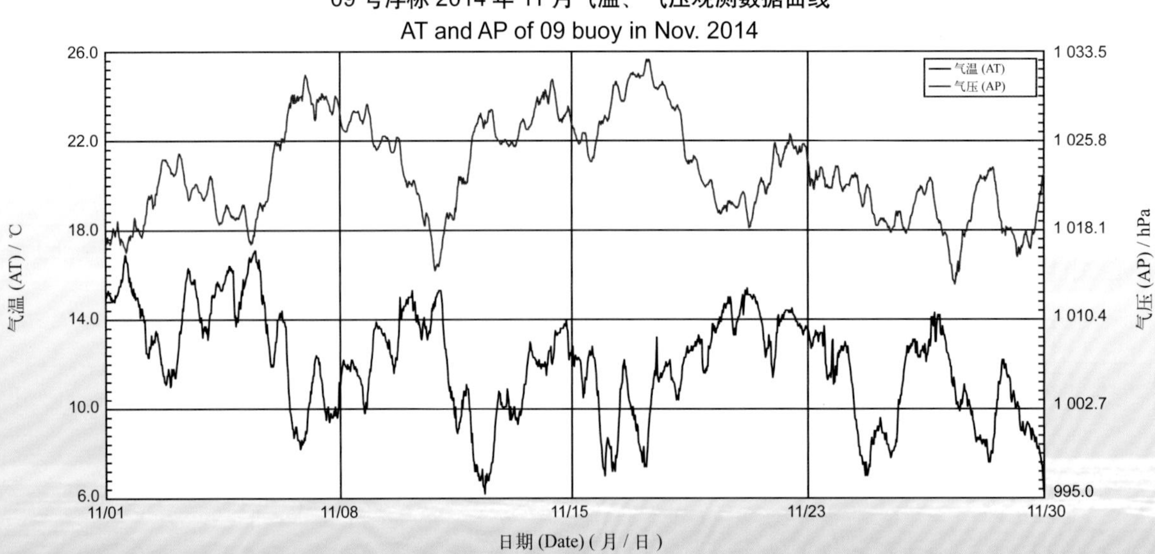

09 号浮标 2014 年 12 月气温、气压观测数据曲线

AT and AP of 09 buoy in Dec. 2014

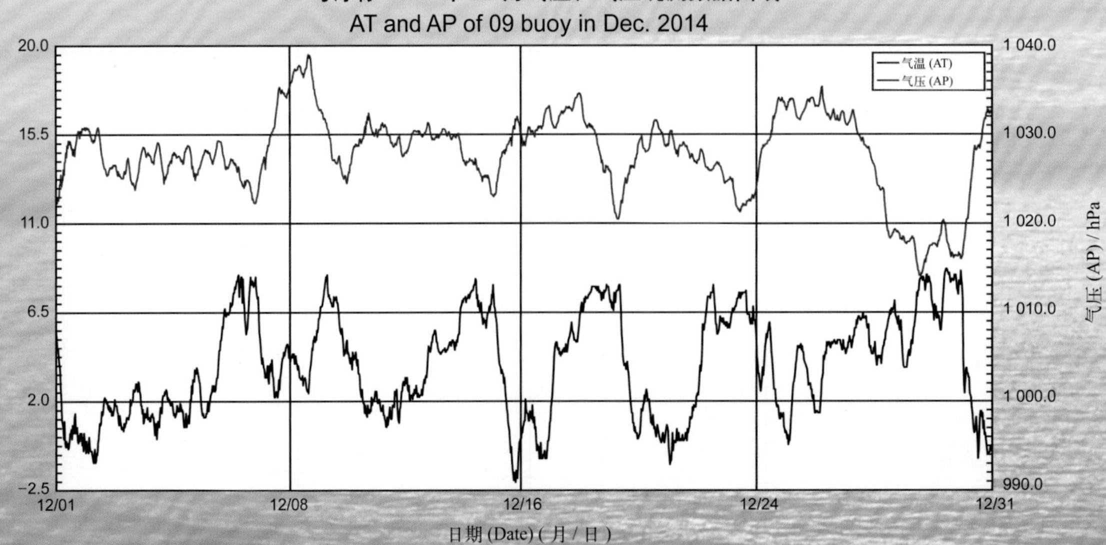

2014 年度 10 号浮标观测数据概述及曲线（气温和气压）

10 号浮标位于长江口上海崇明岛附近海域（31°23′N，121°56′E），是一套直径 3 m 的圆盘形综合观测平台。可获取的观测参数包括气象、水文和水质，气温和气压数据是气象参数中的重要观测内容。

2014 年，东海站 10 号浮标获取了全年 365 天的气温和气压长序列观测数据。

通过对获取数据进行质量控制和分析，10 号浮标观测海域 2014 年度气温、气压数据和季节数据特征如下。年度气温平均值为 17.1℃，年度气压平均值为 1 014.9 hPa。测得的全年最高气温和最低气温分别为 31.3℃（8 月 4 日 10:30）和 −0.5℃（2 月 11 日 05:30）；测得的全年最高气压和最低气压分别为 1 034.8 hPa（12 月 18 日 09:30）和 989.6 hPa（8 月 2 日 02:00）。以 2 月为冬季代表月，观测海域冬季的平均气温为 6.41℃，平均气压为 1 022.7 hPa；以 5 月为春季代表月，观测海域春季的平均气温为 20.1℃，平均气压为 1 009.8 hPa；以 8 月为夏季代表月，观测海域夏季的平均气温为 26.6℃，平均气压为 1 005.2 hPa；以 11 月为秋季代表月，观测海域秋季的平均气温为 16.1℃，平均气压为 1 020.3 hPa。

2014 年度，10 号浮标布放海域月度气温、气压变化特征与该海域常年季节气候变化特点基本吻合。浮标观测的月平均值、最高值、最低值数据参见表 5。从表中可以看出，气温平均值最低的月份为 2 月，并且在该月份观测到年度最低气温（−0.5℃），气温平均值最高的月份为 8 月，并且在该时间段内观测到年度最高气温（31.3℃）。气压平均值最低的月份为 7 月，年度最低气压出现在 8 月台风期间（989.6 hPa），气压平均值最高的月份为 12 月，并且在该时间段内观测到年度最高气压（1 034.8 hPa）。从月度气温、气压的变化情况分析，气温变化最为剧烈的是 2 月，最高气温为 18.1℃，最低气温为 −0.5℃，变化幅度达 18.6℃；气压变化最为剧烈的是 3 月，最高气压为 1 031.6 hPa，最低气压为 1 002.9 hPa，变化幅度达 28.7 hPa。比较而言，气温变化幅度较小的月份是 7 月和 8 月，变化幅度均为 7.8℃，最高气温分别为 30.5℃和 31.3℃，最低气温分别为 22.7℃和 23.5℃；气压变化幅度较小的月份是 6 月，最高气压为 1 009.7 hPa，最低气压为 997.6 hPa，变化幅度为 12.1 hPa。

2014 年，10 号浮标共记录了 6 次台风过程，分别为 6 月 15 日至 18 日观测到第 7 号台风“海贝思”、7 月 8 日至 10 日观测到第 8 号超强台风“浣熊”、7 月 23 日至 26 日观测到第 10 号台风“麦德姆”、7 月 31 日至 8 月 3 日观测到第 12 号台风“娜基莉”、9 月 21 日至 24 日观测到第 16 号台风“凤凰”、10 月 12 日至 13 日观测到第 19 号台风“黄蜂”。其中，“凤凰”台风移动路径十分接近 10 号浮标布放站位，10 号浮标记录了台风中心位置的宝贵数据，多次观测到了“凤凰”台风期间的最低气压，为 998.8 hPa（9 月 22 日 09:30，9 月 23 日 08:30、13:30）；“海贝思”“浣熊”“麦德姆”“娜基莉”“黄蜂”期间获取到的最低气压分别为 997.6 hPa（6 月 17 日 02:30）、993.4 hPa（7 月 9 日 03:00）、994.1 hPa（7 月 25 日 04:00）、989.6 hPa（8 月 2 日 02:00）、1 009.9 hPa（10 月 12 日 14:00）。

表5　10号浮标各月气温、气压观测数据情况

月份	气温 / ℃			气压 / hPa			备注
	平均	最高	最低	平均	最高	最低	
1	7.2	12.3	1.8	1 024.6	1 034.7	1 013.3	
2	6.4	18.1	−0.5	1 022.7	1 032.1	1 008.5	冬季代表月
3	10.5	15.5	5.7	1 019.6	1 031.6	1 002.9	
4	15.1	19.1	10.2	1 015.2	1 026.6	1 006.8	
5	20.1	28.5	15.7	1 009.8	1 021.9	997.9	春季代表月
6	23.0	28.2	20.0	1 004.4	1 009.7	997.6	记录1次台风过程
7	26.5	30.5	22.7	1 004.3	1 010.3	993.4	记录2次台风过程
8	26.6	31.3	23.5	1 005.2	1 014.2	989.6	夏季代表月，记录1次台风过程
9	24.7	29.7	20.0	1 009.8	1 017.7	998.8	记录1次台风过程
10	20.9	24.9	15.6	1 017.0	1 024.6	1 008.7	记录1次台风过程
11	16.1	20.2	11.3	1 020.3	1 029.1	1 009.2	秋季代表月
12	7.7	13.1	2.8	1 026.1	1 034.8	1 016.1	

10 号浮标 2014 年气温、气压观测数据曲线
AT and AP of 10 buoy in 2014

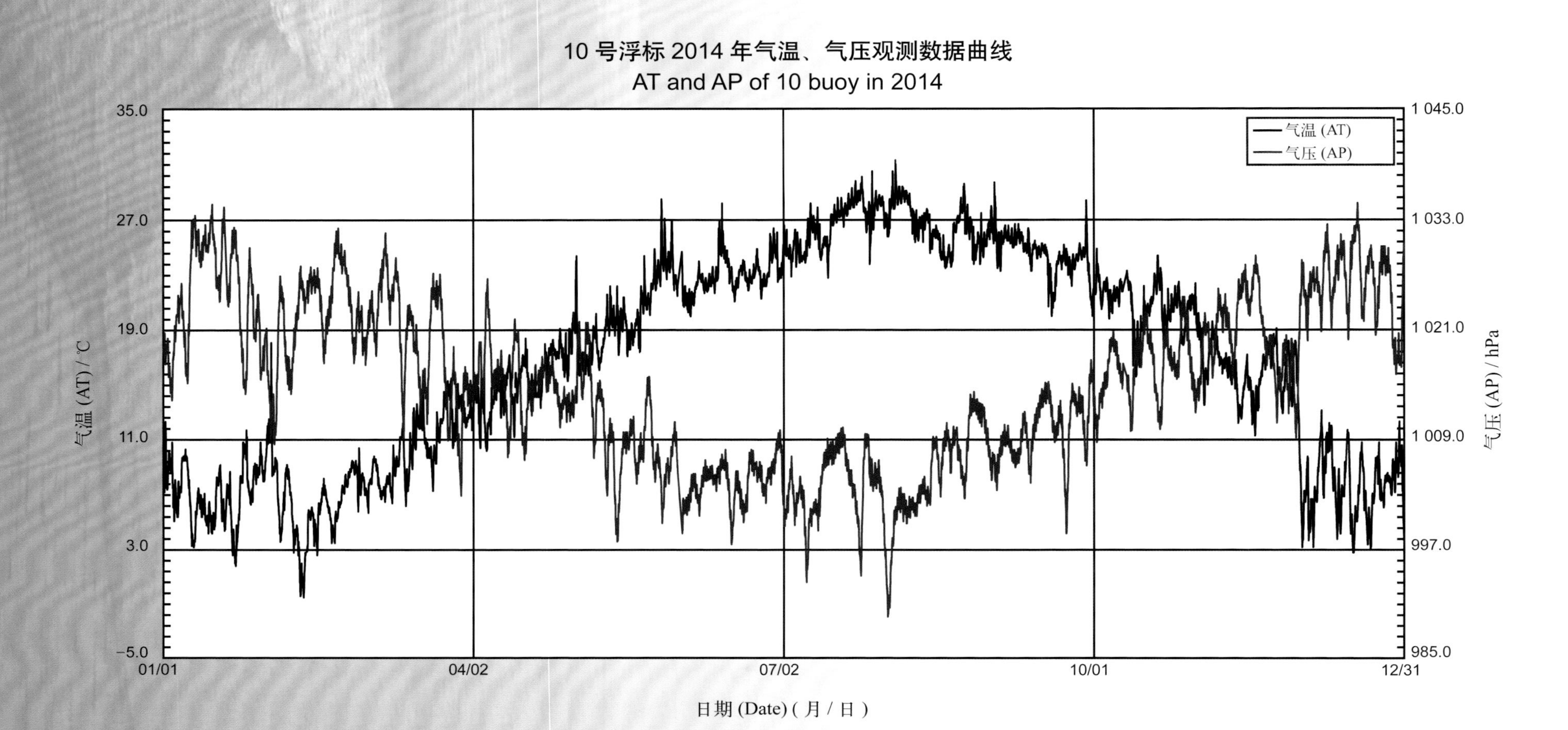

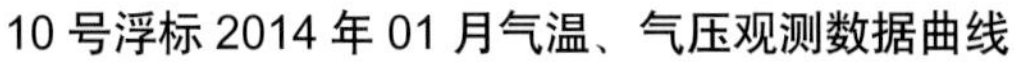

10 号浮标 2014 年 01 月气温、气压观测数据曲线
AT and AP of 10 buoy in Jan. 2014

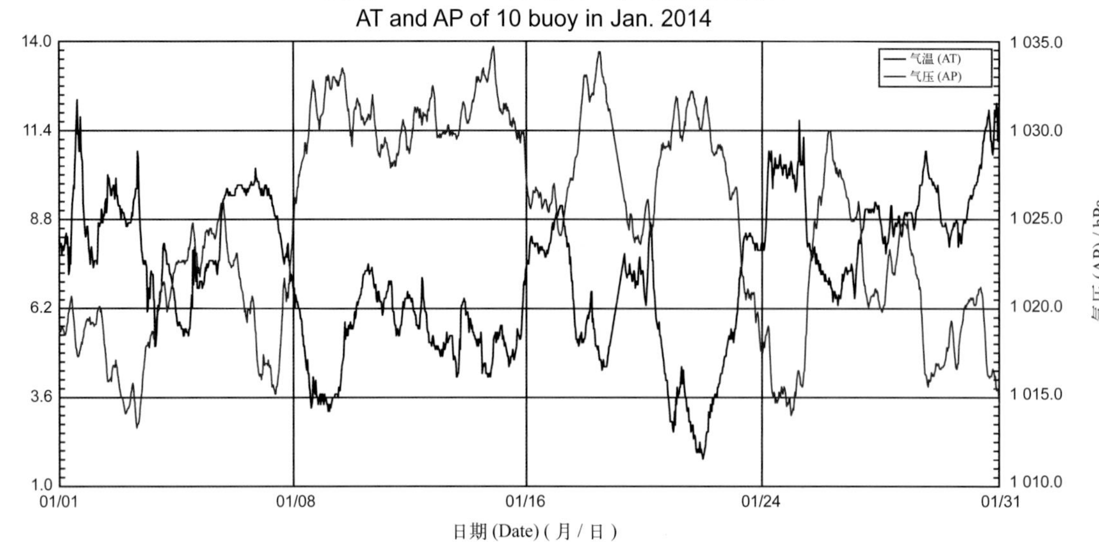

10 号浮标 2014 年 02 月气温、气压观测数据曲线
AT and AP of 10 buoy in Feb. 2014

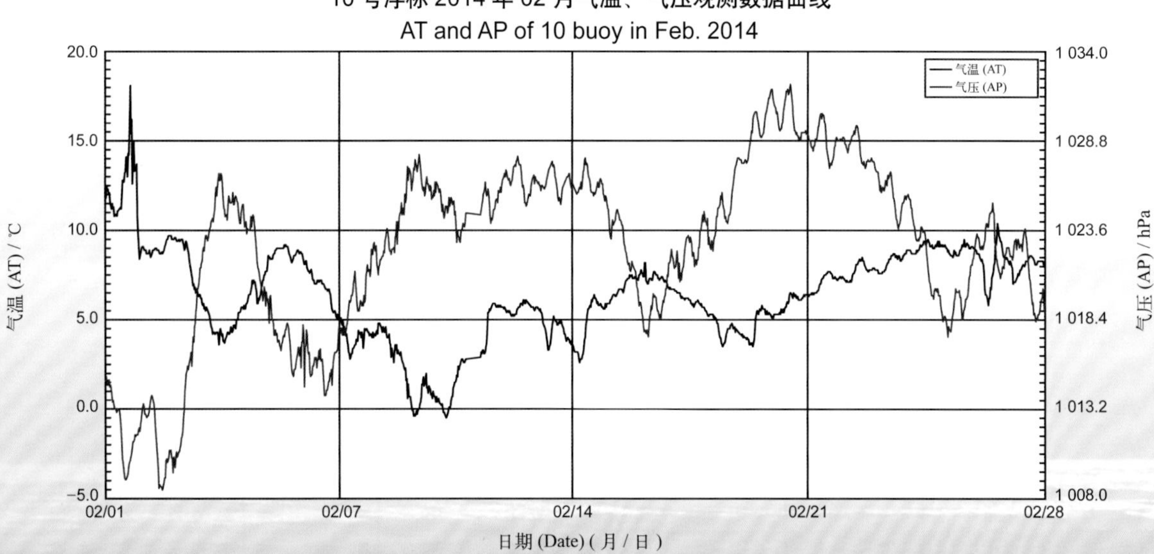

10 号浮标 2014 年 03 月气温、气压观测数据曲线
AT and AP of 10 buoy in Mar. 2014

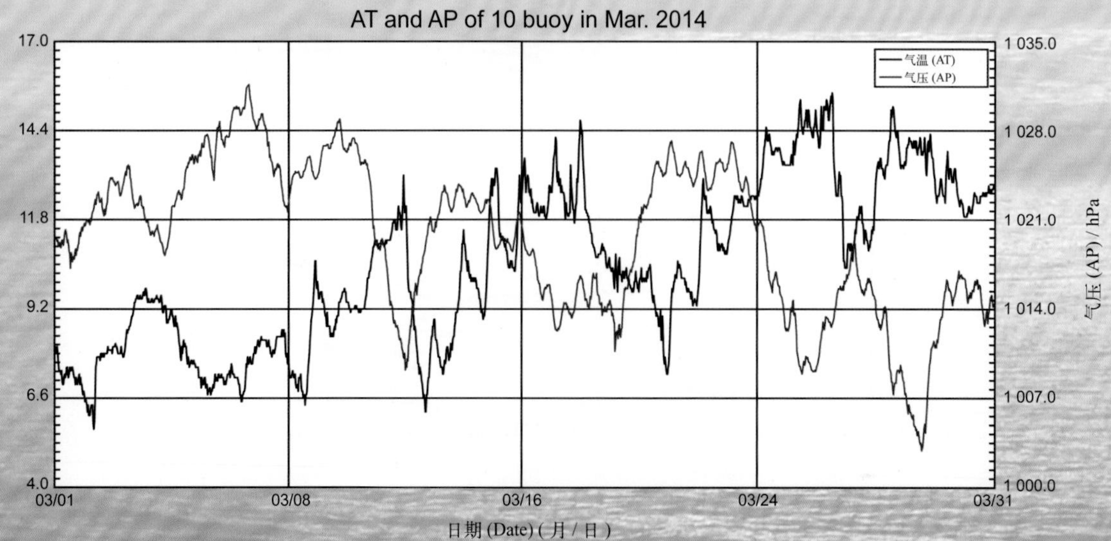

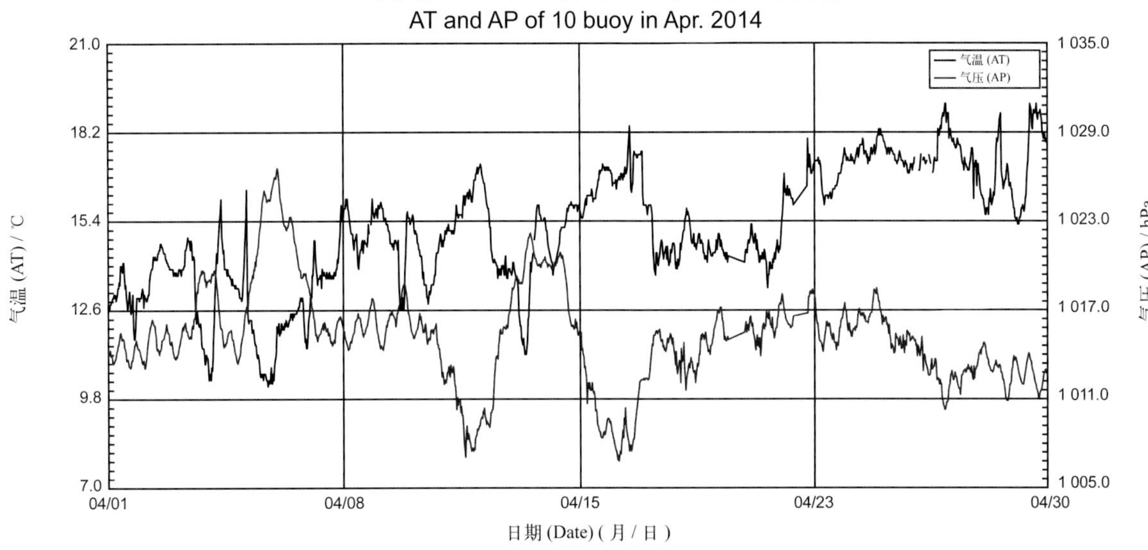
10 号浮标 2014 年 04 月气温、气压观测数据曲线
AT and AP of 10 buoy in Apr. 2014
气温 (AT)
气压 (AP)
气温 (AT) / ℃
气压 (AP) / hPa
21.0
18.2
15.4
12.6
9.8
7.0
1 035.0
1 029.0
1 023.0
1 017.0
1 011.0
1 005.0
04/01
04/08
04/15
04/23
04/30
日期 (Date) (月 / 日)

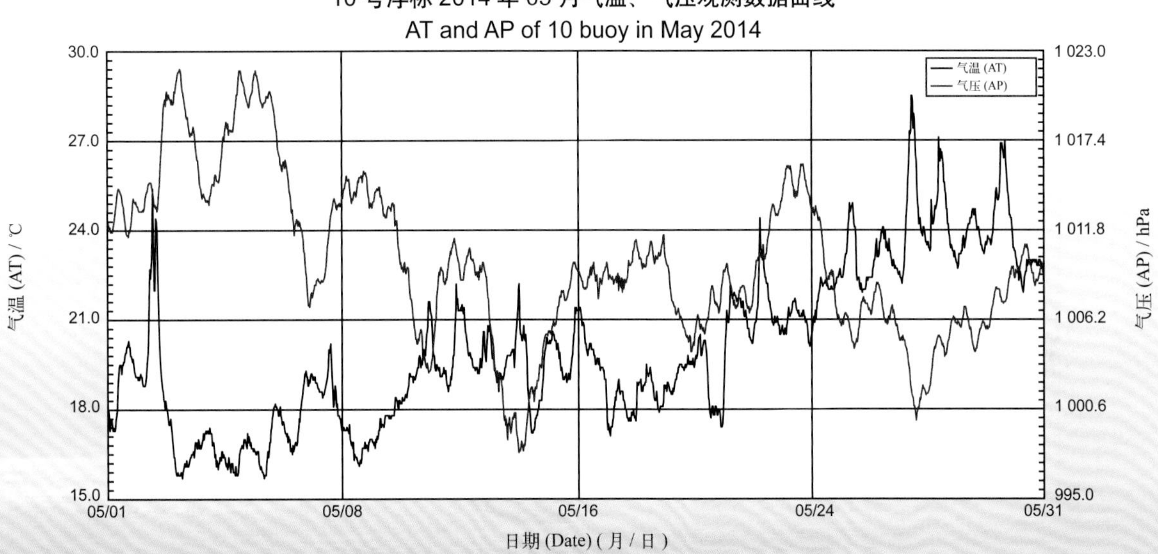
10 号浮标 2014 年 05 月气温、气压观测数据曲线
AT and AP of 10 buoy in May 2014
气温 (AT)
气压 (AP)
气温 (AT) / ℃
气压 (AP) / hPa
30.0
27.0
24.0
21.0
18.0
15.0
1 023.0
1 017.4
1 011.8
1 006.2
1 000.6
995.0
05/01
05/08
05/16
05/24
05/31
日期 (Date) (月 / 日)

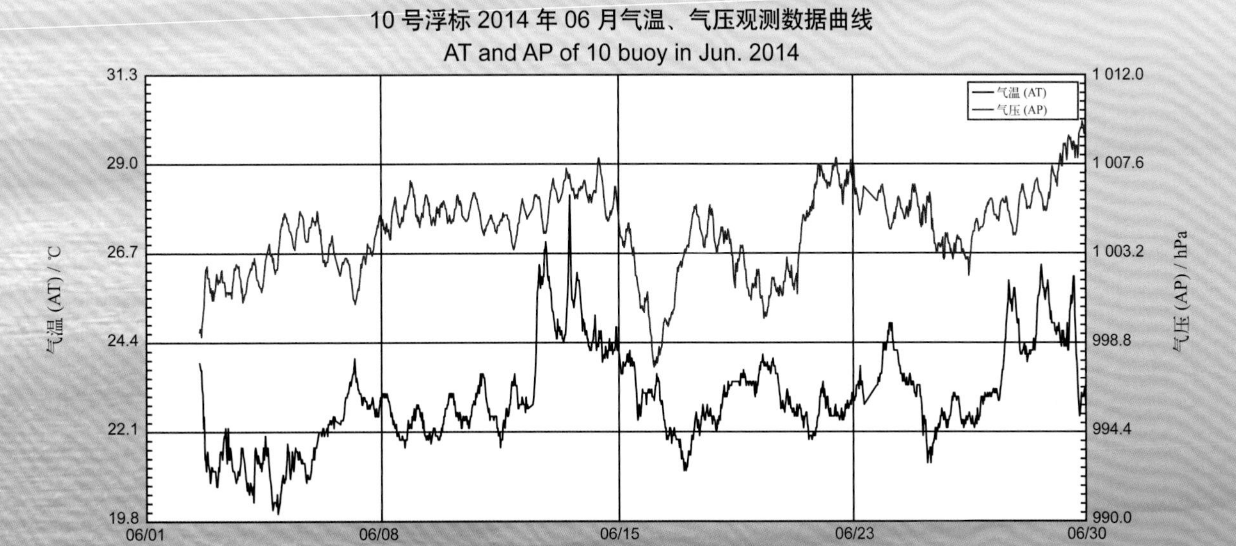
10 号浮标 2014 年 06 月气温、气压观测数据曲线
AT and AP of 10 buoy in Jun. 2014
气温 (AT)
气压 (AP)
气温 (AT) / ℃
气压 (AP) / hPa
31.3
29.0
26.7
24.4
22.1
19.8
1 012.0
1 007.6
1 003.2
998.8
994.4
990.0
06/01
06/08
06/15
06/23
06/30
日期 (Date) (月 / 日)

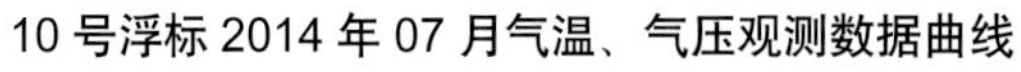

10 号浮标 2014 年 07 月气温、气压观测数据曲线
AT and AP of 10 buoy in Jul. 2014

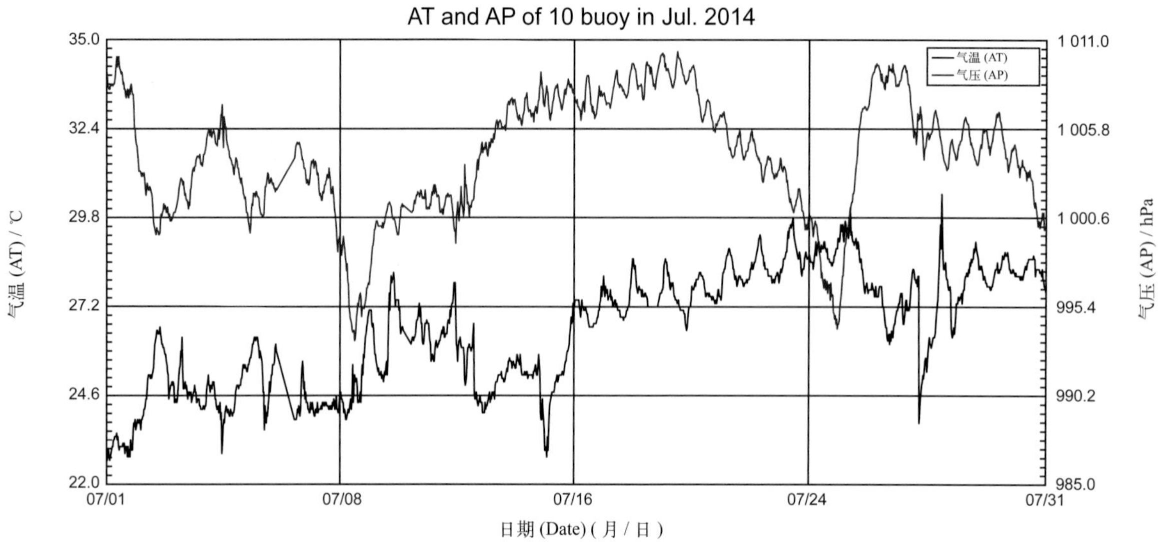

10 号浮标 2014 年 08 月气温、气压观测数据曲线
AT and AP of 10 buoy in Aug. 2014

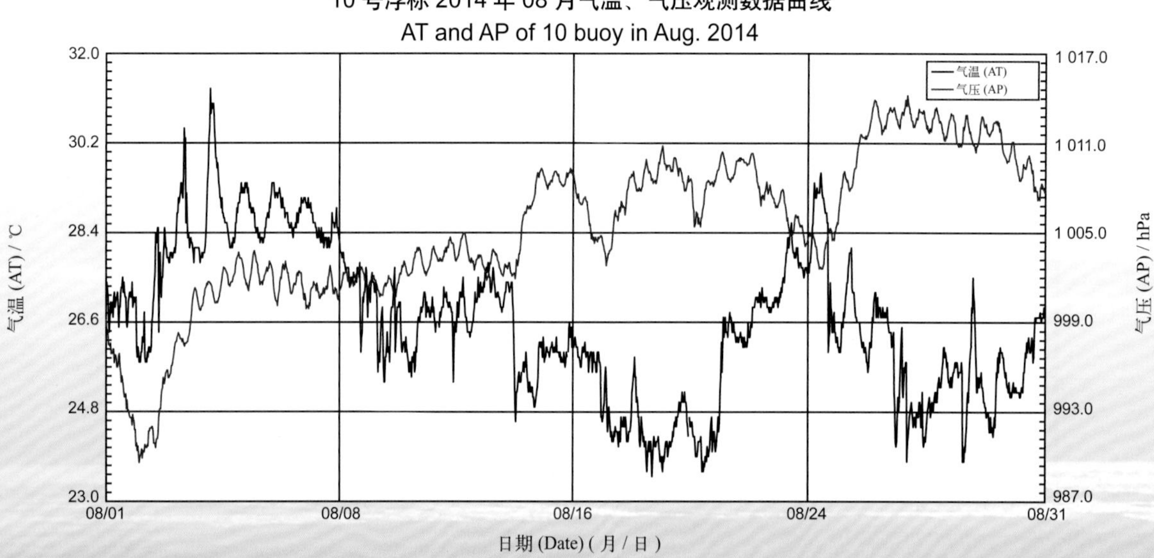

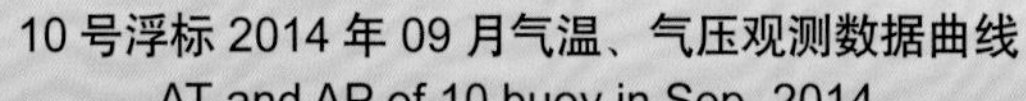

10 号浮标 2014 年 09 月气温、气压观测数据曲线
AT and AP of 10 buoy in Sep. 2014

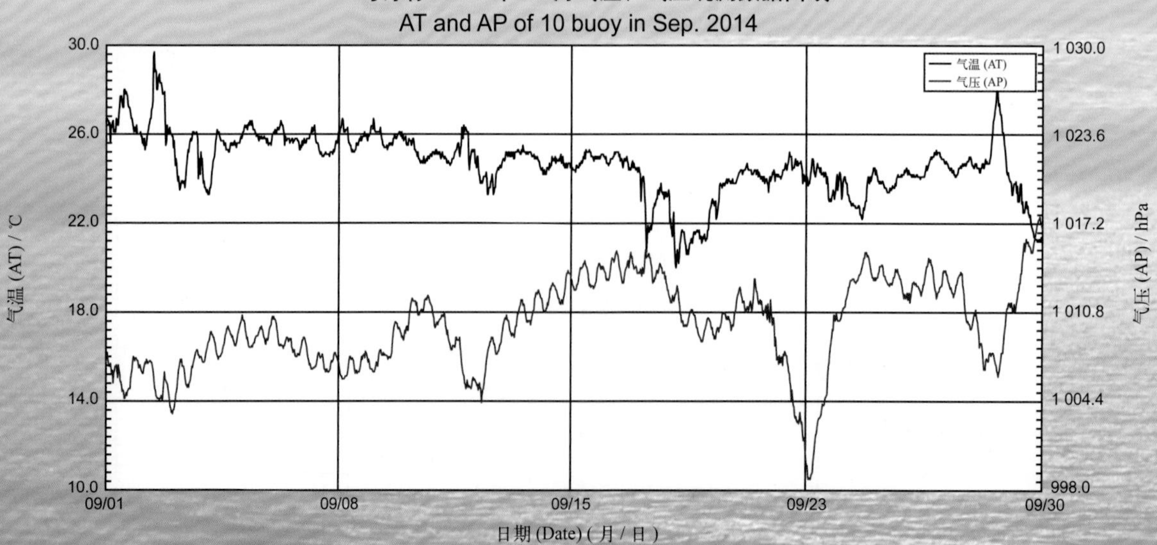

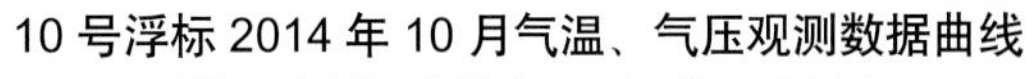
10 号浮标 2014 年 10 月气温、气压观测数据曲线
AT and AP of 10 buoy in Oct. 2014

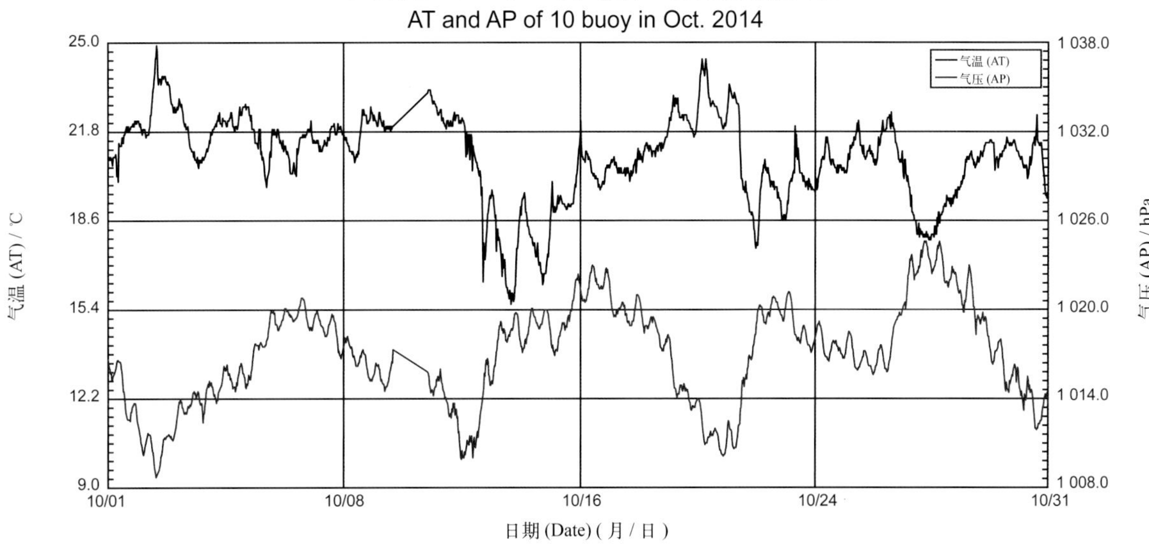

10 号浮标 2014 年 11 月气温、气压观测数据曲线
AT and AP of 10 buoy in Nov. 2014

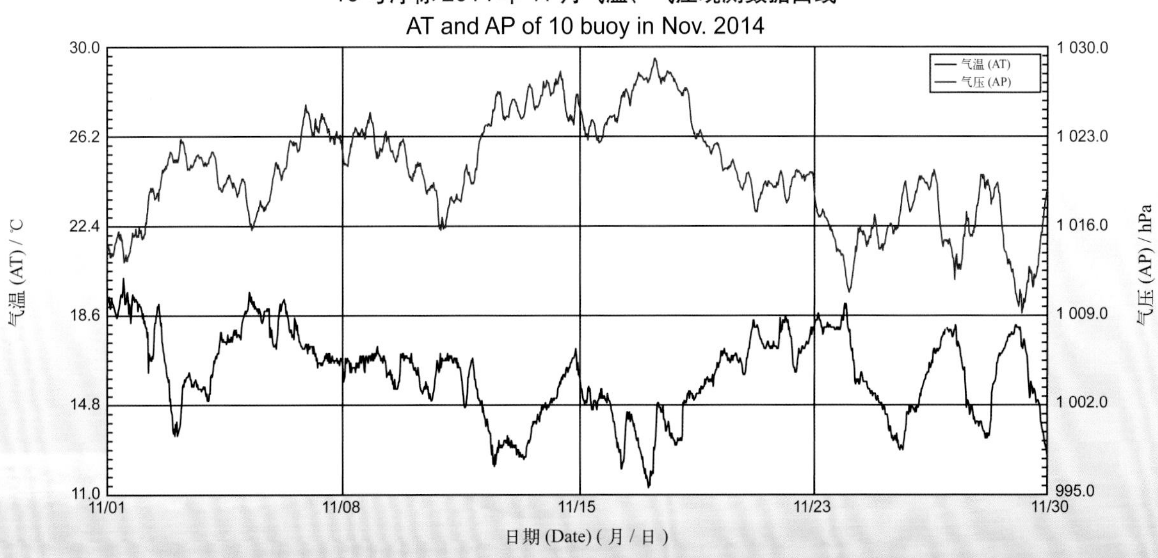

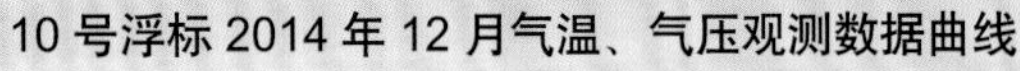
10 号浮标 2014 年 12 月气温、气压观测数据曲线
AT and AP of 10 buoy in Dec. 2014

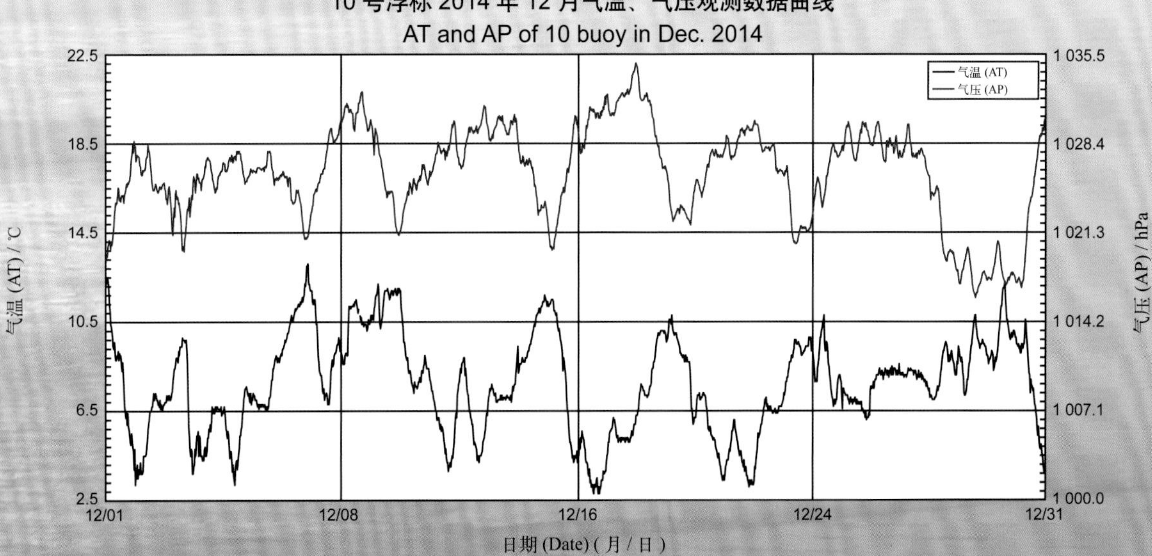

2014年度11号浮标观测数据概述及曲线
（气温和气压）

11号浮标位于舟山花鸟岛附近海域（31.00°N，122°49′E），是一套直径10 m的圆盘形综合观测平台。可获取的观测参数包括气象、水文和水质，气温和气压数据是气象参数中的重要观测内容。

2014年，东海站11号浮标共获取到306天的气温和气压长序列观测数据。获取数据的区间共两个时间段，具体为1月1日00:00至2月1日19:50、4月2日02:00至12月31日23:00。

通过对获取数据进行质量控制和分析，11号浮标观测海域2014年度气温、气压数据和季节数据特征如下。年度气温平均值为19.1℃，年度气压平均值为1 014.6 hPa。测得的全年最高气温和最低气温分别为32.1℃（7月28日11:10、14:10和8月31日14:00）和2.9℃（12月17日03:10）；测得的全年最高气压和最低气压分别为1 035.7 hPa（12月18日09:30）和987.8 hPa（8月2日01:30、01:50、02:20）。以5月为春季代表月，观测海域春季的平均气温为18.0℃，平均气压为1 011.7 hPa；以8月为夏季代表月，观测海域夏季的平均气温为25.8℃，平均气压为1 007.0 hPa；以11月为秋季代表月，观测海域秋季的平均气温为16.7℃，平均气压为1 021.9 hPa。

2014年，11号浮标布放海域月度气温、气压变化特征与该海域常年季节气候变化特点基本吻合。浮标观测的月平均值、最高值、最低值数据参见表6。从表中可以看出，在获取数据中，气温平均值最低的月份为1月，年度最低气温（2.9℃）出现在12月，气温平均值最高的月份为8月，并且在该时间段内观测到年度最高气温（32.1℃），7月亦出现了年度最高气温32.1℃（7月28日11:10、14:10）。气压平均值最低的月份为6月，年度最低气压（987.8 hPa）出现在8月，气压平均值最高的月份为12月，并且在该时间段内观测到年度最高气压（1 035.7 hPa）。从月度气温、气压的变化情况分析，气温变化最为剧烈的是12月，最高气温为16.8℃，最低气温为2.9℃，变化幅度达13.9℃；气压变化最为剧烈的是8月，最高气压为1 015.6 hPa，最低气压为987.8 hPa，变化幅度达27.8 hPa。比较而言，气温变化幅度较小的月份是4月，最高气温为16.5℃，最低气温为10.8℃，变化幅度为5.7℃；气压变化幅度较小的月份是6月，最高气压为1 012.0 hPa，最低气压为998.9 hPa，变化幅度为13.1 hPa。

2014年，11号浮标共记录了6次台风过程，分别为6月15日至18日观测到第7号台风"海贝思"，获取到的最低气压为998.9 hPa（6月17日03:00）；7月8日至10日观测到第8号超强台风"浣熊"，获取到的最低气压为990.1 hPa（7月9日05:00）；7月23日至26日观测到第10号台风"麦德姆"，获取到的最低气压为999.2 hPa（7月25日03:30）；7月31日至8月3日观测到第12号台风"娜基莉"，获取到的最低气压为987.8 hPa（8月2日01:30）；9月21日至24日观测到第16号台风"凤凰"，获取到的最低气压为1 003.6 hPa（9月23日14:50）；10月12日至13日观测到第19号台风"黄蜂"，获取到的最低气压为1 009.2 hPa（10月12日15:20）。

表6　11号浮标各月气温、气压观测数据情况

月份	气温 / ℃			气压 / hPa			备注
	平均	最高	最低	平均	最高	最低	
1	8.2	13.6	3.6	1 025.9	1 035.0	1 013.9	
2	—	—	—	—	—	—	冬季代表月，浮标故障，无数据
3	—	—	—	—	—	—	浮标故障，无数据
4	14.5	16.5	10.8	1 015.8	1 025.4	1 008.3	缺测1天数据
5	18.0	26.3	13.9	1 011.7	1 023.4	998.8	春季代表月
6	21.2	27.4	18.0	1 006.1	1 012.0	998.9	记录1次台风过程
7	25.0	32.1	21.0	1 006.3	1 012.8	990.1	记录2次台风过程
8	25.8	32.1	22.7	1 007.0	1 015.6	987.8	夏季代表月，记录1次台风过程
9	24.3	30.0	18.9	1 011.5	1 018.6	1 003.6	记录1次台风过程
10	20.8	29.0	17.0	1 018.4	1 025.9	1 009.2	记录1次台风过程
11	16.7	22.8	12.5	1 021.9	1 029.9	1 010.7	秋季代表月
12	8.7	16.8	2.9	1 027.2	1 035.7	1 018.3	

11 号浮标 2014 年气温、气压观测数据曲线
AT and AP of 11 buoy in 2014

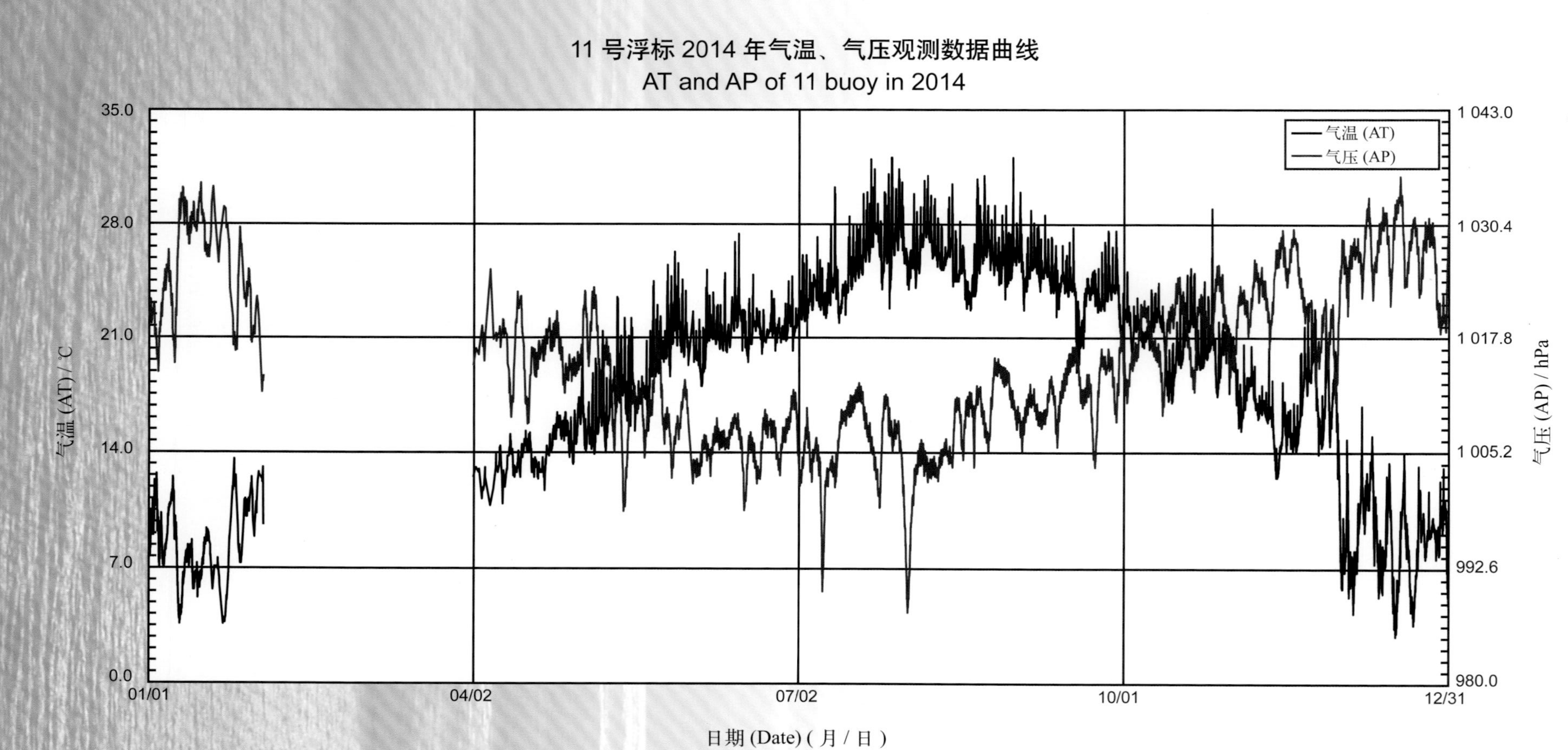

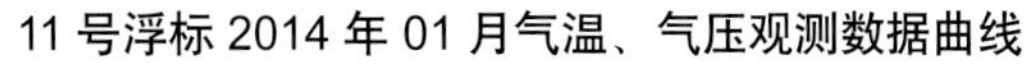
11 号浮标 2014 年 01 月气温、气压观测数据曲线
AT and AP of 11 buoy in Jan. 2014

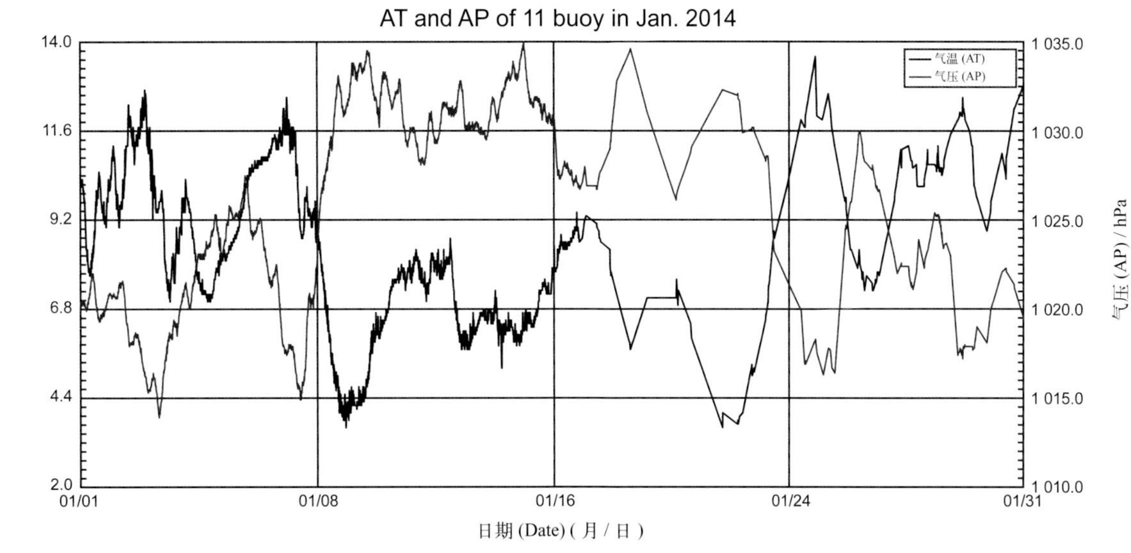
气温 (AT)
气压 (AP)
气温 (AT) / ℃
气压 (AP) / hPa
14.0
11.6
9.2
6.8
4.4
2.0
1 035.0
1 030.0
1 025.0
1 020.0
1 015.0
1 010.0
01/01
01/08
01/16
01/24
01/31
日期 (Date) (月 / 日)

11 号浮标 2014 年 05 月气温、气压观测数据曲线
AT and AP of 11 buoy in May 2014

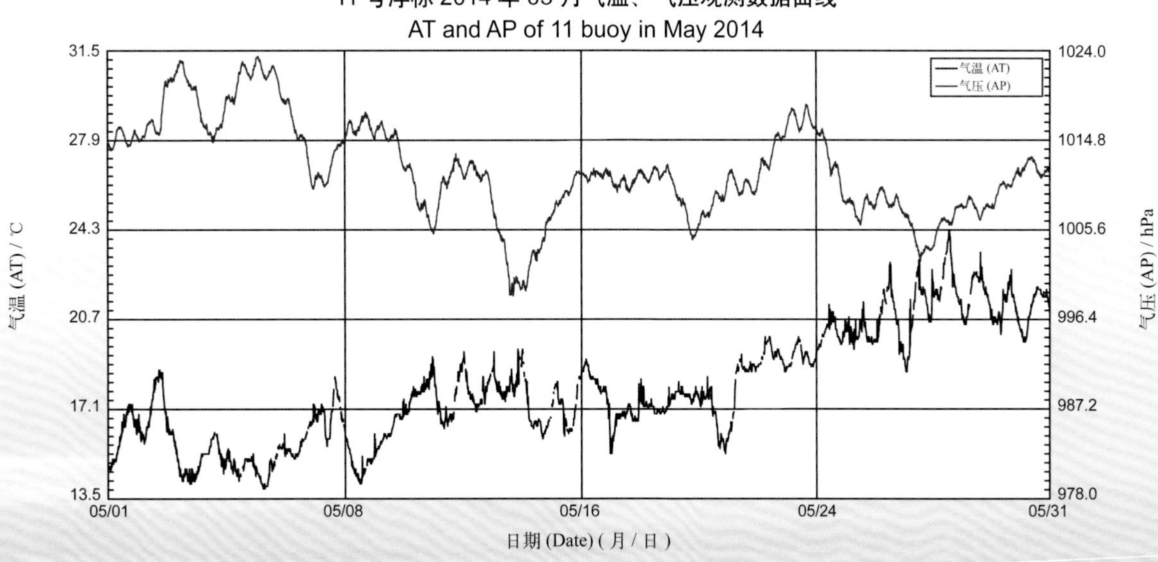
气温 (AT)
气压 (AP)
气温 (AT) / ℃
气压 (AP) / hPa
31.5
27.9
24.3
20.7
17.1
13.5
1024.0
1014.8
1005.6
996.4
987.2
978.0
05/01
05/08
05/16
05/24
05/31
日期 (Date) (月 / 日)

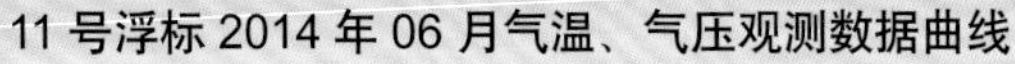
11 号浮标 2014 年 06 月气温、气压观测数据曲线
AT and AP of 11 buoy in Jun. 2014

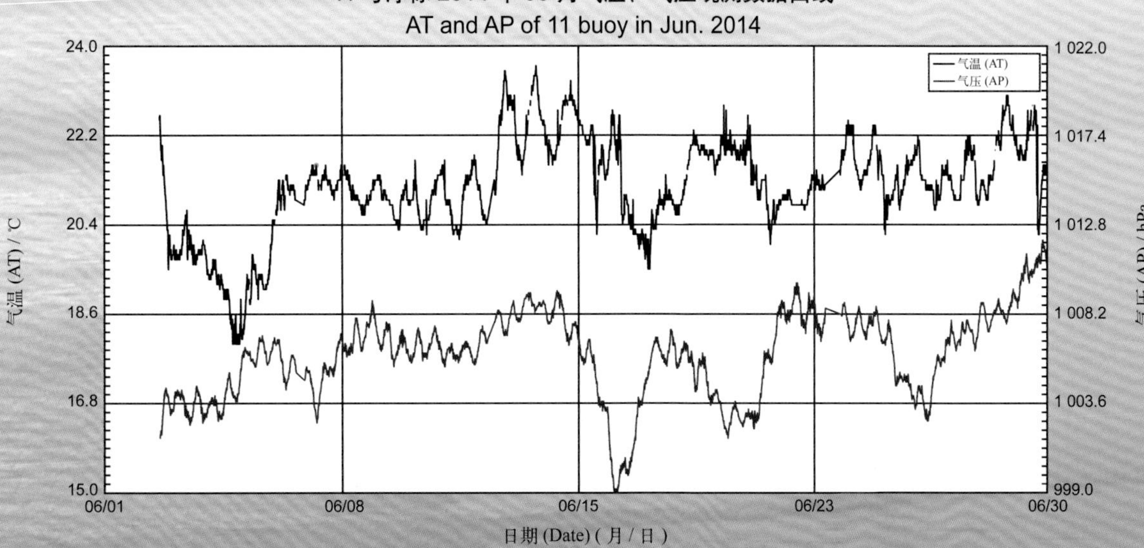
气温 (AT)
气压 (AP)
气温 (AT) / ℃
气压 (AP) / hPa
24.0
22.2
20.4
18.6
16.8
15.0
1 022.0
1 017.4
1 012.8
1 008.2
1 003.6
999.0
06/01
06/08
06/15
06/23
06/30
日期 (Date) (月 / 日)

11 号浮标 2014 年 07 月气温、气压观测数据曲线
AT and AP of 11 buoy in Jul. 2014

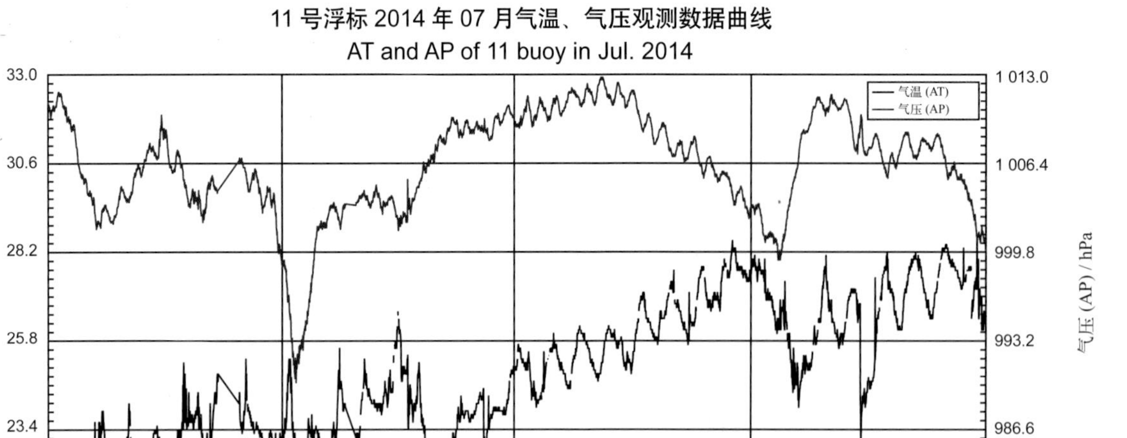

11 号浮标 2014 年 08 月气温、气压观测数据曲线
AT and AP of 11 buoy in Aug. 2014

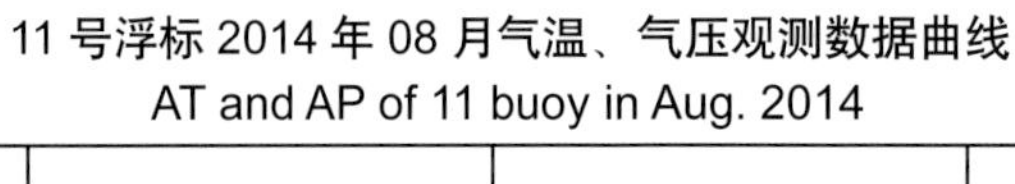

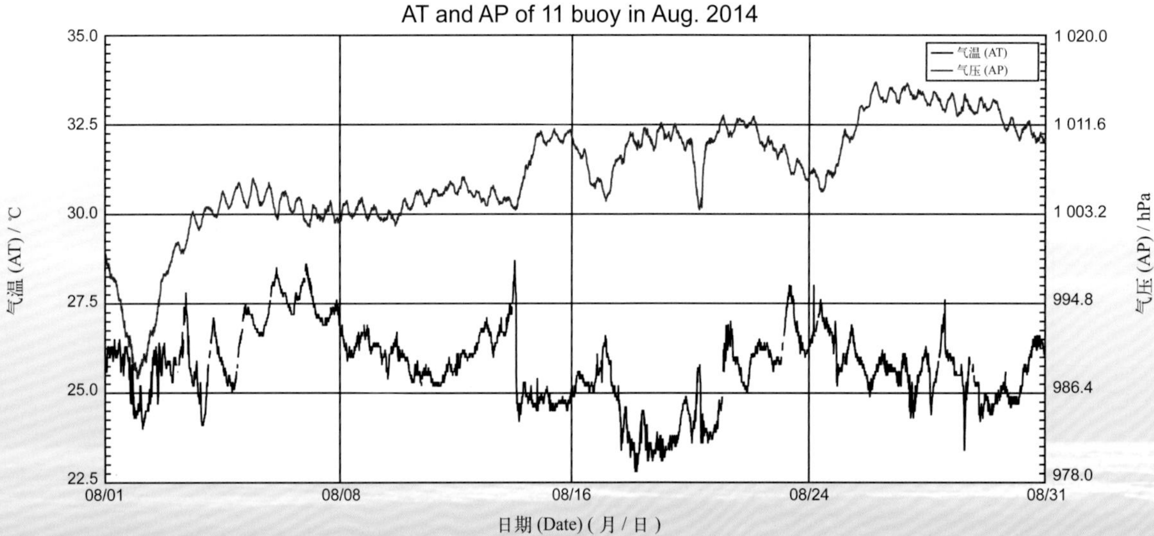

11 号浮标 2014 年 09 月气温、气压观测数据曲线
AT and AP of 11 buoy in Sep. 2014

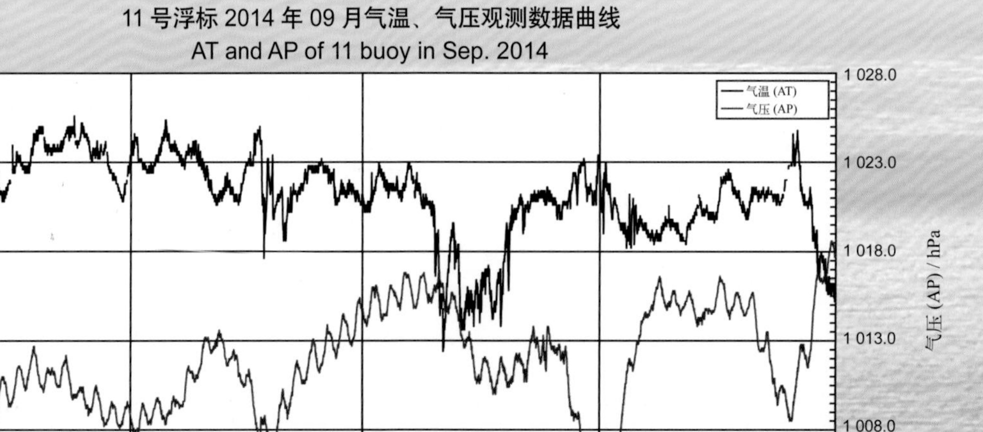

11 号浮标 2014 年 10 月气温、气压观测数据曲线
AT and AP of 18 buoy in Oct. 2014

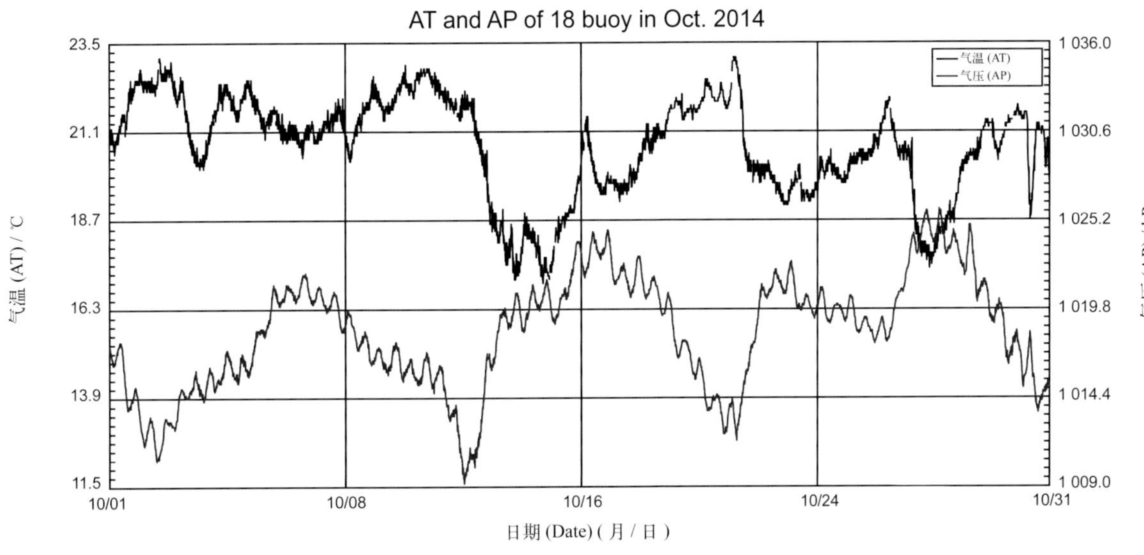

11 号浮标 2014 年 11 月气温、气压观测数据曲线
AT and AP of 11 buoy in Nov. 2014

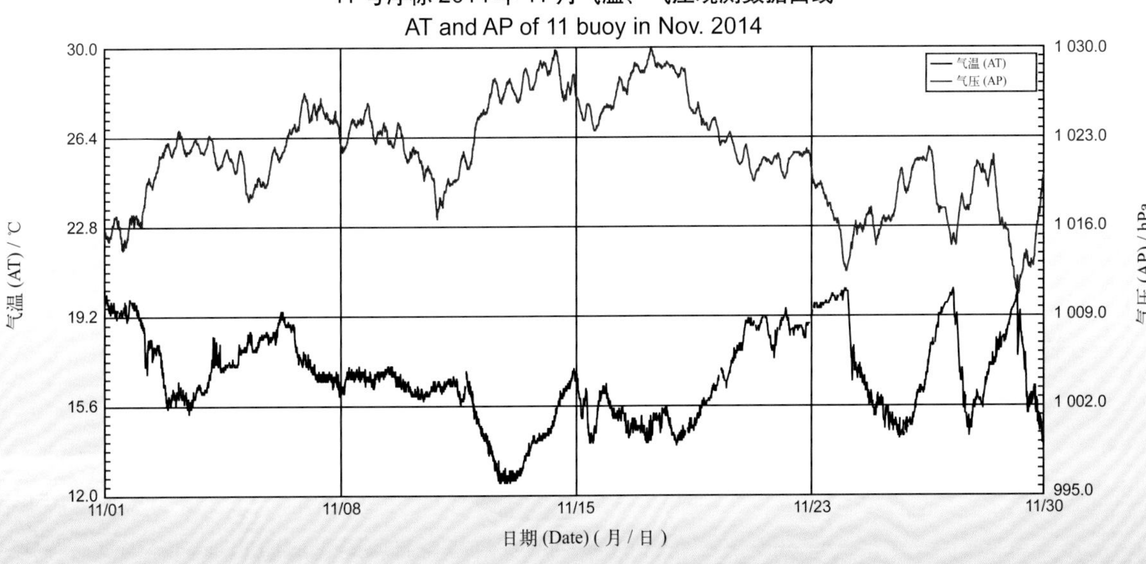

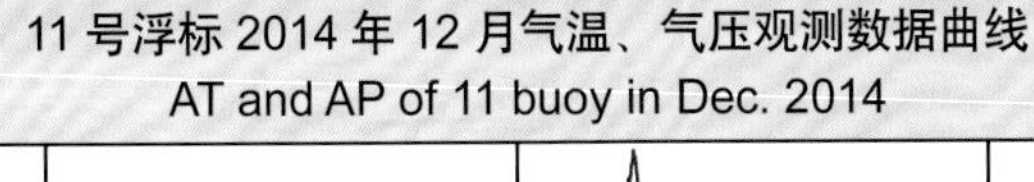

11 号浮标 2014 年 12 月气温、气压观测数据曲线
AT and AP of 11 buoy in Dec. 2014

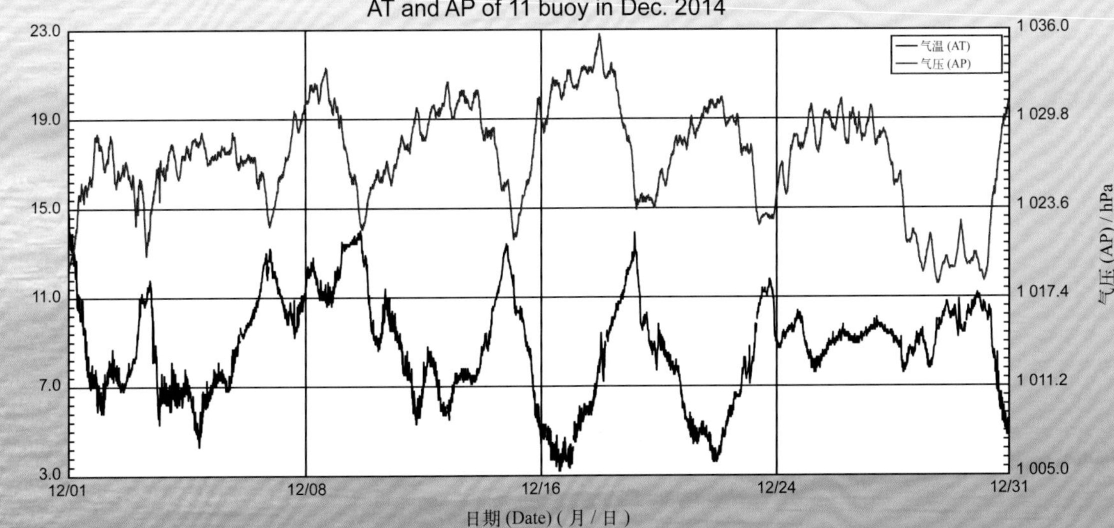

2014 年度 12 号浮标观测数据概述及曲线
（气温和气压）

12 号浮标位于东海舟山黄泽洋附近海域（30°30′N，122°33′E），是一套船形综合观测平台。可获取的观测参数包括气象、水文和水质，气温和气压数据是气象参数中的重要观测内容。

2014 年，东海站 12 号浮标共获取到 236 天的气温和气压长序列观测数据。获取数据的区间共四个时间段，具体为 1 月 1 日 00:00 至 6 月 25 日 23:00、6 月 29 日 03:00 至 6 月 30 日 23:50、10 月 1 日 00:00 至 10 月 27 日 12:30 和 12 月 1 日 00:00 至 12 月 31 日 23:00。

通过对获取数据进行质量控制和分析，12 号浮标观测海域 2014 年度气温、气压数据和季节数据特征如下。年度气温平均值为 13.2℃，年度气压平均值为 1 018.7 hPa。测得的全年最高气温和最低气温分别为 25.6℃（5 月 28 日 16:10 和 16:20）和 1.1℃（2 月 10 日 09:50）；测得的全年最高气压和最低气压分别为 1 035.3 hPa（12 月 18 日 09:10—10:00）和 997.6 hPa（5 月 14 日 05:10）。以 2 月为冬季代表月，观测海域冬季的平均气温为 7.2℃，平均气压为 1 022.8 hPa；以 5 月为春季代表月，观测海域春季的平均气温为 18.1℃，平均气压为 1 011.1 hPa；夏季代表月 8 月和秋季代表月 11 月均缺测。

2014 年，12 号浮标布放海域月度气温、气压变化特征与该海域常年季节气候变化特点基本吻合。浮标观测的月平均值、最高值、最低值数据参见表 7。从表中可以看出，气温平均值最低的月份为 2 月，并且在该时间段内观测到年度最低气温（1.1℃），气温平均值最高的月份为 6 月，年度最高气温（25.6℃）出现在 5 月。气压平均值最低的月份为 6 月，年度最低气压（997.6 hPa）出现在 5 月，气压平均值最高的月份为 12 月，并且在该时间段内观测到年度最高气压（1 035.3 hPa）。从月度气温、气压的变化情况分析，在观测到的数据中，气温变化最为剧烈的是 2 月，最高气温为 14.8℃，最低气温为 1.1℃，变化幅度达 13.7℃；气压变化最为剧烈的是 3 月，最高气压为 1 032.1 hPa，最低气压为 1 003.5 hPa，变化幅度达 28.6 hPa。比较而言，气温变化幅度较小的月份是 6 月，最高气温为 25.3℃，最低气温为 18.4℃，变化幅度为 6.9℃；气压变化幅度较小的月份亦是 6 月，最高气压为 1 012.2 hPa，最低气压为 998.2 hPa，变化幅度为 14.0 hPa。

2014 年，12 号浮标共记录了 1 次寒潮过程和 2 次台风过程。2014 年 12 月寒潮期间，12 号浮标观测到 12 月 15 日 08:20 至 16 日 23:20，39 h 内气温由 13.2℃下降至 3.2℃，之后最低气温下降到 2.7℃（12 月 17 日 04:40），直到 12 月 17 日 12:00 开始气温回升至 5℃，5℃以下持续时间为 18.5 h，其间气压最高值为 1 033.5 hPa（12 月 17 日 10:00），气压最低值为 1 020.8 hPa（12 月 15 日 13:50）。台风方面，12 号浮标观测到的第一次台风过程是 6 月 15 日至 18 日台风“海贝思”影响期间，12 号浮标获取到的最低气压为 998.2 hPa（6 月 17 日 02:10）；第二次台风过程是 10 月 12 日至 14 日台风“黄蜂”期间，12 号浮标获取到的最低气压为 1 008.4 hPa（10 月 12 日 15:40）。

表7　12号浮标各月气温、气压观测数据情况

月份	气温 / ℃			气压 / hPa			备注
	平均	最高	最低	平均	最高	最低	
1	8.5	14.2	2.7	1 025.5	1 034.9	1 014.3	
2	7.2	14.8	1.1	1 022.8	1 033.0	1 009.3	冬季代表月
3	9.5	16.5	4.9	1 021.6	1 032.1	1 003.5	
4	13.5	17.3	9.6	1 016.3	1 027.7	1 008.1	
5	18.1	25.6	14.2	1 011.1	1 023.2	997.6	春季代表月
6	21.4	25.3	18.4	1 005.6	1 012.2	998.2	缺测3天数据，记录1次台风过程
7	—	—	—	—	—	—	缺测整月数据
8	—	—	—	—	—	—	夏季代表月，缺测整月数据
9	—	—	—	—	—	—	缺测整月数据
10	20.9	24.2	16.3	1 017.0	1 023.5	1 008.4	缺测4天数据，记录1次台风过程
11	—	—	—	—	—	—	秋季代表月，缺测整月数据
12	8.4	13.8	2.7	1 026.8	1 035.3	1 018.5	记录1次寒潮过程

12 号浮标 2014 年气温、气压观测数据曲线
AT and AP of 12 buoy in 2014

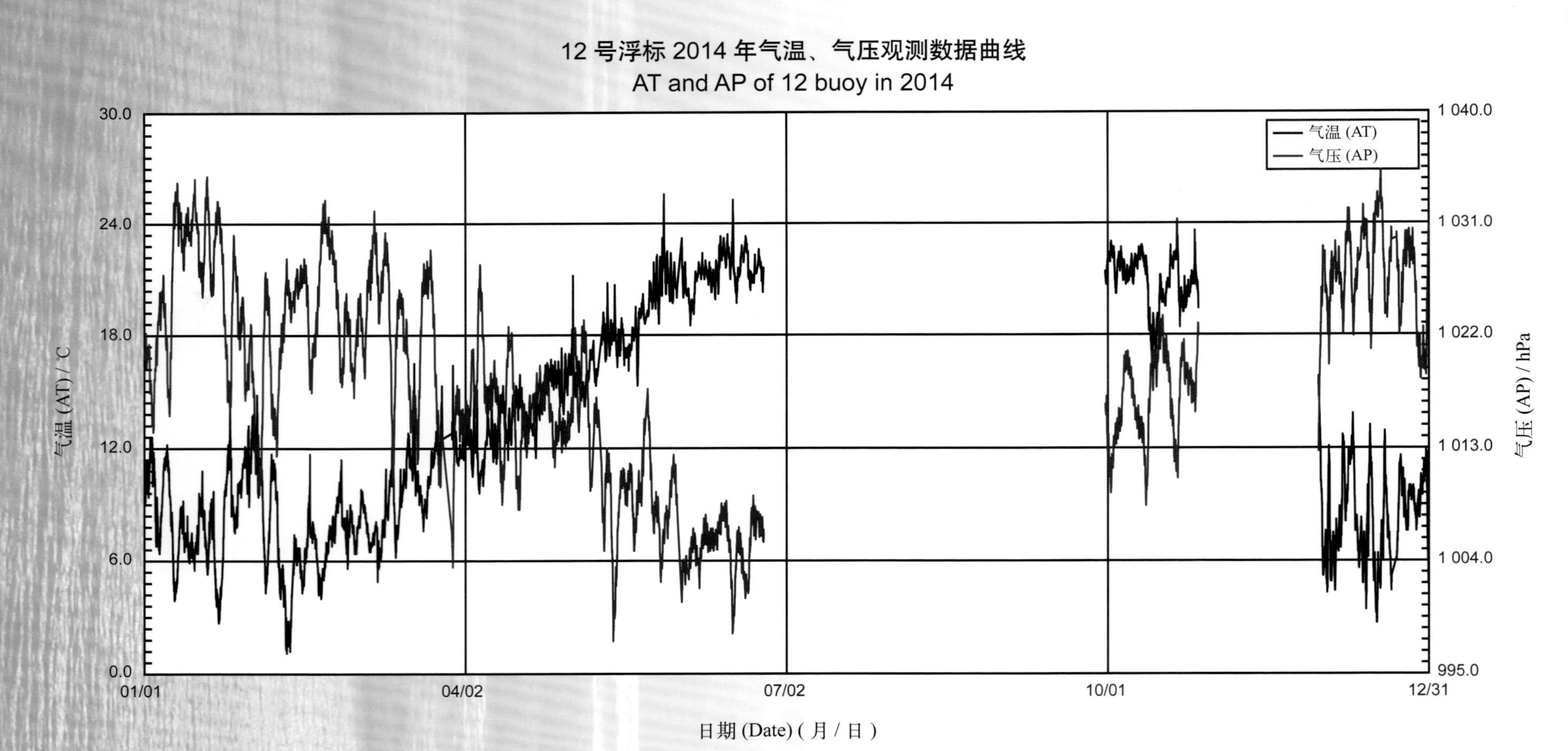

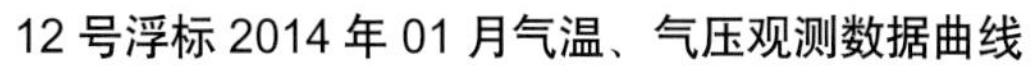

AT and AP of 12 buoy in Jan. 2014

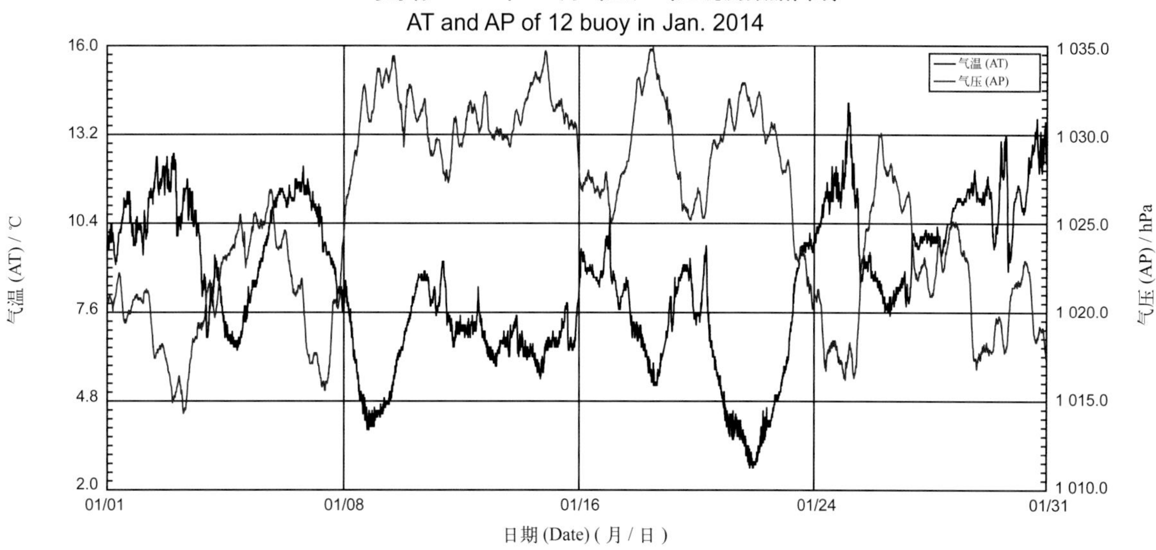

12 号浮标 2014 年 02 月气温、气压观测数据曲线

AT and AP of 12 buoy in Feb. 2014

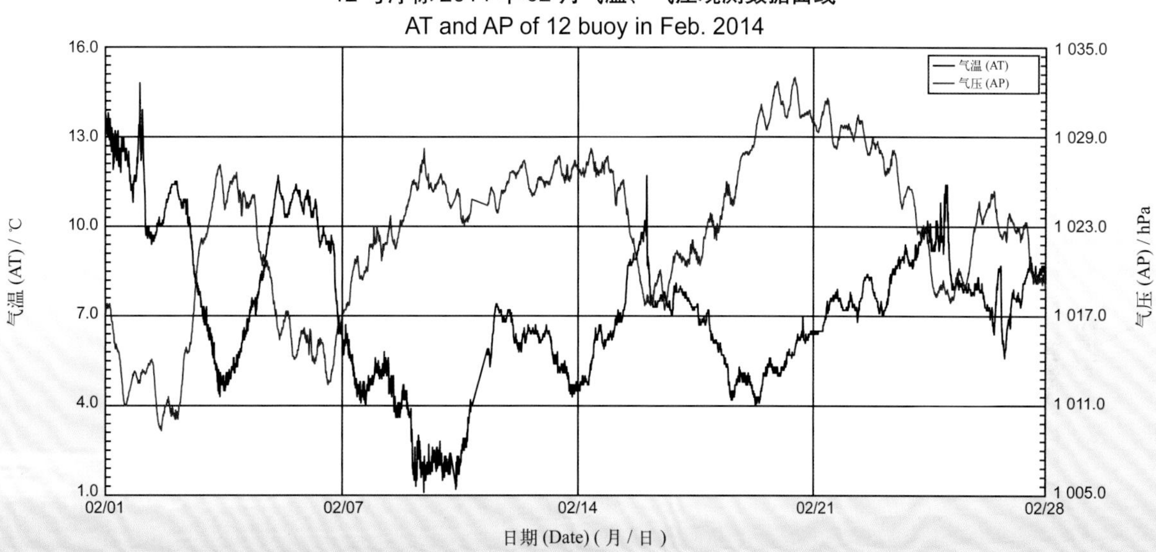

12 号浮标 2014 年 03 月气温、气压观测数据曲线

AT and AP of 12 buoy in Mar. 2014

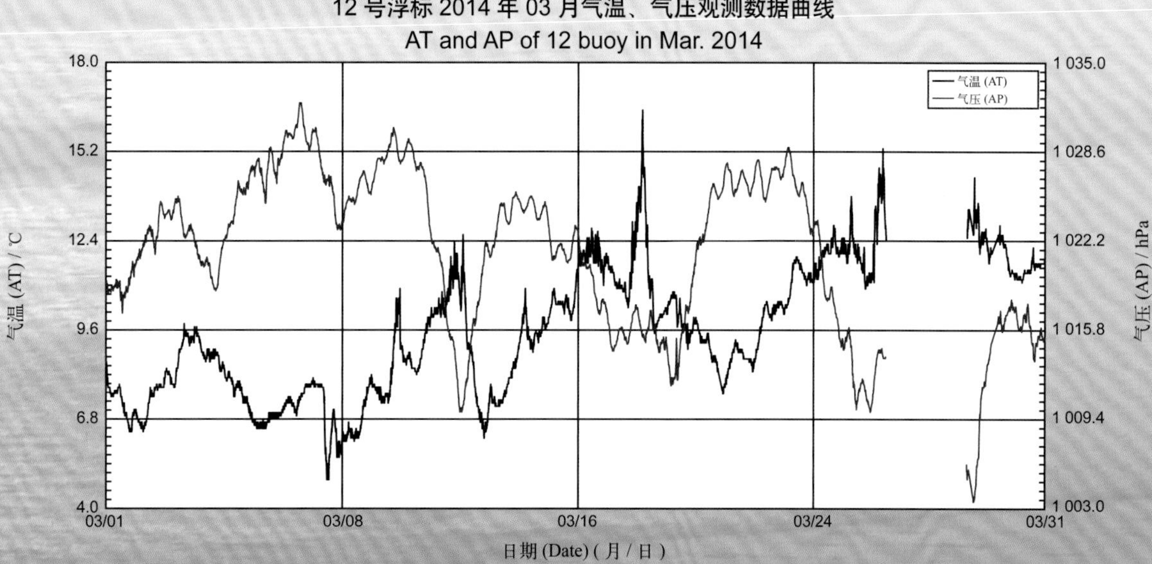

12 号浮标 2014 年 04 月气温、气压观测数据曲线
AT and AP of 12 buoy in Apr. 2014

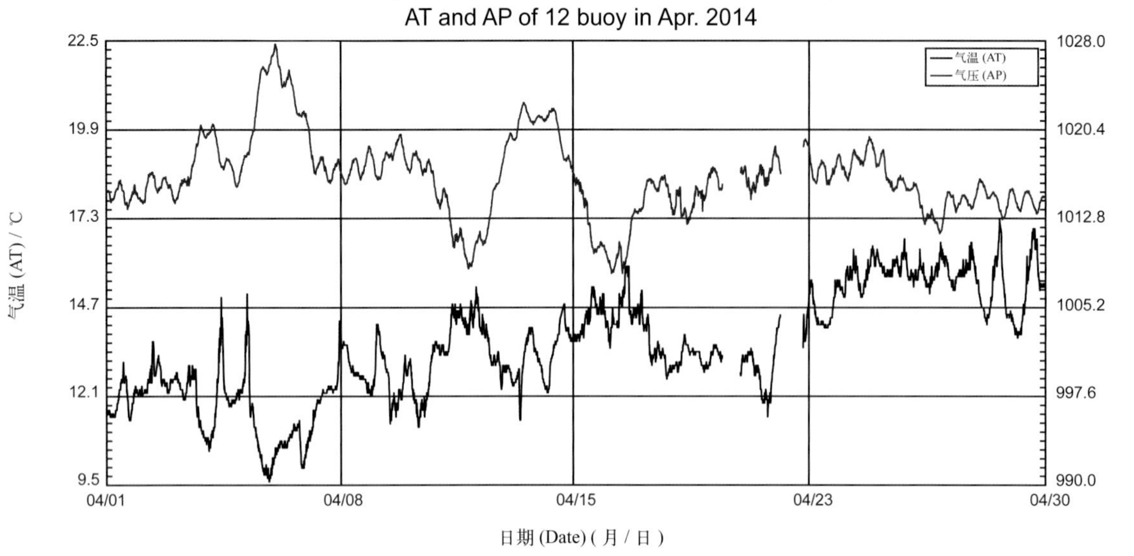

12 号浮标 2014 年 05 月气温、气压观测数据曲线
AT and AP of 12 buoy in May 2014

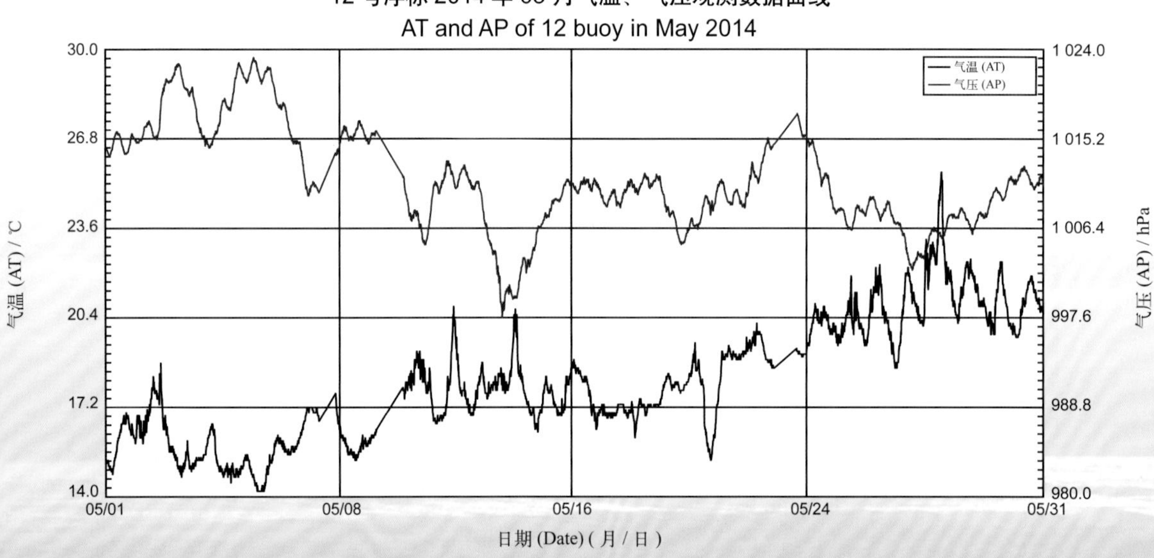

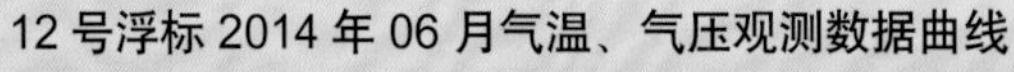

12 号浮标 2014 年 06 月气温、气压观测数据曲线
AT and AP of 12 buoy in Jun. 2014

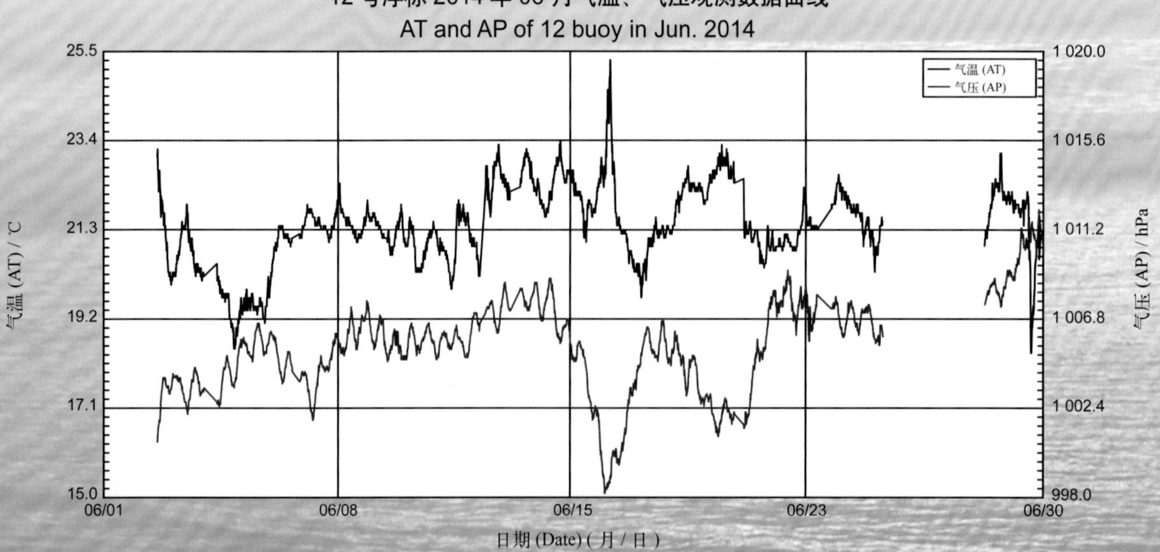

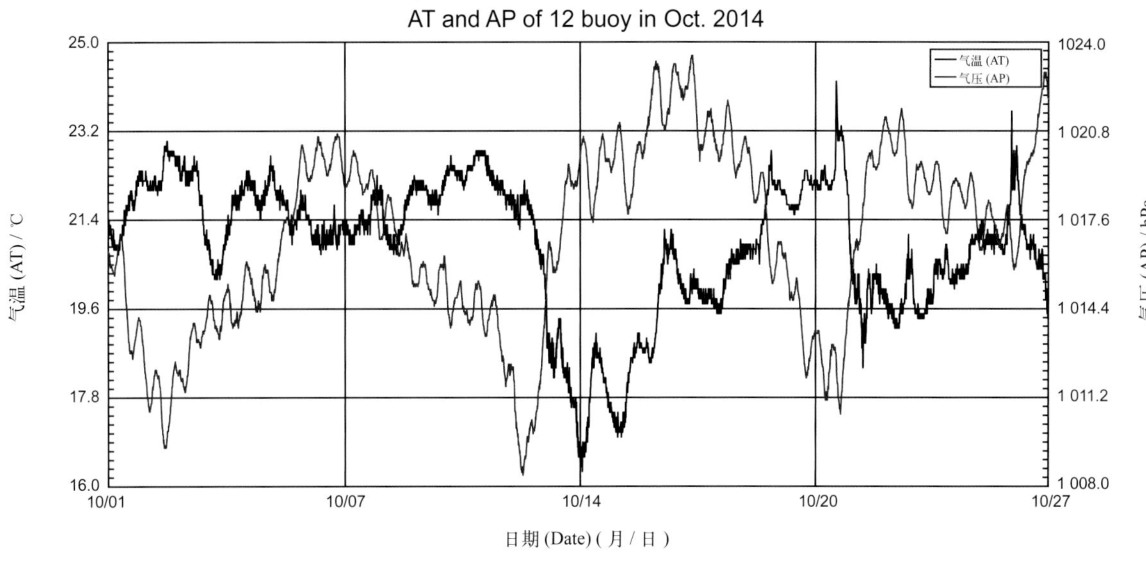
12 号浮标 2014 年 10 月气温、气压观测数据曲线
AT and AP of 12 buoy in Oct. 2014
气温 (AT)
气压 (AP)
气温 (AT) / ℃
气压 (AP) / hPa
25.0
23.2
21.4
19.6
17.8
16.0
1024.0
1 020.8
1 017.6
1 014.4
1 011.2
1 008.0
10/01
10/07
10/14
10/20
10/27
日期 (Date) (月 / 日)

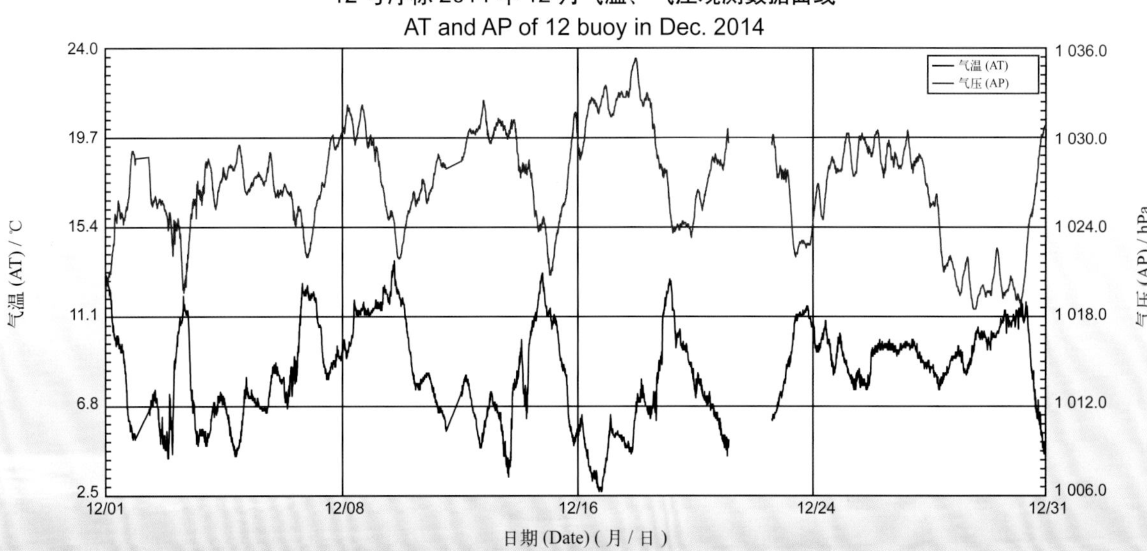
12 号浮标 2014 年 12 月气温、气压观测数据曲线
AT and AP of 12 buoy in Dec. 2014
气温 (AT)
气压 (AP)
气温 (AT) / ℃
气压 (AP) / hPa
24.0
19.7
15.4
11.1
6.8
2.5
1 036.0
1 030.0
1 024.0
1 018.0
1 012.0
1 006.0
12/01
12/08
12/16
12/24
12/31
日期 (Date) (月 / 日)

2014年度14号浮标观测数据概述及曲线
（气温和气压）

14号浮标位于东海长江口外海海域（31°06′N，122°32′E），是一套船形综合观测平台。可获取的观测参数包括气象、水文和水质，气温和气压数据是气象参数中的重要观测内容。

2014年，东海站14号浮标共获取到346天的气温和气压长序列观测数据。获取数据的区间共两个时间段，分别为1月1日00:00至2月26日14:00和3月18日13:10至12月31日23:50。

通过对获取数据进行质量控制和分析，14号浮标观测海域2014年度气温、气压数据和季节数据特征如下。年度气温平均值为16.8℃，年度气压平均值为1 016.2 hPa。测得的全年最高气温和最低气温分别为29.2℃（8月4日14:40）和0.7℃（2月11日07:20和07:30等）；测得的全年最高气压和最低气压分别为1 036.1 hPa（12月18日09:40–10:00）和988.8 hPa（8月2日01:50）。以2月为冬季代表月，观测海域冬季的平均气温为6.5℃，平均气压为1 023.5 hPa；以5月为春季代表月，观测海域春季的平均气温为17.9℃，平均气压为1 011.9 hPa；以8月为夏季代表月，观测海域夏季的平均气温为25.7℃，平均气压为1 007.0 hPa；以11月为秋季代表月，观测海域秋季的平均气温为16.3℃，平均气压为1 021.9 hPa。

2014年，14号浮标布放海域月度气温、气压变化特征与该海域常年季节气候变化特点基本吻合。浮标观测的月平均值、最高值、最低值数据参见表8。从表中可以看出，气温平均值最低的月份为2月，并且在该时间段内观测到年度最低气温（0.7℃），平均值最高的月份为8月，并且在该时间段内观测到年度最高气温（29.2℃）。气压平均值最低的月份为6月，但年度最低气压（988.8 hPa）出现在8月台风期间，气压平均值最高的月份为12月，并且在该时间段内观测到年度最高气压（1 036.1 hPa）。从月度气温、气压的变化情况分析，气温变化最为剧烈的是2月，最高气温为13.3℃，最低气温为0.7℃，变化幅度达12.6℃；气压变化最为剧烈的是5月，最高气压为1 023.7 hPa，最低气压为999.1 hPa，变化幅度达24.6 hPa。比较而言，气温变化幅度较小的月份是6月，最高气温为23.8℃，最低气温为17.3℃，变化幅度为6.5℃；气压变化幅度较小的月份亦是6月，最高气压为1 011.9 hPa，最低气压为999.0 hPa，变化幅度为12.9 hPa。

2014年，14号浮标共记录了6次台风过程。分别为6月16日至18日观测到第7号台风“海贝思”，获取到的最低气压为999.0 hPa（6月17日02:30）；7月9日至10日观测到第8号超强台风“浣熊”，获取到的最低气压为992.4 hPa（7月9日06:50）；7月23日至26日观测到第10号台风“麦德姆”，获取到的最低气压为998.2 hPa（7月25日04:30）；8月1日至3日观测到第12号台风“娜基莉”，获取到的最低气压为988.8 hPa（8月2日01:50）；9月22日至24日观测到第16号台风“凤凰”，获取到的最低气压为1 002.7 hPa（9月23日14:30）；10月12日至13日观测到第19号台风“黄蜂”，获取到的最低气压为1 010.4 hPa（10月12日15:50）。

表8　14号浮标各月气温、气压观测数据情况

月份	气温 / ℃			气压 / hPa			备注
	平均	最高	最低	平均	最高	最低	
1	7.7	13.2	2.4	1 025.9	1 035.4	1 014.2	
2	6.5	13.3	0.7	1 023.5	1 033.2	1 009.9	冬季代表月，缺测2天数据
3	10.9	15.1	7.3	1 018.2	1 029.2	1 004.2	缺测17天数据
4	13.4	17.1	9.1	1 016.8	1 028.2	1 008.2	
5	17.9	24.9	13.9	1 011.9	1 023.7	999.1	春季代表月
6	21.1	23.8	17.3	1 006.2	1 011.9	999.0	记录1次台风过程
7	24.9	28.8	21.2	1 006.4	1 012.8	992.4	记录2次台风过程
8	25.7	29.2	22.5	1 007.0	1 015.8	988.8	夏季代表月，记录1次台风过程
9	24.1	27.8	19.6	1 011.7	1 019.1	1 002.7	记录1次台风过程
10	20.5	23.2	16.4	1 018.7	1 026.1	1 010.4	记录1次台风过程
11	16.3	19.8	12.2	1 021.9	1 030.4	1 010.6	秋季代表月
12	7.8	13.4	2.5	1 027.6	1 036.1	1 018.3	

14 号浮标 2014 年气温、气压观测数据曲线
AT and AP of 14 buoy in 2014

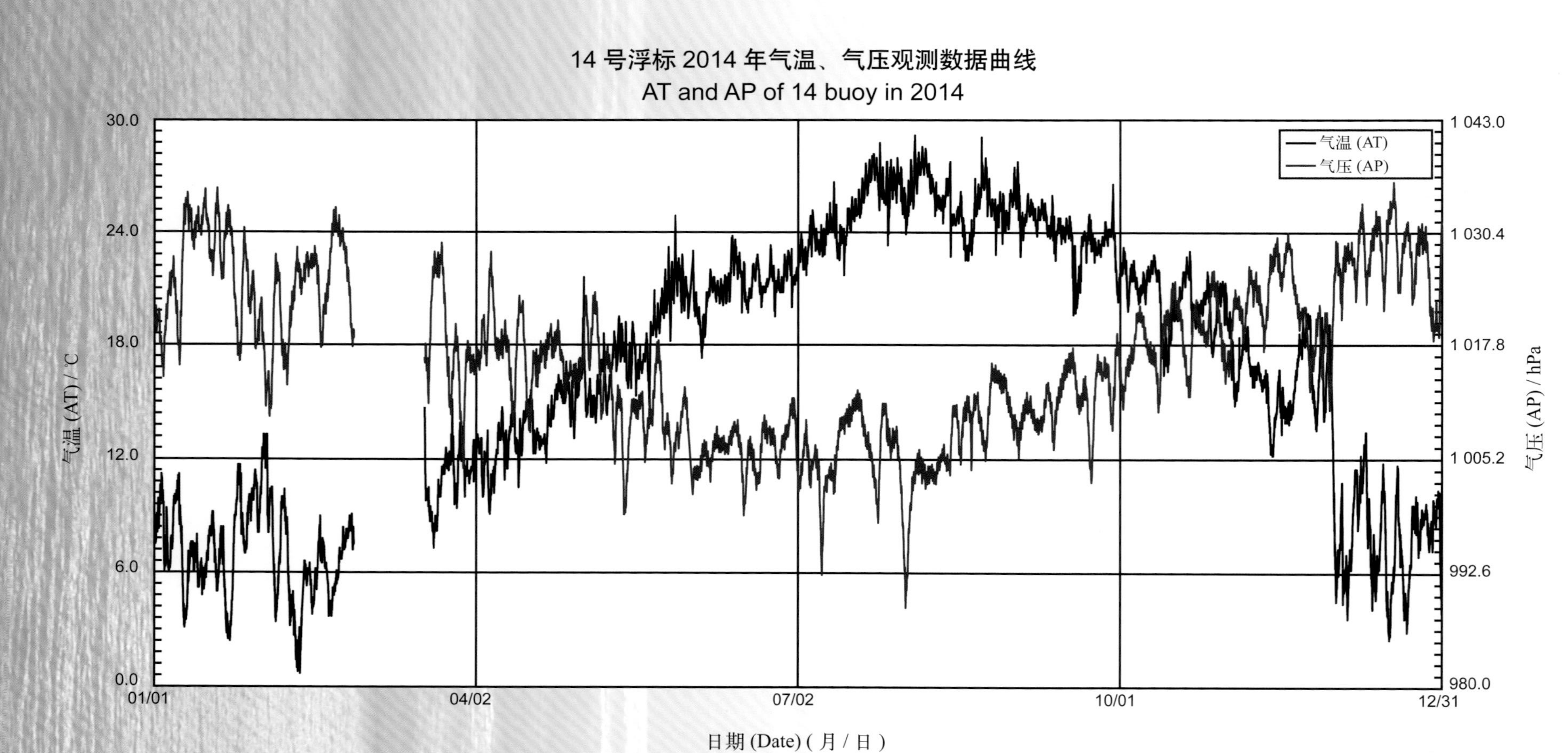

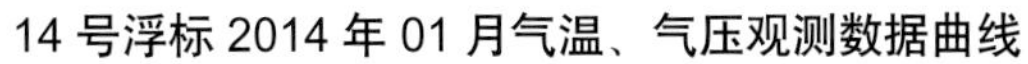

14 号浮标 2014 年 01 月气温、气压观测数据曲线

AT and AP of 14 buoy in Jan. 2014

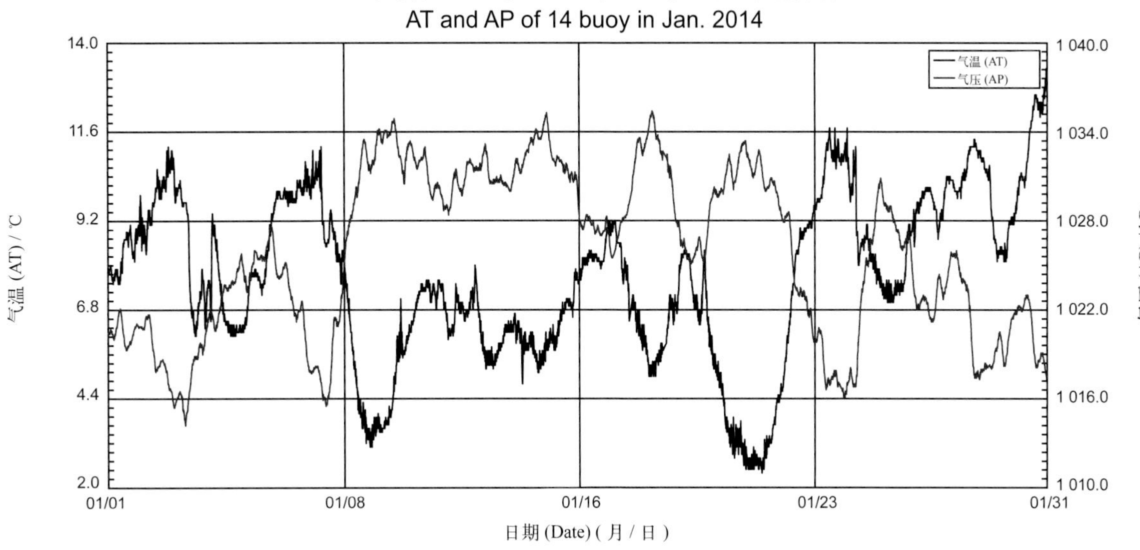

14 号浮标 2014 年 02 月气温、气压观测数据曲线

AT and AP of 14 buoy in Feb. 2014

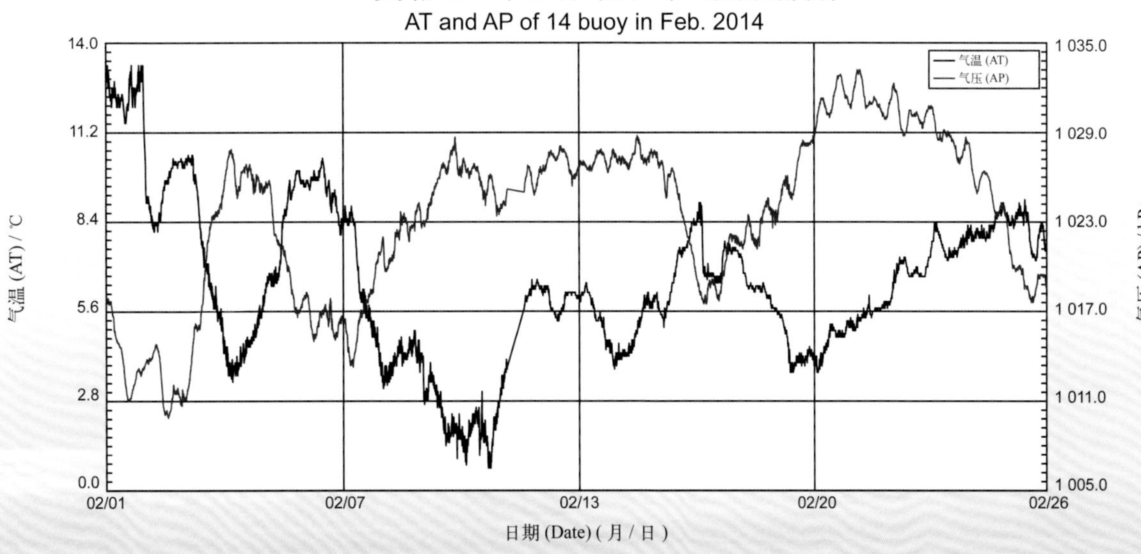

14 号浮标 2014 年 03 月气温、气压观测数据曲线

AT and AP of 14 buoy in Mar. 2014

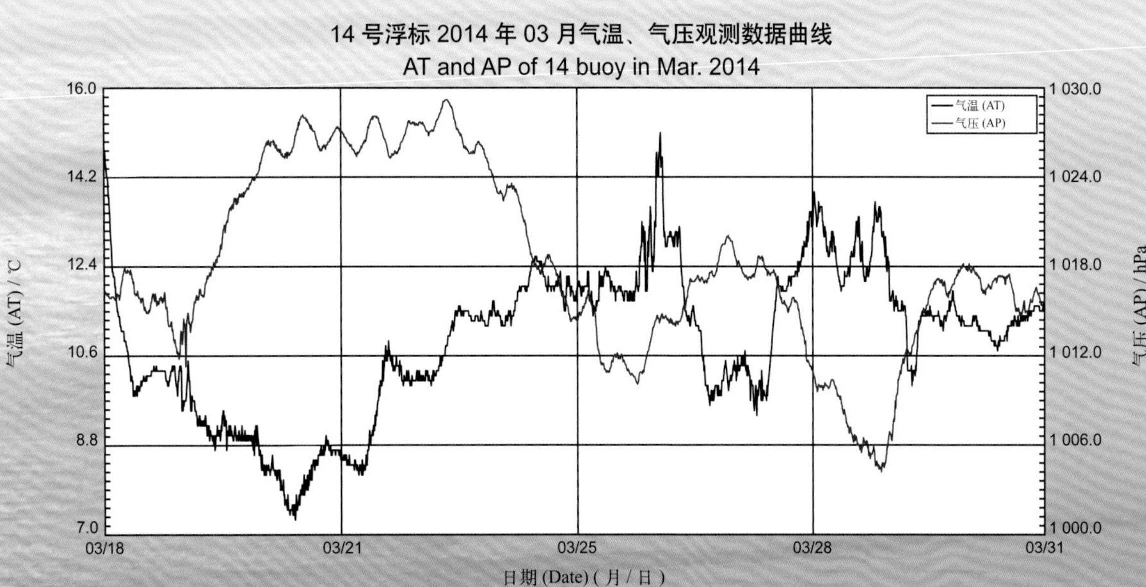

14 号浮标 2014 年 04 月气温、气压观测数据曲线
AT and AP of 14 buoy in Apr. 2014

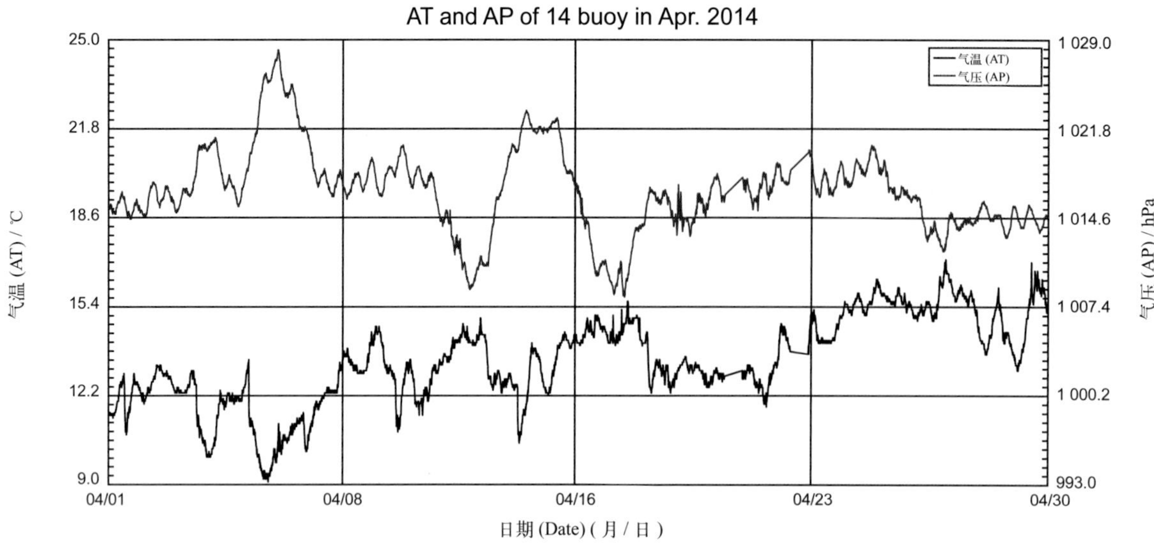

14 号浮标 2014 年 05 月气温、气压观测数据曲线
AT and AP of 14 buoy in May 2014

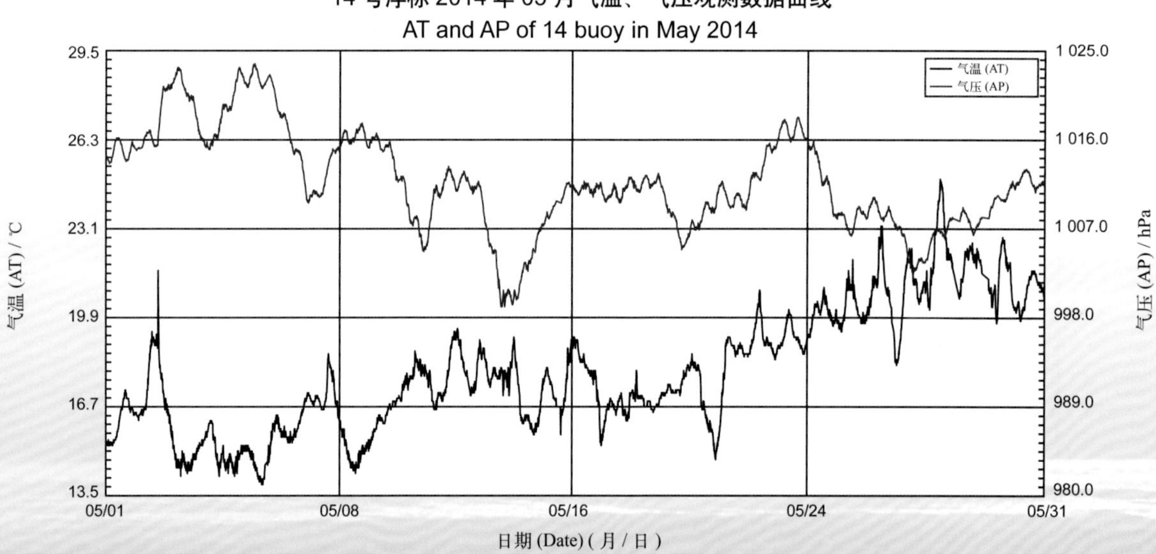

14 号浮标 2014 年 06 月气温、气压观测数据曲线
AT and AP of 14 buoy in Jun. 2014

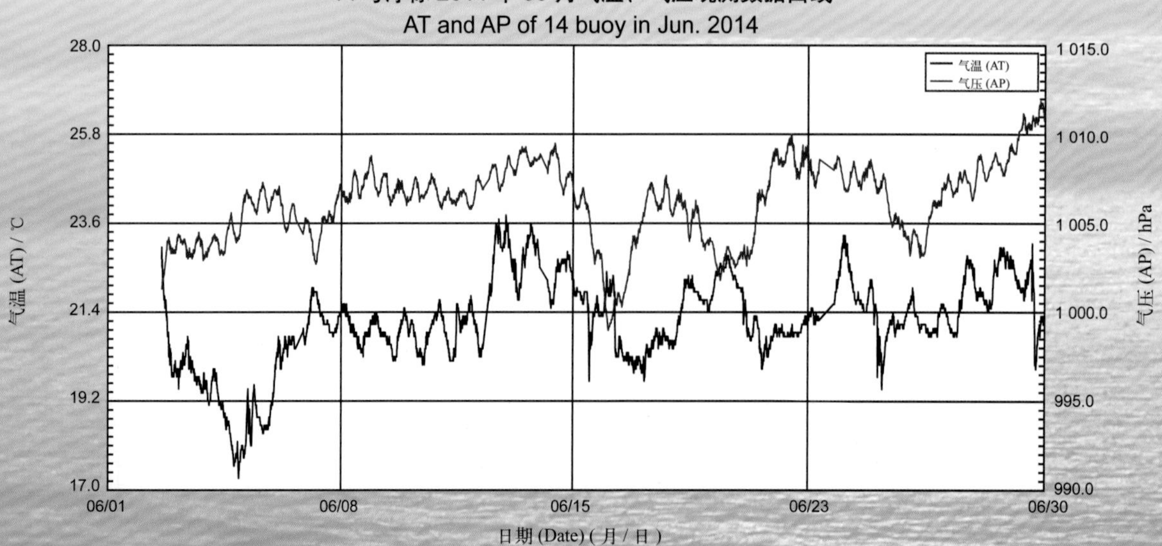

14 号浮标 2014 年 07 月气温、气压观测数据曲线

AT and AP of 14 buoy in Jul. 2014

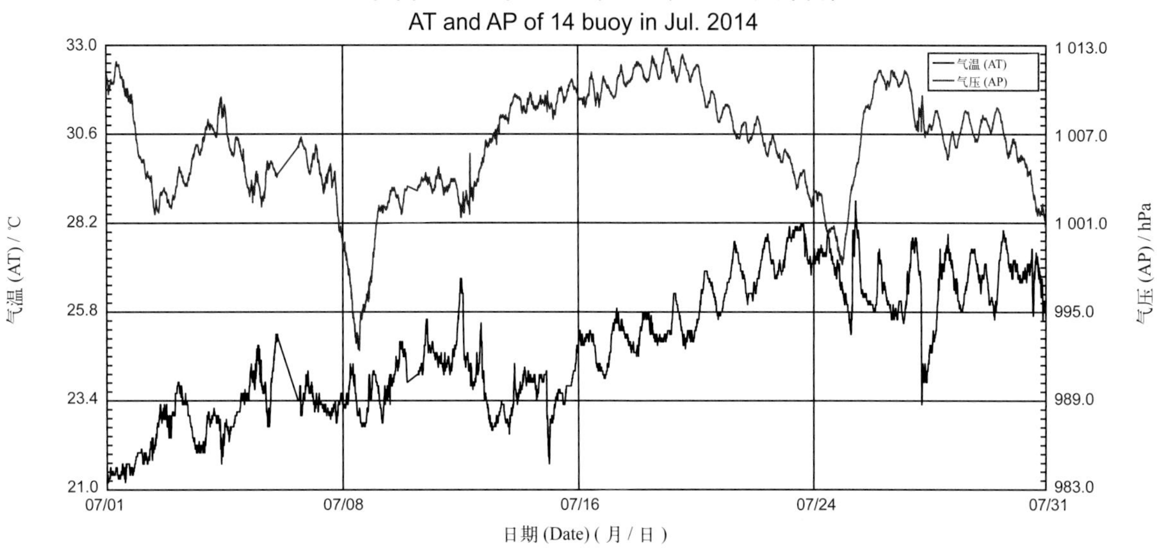

14 号浮标 2014 年 08 月气温、气压观测数据曲线

AT and AP of 14 buoy in Aug. 2014

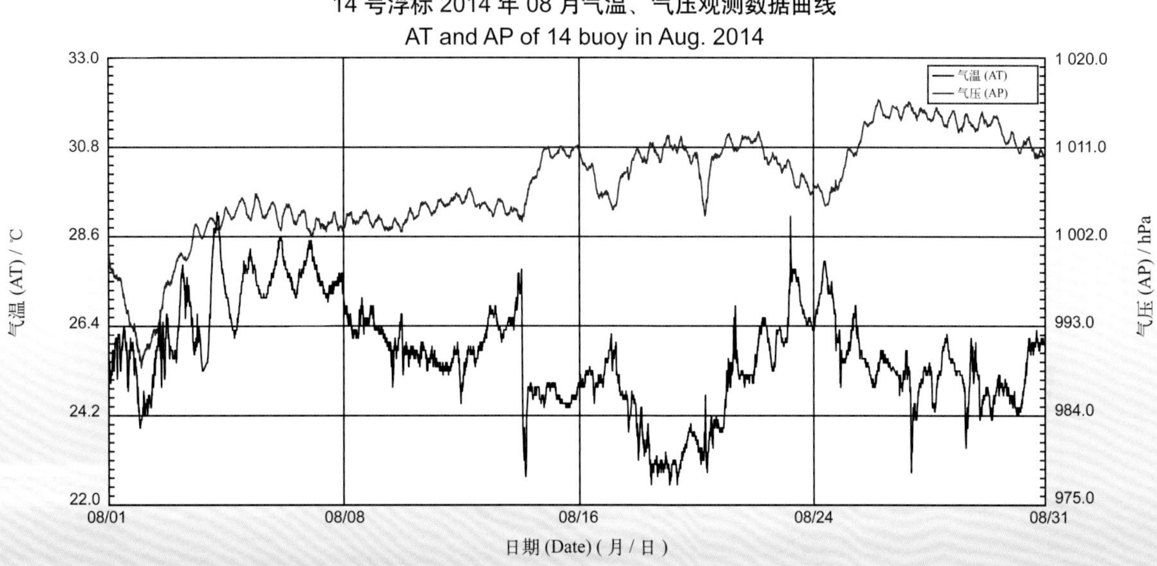

14 号浮标 2014 年 09 月气温、气压观测数据曲线

AT and AP of 14 buoy in Sep. 2014

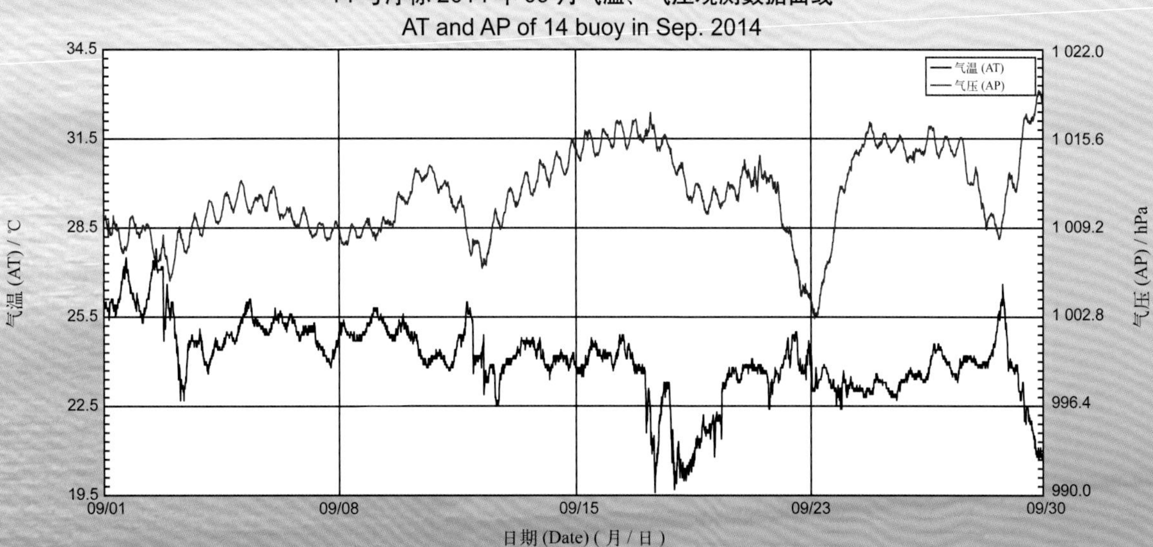

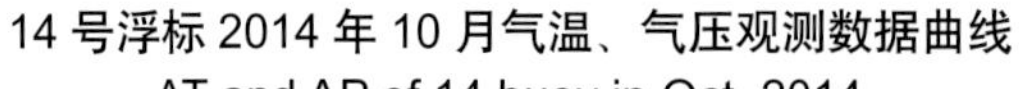

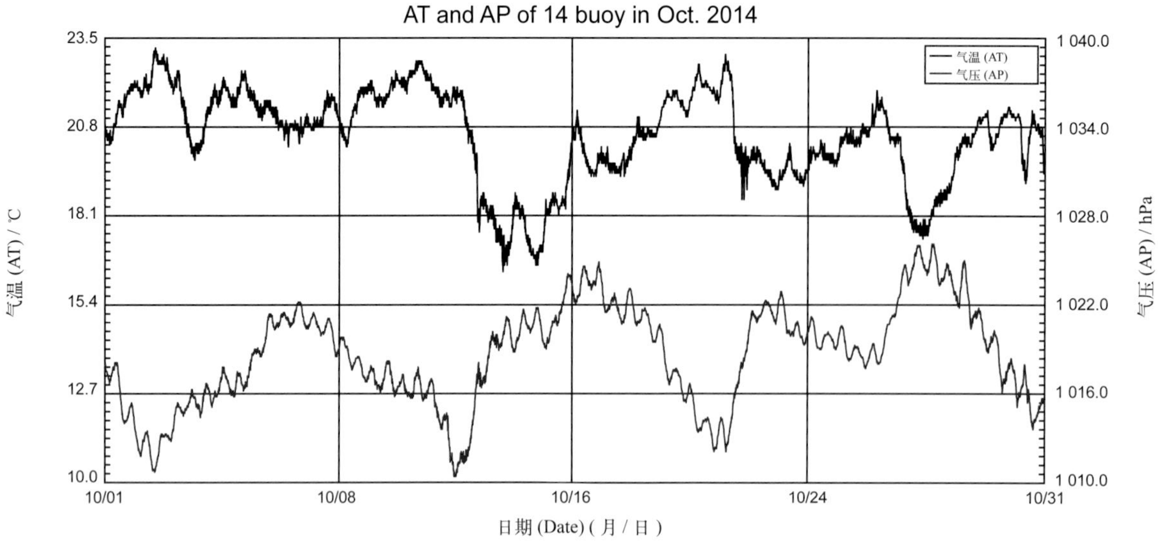

14 号浮标 2014 年 11 月气温、气压观测数据曲线
AT and AP of 14 buoy in Nov. 2014

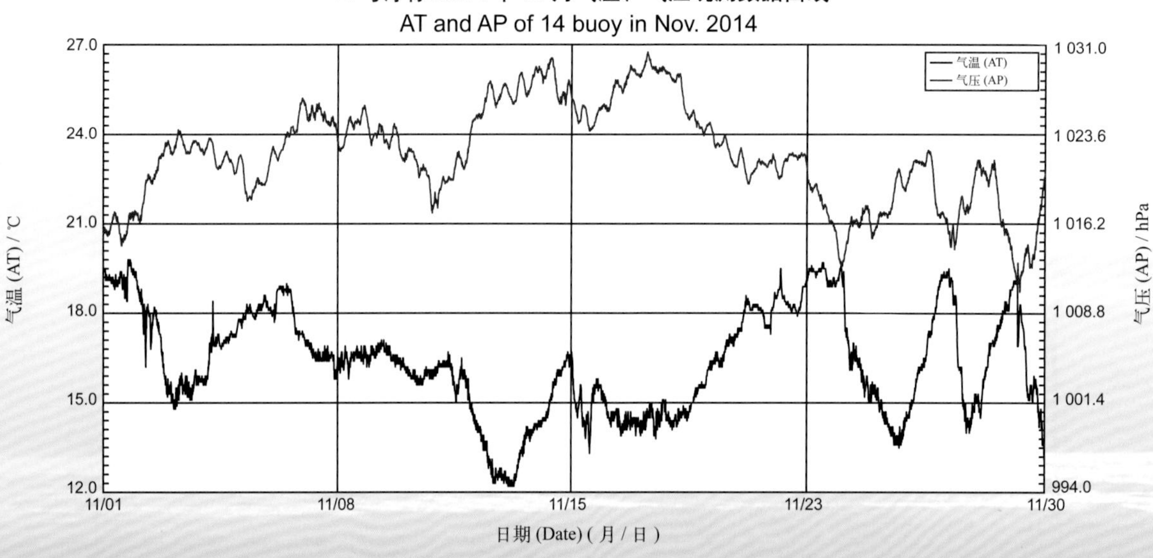

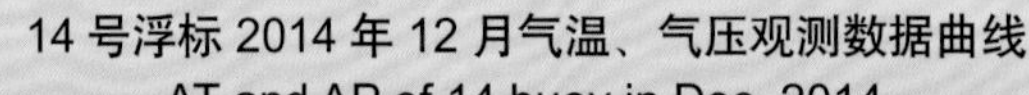

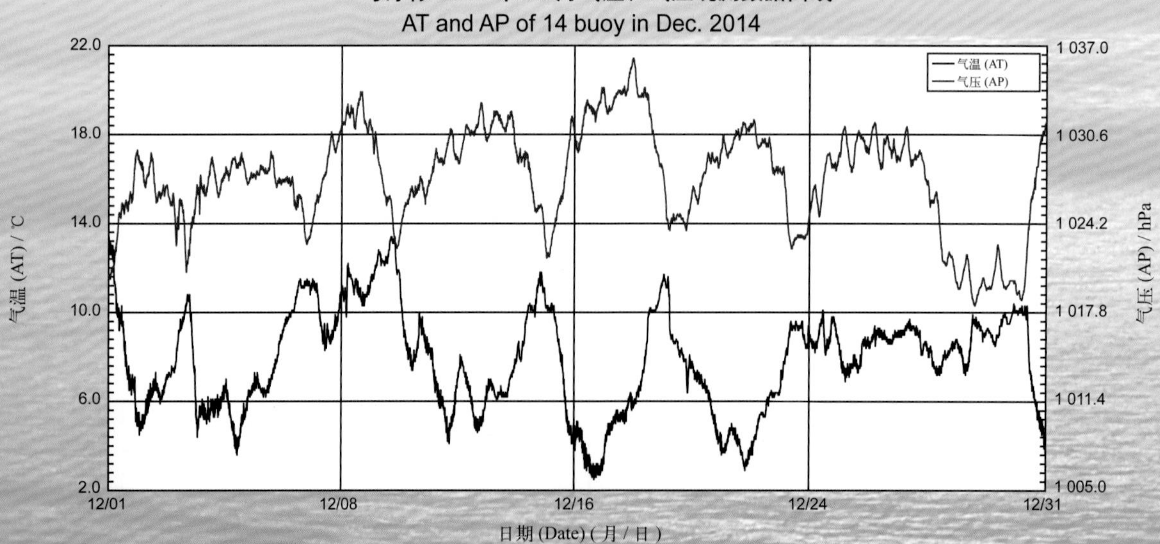

2014 年度 01 号浮标观测数据概述及玫瑰图（风速和风向）

01 号浮标位于中国近海观测研究网络黄海站观测范围最北端的海域（38°45′N，122°45′E），是一套直径 3 m 的圆盘形综合观测平台。可获取的观测参数包括气象、水文和水质，风速和风向数据是气象参数中的重要观测内容。

2014 年，黄海站 01 号浮标共获取到 347 天的长序列风速、风向观测数据。获取数据的区间共两个时间段，具体为 1 月 1 日 00:00 至 11 月 20 日 04:00 和 12 月 9 日 13:00 至 12 月 31 日 23:30。

通过对获取数据进行质量控制和分析，观测海域的年度风速、风向数据和季节数据特征如下。测得的年度最大风速为 15.8 m/s（12 月 15 日 23:00 和 12 月 16 日 00:30），对应风向为 42° 和 47°。如表 9 所示，记录到的 6 级以上大风累计时长为 51 天，其中 6 级以上大风天数最多的月份为 12 月（12 天）。以 2 月为冬季代表月，观测海域冬季 6 级以上大风天数为 9 天，强风主要风向为 N；以 5 月为春季代表月，观测海域春季 6 级以上大风天数为 5 天，强风主要风向为 SSE；以 8 月为夏季代表月，观测海域夏季未观测到 6 级以上大风数据；以 11 月为秋季代表月，观测海域秋季 6 级以上大风天数为 2 天，强风主要风向为 N。

表 9　01 号浮标各月 6 级以上大风天数及主要风向情况

月份	6 级以上大风天数	6 级以上大风主要风向	备注
1	8 天	N	记录 2 次寒潮过程
2	9 天	N	冬季代表月
3	2 天	N	
4	1 天	N	
5	5 天	SSE	春季代表月
6	0 天	—	
7	2 天	ENE	记录 1 次台风过程
8	0 天	—	夏季代表月
9	3 天	NNE	
10	7 天	N	
11	2 天	N	秋季代表月，缺测 10 天数据
12	12 天	NNE	缺测 8 天数据

2014年，01号浮标共记录了2次寒潮过程和1次台风过程。第一次寒潮过程为1月7日至8日，1月8日11:00风力增强至6级以上，最大风速达到13.4 m/s（1月8日19:00），对应风向为3°，6级以上风一直持续到22:00，持续时长为11 h，第一次寒潮影响期间的主要风向为N；第二次寒潮过程为1月20日至21日，1月20日07:00观测到风力迅速增强至6级以上，最大风速达到15.4 m/s（1月20日19:00），对应风向为352°，6级以上风一直持续到1月21日08:00，持续时长为25 h，该时间段内主要风向为N。台风方面，01号浮标记录了第10号台风“麦德姆”期间的风速、风向数据，获取到的最大风速为14.9 m/s（7月25日19:00），对应风向为46°，台风影响期间的主要风向为ENE。

01号浮标2014年风速、风向观测数据玫瑰图
WS and WD of 01 buoy in 2014

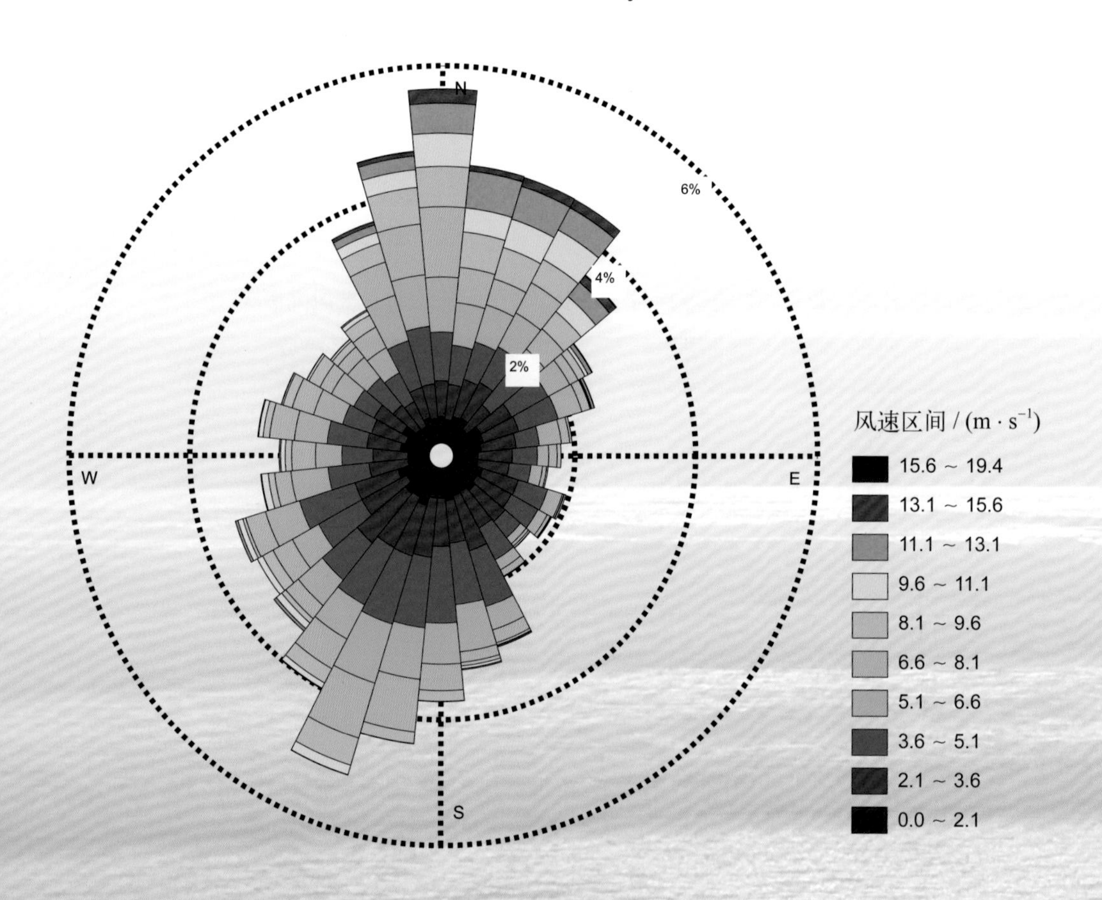

01 号浮标 2014 年 01 月风速、风向观测数据玫瑰图
WS and WD of 01 buoy in Jan. 2014

N
W
E
S
12%
9%
6%
3%

风速区间 / (m·s^{-1})
15.6 ~ 19.4
13.1 ~ 15.6
11.1 ~ 13.1
9.6 ~ 11.1
8.1 ~ 9.6
6.6 ~ 8.1
5.1 ~ 6.6
3.6 ~ 5.1
2.1 ~ 3.6
0.0 ~ 2.1

01 号浮标 2014 年 02 月风速、风向观测数据玫瑰图
WS and WD of 01 buoy in Feb. 2014

N
W
E
S
12%
9%
6%
3%

风速区间 / (m·s^{-1})
15.6 ~ 19.4
13.1 ~ 15.6
11.1 ~ 13.1
9.6 ~ 11.1
8.1 ~ 9.6
6.6 ~ 8.1
5.1 ~ 6.6
3.6 ~ 5.1
2.1 ~ 3.6
0.0 ~ 2.1

01 号浮标 2014 年 03 月风速、风向观测数据玫瑰图
WS and WD of 01 buoy in Mar. 2014

01 号浮标 2014 年 04 月风速、风向观测数据玫瑰图
WS and WD of 01 buoy in Apr. 2014

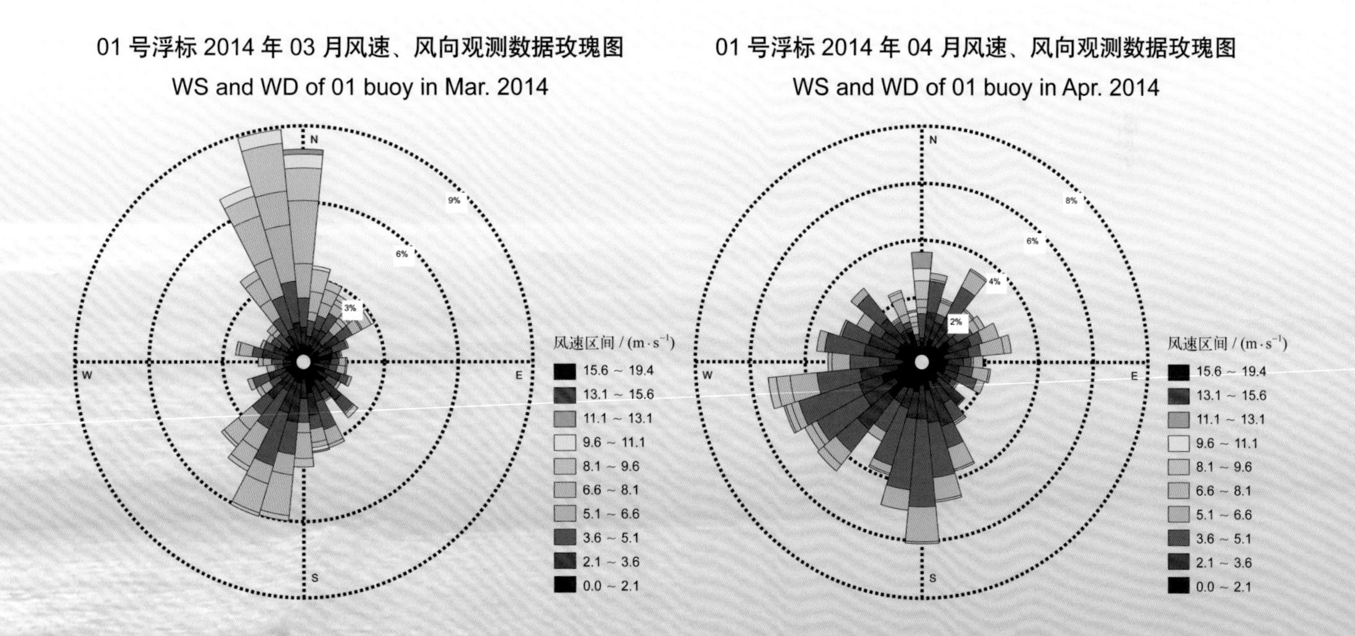

01 号浮标 2014 年 05 月风速、风向观测数据玫瑰图

WS and WD of 01 buoy in May 2014

01 号浮标 2014 年 06 月风速、风向观测数据玫瑰图

WS and WD of 01 buoy in Jun. 2014

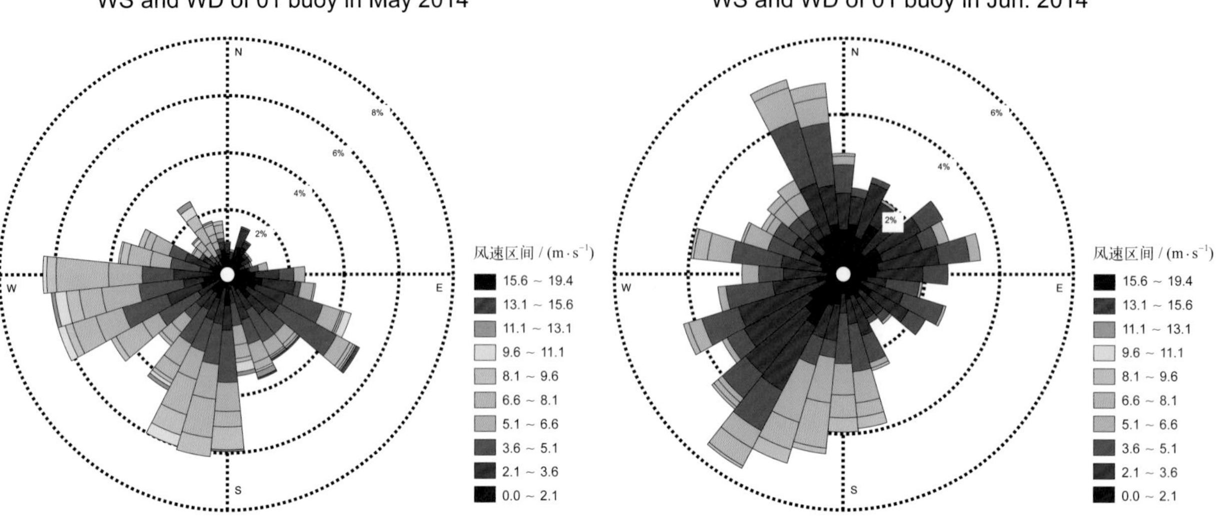

01 号浮标 2014 年 07 月风速、风向观测数据玫瑰图

WS and WD of 01 buoy in Jul. 2014

01 号浮标 2014 年 08 月风速、风向观测数据玫瑰图

WS and WD of 01 buoy in Aug. 2014

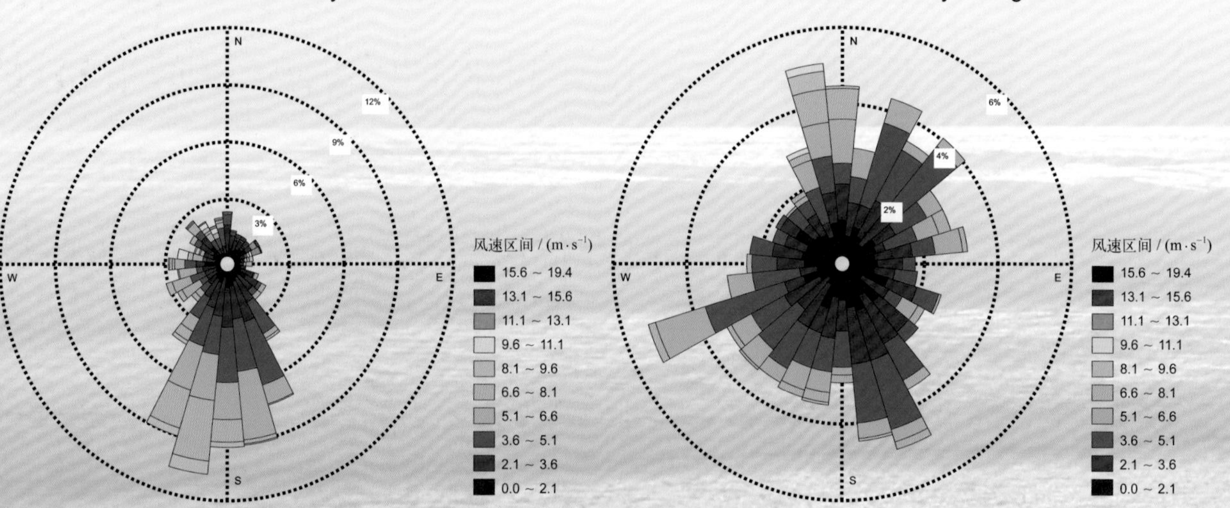

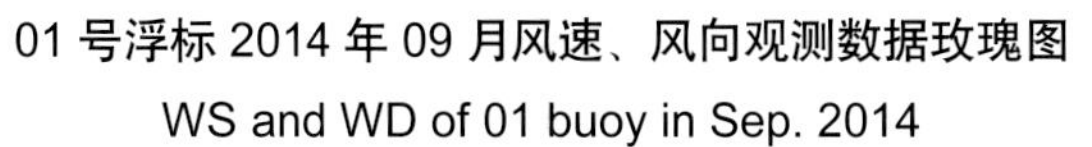

01 号浮标 2014 年 09 月风速、风向观测数据玫瑰图
WS and WD of 01 buoy in Sep. 2014

01 号浮标 2014 年 10 月风速、风向观测数据玫瑰图
WS and WD of 01 buoy in Oct. 2014

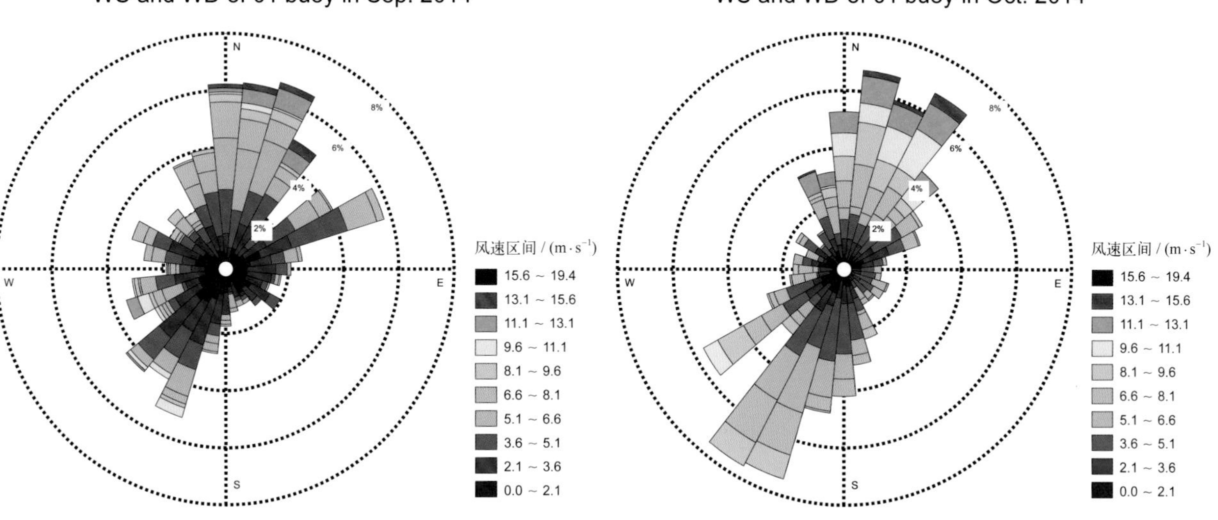

01 号浮标 2014 年 11 月风速、风向观测数据玫瑰图
WS and WD of 01 buoy in Nov. 2014

01 号浮标 2014 年 12 月风速、风向观测数据玫瑰图
WS and WD of 01 buoy in Dec. 2014

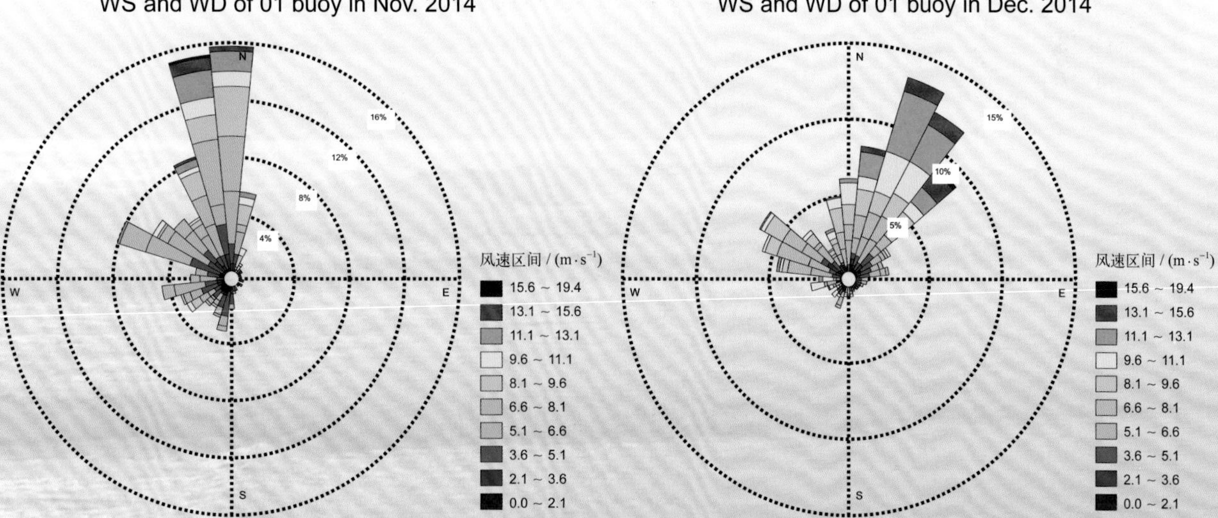

2014 年度 06 号浮标观测数据概述及玫瑰图
（风速和风向）

06 号浮标位于东海嵊山岛海礁附近海域（30°43′N，123°08′E），是一套直径 10 m 的圆盘形综合观测平台。可获取的观测参数包括气象、水文和水质，风速和风向数据是气象参数中的重要观测内容。

2014 年，东海站 06 号浮标获取了全年 365 天的长序列风速、风向观测数据。

通过对获取数据进行质量控制和分析，观测海域的年度风速、风向数据和季节数据特征如下。测得的年度最大风速为 19.4 m/s（7 月 9 日 03:00），对应风向为 5°。如表 10 所示，记录到 6 级以上大风累计时长为 108 天，其中 6 级以上大风天数最多的月份为 12 月（19 天），6 级以上大风天数最少的月份是 6 月（3 天）。全年记录到 6 次 8 级以上大风过程，分别为 7 月 9 日、9 月 22—23 日、10 月 12—13 日、12 月 1 日、12 月 16—17 日、12 月 31 日。以 2 月为冬季代表月，观测海域冬季 6 级以上大风天数为 16 天，大风主要风向为 NNW；以 5 月为春季代表月，观测海域春季 6 级以上大风天数为 6 天，大风主要风向为 S；以 8 月为夏季代表月，观测海域夏季 6 级以上大风天数为 4 天，大风主要风向为 N；以 11 月为秋季代表月，观测海域秋季 6 级以上大风天数为 8 天，大风主要风向为 NNW。

表 10　06 号浮标各月 6 级以上大风天数及主要风向情况

月份	6 级以上大风天数	6 级以上大风主要风向	备注
1	10 天	N	
2	16 天	NNW	冬季代表月
3	11 天	NNW	
4	9 天	SSE	
5	6 天	S	春季代表月
6	3 天	SSE	记录 1 次台风过程
7	6 天	SSW	记录 2 次台风过程
8	4 天	N	夏季代表月，记录 1 次台风过程
9	5 天	E	记录 1 次台风过程
10	11 天	N	记录 1 次台风过程
11	8 天	NNW	秋季代表月
12	19 天	NW	记录 1 次寒潮过程

2014年，06号浮标共记录了1次寒潮过程和6次台风过程。寒潮期间从12月15日20:00开始风力增强至6级以上，最大风速达到19.3 m/s（12月16日05:00），6级以上风一直持续到12月17日19:30，寒潮影响期间的主要风向为NW。台风方面，本年度06号浮标所观测到的第一次台风过程为第7号台风“海贝思”，所获取到的最大风速为12.3 m/s（6月16日18:00），对应的风向为151°，6级以上风持续了6.5 h，台风影响期间主要风向为SSE。第二次台风过程，受第8号台风“浣熊”影响，06号浮标获取到的最大风速为19.4 m/s（7月9日03:00），对应风向为5°，记录到8级以上大风持续了7.5 h（7月9日01:30至08:00），台风影响期间的主要风向为N。第三次台风过程，受第10号台风“麦德姆”影响，获取到的最大风速为15.6 m/s（7月25日01:30），对应风向为194°，记录的6级以上风持续了24.5 h（7月24日15:30至25日16:00），台风影响期间的主要风向为SSW。第四次台风过程，受第12号台风“娜基莉”影响，获取到的最大风速为18.0 m/s（8月1日13:00），对应风向为86°，记录的6级以上风持续了57 h（7月31日12:00至8月2日21:00），台风影响期间的主要风向为N。第五次台风过程，受第16号台风“凤凰”影响，获取到的最大风速为18.1 m/s（9月23日00:00），对应风向为149°，记录的6级以上风持续了52 h（9月21日05:30至23日09:30），台风影响期间的主要风向为E。第六次台风过程，受第19号超强台风“黄蜂”影响，获取到的最大风速为19.1 m/s（10月13日02:30），对应的风向为334°，8级以上大风持续26 h（10月12日14:00至13日16:00），台风影响期间的主要风向为NNW。

06 号浮标 2014 年风速、风向观测数据玫瑰图
WS and WD of 06 buoy in 2014

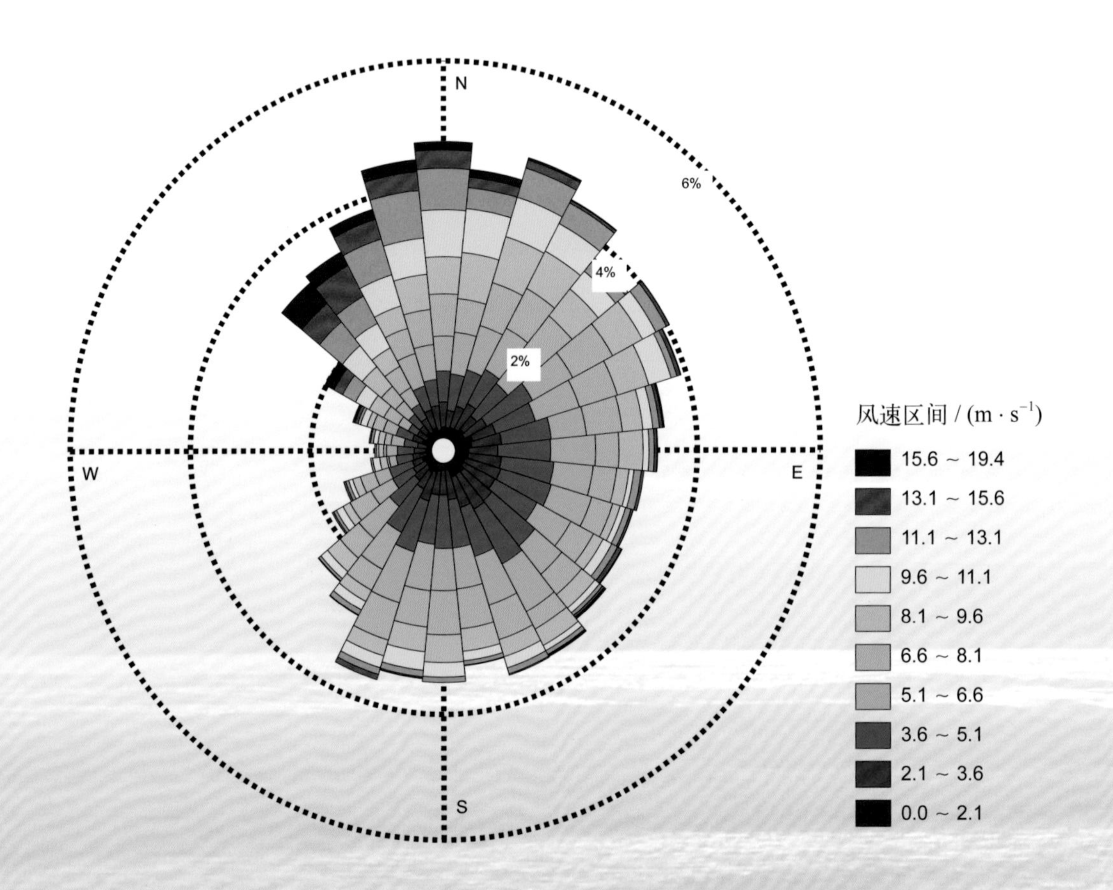

06 号浮标 2014 年 01 月风速、风向观测数据玫瑰图

WS and WD of 06 buoy in Jan. 2014

06 号浮标 2014 年 02 月风速、风向观测数据玫瑰图

WS and WD of 06 buoy in Feb. 2014

06 号浮标 2014 年 03 月风速、风向观测数据玫瑰图

WS and WD of 06 buoy in Mar. 2014

06 号浮标 2014 年 04 月风速、风向观测数据玫瑰图

WS and WD of 06 buoy in Apr. 2014

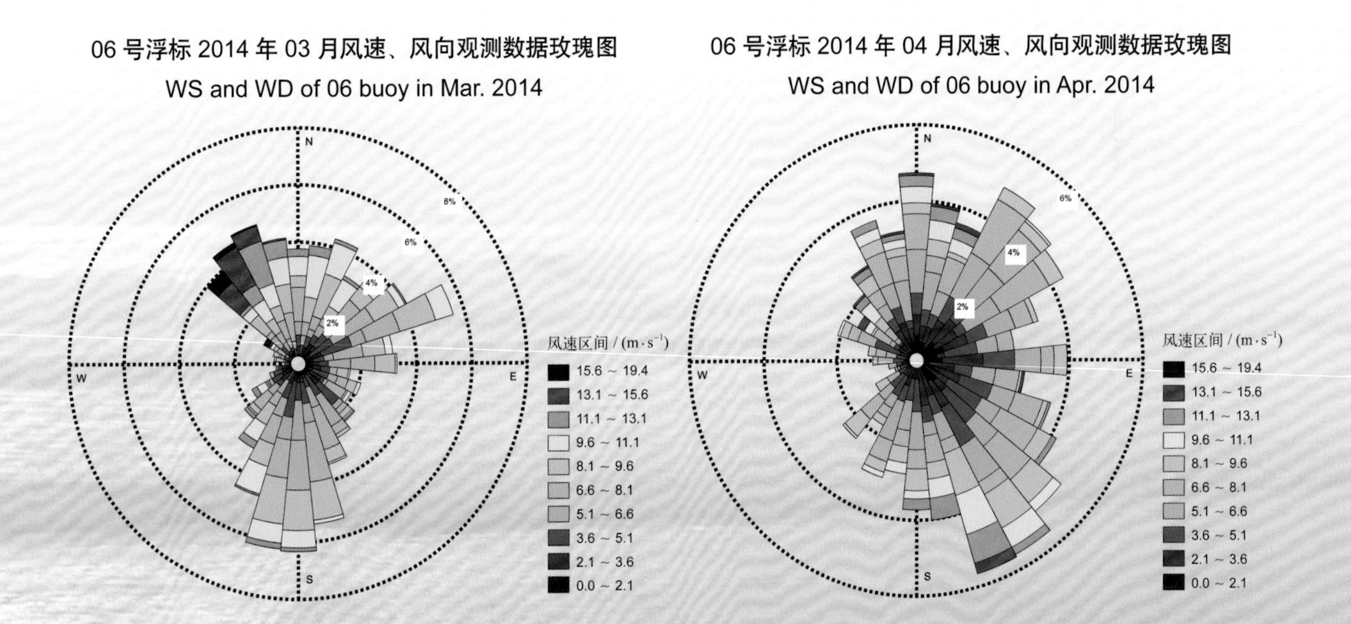

06号浮标2014年05月风速、风向观测数据玫瑰图
WS and WD of 06 buoy in May 2014

06号浮标2014年06月风速、风向观测数据玫瑰图
WS and WD of 06 buoy in Jun. 2014

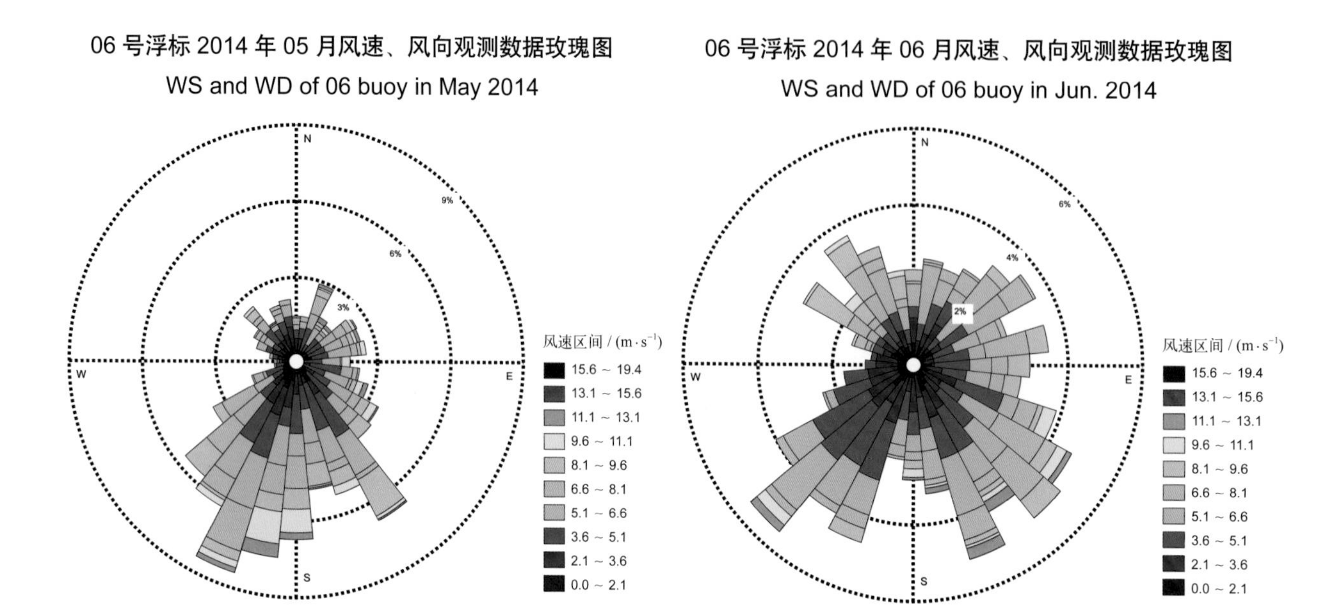

06号浮标2014年07月风速、风向观测数据玫瑰图
WS and WD of 06 buoy in Jul. 2014

06号浮标2014年08月风速、风向观测数据玫瑰图
WS and WD of 06 buoy in Aug. 2014

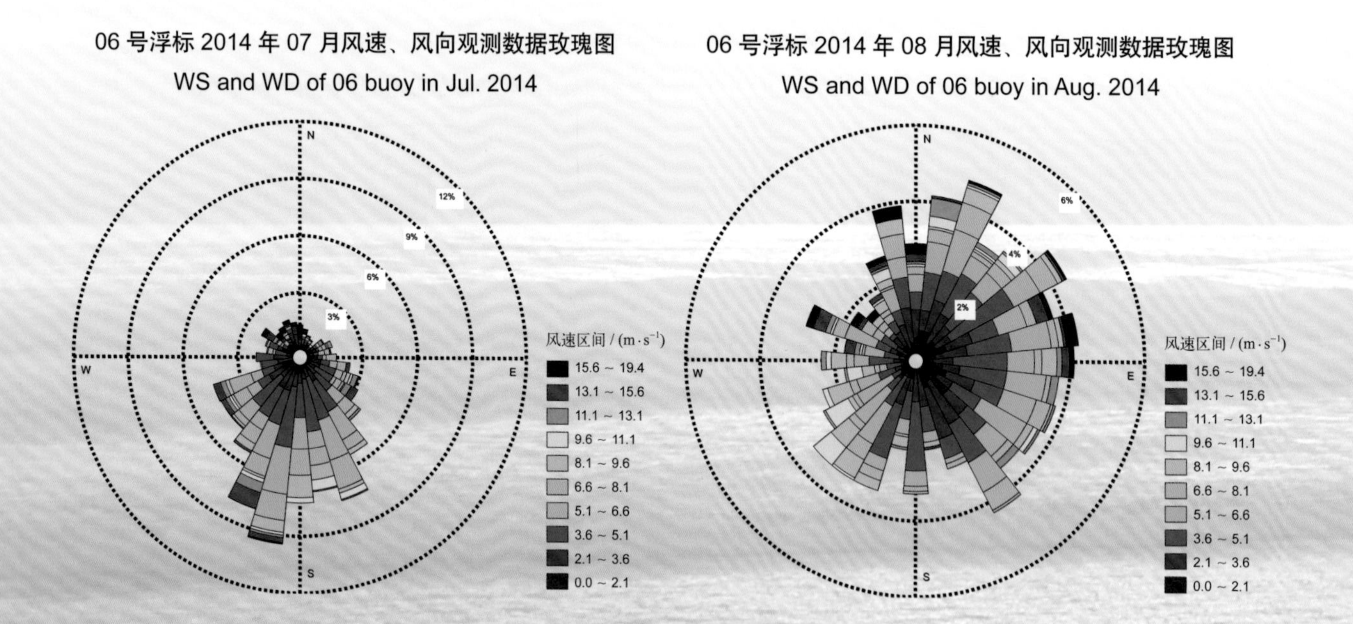

06 号浮标 2014 年 09 月风速、风向观测数据玫瑰图
WS and WD of 06 buoy in Sep. 2014

06 号浮标 2014 年 10 月风速、风向观测数据玫瑰图
WS and WD of 06 buoy in Oct. 2014

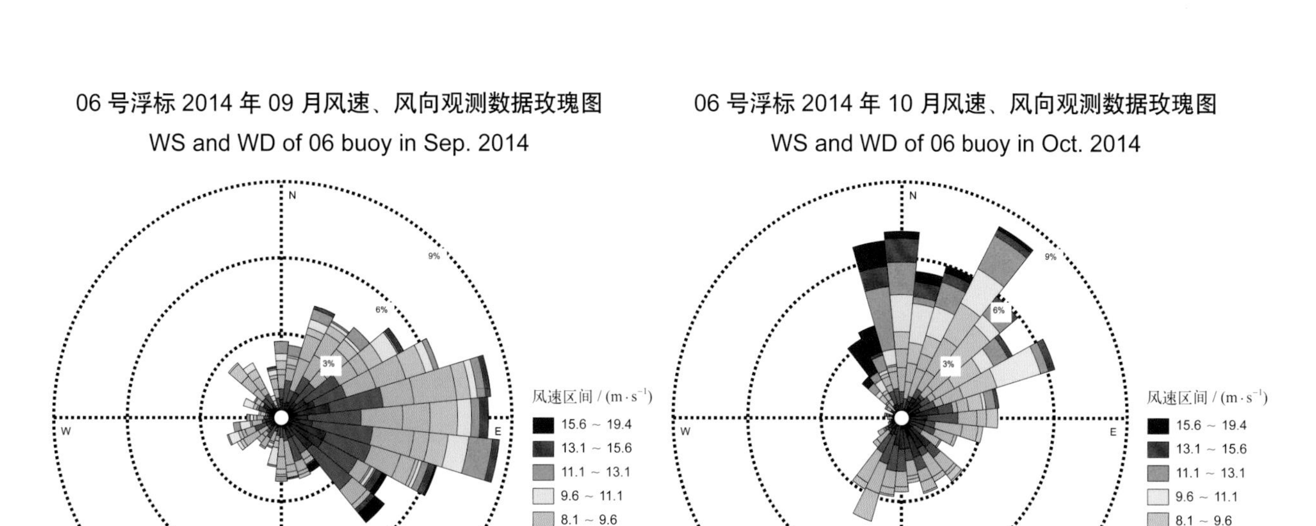

06 号浮标 2014 年 11 月风速、风向观测数据玫瑰图
WS and WD of 06 buoy in Nov. 2014

N
E
S
W
2%
4%
6%
8%
风速区间 / (m·s⁻¹)
15.6 ~ 19.4
13.1 ~ 15.6
11.1 ~ 13.1
9.6 ~ 11.1
8.1 ~ 9.6
6.6 ~ 8.1
5.1 ~ 6.6
3.6 ~ 5.1
2.1 ~ 3.6
0.0 ~ 2.1

06 号浮标 2014 年 12 月风速、风向观测数据玫瑰图
WS and WD of 06 buoy in Dec. 2014

N
E
S
W
3%
6%
9%
12%
风速区间 / (m·s⁻¹)
15.6 ~ 19.4
13.1 ~ 15.6
11.1 ~ 13.1
9.6 ~ 11.1
8.1 ~ 9.6
6.6 ~ 8.1
5.1 ~ 6.6
3.6 ~ 5.1
2.1 ~ 3.6
0.0 ~ 2.1

2014年度07号浮标观测数据概述及玫瑰图（风速和风向）

07号浮标位于黄海荣成楮岛附近海域（37°04′N，122°35′E），是一套直径3 m的圆盘形综合观测平台。可获取的观测参数包括气象、水文和水质，风速和风向数据是气象参数中的重要观测内容。

2014年，黄海站07号浮标共获取到328天的风速和风向长序列观测数据。获取数据的区间共两个时间段，具体为1月1日00:00至6月6日07:30和7月14日18:10至12月31日23:50。

通过对获取数据进行质量控制和分析，观测海域的年度风速、风向和季节数据特征如下。测得的年度最大风速为16.3 m/s（12月1日07:10），对应风向为283°。如表11所示，记录到6级以上大风天数总计32天，其中6级以上大风天数最多的月份为1月（9天），3月、4月、8月均未观测到6级以上风速数据。以2月为冬季代表月，观测海域冬季6级以上大风天数为7天，大风主要风向为N；以5月为春季代表月，观测海域春季6级以上大风天数为1天，大风主要风向为NNE；以8月为夏季代表月，观测海域夏季未观测到6级以上大风数据；以11月为秋季代表月，观测海域秋季6级以上大风天数为3天，大风主要风向为NW。

表11　07号浮标各月6级以上大风天数及主要风向情况

月份	6级以上大风天数	6级以上大风主要风向	备注
1	9天	N	记录1次冷空气过程
2	7天	N	冬季代表月
3	0天	—	记录1次寒潮过程
4	0天	—	
5	1天	NNE	春季代表月
6	—	—	浮标大修，只有6天数据
7	1天	WEW	缺测13天数据，记录1次台风过程
8	0天	—	夏季代表月，记录1次台风过程
9	2天	NNW	
10	4天	NNW	
11	3天	NW	秋季代表月
12	5天	WNW	

2014年，07号浮标共记录了1次冷空气过程、1次寒潮过程和2次台风过程。1月8日至9日冷空气期间，07号浮标获取到的最大风速为14.3 m/s（1月8日07:10），对应风向为19°，其间6级以上风持续了22 h（1月8日01:50至9日00:00）。3月寒潮期间，07号浮标观测到的最大风速为6.8 m/s（3月23日12:50）。07号浮标记录的第一次台风过程为第10号台风“麦德姆”，所获取到的最大风速为12.4 m/s（7月25日22:50），6级以上风累计持续了3.7 h；第二次台风过程期间（第12号台风“娜基莉”），由于浮标站位距离台风路径较远，观测到的最大风速为8.4 m/s（8月2日18:00至18:10）。

07号浮标2014年风速、风向观测数据玫瑰图
WS and WD of 07 buoy in 2014

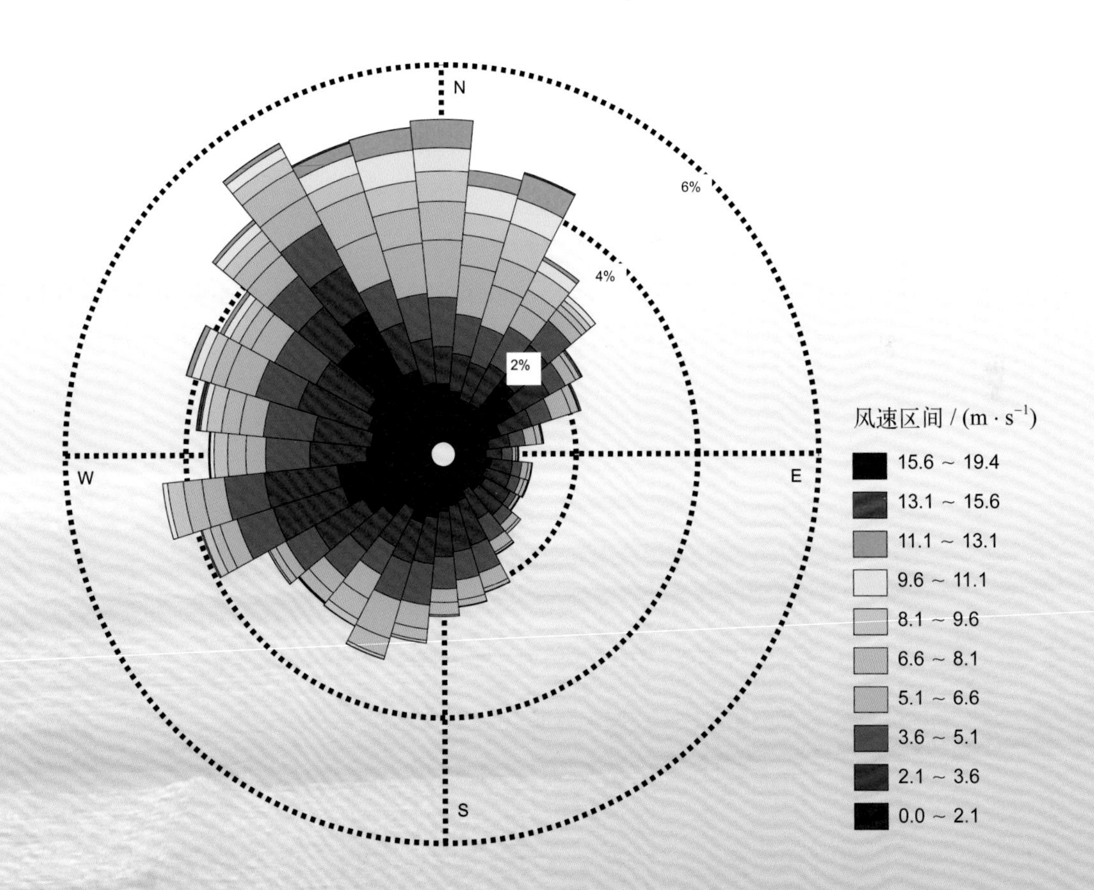

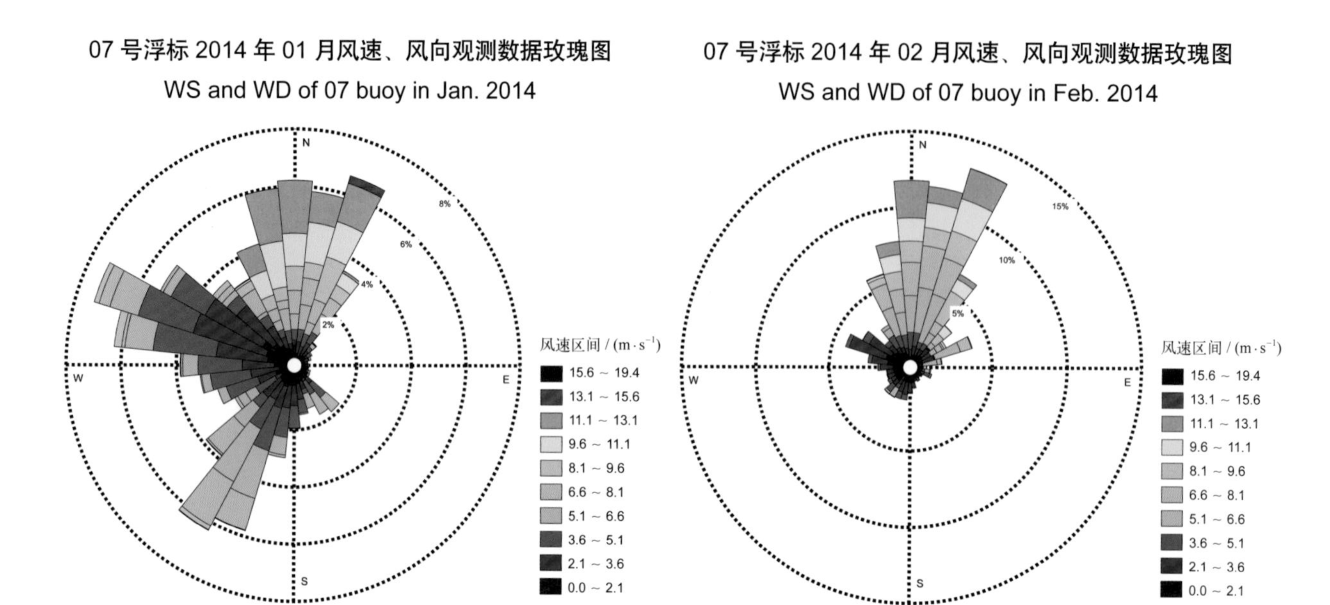
07 号浮标 2014 年 01 月风速、风向观测数据玫瑰图
WS and WD of 07 buoy in Jan. 2014
N
E
S
W
2%
4%
6%
8%
风速区间 / (m · s^{-1})
15.6 ~ 19.4
13.1 ~ 15.6
11.1 ~ 13.1
9.6 ~ 11.1
8.1 ~ 9.6
6.6 ~ 8.1
5.1 ~ 6.6
3.6 ~ 5.1
2.1 ~ 3.6
0.0 ~ 2.1
07 号浮标 2014 年 02 月风速、风向观测数据玫瑰图
WS and WD of 07 buoy in Feb. 2014
N
E
S
W
5%
10%
15%
风速区间 / (m · s^{-1})
15.6 ~ 19.4
13.1 ~ 15.6
11.1 ~ 13.1
9.6 ~ 11.1
8.1 ~ 9.6
6.6 ~ 8.1
5.1 ~ 6.6
3.6 ~ 5.1
2.1 ~ 3.6
0.0 ~ 2.1

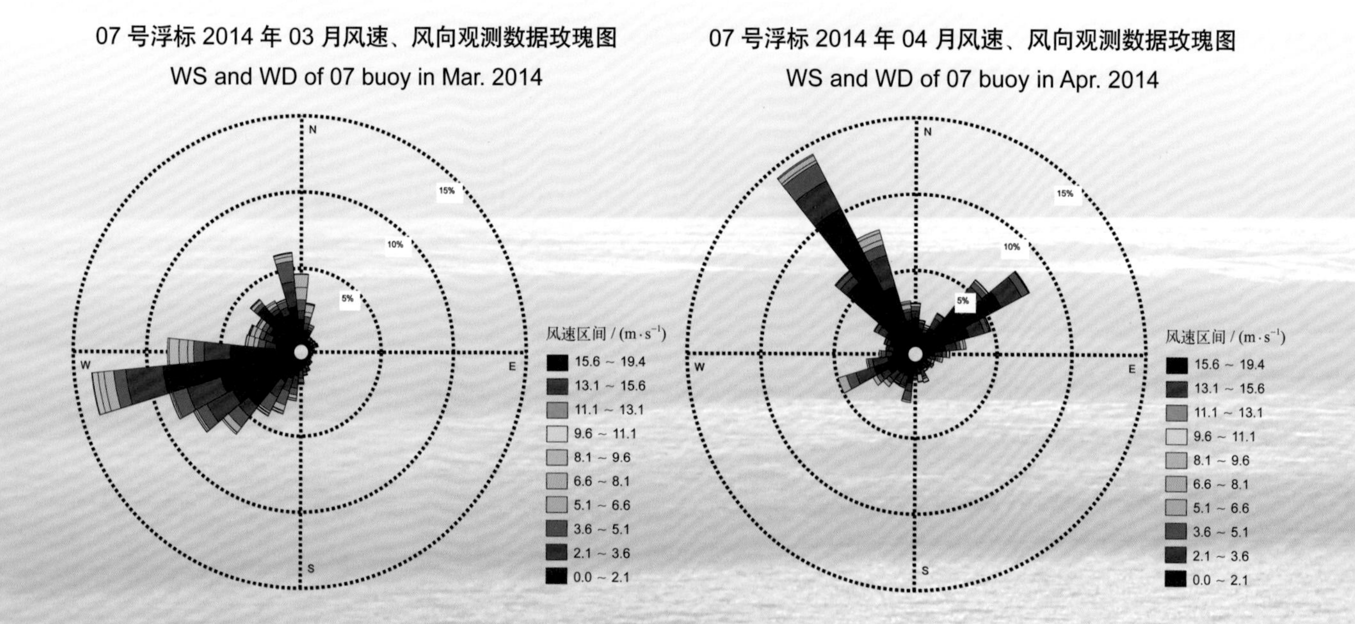
07 号浮标 2014 年 03 月风速、风向观测数据玫瑰图
WS and WD of 07 buoy in Mar. 2014
N
E
S
W
5%
10%
15%
风速区间 / (m · s^{-1})
15.6 ~ 19.4
13.1 ~ 15.6
11.1 ~ 13.1
9.6 ~ 11.1
8.1 ~ 9.6
6.6 ~ 8.1
5.1 ~ 6.6
3.6 ~ 5.1
2.1 ~ 3.6
0.0 ~ 2.1
07 号浮标 2014 年 04 月风速、风向观测数据玫瑰图
WS and WD of 07 buoy in Apr. 2014
N
E
S
W
5%
10%
15%
风速区间 / (m · s^{-1})
15.6 ~ 19.4
13.1 ~ 15.6
11.1 ~ 13.1
9.6 ~ 11.1
8.1 ~ 9.6
6.6 ~ 8.1
5.1 ~ 6.6
3.6 ~ 5.1
2.1 ~ 3.6
0.0 ~ 2.1

07 号浮标 2014 年 05 月风速、风向观测数据玫瑰图
WS and WD of 07 buoy in May 2014

07 号浮标 2014 年 07 月风速、风向观测数据玫瑰图
WS and WD of 07 buoy in Jul. 2014

07 号浮标 2014 年 08 月风速、风向观测数据玫瑰图
WS and WD of 07 buoy in Aug. 2014

07 号浮标 2014 年 09 月风速、风向观测数据玫瑰图
WS and WD of 07 buoy in Sep. 2014

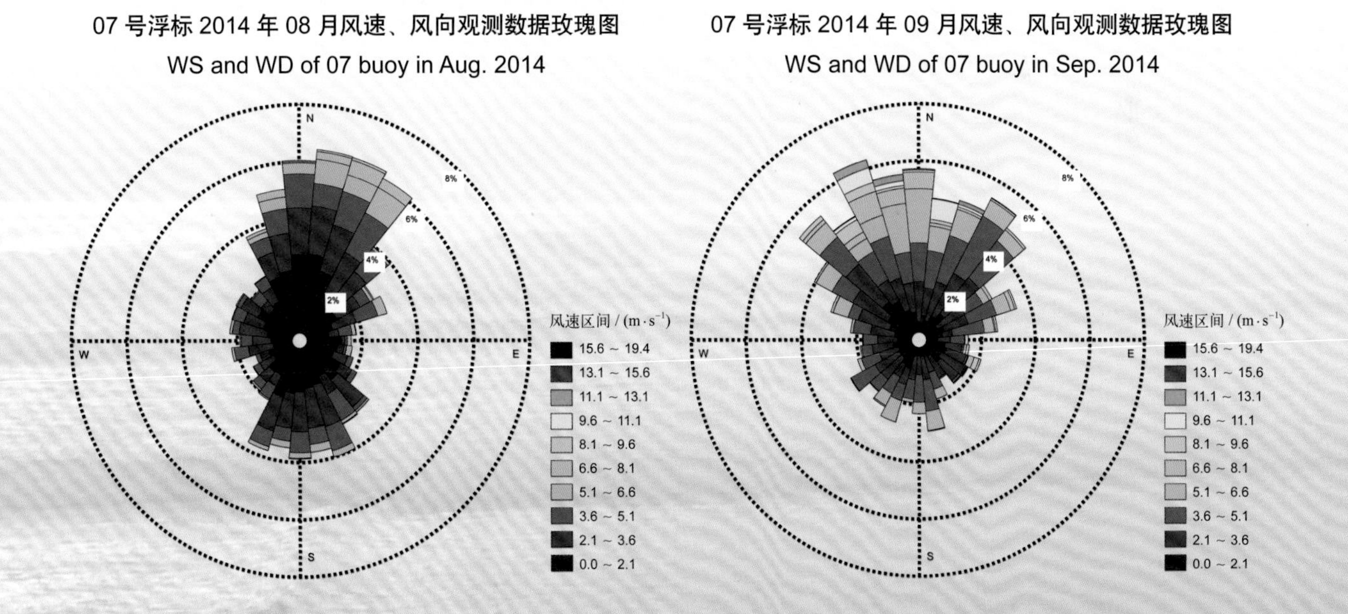

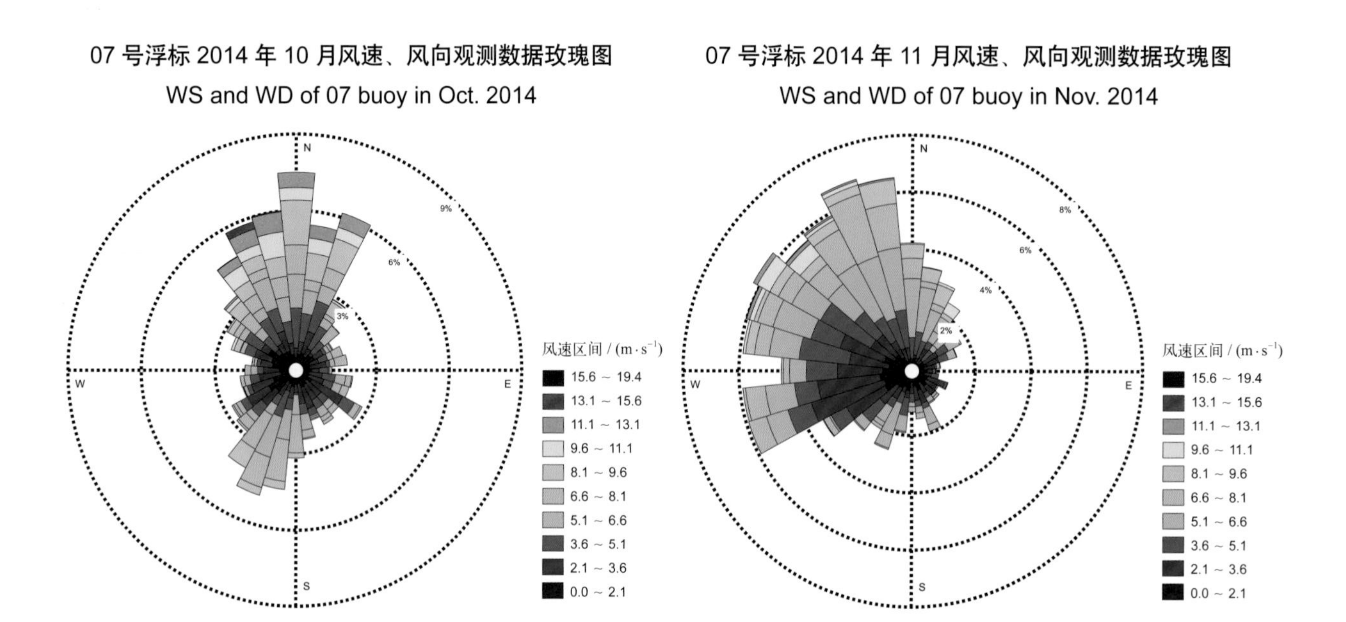

07 号浮标 2014 年 12 月风速、风向观测数据玫瑰图

WS and WD of 07 buoy in Dec. 2014

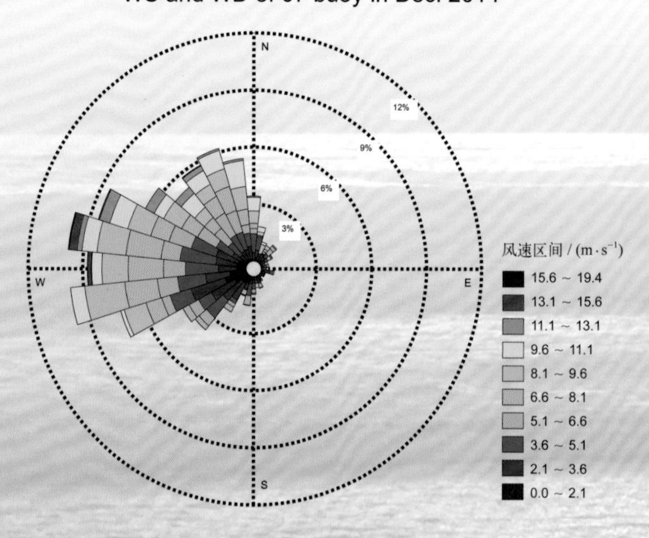

2014年度09号浮标观测数据概述及玫瑰图
（风速和风向）

09号浮标位于黄海灵山岛附近海域（35°55′N，120°16′E），是一套直径3 m的圆盘形综合观测平台。可获取的观测参数包括气象、水文和水质，风速和风向数据是气象参数中的重要观测内容。

2014年，黄海站09号浮标获取了全年365天的风速和风向长序列观测数据。

通过对获取数据进行质量控制和分析，观测海域的年度风速、风向数据和季节数据特征如下。测得的年度最大风速为14.4 m/s（10月13日05:00至05:30），对应风向为5°。如表12所示，记录到6级以上大风天数总计23天，其中6级以上大风天数最多的月份为12月（5天），4月、6月和8月均未观测到6级以上大风。以2月为冬季代表月，观测海域冬季6级以上大风天数为4天，大风主要风向为N；以5月为春季代表月，观测海域春季6级以上大风天数为2天，大风主要风向为NW；以8月为夏季代表月，观测海域夏季未观测到6级以上大风数据；以11月为秋季代表月，观测海域秋季6级以上大风天数为2天，大风主要风向为NW。

表12　09号浮标各月6级以上大风天数及主要风向情况

月份	6级以上大风天数	6级以上大风主要风向	备注
1	1天	NNW	
2	4天	N	冬季代表月
3	1天	NNW	
4	0天	—	
5	2天	NW	春季代表月
6	0天	—	
7	1天	N	记录1次台风过程
8	0天	—	夏季代表月，记录1次台风过程
9	2天	N	
10	5天	N	记录1次台风过程
11	2天	NW	秋季代表月
12	5天	NW	

2014 年，09 号浮标共记录到 3 次台风过程。第一次台风过程，受第 10 号台风“麦德姆”影响，09 号浮标获取到的最大风速为 14.0 m/s（7 月 25 日 14:00 至 14:30），对应风向为 1°，台风期间主要风向为 N；第二次台风过程（第 12 号台风“娜基莉”），由于浮标站位距离台风中心较远，09 号浮标获取到的最大风速仅为 7.6 m/s（8 月 3 日 16:00），对应风向为 343°，未形成持续大风现象；第三次台风过程，受第 19 号台风“黄蜂”影响，09 号浮标获取到的最大风速为 14.4 m/s（10 月 13 日 05:00 至 05:30），对应风向为 5°，台风影响期间的主要风向为 N。

09 号浮标 2014 年风速、风向观测数据玫瑰图
WS and WD of 09 buoy in 2014

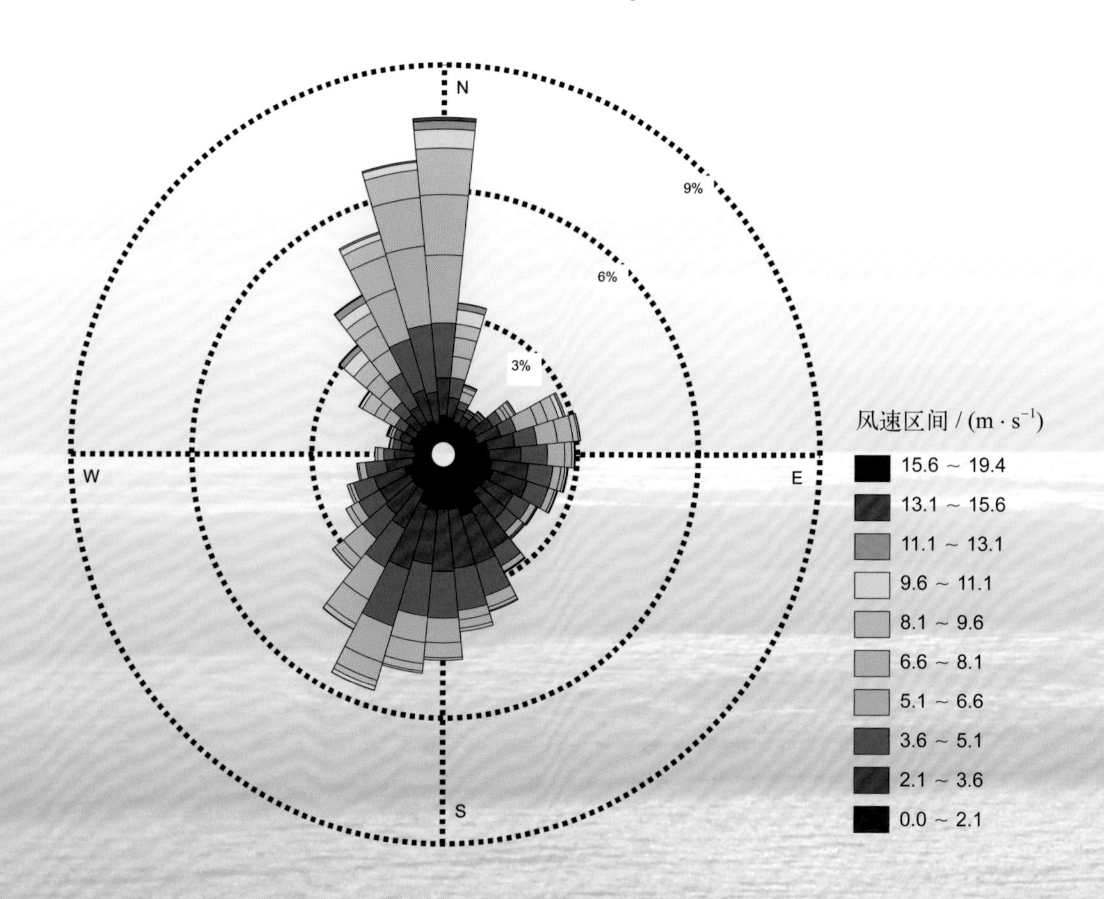

09 号浮标 2014 年 01 月风速、风向观测数据玫瑰图
WS and WD of 09 buoy in Jan. 2014

09 号浮标 2014 年 02 月风速、风向观测数据玫瑰图
WS and WD of 09 buoy in Feb. 2014

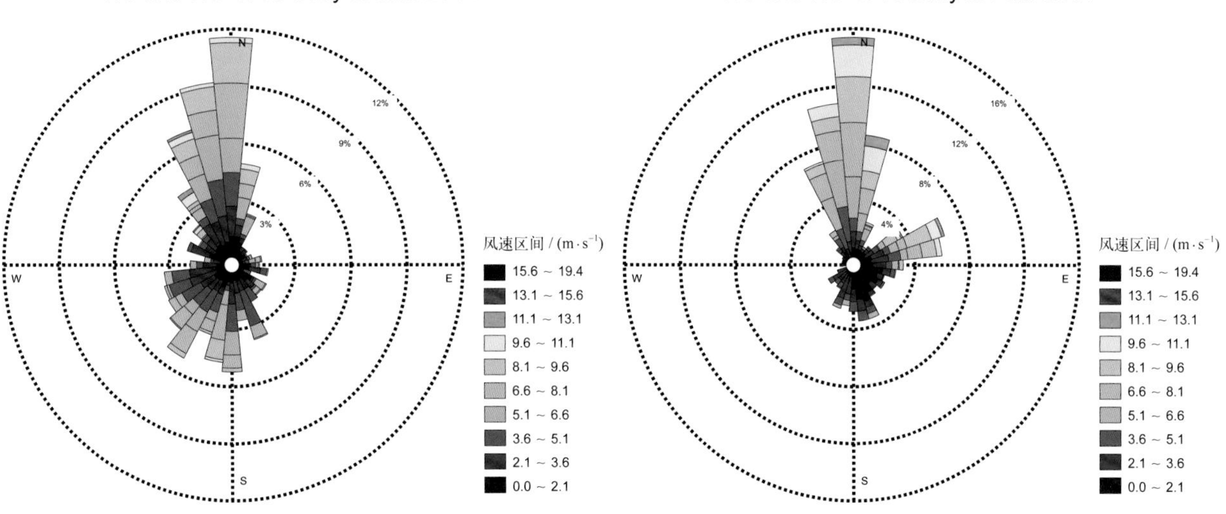

09 号浮标 2014 年 03 月风速、风向观测数据玫瑰图
WS and WD of 09 buoy in Mar. 2014

09 号浮标 2014 年 04 月风速、风向观测数据玫瑰图
WS and WD of 09 buoy in Apr. 2014

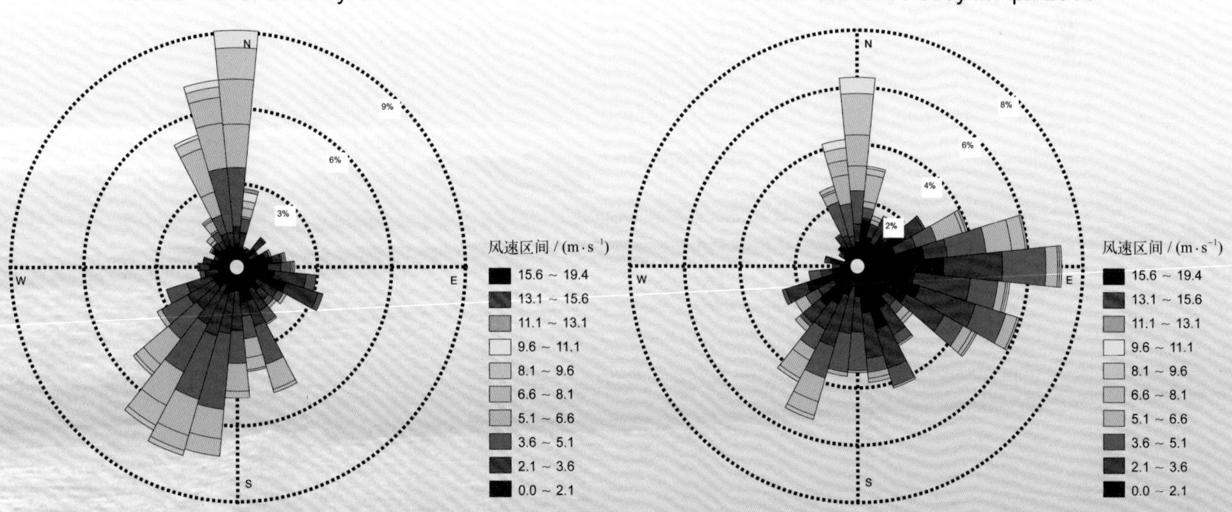

09 号浮标 2014 年 05 月风速、风向观测数据玫瑰图
WS and WD of 09 buoy in May 2014

09 号浮标 2014 年 06 月风速、风向观测数据玫瑰图
WS and WD of 09 buoy in Jun. 2014

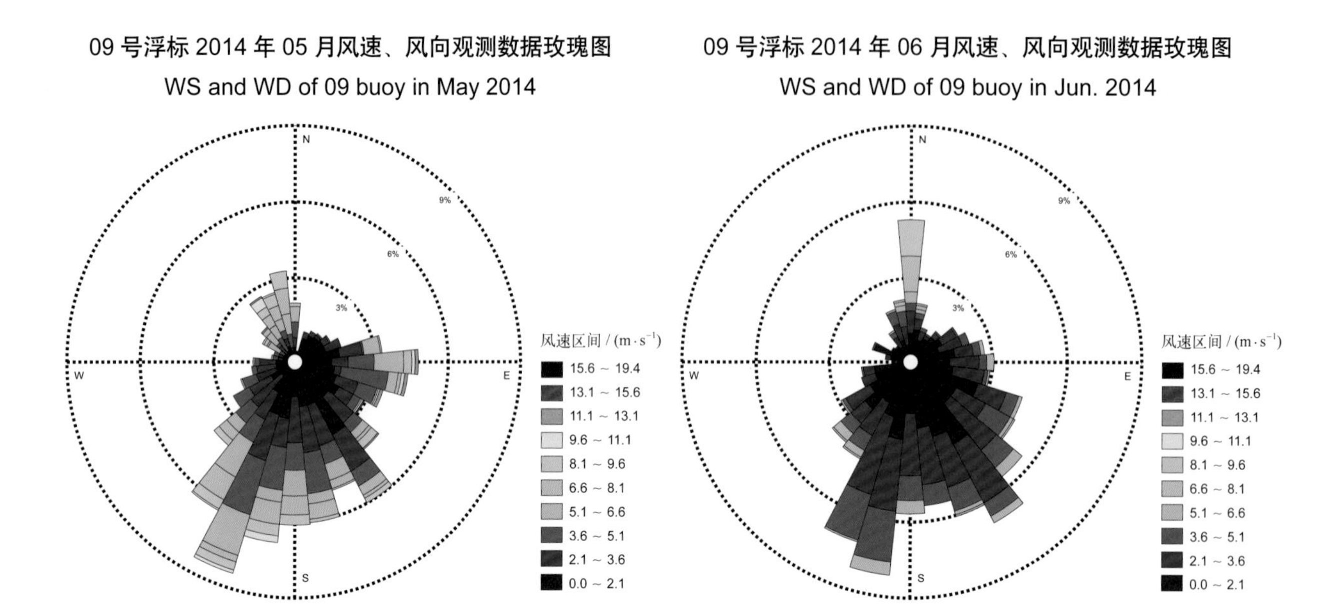

09 号浮标 2014 年 07 月风速、风向观测数据玫瑰图
WS and WD of 09 buoy in Jul. 2014

09 号浮标 2014 年 08 月风速、风向观测数据玫瑰图
WS and WD of 09 buoy in Aug. 2014

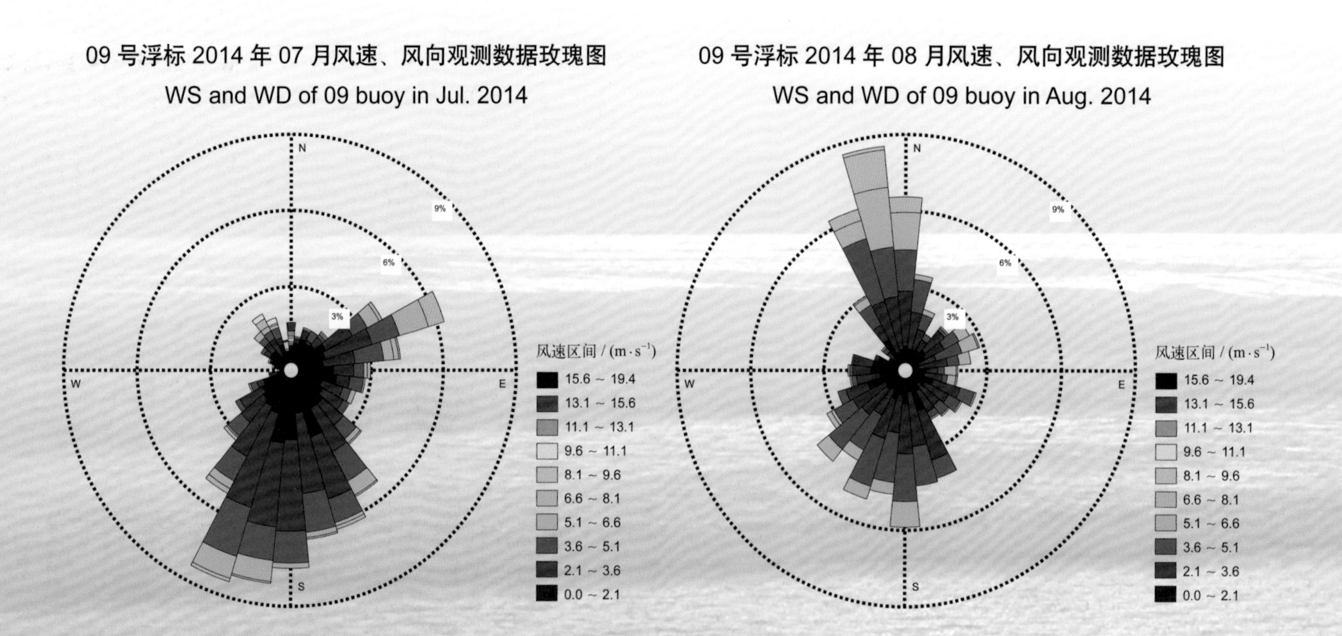

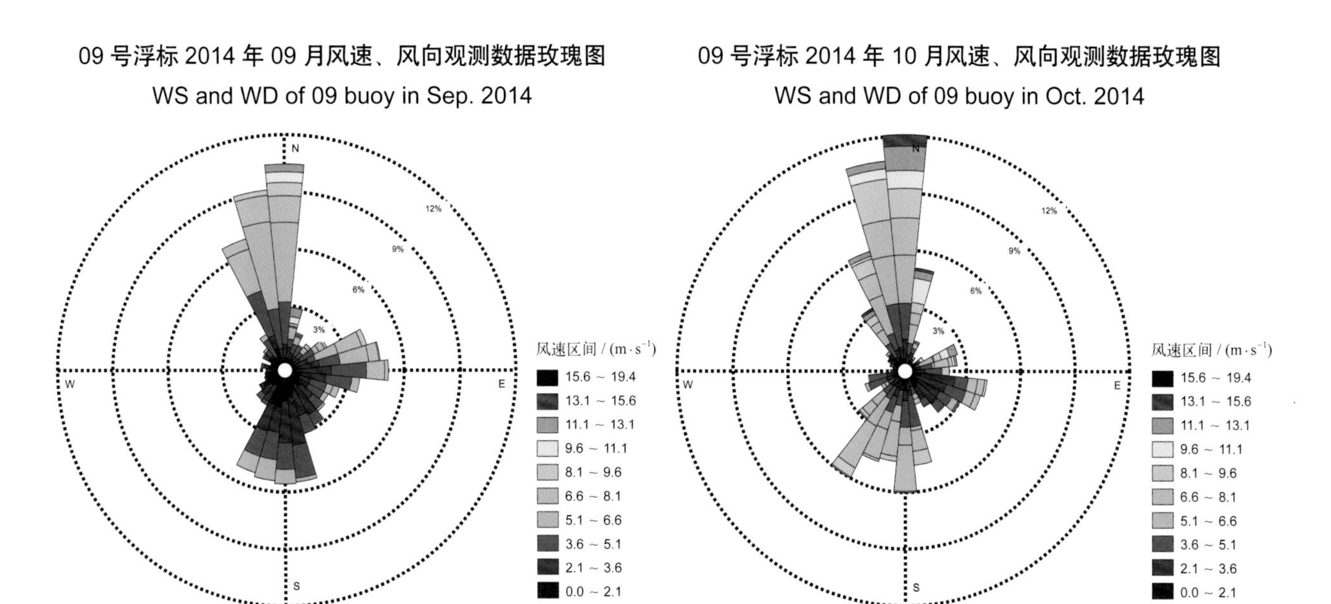

09 号浮标 2014 年 09 月风速、风向观测数据玫瑰图

WS and WD of 09 buoy in Sep. 2014

09 号浮标 2014 年 10 月风速、风向观测数据玫瑰图

WS and WD of 09 buoy in Oct. 2014

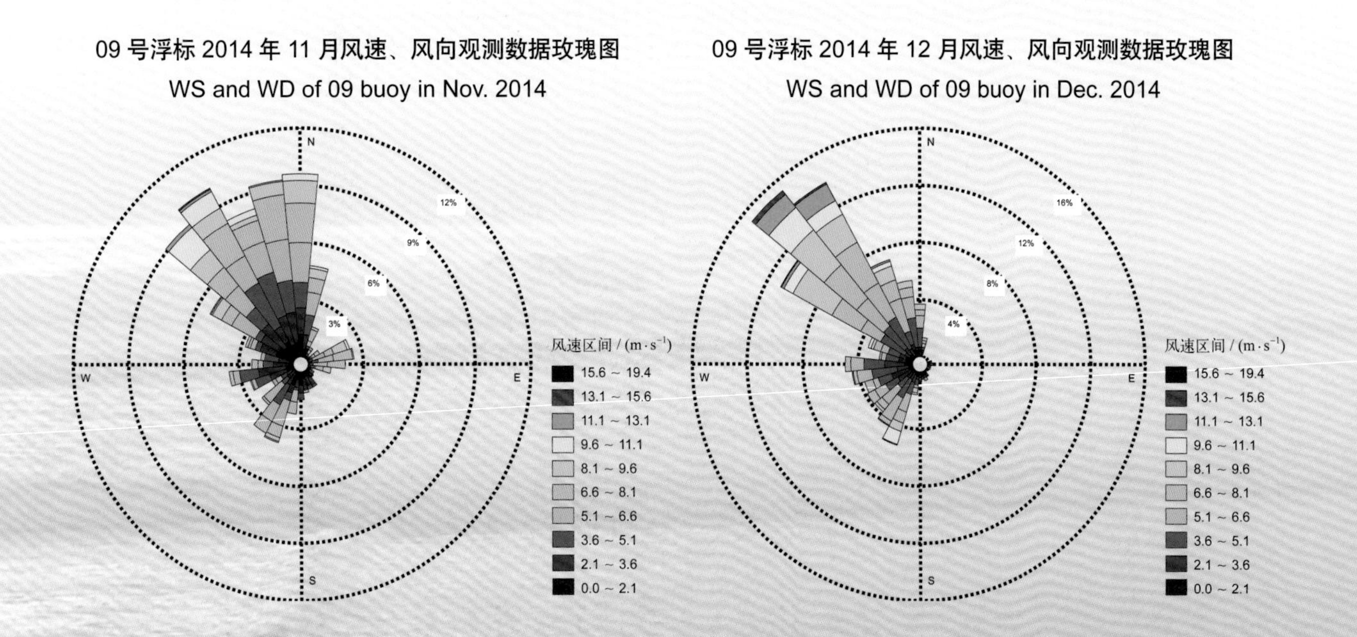

09 号浮标 2014 年 11 月风速、风向观测数据玫瑰图

WS and WD of 09 buoy in Nov. 2014

09 号浮标 2014 年 12 月风速、风向观测数据玫瑰图

WS and WD of 09 buoy in Dec. 2014

2014 年度 10 号浮标观测数据概述及玫瑰图
（风速和风向）

10 号浮标位于长江口崇明岛附近海域（31°23′N，121°56′E），是一套直径 3 m 的圆盘形综合观测平台。可获取的观测参数包括气象、水文和水质，风速和风向数据是气象参数中的重要观测内容。

2014 年，东海站 10 号浮标获取了全年 365 天的风速和风向长序列观测数据。

通过对获取数据进行质量控制和分析，10 号浮标观测海域本年度风速、风向数据和季节数据特征如下。年度最大风速为 14.5 m/s（10 月 13 日 00:30），对应风向为 2°。如表 13 所示，记录到 6 级以上大风天数总计 28 天，其中 6 级以上大风天数最多的月份为 4 月（6 天），5 月和 11 月均未观测到 6 级以上大风数据。以 2 月为冬季代表月，观测海域冬季 6 级以上大风天数为 2 天，大风主要风向为 NE；以 5 月为春季代表月，观测海域春季未观测到 6 级以上大风数据；以 8 月为夏季代表月，观测海域夏季 6 级以上大风天数为 3 天，大风主要风向为 NE；以 11 月为秋季代表月，观测海域秋季未观测到 6 级以上大风数据。

表 13　10 号浮标各月 6 级以上大风天数及主要风向情况

月份	6 级以上大风天数	6 级以上大风主要风向	备注
1	1 天	NNE	
2	2 天	NE	冬季代表月
3	1 天	N	
4	6 天	SSE	
5	0 天	—	春季代表月
6	2 天	SSE	记录 1 次台风过程
7	3 天	SSE	记录 2 次台风过程
8	3 天	NE	夏季代表月，记录 1 次台风过程
9	5 天	ENE	记录 1 次台风过程
10	2 天	N	记录 1 次台风过程
11	0 天	—	秋季代表月
12	3 天	NNW	

2014 年，10 号浮标共记录到 6 次台风过程。第一次台风过程，受第 7 号台风“海贝思”影响，10 号浮标获取到的最大风速为 11.2 m/s（6 月 16 日 13:30），对应风向为 144°，由于浮标站位距离台风路径较远，未观测到持续大风数据，记录 6 级以上风仅持续了 1.5 h（6 月 16 日 13:00 至 14:30），台风影响期间主要风向为 SE；第二次台风过程，受第 8 号台风“浣熊”影响，10 号浮标获取到的最大风速为 12.7 m/s（7 月 9 日 11:00），对应风向为 357°，记录 6 级以上风持续了 13.5 h（7 月 8 日 23:00 至 9 日 12:30），台风影响期间的主要风向为 NNE；第三次台风过程，受第 10 号台风“麦德姆”影响，获取到的最大风速为 13.7 m/s（7 月 25 日 03:30），对应风向为 178°，记录 6 级以上风持续了 17.5 h（7 月 24 日 15:30 至 25 日 09:00），台风影响期间的主要风向为 SSE；第四次台风过程，受第 12 号台风“娜基莉”影响，获取到的最大风速为 13.4 m/s（8 月 2 日 02:00），对应风向为 356°，记录 6 级以上风持续了 26 h（8 月 1 日 07:30 至 2 日 09:30），台风影响期间的主要风向为 NE；第五次台风过程，受第 16 号台风“凤凰”影响，获取到的最大风速为 13.6 m/s（9 月 22 日 07:30），对应风向为 69°，记录 6 级以上风持续了 33.5 h（9 月 22 日 04:30 至 23 日 14:00），台风影响期间的主要风向为 E；第六次台风过程，受第 19 号超强台风“黄蜂”影响，获取到的最大风速为 14.5 m/s（10 月 13 日 00:30），对应风向为 2°，8 级以上大风持续达 31.5 h（10 月 12 日 09:00 至 13 日 16:30），台风影响期间的主要风向为 N。

10 号浮标 2014 年风速、风向观测数据玫瑰图
WS and WD of 10 buoy in 2014

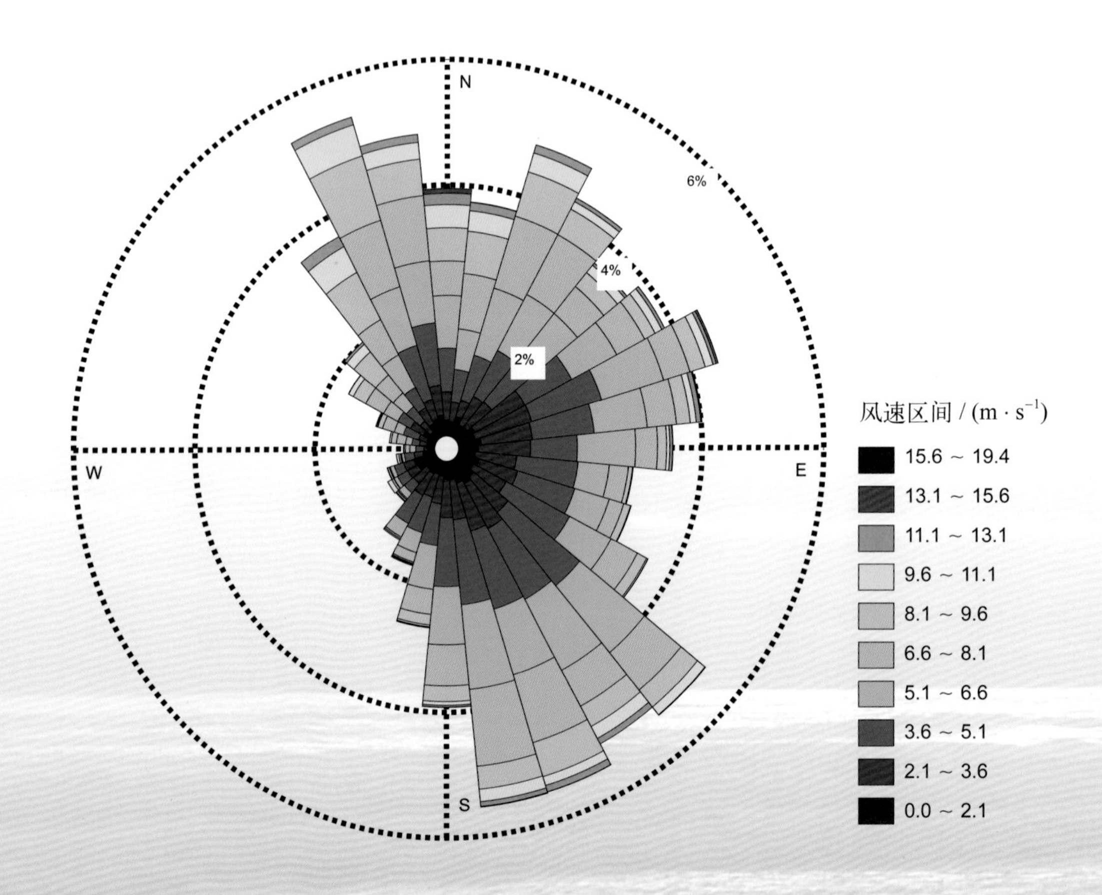

10 号浮标 2014 年 01 月风速、风向观测数据玫瑰图
WS and WD of 10 buoy in Jan. 2014

10 号浮标 2014 年 02 月风速、风向观测数据玫瑰图
WS and WD of 10 buoy in Feb. 2014

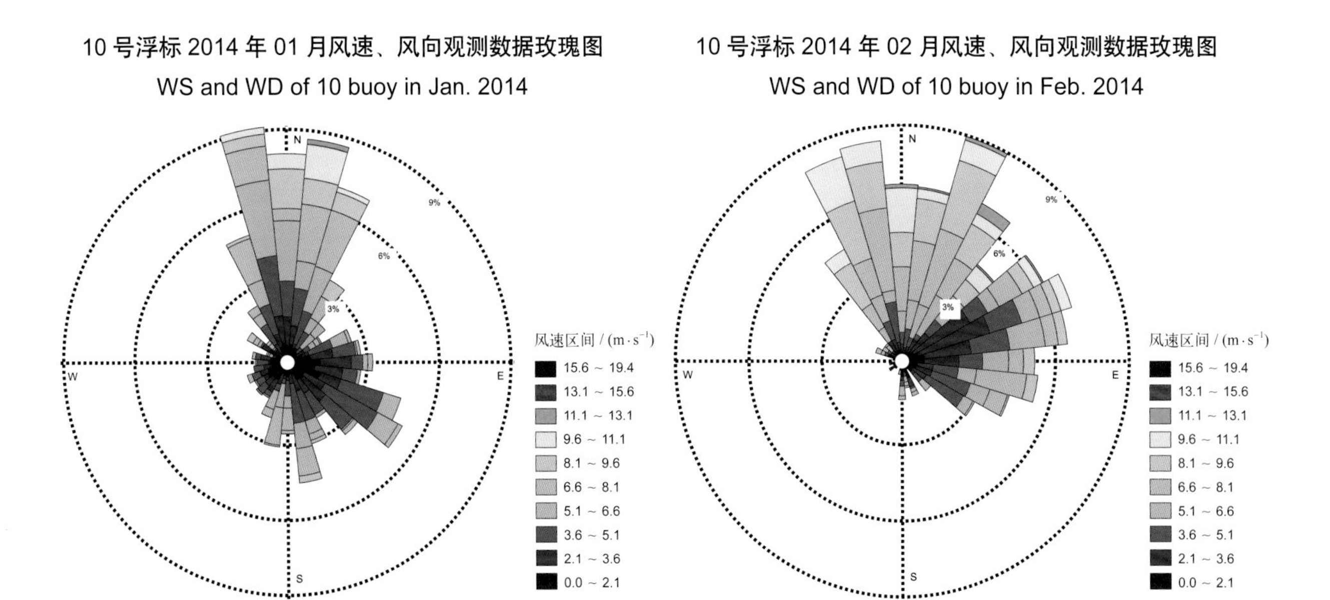

10 号浮标 2014 年 03 月风速、风向观测数据玫瑰图
WS and WD of 10 buoy in Mar. 2014

10 号浮标 2014 年 04 月风速、风向观测数据玫瑰图
WS and WD of 10 buoy in Apr. 2014

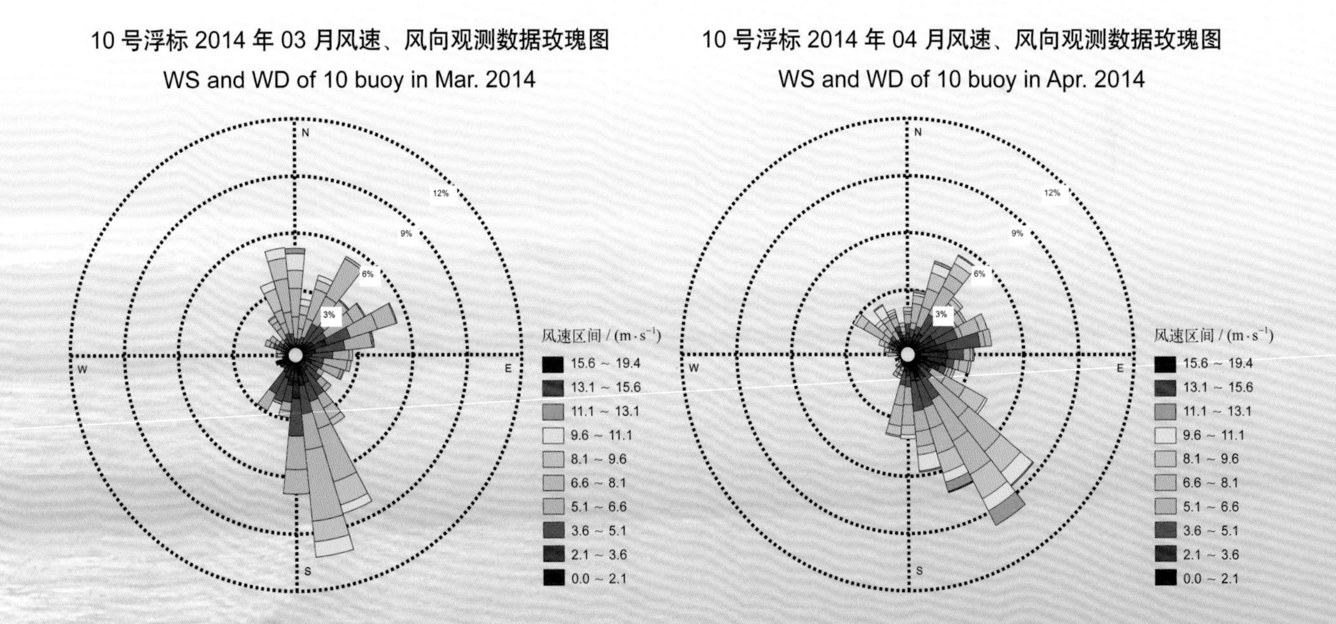

10 号浮标 2014 年 05 月风速、风向观测数据玫瑰图
WS and WD of 10 buoy in May 2014

10 号浮标 2014 年 06 月风速、风向观测数据玫瑰图
WS and WD of 10 buoy in Jun. 2014

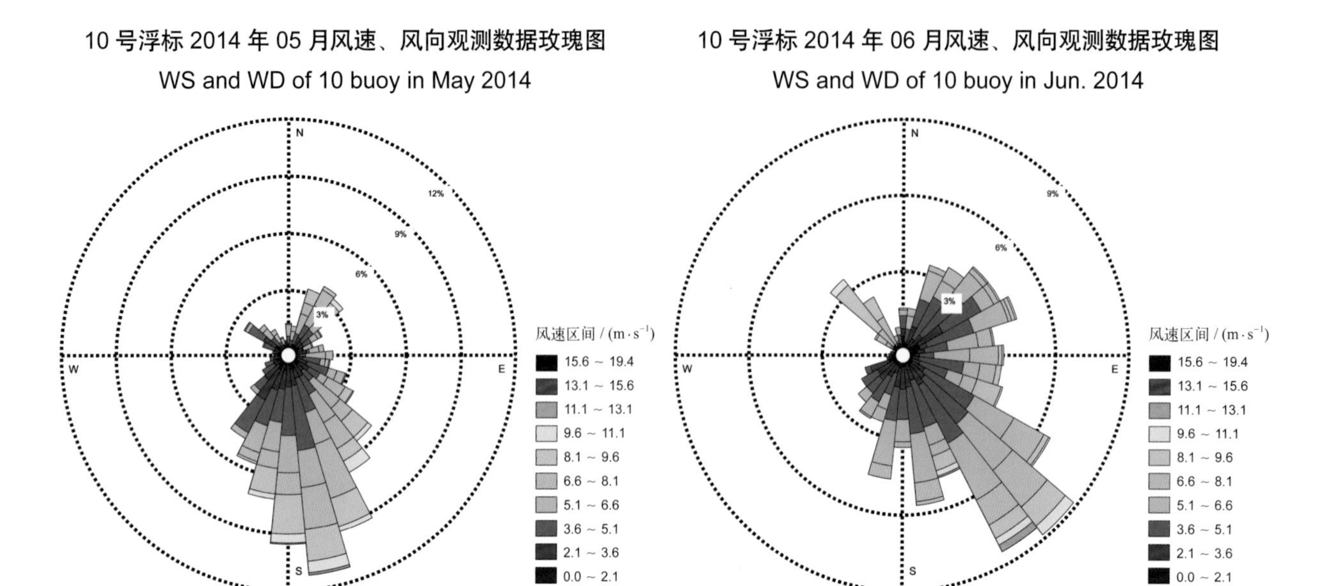

10 号浮标 2014 年 07 月风速、风向观测数据玫瑰图
WS and WD of 10 buoy in Jul. 2014

10 号浮标 2014 年 08 月风速、风向观测数据玫瑰图
WS and WD of 10 buoy in Aug. 2014

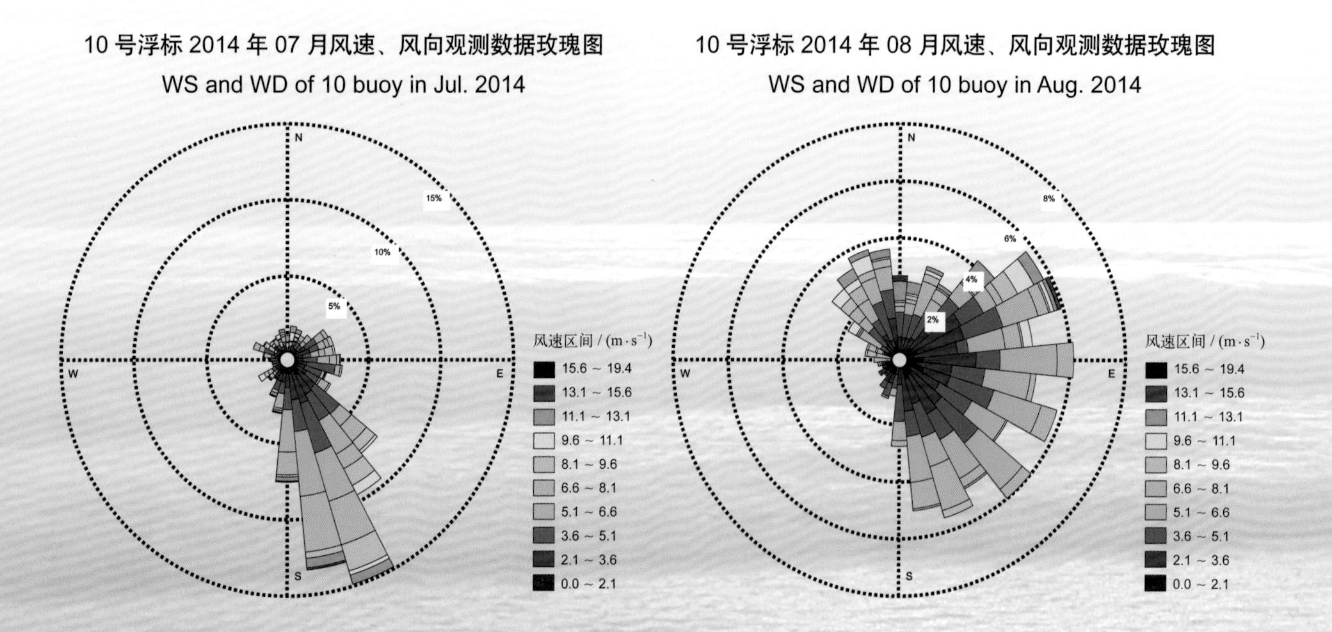

10 号浮标 2014 年 09 月风速、风向观测数据玫瑰图

WS and WD of 10 buoy in Sep. 2014

N
15%
10%
5%
W
E
S
风速区间 / (m·s⁻¹)
15.6 ~ 19.4
13.1 ~ 15.6
11.1 ~ 13.1
9.6 ~ 11.1
8.1 ~ 9.6
6.6 ~ 8.1
5.1 ~ 6.6
3.6 ~ 5.1
2.1 ~ 3.6
0.0 ~ 2.1

10 号浮标 2014 年 10 月风速、风向观测数据玫瑰图

WS and WD of 10 buoy in Oct. 2014

N
9%
6%
3%
W
E
S
风速区间 / (m·s⁻¹)
15.6 ~ 19.4
13.1 ~ 15.6
11.1 ~ 13.1
9.6 ~ 11.1
8.1 ~ 9.6
6.6 ~ 8.1
5.1 ~ 6.6
3.6 ~ 5.1
2.1 ~ 3.6
0.0 ~ 2.1

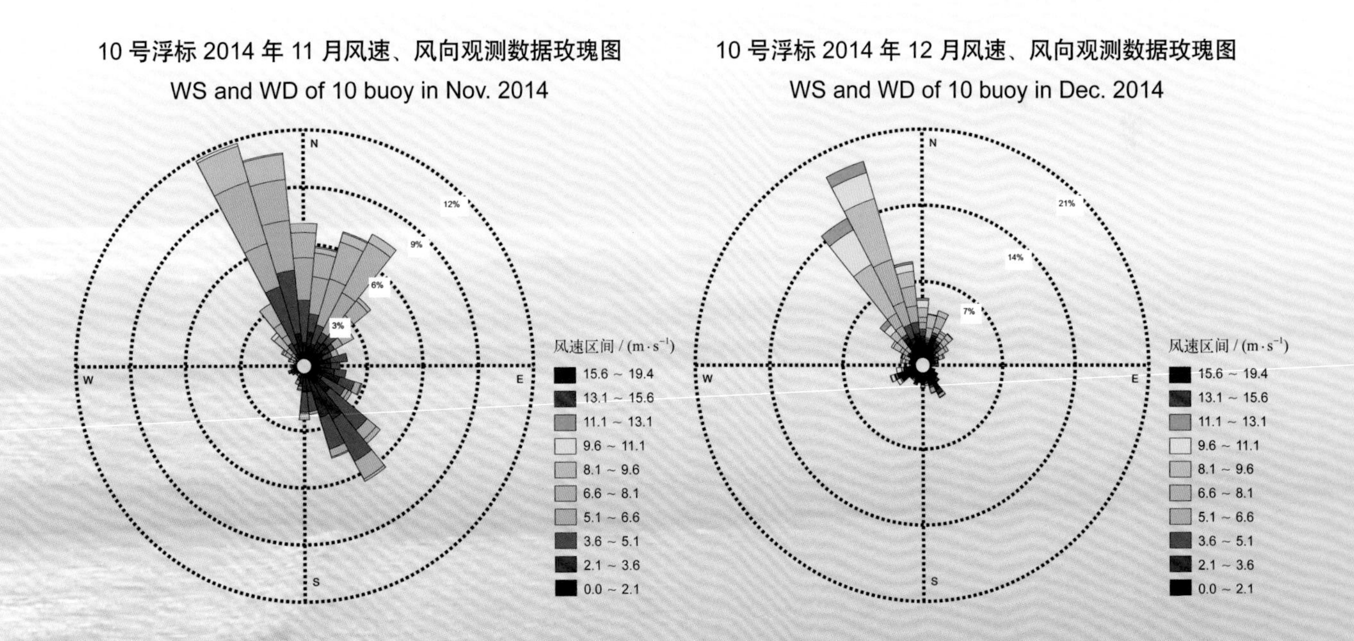

10 号浮标 2014 年 11 月风速、风向观测数据玫瑰图

WS and WD of 10 buoy in Nov. 2014

10 号浮标 2014 年 12 月风速、风向观测数据玫瑰图

WS and WD of 10 buoy in Dec. 2014

2014年度11号浮标观测数据概述及玫瑰图（风速和风向）

11号浮标位于舟山花鸟岛附近海域（31.00°N，122°49′E），是一套直径10 m的圆盘形综合观测平台。可获取的观测参数包括气象、水文和水质，风速和风向数据是气象参数中的重要观测内容。

2014年，东海站11号浮标共获取到305天的风速和风向长序列观测数据。获取数据的区间为1月1日00:00至1月31日19:10和4月2日02:00至12月31日23:50。

通过对获取数据进行质量控制和分析，11号浮标观测海域本年度风速、风向数据和季节数据特征如下。年度最大风速为18.8 m/s（10月13日03:40），对应风向为6°。如表14所示，记录到6级以上大风天数总计70天，其中6级以上大风天数最多的月份为12月（17天），6级以上大风天数最少的月份是5月和6月（均为3天）。全年共记录到6次8级以上大风过程，分别出现在7月9日（台风“浣熊”影响）、8月20日、10月12—13日（台风“黄蜂”影响）、12月1日、12月16—17日和12月31日。以5月为春季代表月，观测海域春季6级以上大风天数为3天，大风主要风向为ESE；以8月为夏季代表月，观测海域夏季6级以上大风天数为4天，大风主要风向为NE；以11月为秋季代表月，观测海域秋季6级以上大风天数为9天，大风主要风向为N。

表14　11号浮标各月6级以上大风天数及主要风向情况

月份	6级以上大风天数	6级以上大风主要风向	备注
1	6天	N	
2	—	—	冬季代表月，浮标故障，无数据
3	—	—	浮标故障，无数据
4	4天	ESE	缺测1天数据
5	3天	ESE	春季代表月
6	3天	ESE	记录1次台风过程
7	6天	NNW	记录2次台风过程
8	4天	NE	夏季代表月，记录1次台风过程
9	6天	ENE	记录1次台风过程
10	12天	N	记录1次台风过程
11	9天	N	秋季代表月
12	17天	NNW	

2014年，11号浮标共记录到6次台风过程。第一次台风过程，受第7号台风“海贝思”影响，11号浮标获取到的最大风速为12.1 m/s（6月16日12:50），对应风向为106°，由于浮标站位距离台风路径较远，未观测到持续大风数据，记录的6级以上风仅持续了1.2 h（6月16日12:40至13:50），台风影响期间主要风向为ESE；第二次台风过程，受第8号台风“浣熊”影响，11号浮标获取到的最大风速为18.0 m/s（7月9日05:10），对应风向为348°，记录的6级以上风持续了22.6 h（7月8日20:00至9日18:40），8级以上风持续了1.3 h（7月9日03:50至05:10），台风影响期间的主要风向为NNW；第三次台风过程，受第10号台风“麦德姆”影响，获取到的最大风速为16.8 m/s（7月25日06:30），对应风向为155°，记录的6级以上风持续了19.1 h（7月24日17:30至25日12:40），台风影响期间的主要风向为SSE；第四次台风过程，受第12号台风“娜基莉”影响，获取到的最大风速为17.3 m/s（8月2日09:10），对应风向为326°，记录的6级以上风持续了40.5 h（8月1日04:30至2日21:00），台风影响期间的主要风向为NW；第五次台风过程，受第16号台风“凤凰”影响，获取到的最大风速为16.9 m/s（9月23日07:30），对应风向为105°，记录的6级以上风持续了76.7 h（9月21日07:40至24日12:20），台风影响期间的主要风向为ENE；第六次台风过程，受第19号超强台风“黄蜂”影响，获取到的最大风速为18.8 m/s（10月13日03:40），对应风向为6°，8级以上大风持续达15.1 h（10月12日16:10至13日07:20），台风影响期间的主要风向为N。

11 号浮标 2014 年风速、风向观测数据玫瑰图
WS and WD of 11 buoy in 2014

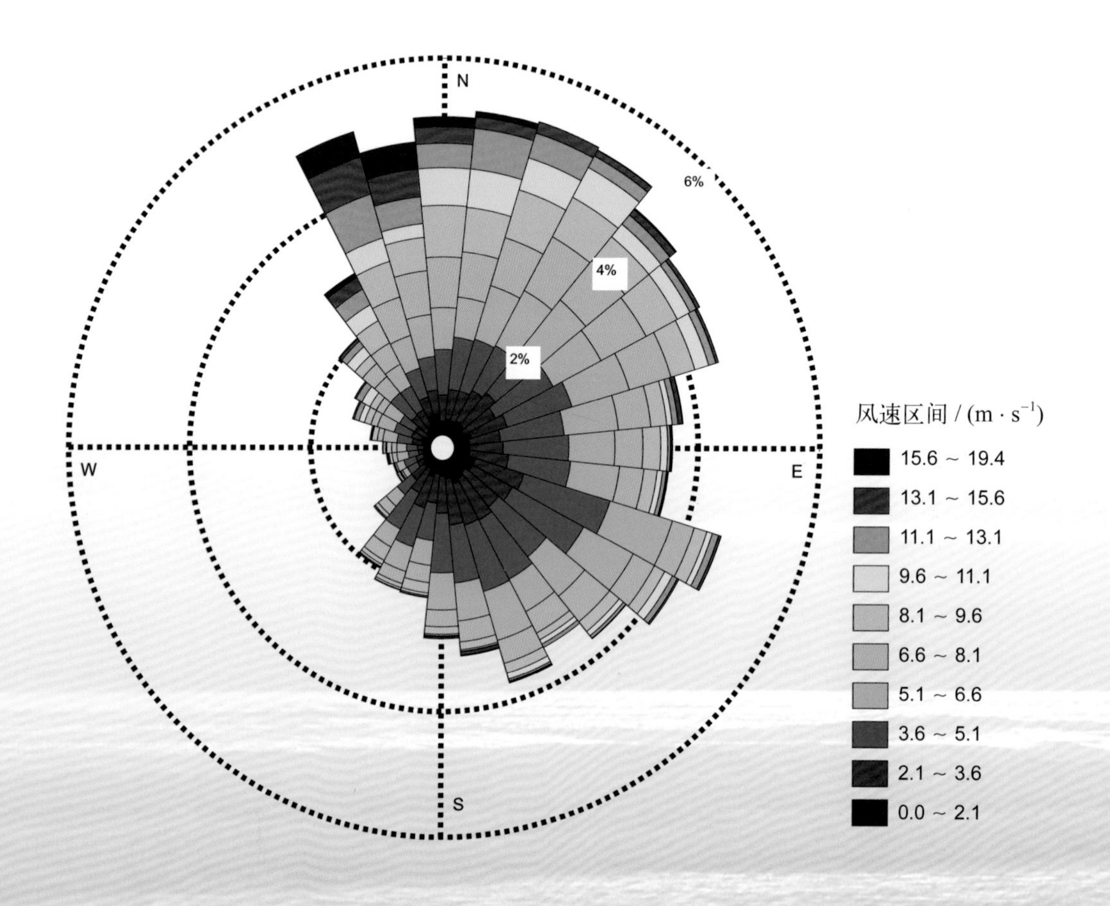

11 号浮标 2014 年 01 月风速、风向观测数据玫瑰图
WS and WD of 11 buoy in Jan. 2014

11 号浮标 2014 年 04 月风速、风向观测数据玫瑰图
WS and WD of 11 buoy in Apr. 2014

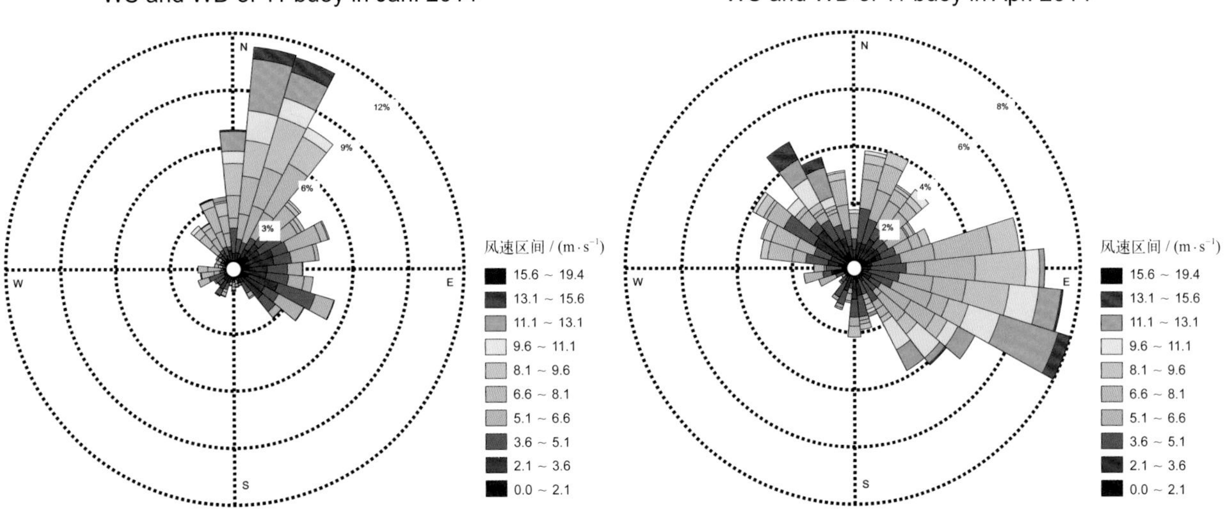

11 号浮标 2014 年 05 月风速、风向观测数据玫瑰图
WS and WD of 11 buoy in May 2014

11 号浮标 2014 年 06 月风速、风向观测数据玫瑰图
WS and WD of 11 buoy in Jun. 2014

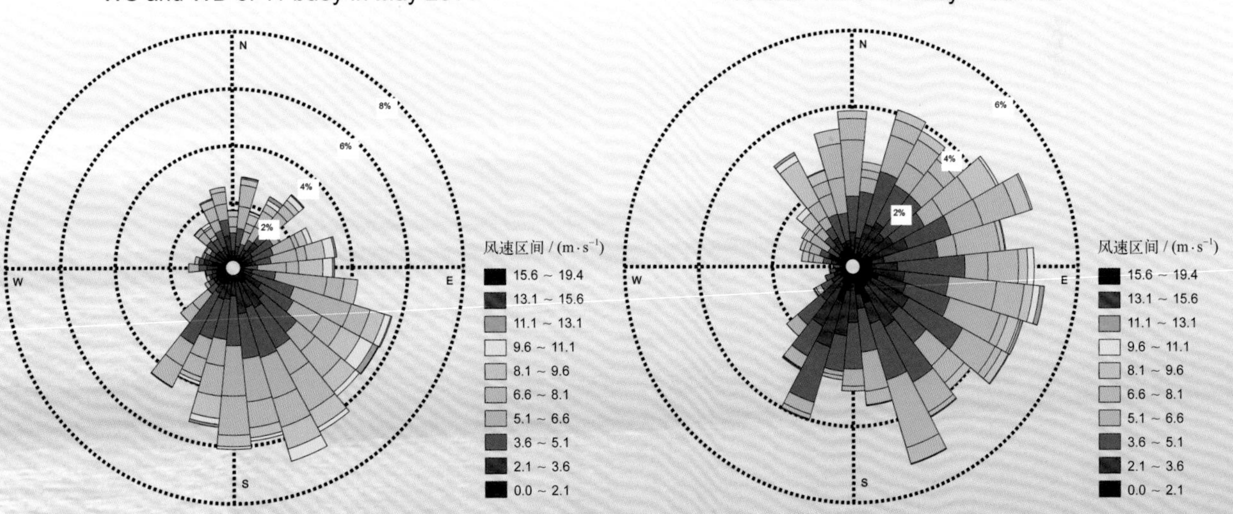

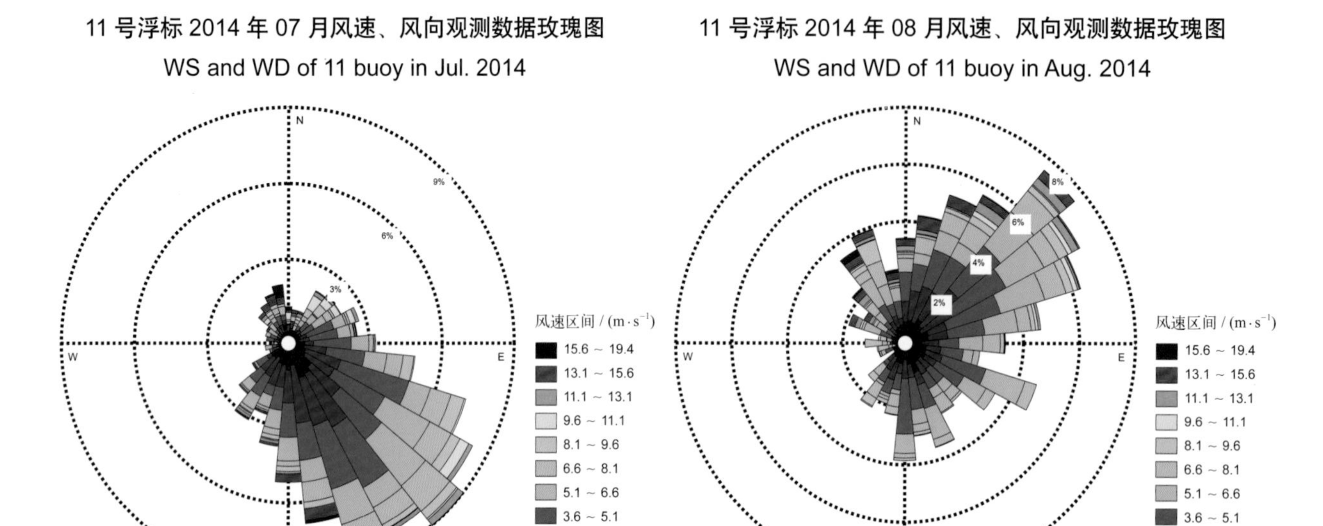

11 号浮标 2014 年 07 月风速、风向观测数据玫瑰图

WS and WD of 11 buoy in Jul. 2014

11 号浮标 2014 年 08 月风速、风向观测数据玫瑰图

WS and WD of 11 buoy in Aug. 2014

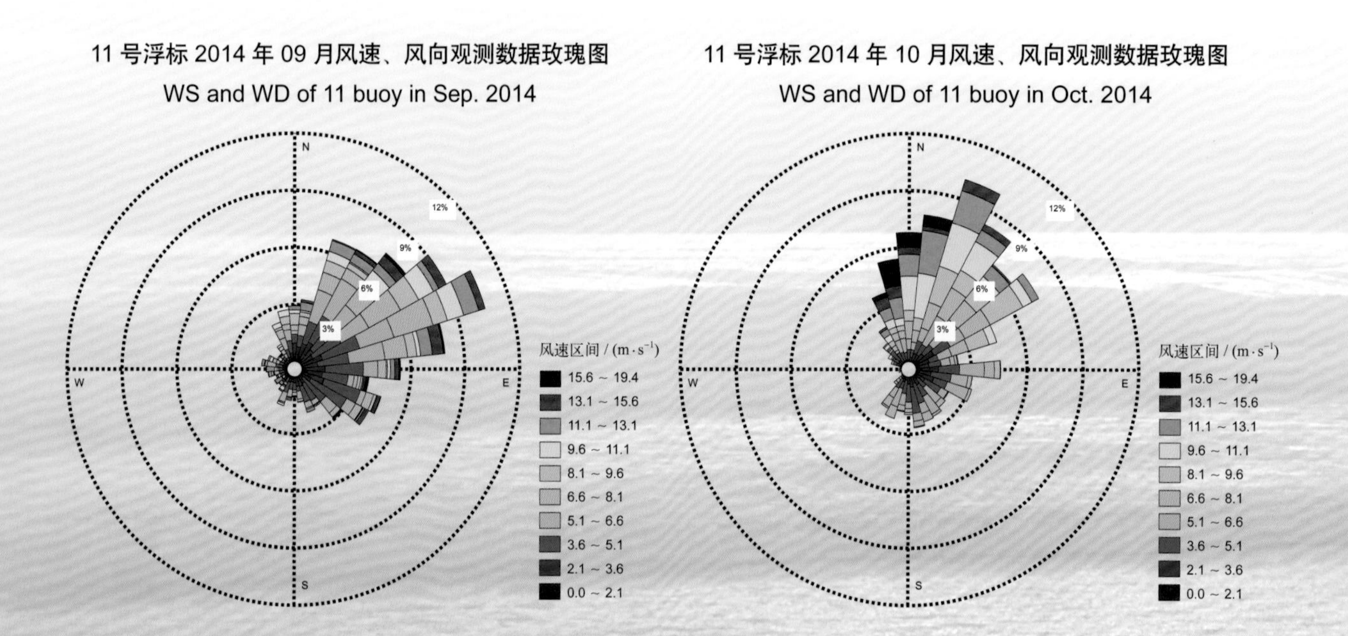

11 号浮标 2014 年 09 月风速、风向观测数据玫瑰图

WS and WD of 11 buoy in Sep. 2014

11 号浮标 2014 年 10 月风速、风向观测数据玫瑰图

WS and WD of 11 buoy in Oct. 2014

11 号浮标 2014 年 11 月风速、风向观测数据玫瑰图

WS and WD of 11 buoy in Nov. 2014

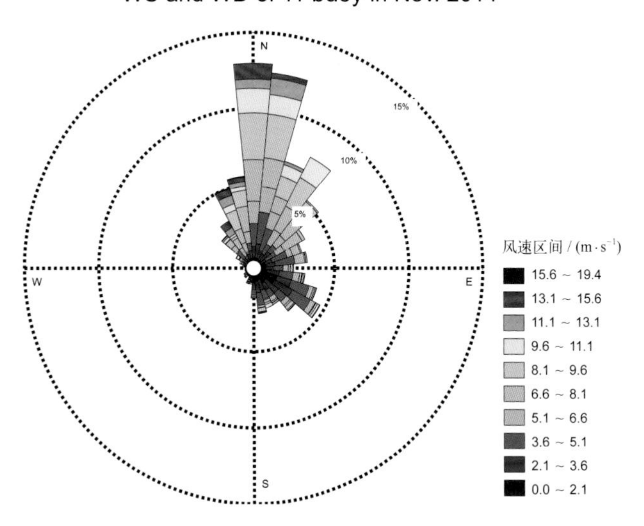

11 号浮标 2014 年 12 月风速、风向观测数据玫瑰图

WS and WD of 11 buoy in Dec. 2014

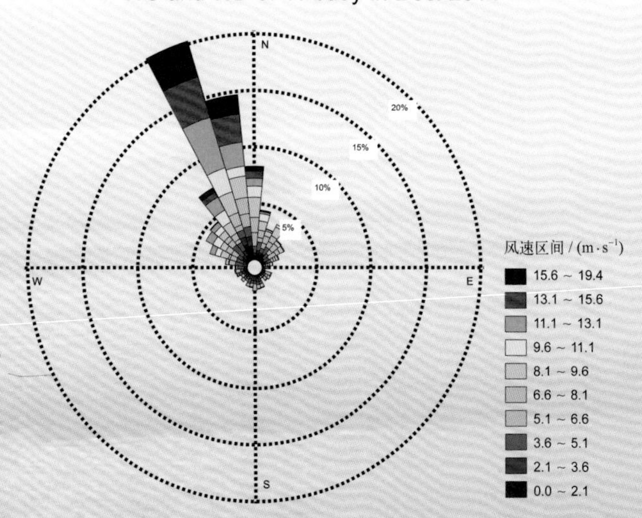

2014 年度 12 号浮标观测数据概述及玫瑰图

（风速和风向）

12 号浮标位于东海舟山黄泽洋附近海域（30°30′N，122°33′E），是一套船形综合观测平台。可获取的观测参数包括气象、水文和水质，风速和风向数据是气象参数中的重要观测内容。

2014 年，东海站 12 号浮标共获取到 252 天的风速和风向长序列观测数据。获取数据的区间共六个时间段，具体为 1 月 1 日 00:00 至 3 月 26 日 16:10、3 月 29 日 09:30 至 6 月 25 日 23:00、6 月 29 日 03:30 至 7 月 5 日 09:30、8 月 24 日 08:50 至 9 月 5 日 01:20、10 月 1 日 00:00 至 10 月 27 日 12:30 和 12 月 1 日 00:00 至 12 月 31 日 23:50。

通过对获取数据进行质量控制和分析，12 号浮标观测海域本年度风速、风向数据和季节数据特征如下。年度最大风速为 18.2 m/s（10 月 12 日 16:40），对应风向为 135°。如表 15 所示，因为 12 号浮标系统故障，数据缺测较多，在已观测到的数据中，6 级以上大风天数总计 50 天，其中 6 级以上大风天数最多的月份为 2 月（14 天）。全年共记录到 1 次 8 级以上大风过程，出现在 10 月 12—13 日台风“黄蜂”影响期间。以 2 月为冬季代表月，观测海域冬季的 6 级以上大风天数为 14 天，大风主要风向为 NW；以 5 月为春季代表月，观测海域春季 6 级以上大风天数为 3 天，大风主要风向为 S。夏季代表月 8 月和秋季代表月 11 月，因浮标采集系统故障，数据缺测。

表 15　12 号浮标各月 6 级以上大风天数及主要风向情况

月份	6 级以上大风天数	6 级以上大风主要风向	备注
1	9 天	N	
2	14 天	NW	冬季代表月
3	7 天	NW	缺测 2 天数据
4	4 天	S	
5	3 天	S	春季代表月
6	0 天	—	缺测 3 天数据，记录 1 次台风过程
7	0 天	—	系统故障，仅测得 5 天数据
8	0 天	—	夏季代表月，系统故障，仅测得 8 天数据
9	1 天	ESE	系统故障，仅测得 5 天数据
10	9 天	SE	缺测 4 天数据，记录 1 次台风过程
11	—	—	秋季代表月，系统故障，无数据
12	3 天	NNE	记录 1 次寒潮过程

2014年，12号浮标共记录到1次寒潮过程和2次台风过程。12月寒潮影响期间，12号浮标获取到的最大风速为14.8 m/s（12月31日11:40），对应风向为1°，6级以上大风过程持续了15.5 h（12月31日08:20至11:50），寒潮期间主要风向为E。第一次台风过程，受第7号台风“海贝思”影响，12号浮标获取到的最大风速为10.6 m/s（6月16日11:50），对应风向为173°，由于浮标站位距离台风路径较远，未观测到持续大风数据，记录的6级以上风仅持续了0.6 h（6月16日11:50至12:30），台风影响期间主要风向为S；第二次台风过程，受第19号超强台风“黄蜂”影响，获取到的最大风速为18.2 m/s（10月12日16:40），对应风向为135°，8级以上风累计持续了3 h，6级以上风持续了57.2 h（10月12日00:10至14日09:20），台风影响期间的主要风向为SE。

12号浮标2014年风速、风向观测数据玫瑰图
WS and WD of 12 buoy in 2014

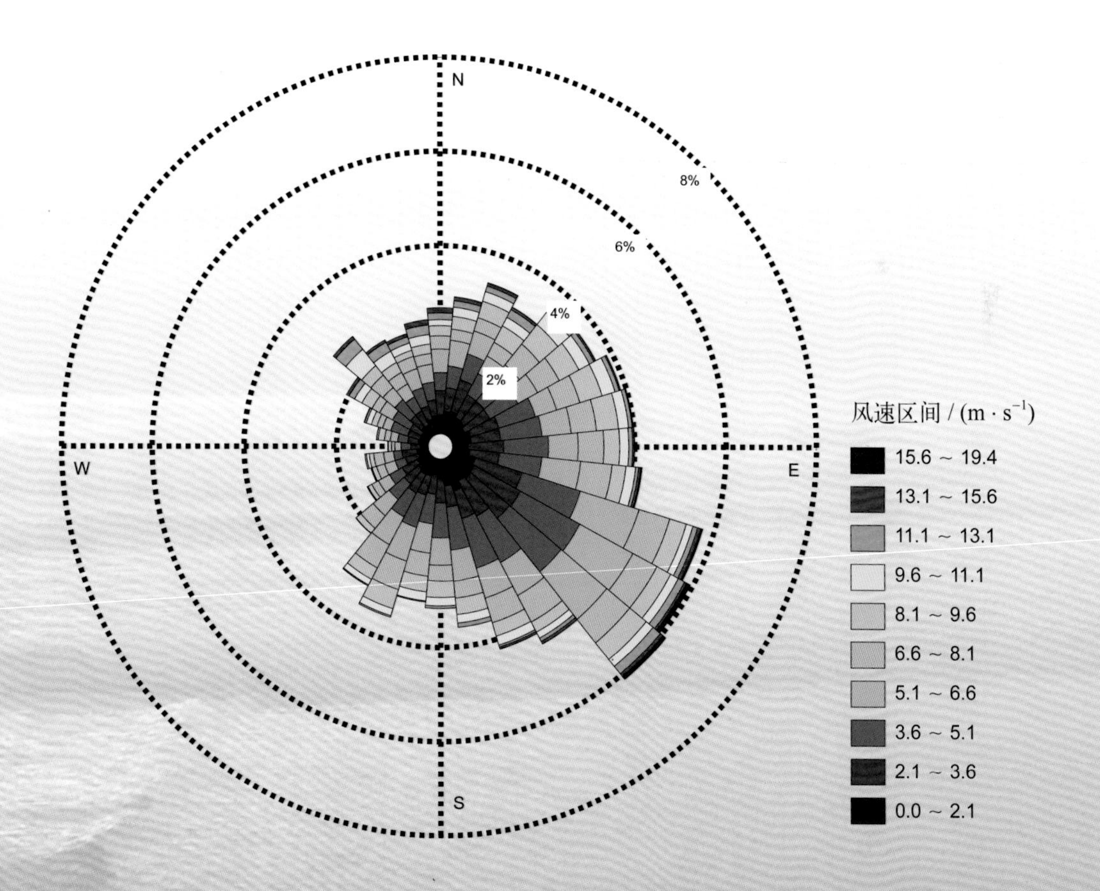

12 号浮标 2014 年 01 月风速、风向观测数据玫瑰图

WS and WD of 12 buoy in Jan. 2014

12 号浮标 2014 年 02 月风速、风向观测数据玫瑰图

WS and WD of 12 buoy in Feb. 2014

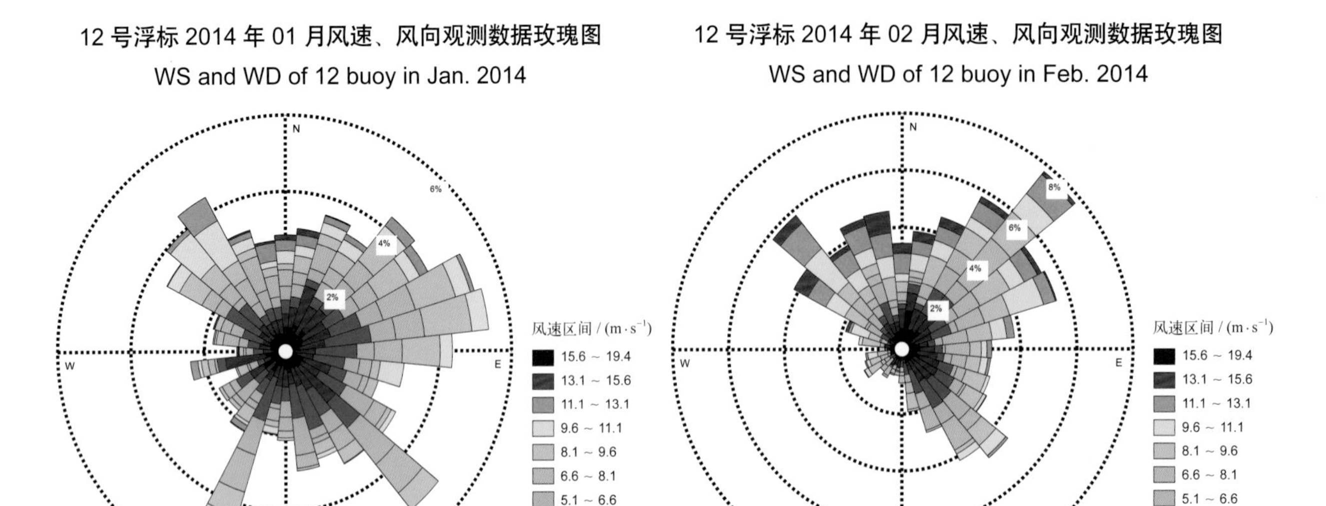

12 号浮标 2014 年 03 月风速、风向观测数据玫瑰图

WS and WD of 12 buoy in Mar. 2014

12 号浮标 2014 年 04 月风速、风向观测数据玫瑰图

WS and WD of 12 buoy in Apr. 2014

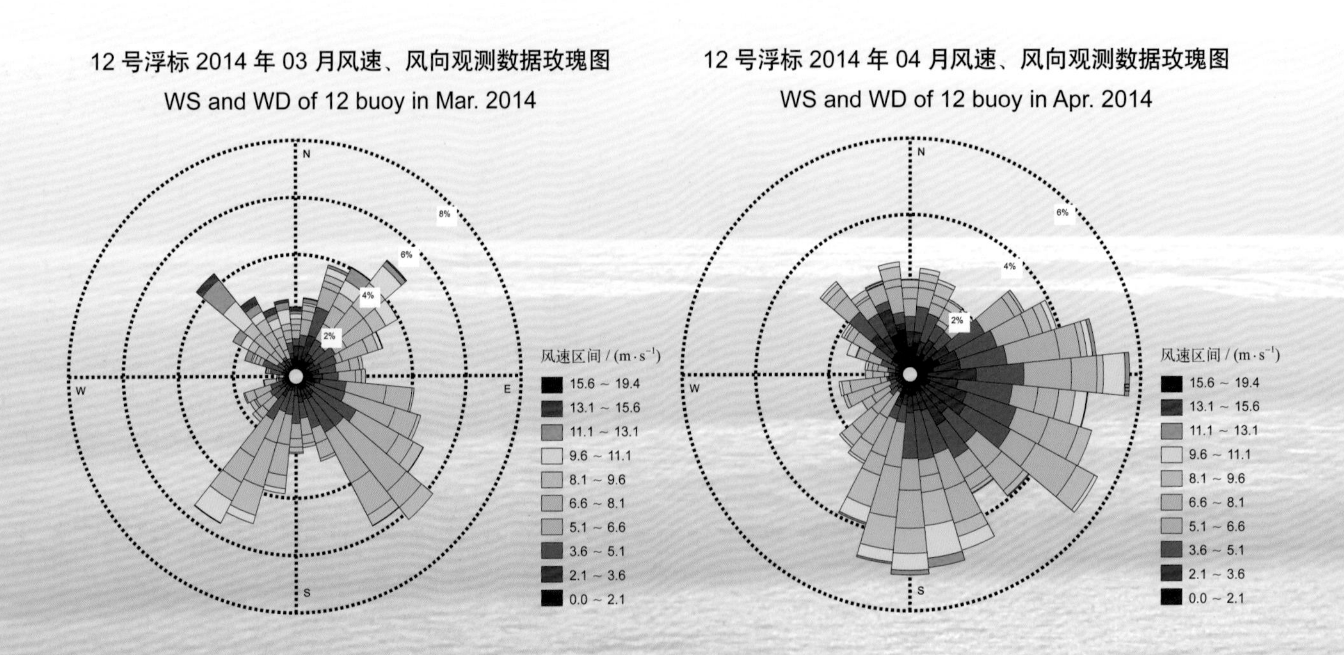

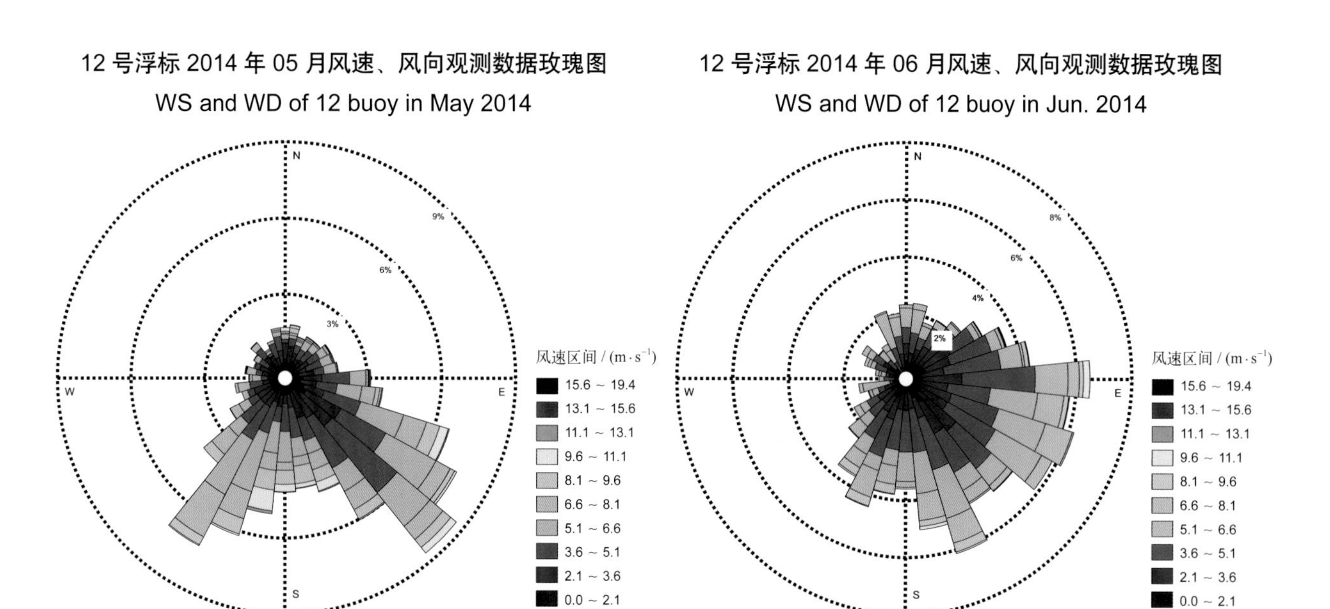

12 号浮标 2014 年 05 月风速、风向观测数据玫瑰图
WS and WD of 12 buoy in May 2014

12 号浮标 2014 年 06 月风速、风向观测数据玫瑰图
WS and WD of 12 buoy in Jun. 2014

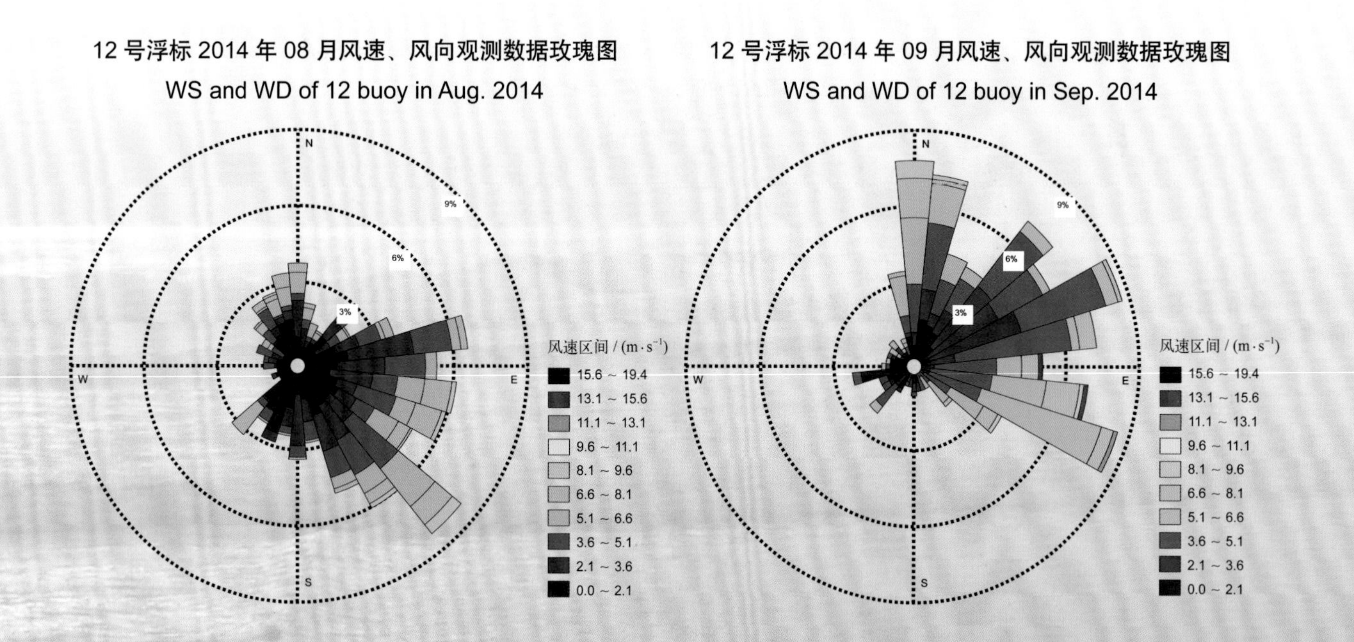

12 号浮标 2014 年 08 月风速、风向观测数据玫瑰图
WS and WD of 12 buoy in Aug. 2014

12 号浮标 2014 年 09 月风速、风向观测数据玫瑰图
WS and WD of 12 buoy in Sep. 2014

12 号浮标 2014 年 10 月风速、风向观测数据玫瑰图
WS and WD of 12 buoy in Oct. 2014

12 号浮标 2014 年 11 月风速、风向观测数据玫瑰图
WS and WD of 12 buoy in Nov. 2014

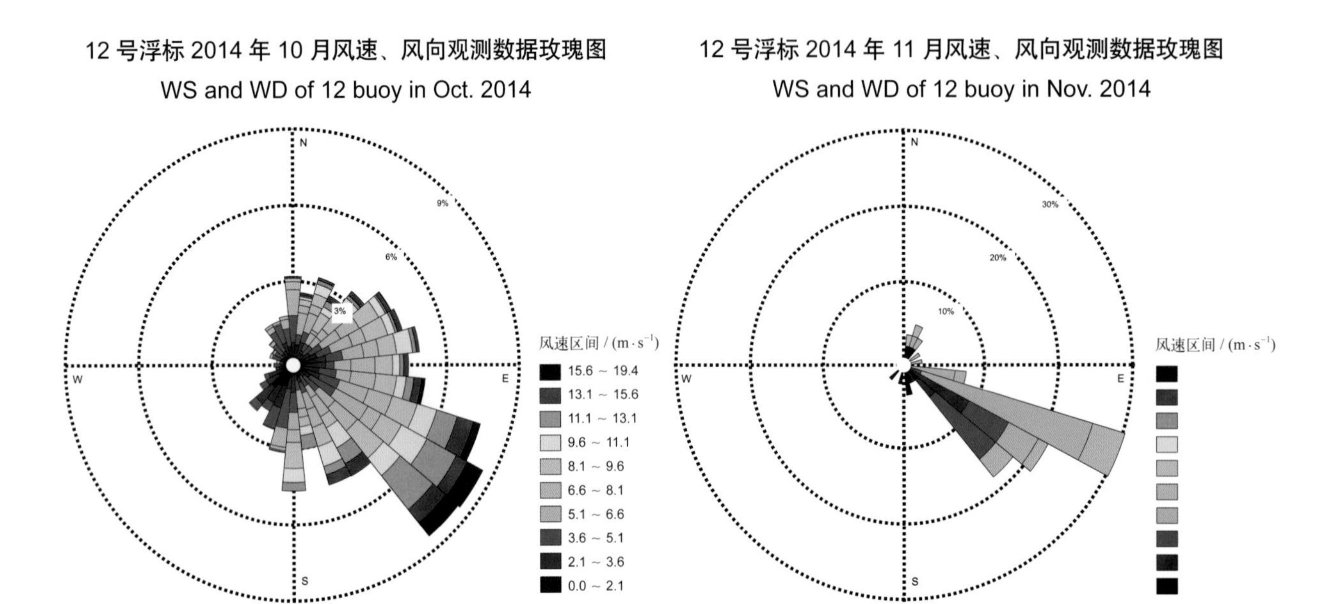

12 号浮标 2014 年 12 月风速、风向观测数据玫瑰图
WS and WD of 12 buoy in Dec. 2014

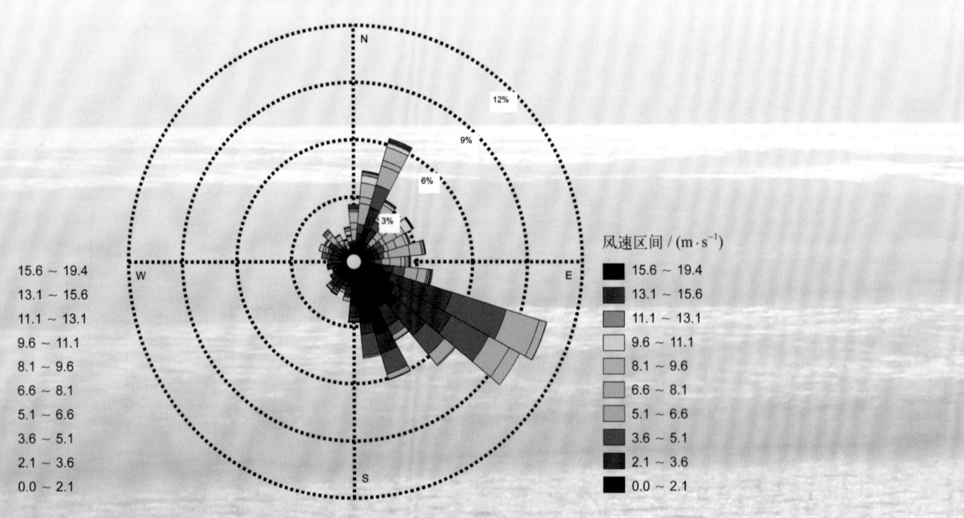

水文观测

2014年度01号浮标观测数据概述及曲线
（水温和盐度）

01号浮标位于中国近海观测研究网络黄海站观测范围最北端的海域（38°45′N，122°45′E），是一套直径3 m的圆盘形综合观测平台。可获取的观测参数包括气象、水文和水质，水温和盐度数据是水文参数中的重要观测内容。

2014年，黄海站01号浮标获取了全年365天的水温长序列观测数据，获取了近314天的盐度长序列观测数据，盐度数据获取区间为2月21日08:30至12月31日23:50。

通过对获取数据进行质量控制和分析，01号浮标观测海域2014年度水温、盐度数据和季节数据特征如下。年度水温平均值为13.9℃，年度盐度平均值为31.0。测得的年度最高水温和最低水温分别为28.0℃（9月1日15:00）和1.8℃（2月21日07:30至09:00）；测得的年度最高盐度和最低盐度分别为32.0（12月26日10:30至13:30）和28.8（9月3日02:30）。以2月为冬季代表月，观测海域冬季平均水温为3.4℃，平均盐度为31.3；以5月为春季代表月，观测海域春季平均水温为11.6℃，平均盐度为30.3；以8月为夏季代表月，观测海域夏季平均水温为25.6℃，平均盐度为30.9；以11月为秋季代表月，观测海域秋季的平均水温为12.5℃，平均盐度为31.7。

01号浮标布放海域月度水温、盐度变化特征与该海域的气温和降水等因素密切相关。2014年，浮标观测的月平均值、最高值、最低值数据参见表16。从表中可以看出，水温平均值最低的月份为2月，并且在该时间段内出现年度最低水温（1.8℃），水温平均值最高的月份为8月，年度最高水温（28.0℃）出现在9月。盐度平均值最低的月份为5月和6月，年度盐度最低值（28.8）出现于9月，盐度平均值最高的月份为12月，年度盐度最高值（32.0）出现于3月和12月。从月度水温、盐度的变化情况分析，水温变化最为剧烈的是6月，最高水温为25.5℃，最低水温为15.3℃，变化幅度达10.2℃；盐度变化最为剧烈的是9月，最高盐度为31.4，最低盐度为28.8，变化幅度达2.6。比较而言，水温变化幅度较小的月份是1月，最高水温为6.6℃，最低水温为4.6℃，变化幅度为2.0℃；盐度变化幅度较小的月份是12月，最高盐度为32.0，最低盐度为31.6，变化幅度为0.4。

2014年，01号浮标获取到的水温数据存在一些特殊情况，尚待进一步分析。水温数据从1月25日开始低于5℃，一直持续到3月29日，共计63天，比2013年（94天）减少31天。2014年，01号浮标记录到2次寒潮过程和1次台风过程。第一次寒潮过程为1月7日至9日，01号浮标观测的水温变化幅度为0.5℃（6.5 ~ 6.0℃）；第二次寒潮过程为1月19日至21日，01号浮标观测的水温变化幅度为0.6℃（5.7 ~ 5.1℃）。2014年7月，01号浮标捕获到第10号台风“麦德姆”的相关数据，台风期间水温降幅达3.8℃，在38 h内（7月24日19:00至26日14:00）由24.3℃下降至20.5℃，在台风期间盐度数据由于降水影响也出现一定幅度的下降。

表 16　01 号浮标各月水温、盐度观测数据情况

月份	水温 / ℃			盐度			备注
	平均	最高	最低	平均	最高	最低	
1	5.6	6.6	4.6	—	—	—	记录 2 次寒潮过程；浮标故障，盐度数据缺测
2	3.4	4.7	1.8	31.3	31.7	30.8	冬季代表月，盐度数据缺测 20 天
3	3.7	8.7	2.7	31.0	32.0	30.3	
4	7.9	13.0	5.0	30.8	31.6	29.8	
5	11.6	16.0	7.7	30.3	31.1	29.8	春季代表月
6	20.4	25.5	15.3	30.3	31.0	28.9	
7	23.9	26.9	20.5	30.5	30.9	29.7	记录 1 次台风过程
8	25.6	27.8	23.1	30.9	31.3	30.1	夏季代表月
9	24.2	28.0	19.0	30.9	31.4	28.8	
10	17.1	19.8	13.6	31.5	31.8	31.2	
11	12.5	15.3	11.2	31.7	31.8	30.4	秋季代表月
12	8.8	11.4	5.8	31.8	32.0	31.6	

盐度 (SL)

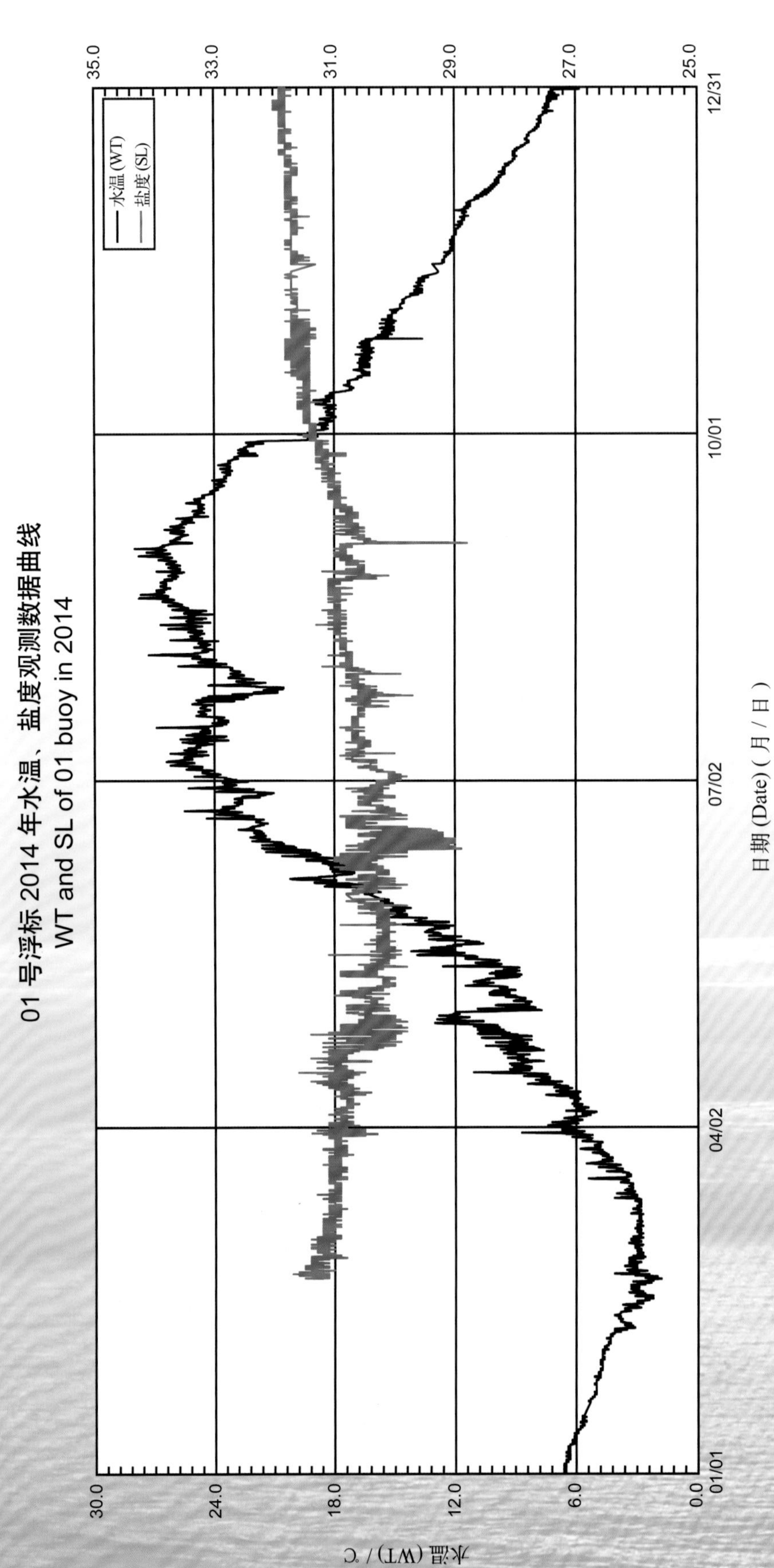
01 号浮标 2014 年水温、盐度观测数据曲线
WT and SL of 01 buoy in 2014
水温 (WT)
盐度 (SL)
35.0
33.0
31.0
29.0
27.0
25.0
30.0
24.0
18.0
12.0
6.0
0.0
01/01
04/02
07/02
10/01
12/31
水温 (WT) / ℃
日期 (Date) (月 / 日)

01 号浮标 2014 年 03 月水温、盐度观测数据曲线
WT and SL of 01 buoy in Mar. 2014

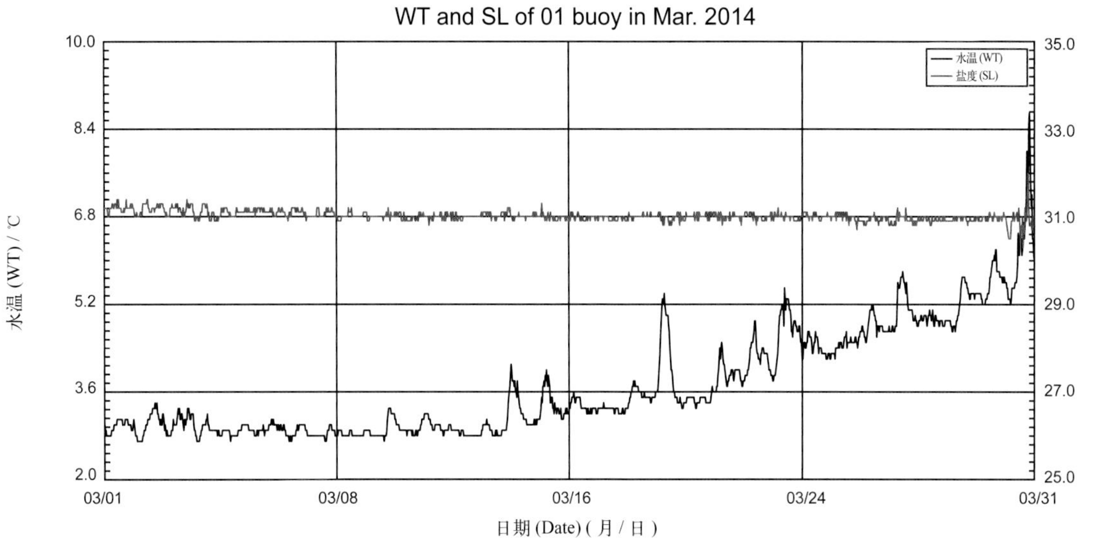

01 号浮标 2014 年 04 月水温、盐度观测数据曲线
WT and SL of 01 buoy in Apr. 2014

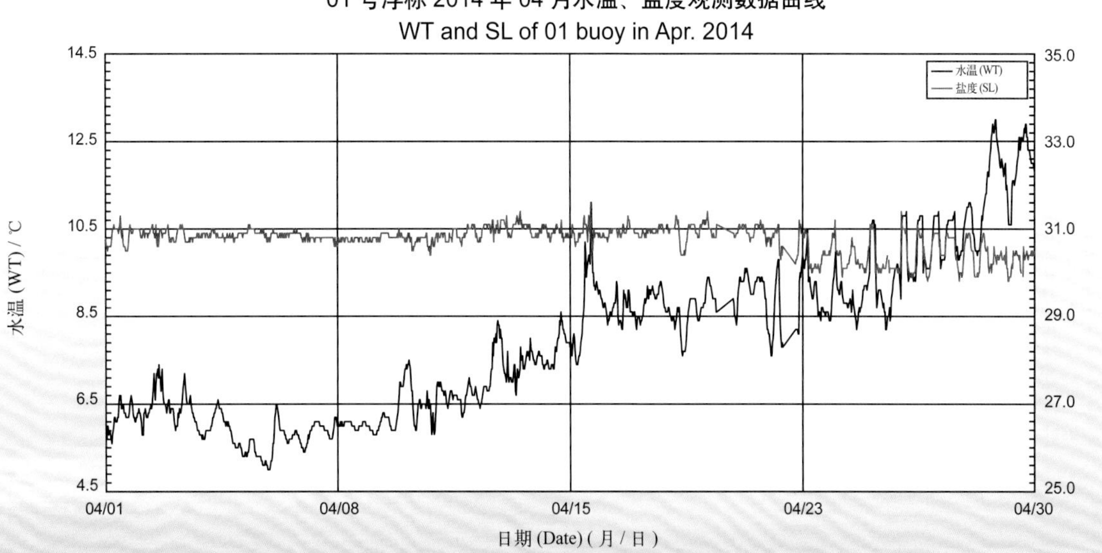

01 号浮标 2014 年 05 月水温、盐度观测数据曲线
WT and SL of 01 buoy in May 2014

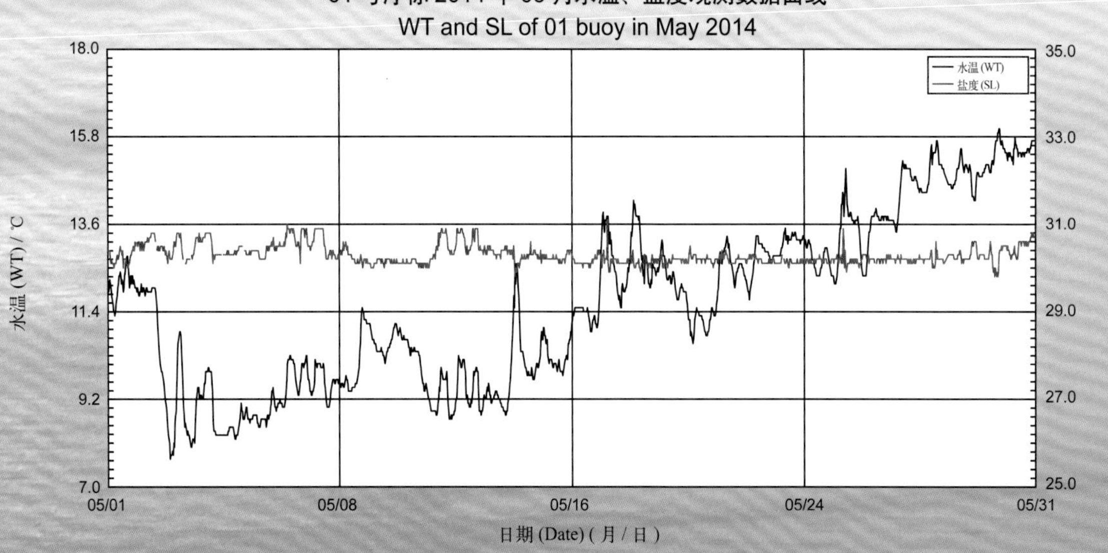

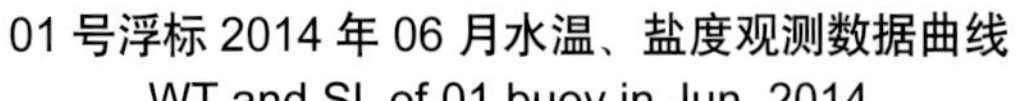

01 号浮标 2014 年 06 月水温、盐度观测数据曲线
WT and SL of 01 buoy in Jun. 2014

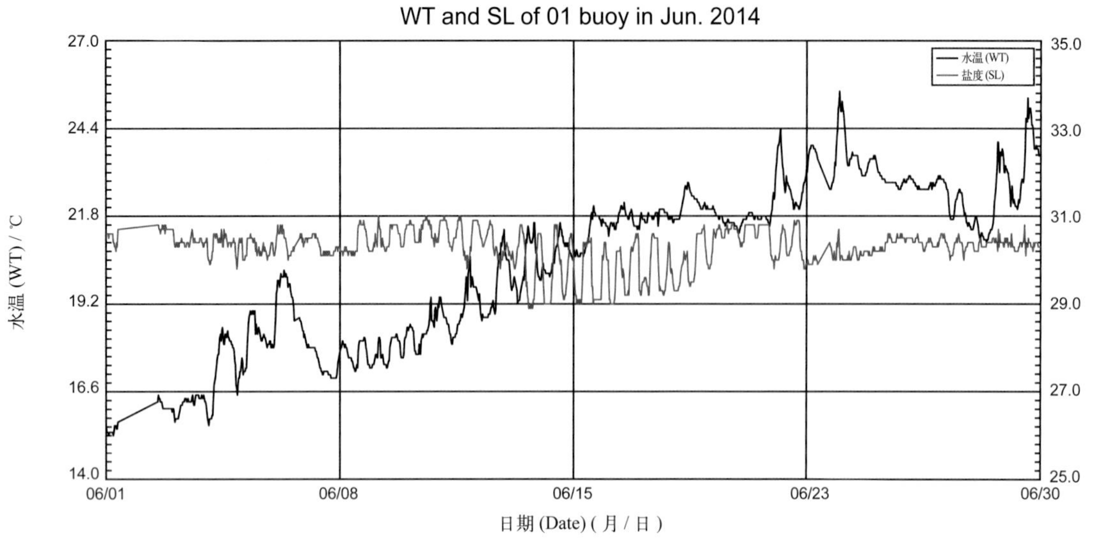

01 号浮标 2014 年 07 月水温、盐度观测数据曲线
WT and SL of 01 buoy in Jul. 2014

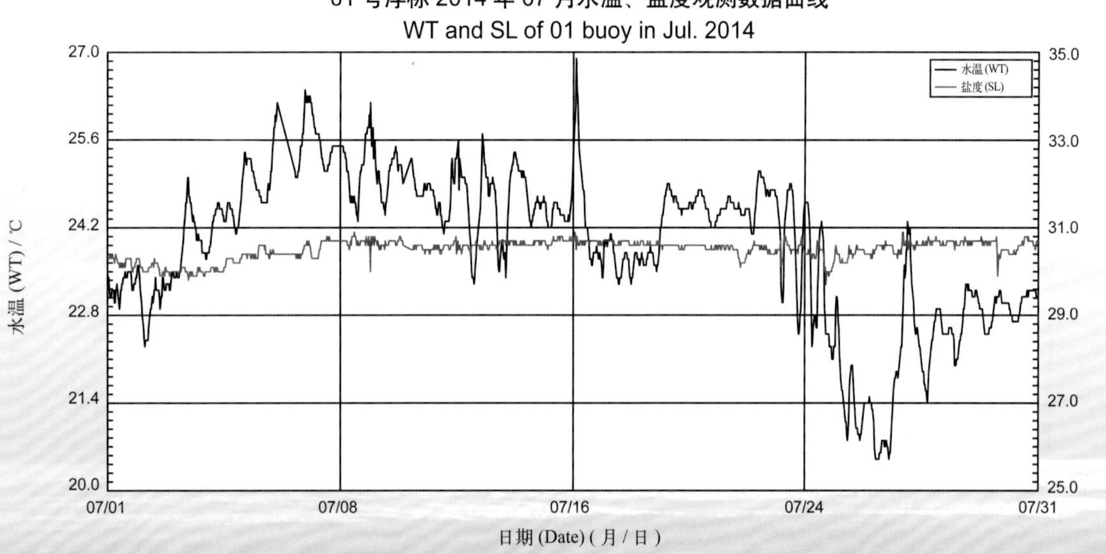

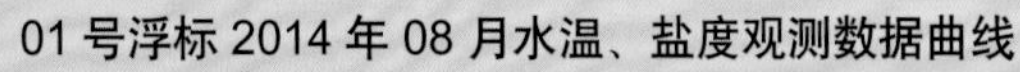

01 号浮标 2014 年 08 月水温、盐度观测数据曲线
WT and SL of 01 buoy in Aug. 2014

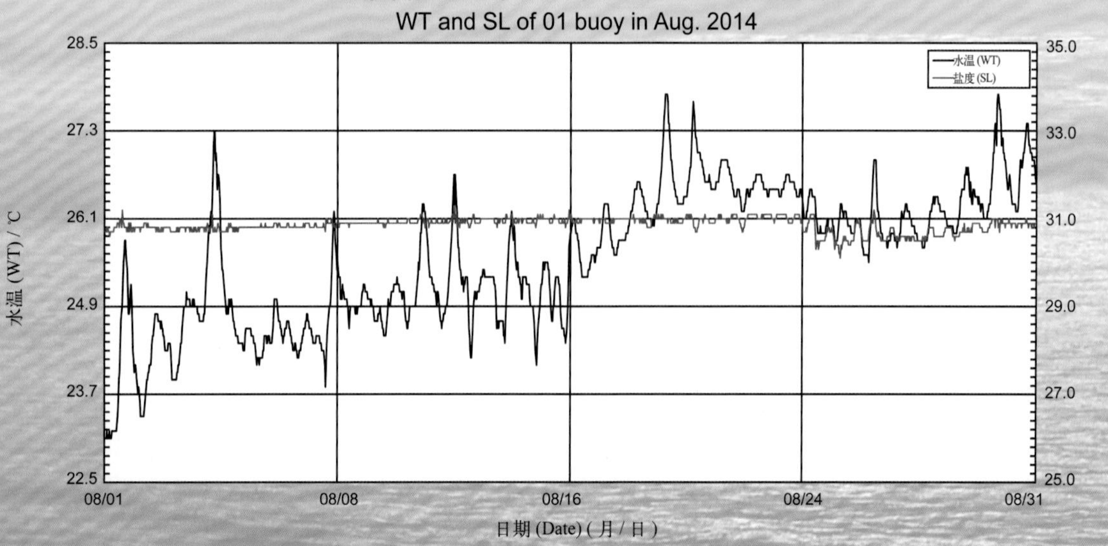

01号浮标2014年09月水温、盐度观测数据曲线

WT and SL of 01 buoy in Sep. 2014

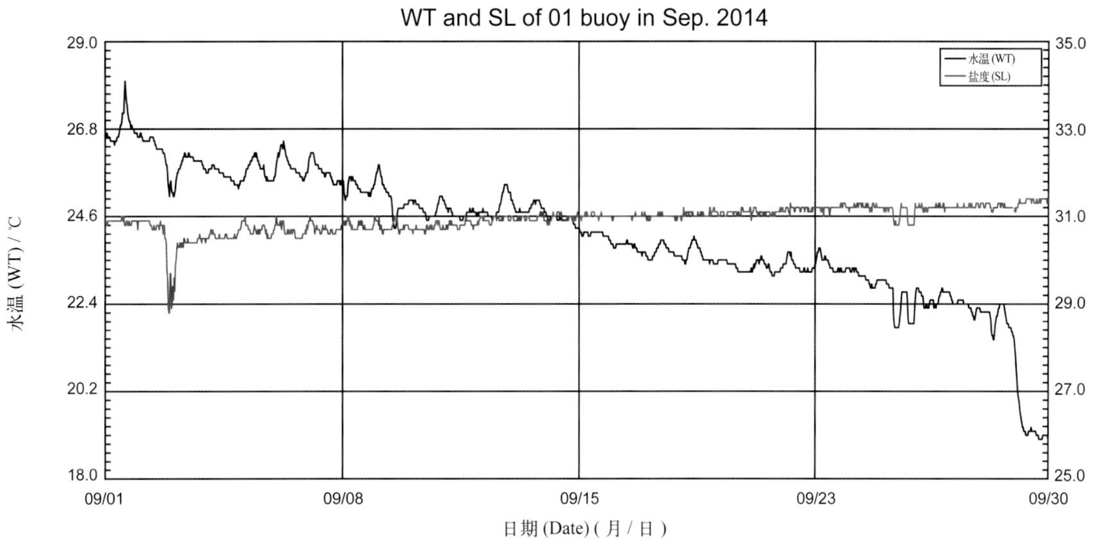

01号浮标2014年10月水温、盐度观测数据曲线

WT and SL of 01 buoy in Oct. 2014

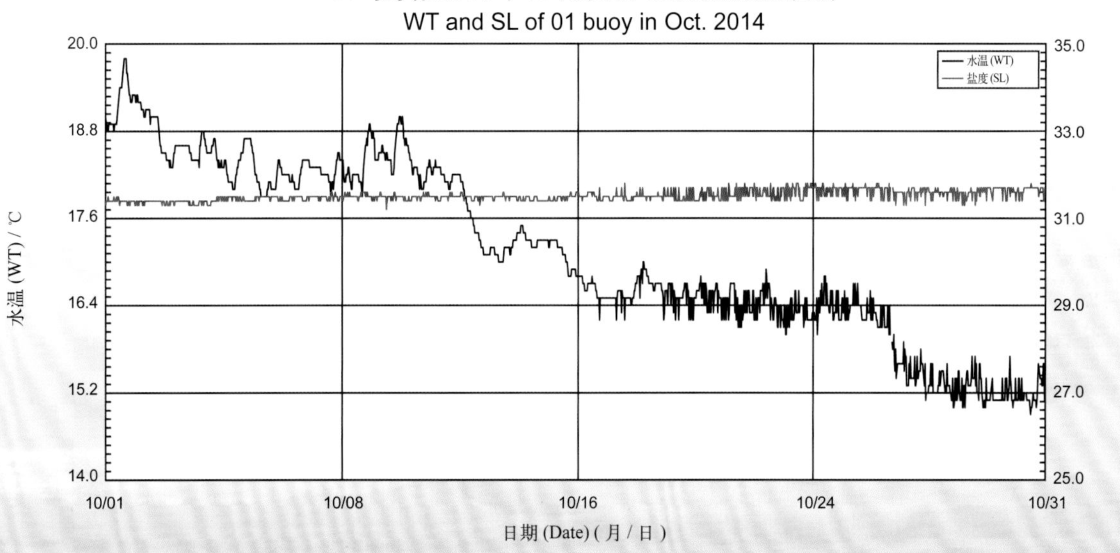

01号浮标2014年11月水温、盐度观测数据曲线

WT and SL of 01 buoy in Nov. 2014

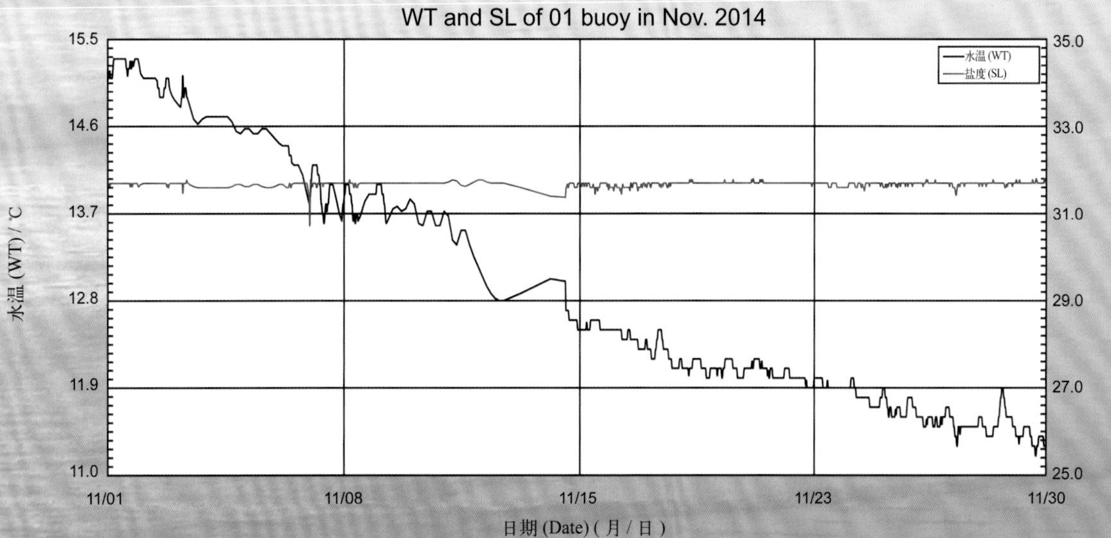

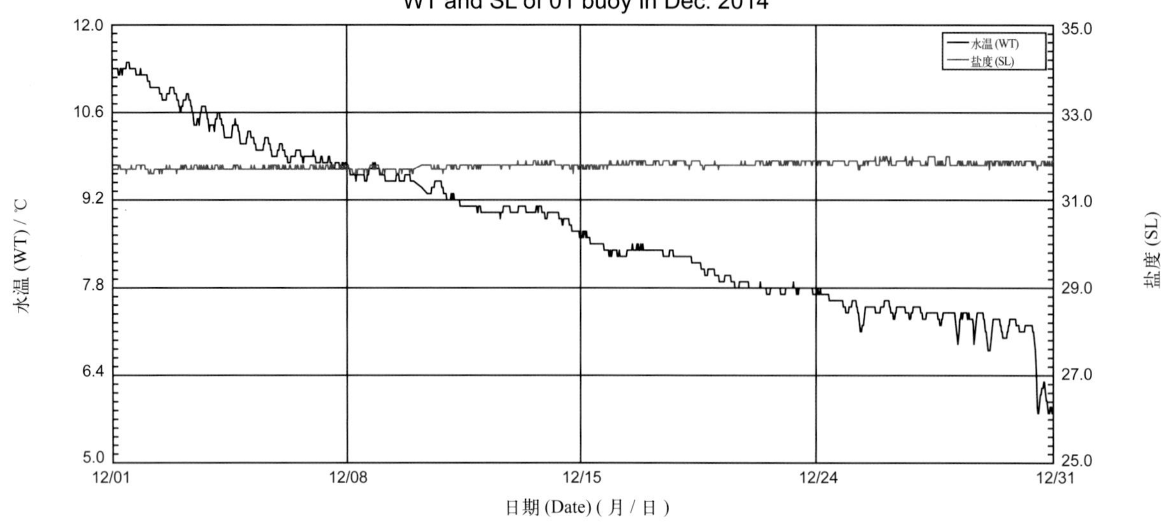
01 号浮标 2014 年 12 月水温、盐度观测数据曲线
WT and SL of 01 buoy in Dec. 2014
水温 (WT)
盐度 (SL)
12.0
10.6
9.2
7.8
6.4
5.0
35.0
33.0
31.0
29.0
27.0
25.0
水温 (WT) / ℃
盐度 (SL)
12/01
12/08
12/15
12/24
12/31
日期 (Date) (月 / 日)

2014年度03号浮标观测数据概述及曲线（水温和盐度）

03号浮标位于北黄海西北海域（38°45′N，122°45′E），是一套直径2 m的小型观测平台。可获取的观测参数包括水文和水质，水温和盐度数据是水文参数中的重要观测内容。

2014年，黄海站03号浮标共获取到354天的水温长序列观测数据和306天的盐度长序列观测数据。获取的水温数据的区间共三个时间段，具体为1月1日00:00至1月16日08:50、1月19日22:00至5月20日22:10和5月30日10:30至12月31日23:50；获取的盐度数据的区间共两个时间段，具体为2月20日15:00至5月20日22:10和5月30日10:30至12月31日23:50。

通过对获取数据进行质量控制和分析，03号浮标观测海域2014年度水温、盐度数据和季节数据特征如下。年度水温平均值为12.5℃，年度盐度平均值为30.8。测得的年度最高水温和最低水温分别为27.1℃（8月4日16:10）和0.2℃（2月13日01:20、02:10至03:50）；测得的年度最高盐度和最低盐度分别为32.4（3月31日12:50）和28.2（6月30日20:10）。以2月为冬季代表月，观测海域冬季的平均水温为0.9℃，平均盐度为31.1；以5月为春季代表月，观测海域春季的平均水温为11.3℃，平均盐度为30.4；以8月为夏季代表月，观测海域夏季的平均水温为23.5℃，平均盐度为30.1；以11月为秋季代表月，观测海域秋季的平均水温为14.0℃，平均盐度为31.5。

03号浮标布放海域月度水温、盐度变化特征与该海域的气温和降水等因素密切相关。2014年，浮标观测的月平均值、最高值、最低值数据参见表17。从表中可以看出，水温平均值最低的月份为2月，并且在该时间段内观测到年度最低水温（0.2℃），水温平均值最高的月份为8月，并且在该时间段内观测到年度最高水温（27.1℃）。盐度平均值最低的月份为6月，并且在该时间段内观测到年度最低盐度（28.2），盐度平均值最高的月份为12月，年度盐度最高值（32.4）出现于3月。从月度水温、盐度的变化情况分析，水温变化最为剧烈的是6月，最高水温为23.1℃，最低水温为11.6℃，变化幅度达11.5℃；盐度变化最为剧烈的亦为6月，最高盐度为32.2，最低盐度为28.2，变化幅度达4.0。比较而言，水温变化幅度较小的月份是2月，最高水温为2.6℃，最低水温为0.2℃，变化幅度为2.4℃；盐度变化幅度较小的月份是2月，最高盐度为31.4，最低盐度为30.8，变化幅度为0.6。

2014年，03号浮标的水温数据从1月1日开始一直低于5℃，一直持续到3月31日，共计90天，与2013年持续了94天的时间长度十分接近。2014年，03号浮标共记录了1次台风过程。2014年7月，台风“麦德姆”影响03号浮标布放站位，台风期间浮标记录的水温数据出现明显下降过程，下降幅度为4.5℃，由23.1℃下降至18.6℃。

表 17　03 号浮标各月水温、盐度观测数据情况

月份	水温 / ℃			盐度			备注
	平均	最高	最低	平均	最高	最低	
1	2.6	4.6	1.2	—	—	—	浮标故障，水温缺测 2 天数据，盐度无数据
2	0.9	2.6	0.2	31.1	31.4	30.8	冬季代表月，盐度数据缺测 19 天
3	2.6	7.3	0.8	31.0	32.4	30.1	
4	7.2	14.9	4.4	30.7	32.1	30.0	
5	11.3	17.3	8.1	30.4	31.3	29.8	春季代表月，系统故障，缺测 9 天数据
6	17.0	23.1	11.6	29.9	32.2	28.2	
7	20.5	25.1	16.9	30.1	31.9	28.7	记录 1 次台风过程
8	23.5	27.1	19.5	30.1	32.3	28.8	夏季代表月
9	22.1	26.2	19.1	30.7	31.4	29.9	
10	17.3	19.9	15.6	31.2	31.8	30.1	
11	14.0	15.7	10.7	31.5	32.1	31.3	秋季代表月
12	7.1	11.2	3.8	31.7	32.2	31.2	

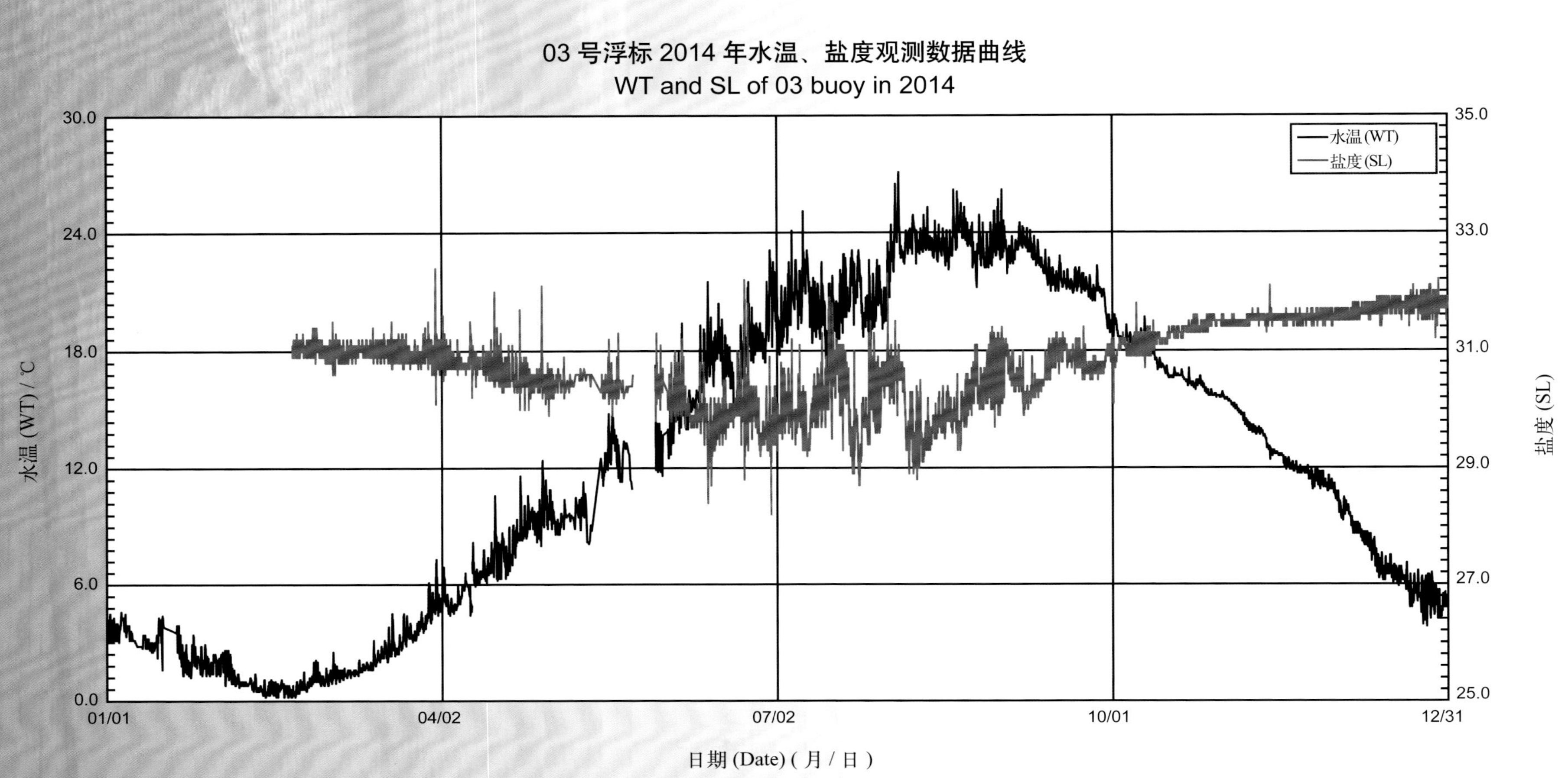
03 号浮标 2014 年水温、盐度观测数据曲线
WT and SL of 03 buoy in 2014
水温 (WT)
盐度 (SL)
水温 (WT) / ℃
盐度 (SL)
日期 (Date) (月 / 日)
30.0
24.0
18.0
12.0
6.0
0.0
35.0
33.0
31.0
29.0
27.0
25.0
01/01
04/02
07/02
10/01
12/31

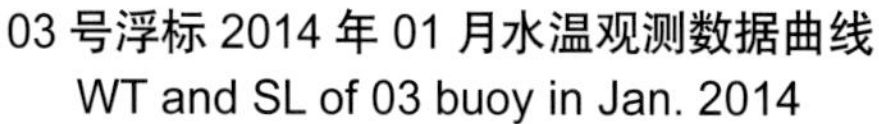

03号浮标2014年01月水温观测数据曲线
WT and SL of 03 buoy in Jan. 2014

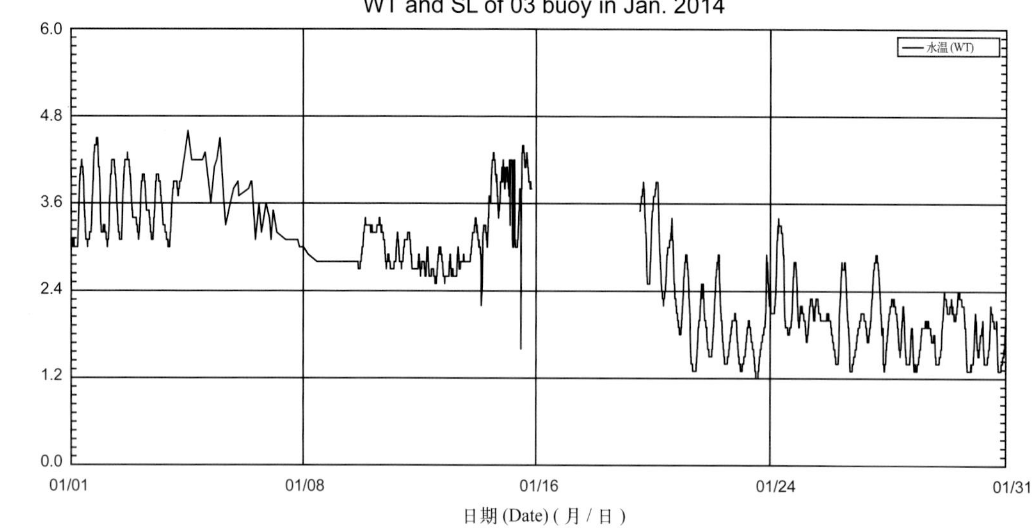

03号浮标2014年02月水温、盐度观测数据曲线
WT and SL of 03 buoy in Feb. 2014

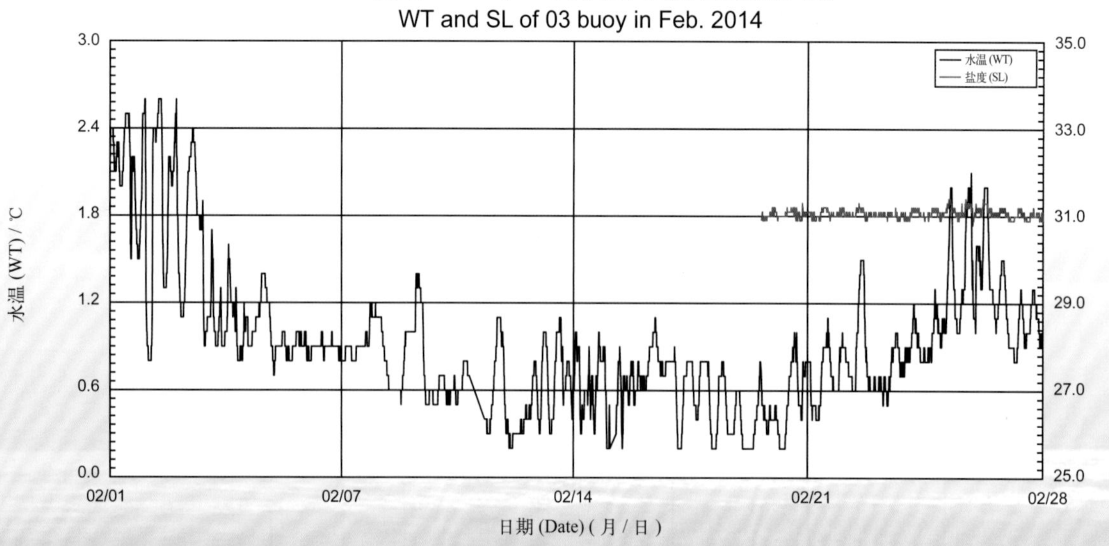

03号浮标2014年03月水温、盐度观测数据曲线
WT and SL of 03 buoy in Mar. 2014

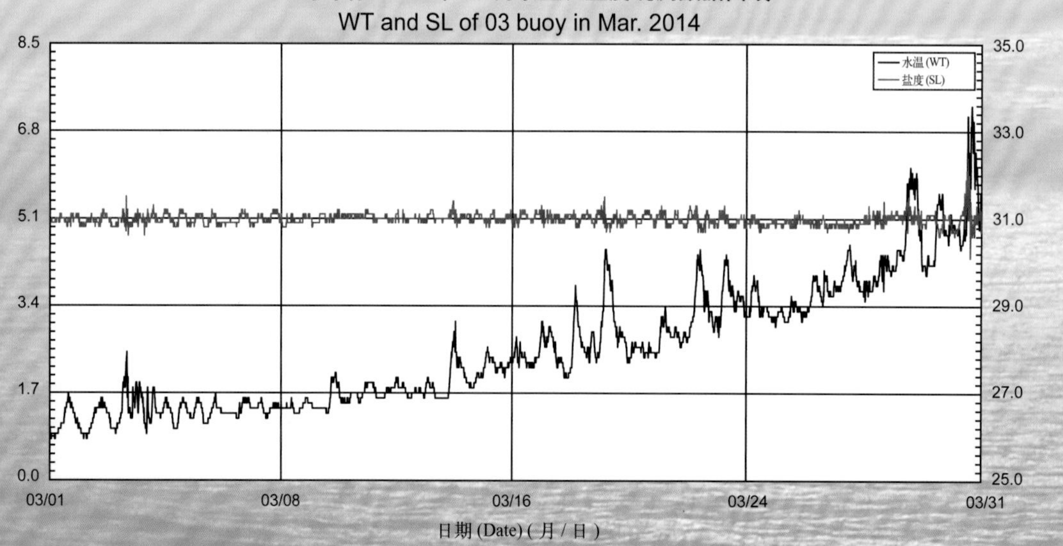

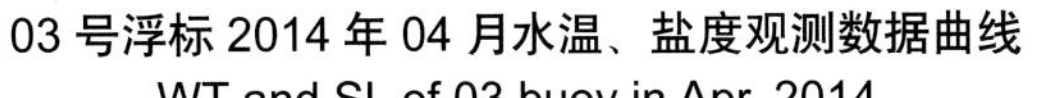

03 号浮标 2014 年 04 月水温、盐度观测数据曲线
WT and SL of 03 buoy in Apr. 2014

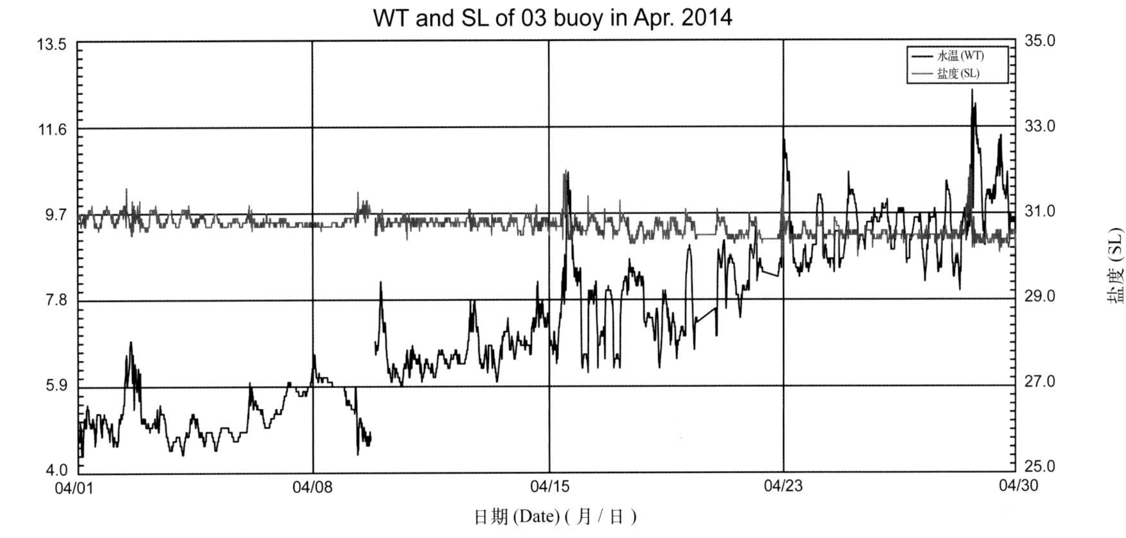

03 号浮标 2014 年 05 月水温、盐度观测数据曲线
WT and SL of 03 buoy in May 2014

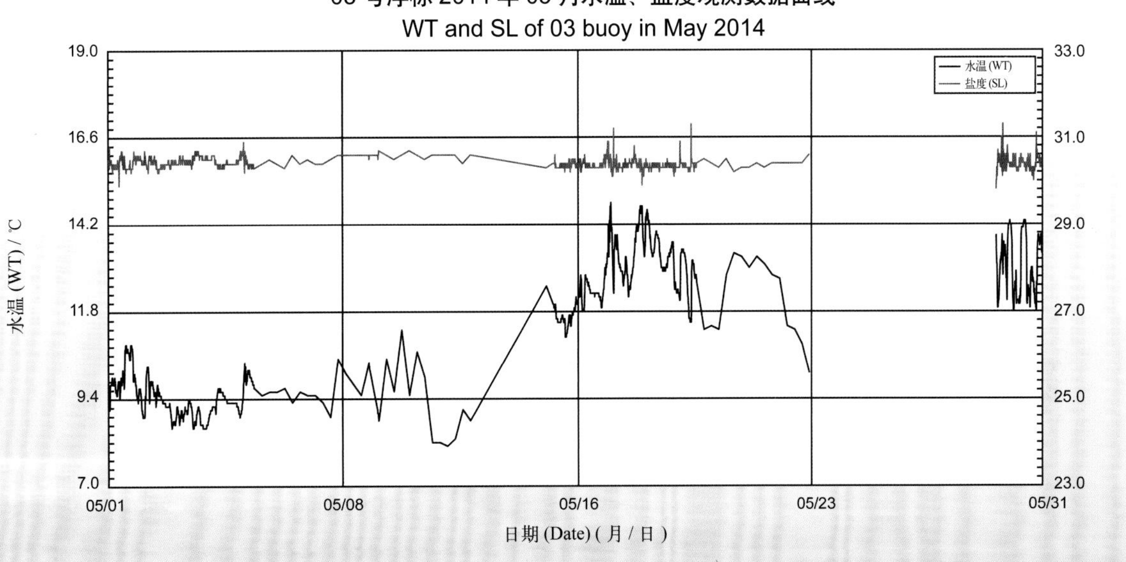

03 号浮标 2014 年 06 月水温、盐度观测数据曲线
WT and SL of 03 buoy in Jun. 2014

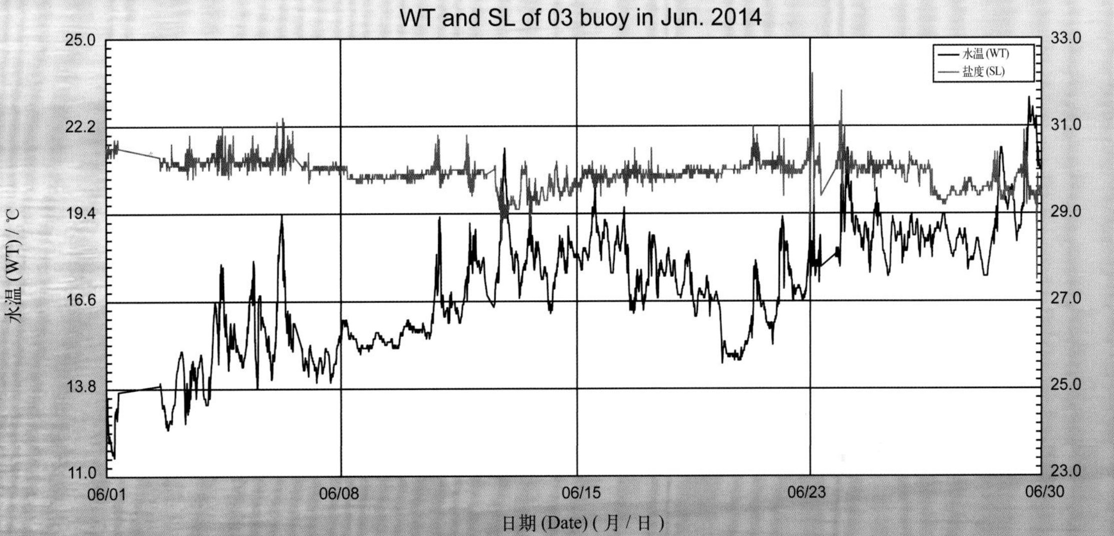

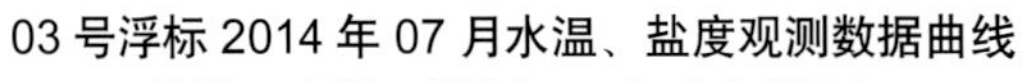

03 号浮标 2014 年 07 月水温、盐度观测数据曲线
WT and SL of 03 buoy in Jul. 2014

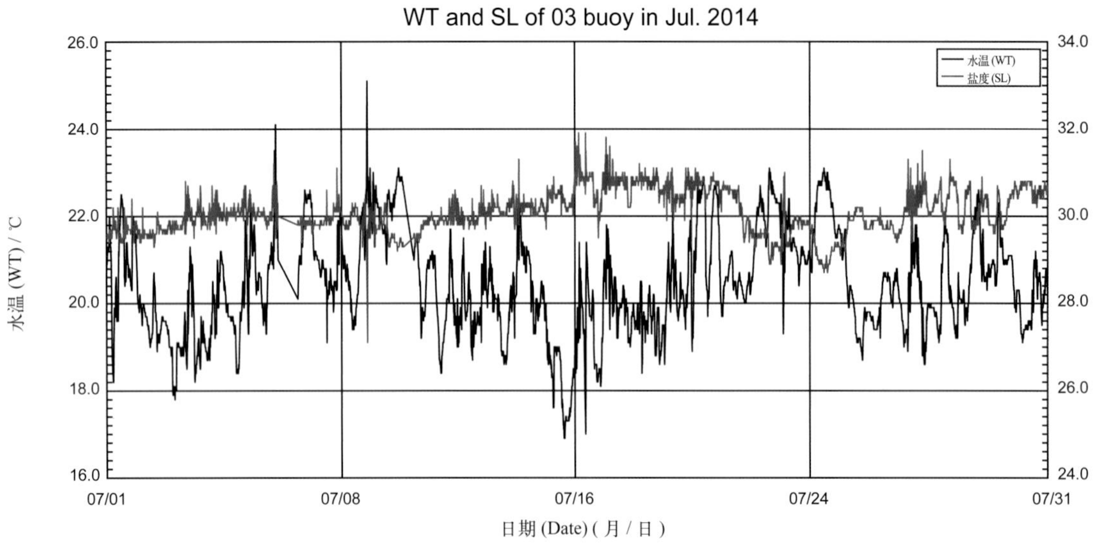

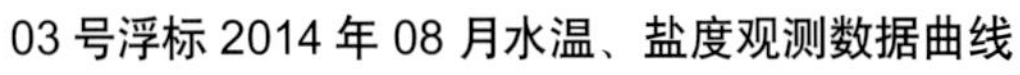

03 号浮标 2014 年 08 月水温、盐度观测数据曲线
WT and SL of 03 buoy in Aug. 2014

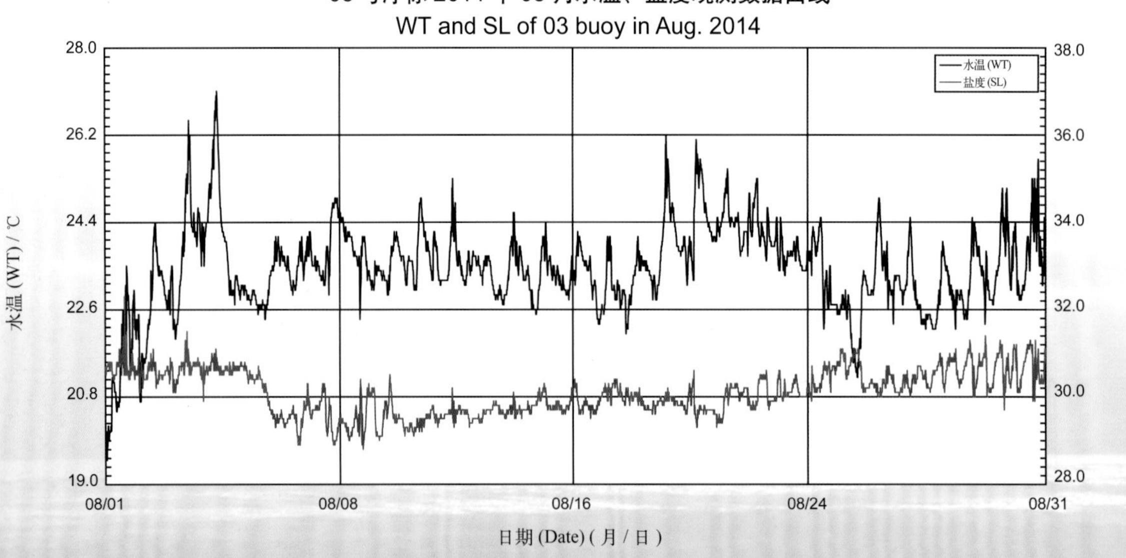

03 号浮标 2014 年 09 月水温、盐度观测数据曲线
WT and SL of 03 buoy in Sep. 2014

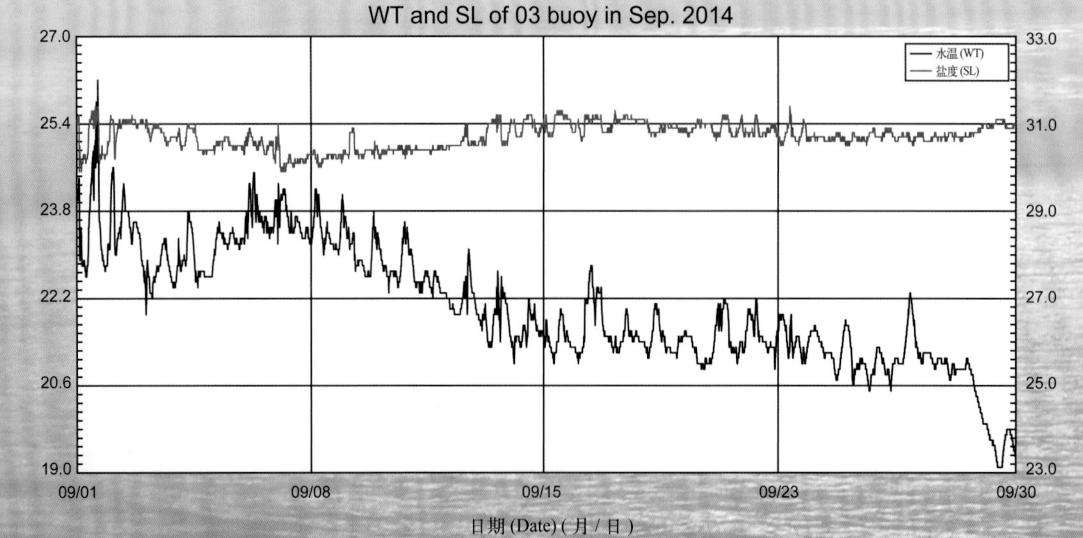

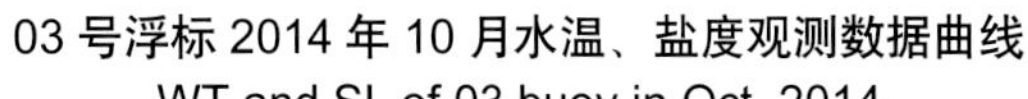

03 号浮标 2014 年 10 月水温、盐度观测数据曲线

WT and SL of 03 buoy in Oct. 2014

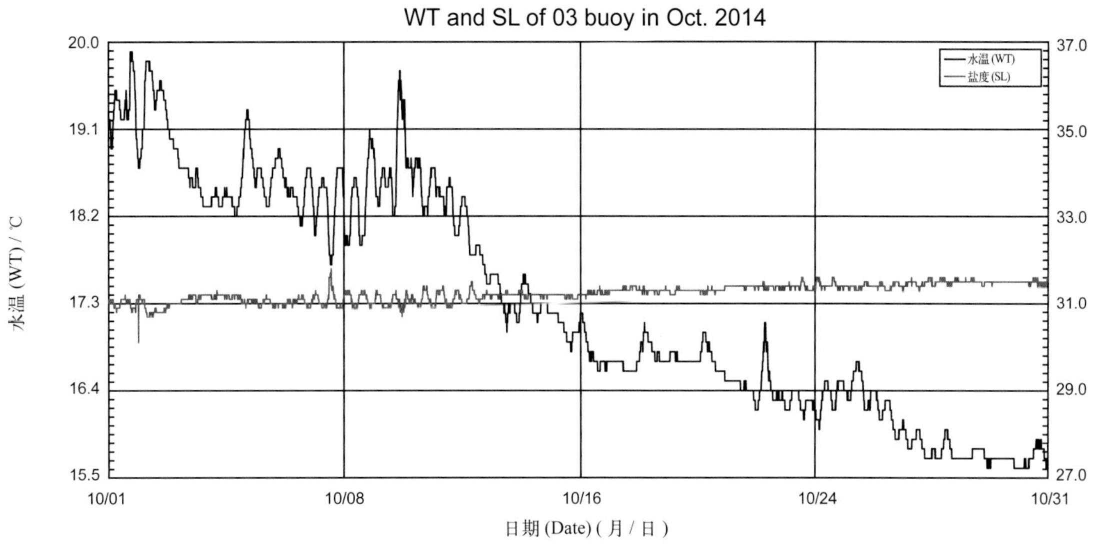

03 号浮标 2014 年 11 月水温、盐度观测数据曲线

WT and SL of 03 buoy in Nov. 2014

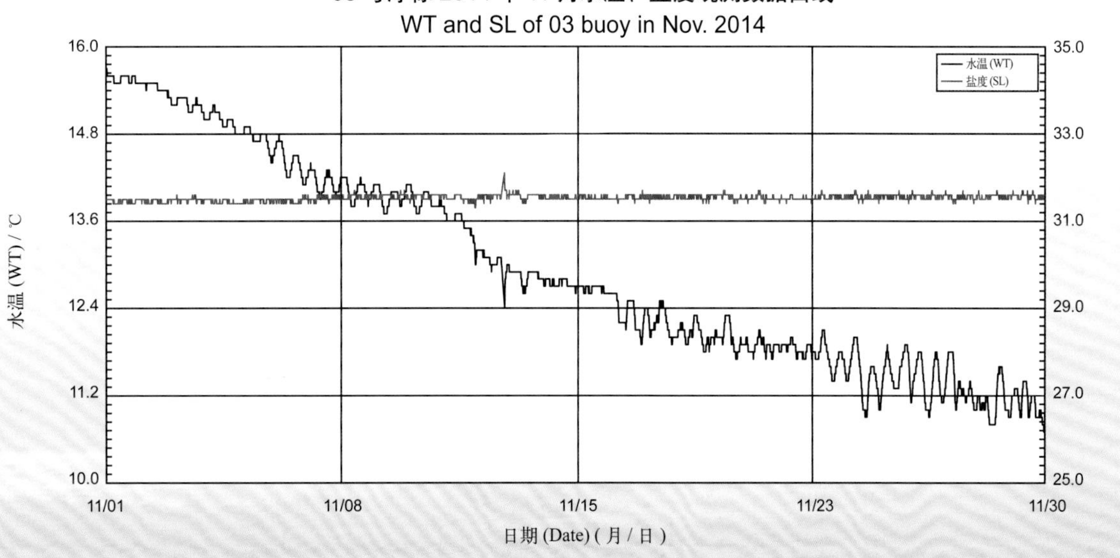

03 号浮标 2014 年 12 月水温、盐度观测数据曲线

WT and SL of 03 buoy in Dec. 2014

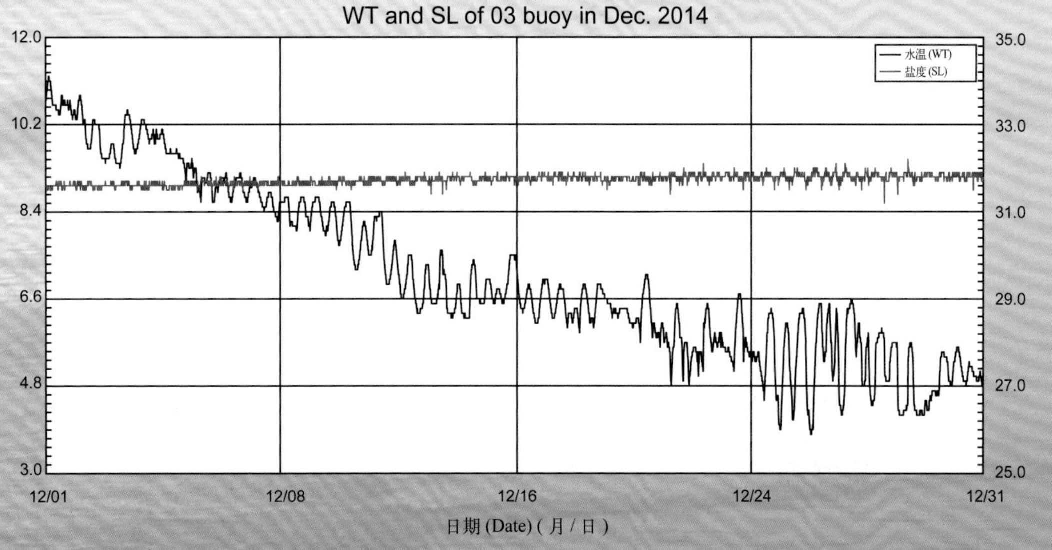

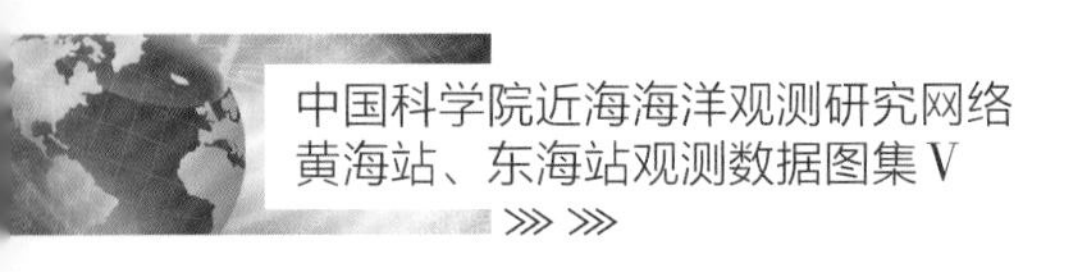

2014年度06号浮标观测数据概述及曲线
(水温和盐度)

06号浮标位于东海嵊山岛海礁附近海域(30°43′N,123°08′E),是一套直径10 m的圆盘形综合观测平台。可获取的观测参数包括气象、水文和水质,水温和盐度数据是水文参数中的重要观测内容。

2014年,东海站06号浮标共获取到363天的水温长序列观测数据和297天的盐度长序列观测数据。获取的水温数据的区间共三个时间段,具体为1月1日00:00至1月8日09:30、1月10日20:30至3月5日21:30和3月7日06:30至12月31日23:00;获取的盐度数据的区间为3月10日11:20至12月31日23:00。

通过对获取数据进行质量控制和分析,06号浮标观测海域2014年度水温、盐度数据和季节数据特征如下。年度水温平均值为19.4℃,年度盐度平均值为29.6。测得的年度最高水温和最低水温分别为29.1℃(7月23日15:30至17:30)和8.5℃(2月17日18:00);测得的年度最高盐度和最低盐度分别为34.2(3月22日13:30)和21.0(8月20日02:00)。以2月为冬季代表月,观测海域冬季的平均水温为11.5℃;以5月为春季代表月,观测海域春季的平均水温为18.1℃,平均盐度为30.4;以8月为夏季代表月,观测海域夏季的平均水温为26.5℃,平均盐度为28.2;以11月为秋季代表月,观测海域秋季的平均水温为21.1℃,平均盐度为30.9。

06号浮标布放海域月度水温、盐度变化特征与该海域的气温和降水等因素密切相关。2014年,浮标观测的月平均值、最高值、最低值数据参见表18。从表中可以看出,水温平均值最低的月份为3月,年度最低水温(8.5℃)出现在2月,水温平均值最高的月份为8月,年度最高水温(29.1℃)出现在7月。盐度平均值最低的月份为9月,年度盐度最低值(21.0)出现在8月,盐度平均值最高的月份为3月,并且在该时间段内出现年度盐度最高值(34.2)。从月度水温、盐度的变化情况分析,水温变化最为剧烈的是5月,最高水温为22.1℃,最低水温为14.7℃,变化幅度达7.4℃;盐度变化最为剧烈的是10月,最高盐度为32.6,最低盐度为22.0,变化幅度达10.6。比较而言,水温变化幅度较小的月份是11月,最高水温为22.4℃,最低水温为19.5℃,变化幅度为2.9℃;盐度变化幅度较小的月份是12月,最高盐度为33.8,最低盐度为31.0,变化幅度为2.8。

2014年,06号浮标获取的水温数据存在一个特殊情况。水温和盐度数据于8月中旬均出现了较为明显的下降过程,水温数据于8月17日19:00至19日09:30,38.5 h内由27.2℃下降至24.7℃,降幅达2.5℃;盐度数据于8月17日19:00至19日03:30,32.5 h内由28.9降至21.8,降幅达7.1,具体原因尚待进一步分析。

2014年,06号浮标共记录了1次寒潮过程和6次台风过程。12月15日至16日寒潮期间,06号浮标水温的变化幅度为1.2℃(18.4 ~ 17.2℃),盐度比较稳定,变化范围为31.5 ~ 32.8,寒潮期间平均盐度为32.3;在第10号台风“麦德姆”期间,06号浮标水温数据有一个较为明显的下降过程,37 h(7月23日18:00至25日07:00)内水温下降4.4℃,盐度数据由于降雨影响也有相当幅度的下降过程。每个台风过程均造成了浮标水温、盐度数据出现短时间内的下降现象：第一次台风过程，6 月 16 日观测到第 7 号台风“海贝思”期间水温变化幅度为 2.5℃（23.6 ~ 21.1℃），盐度变化范围为 31.1 ~ 27.7，平均盐度为 29.7；第二次台风过程，7 月 8 日观测到第 8 号超强台风“浣熊”期间水温变化幅度为 2.2℃（24.9 ~ 22.7℃），盐度变化范围为 25.6 ~ 30.3，平均盐度为 27.5；第三次台风过程，7 月 23 日至 26 日观测到第 10 号台风“麦德姆”期间水温变化幅度为 4.6℃（29.1 ~ 24.5℃），盐度变化范围为 29.0 ~ 24.0，平均盐度为 26.4；第四次台风过程，7 月 31 日至 8 月 3 日观测到第 12 号台风“娜基莉”期间水温变化幅度为 3.7℃ （28.0 ~ 24.3℃），盐度变化范围为 28.1 ~ 30.5，平均盐度为 29.3；第五次台风过程，9 月 21 日至 24 日观测到第 16 号台风“凤凰”期间水温变化幅度为 1.6℃（24.7 ~ 23.1℃），盐度变化范围为 26.3 ~ 29.3，平均盐度为 27.6；第六次台风过程，10 月 12 日至 13 日观测到第 19 号台风“黄蜂”期间水温变化幅度为 1.2℃ （23.4 ~ 22.2℃），盐度变化范围为 30.6 ~ 32.2，平均盐度为 31.4。

表 18　06 号浮标各月水温、盐度观测数据情况

月份	水温 / ℃			盐度			备注
	平均	最高	最低	平均	最高	最低	
1	14.5	15.8	12.4	—	—	—	水温缺测 1 天数据，盐度无数据
2	11.5	13.9	8.5	—	—	—	冬季代表月，盐度无数据
3	11.2	13.1	9.2	31.6	34.2	28.8	水温缺测 1 天数据，盐度缺测 9 天数据
4	13.5	15.9	11.9	30.6	31.8	28.6	
5	18.1	22.1	14.7	30.4	32.4	28.0	春季代表月
6	22.1	23.6	19.9	29.3	31.1	25.8	记录 1 次台风过程
7	24.9	29.1	21.8	27.6	31.8	22.0	记录 2 次台风过程
8	26.5	28.9	24.3	28.2	30.6	21.0	夏季代表月，记录 1 次台风过程
9	25.4	27.6	23.1	27.4	30.1	22.6	记录 1 次台风过程
10	22.3	24.4	20.8	29.6	32.6	22.0	记录 1 次台风过程
11	21.1	22.4	19.5	30.9	32.2	26.2	秋季代表月
12	17.9	20.7	14.9	32.3	33.8	31.0	记录 1 次寒潮过程

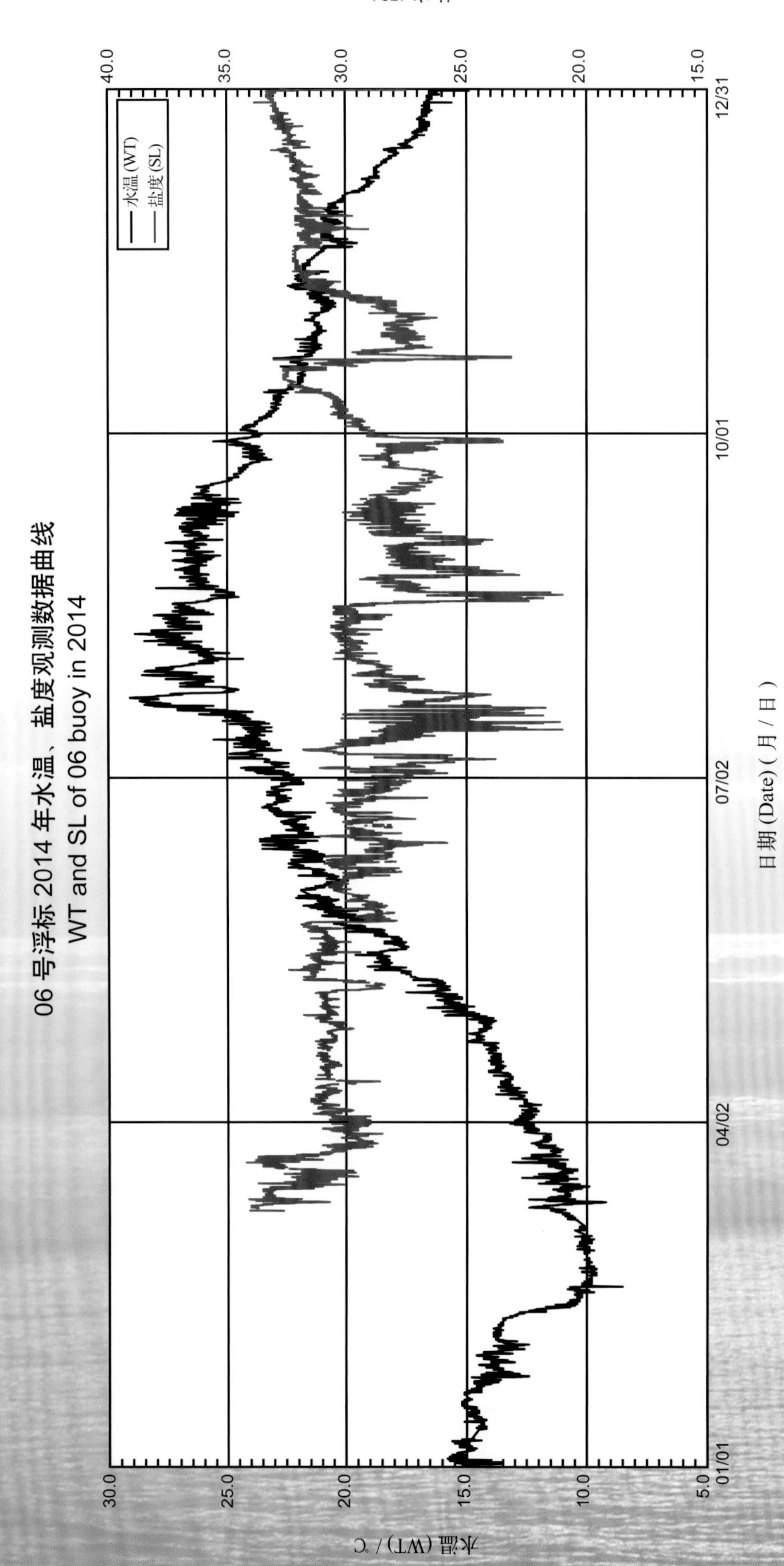
06 号浮标 2014 年水温、盐度观测数据曲线
WT and SL of 06 buoy in 2014
水温 (WT)
盐度 (SL)
水温 (WT) / ℃
盐度 (SL)
日期 (Date) (月 / 日)
30.0
25.0
20.0
15.0
10.0
5.0
40.0
35.0
30.0
25.0
20.0
15.0
01/01
04/02
07/02
10/01
12/31

06 号浮标 2014 年 01 月水温观测数据曲线
WT and SL of 06 buoy in Jan. 2014

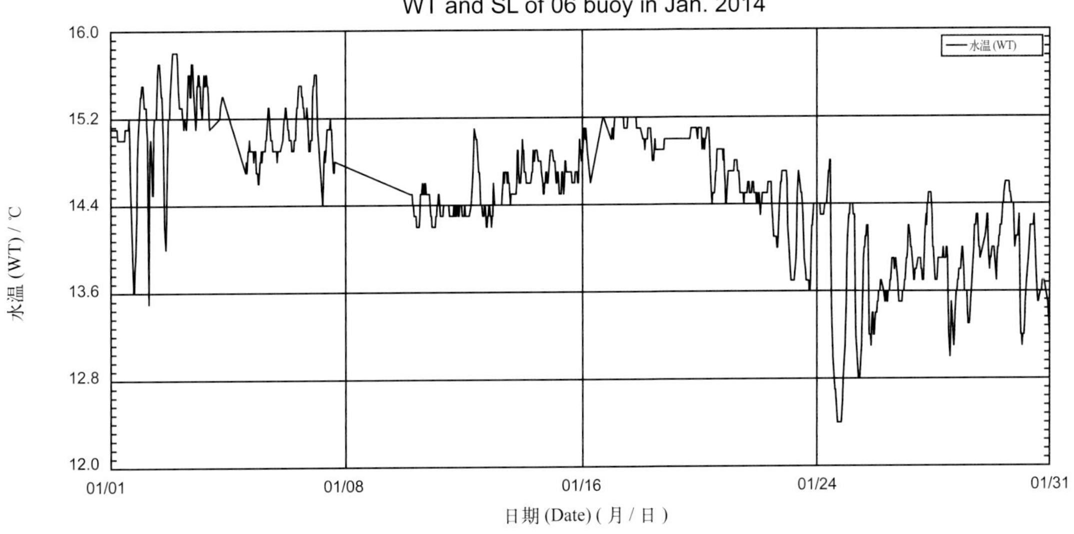

06 号浮标 2014 年 02 月水温观测数据曲线
WT and SL of 06 buoy in Feb. 2014

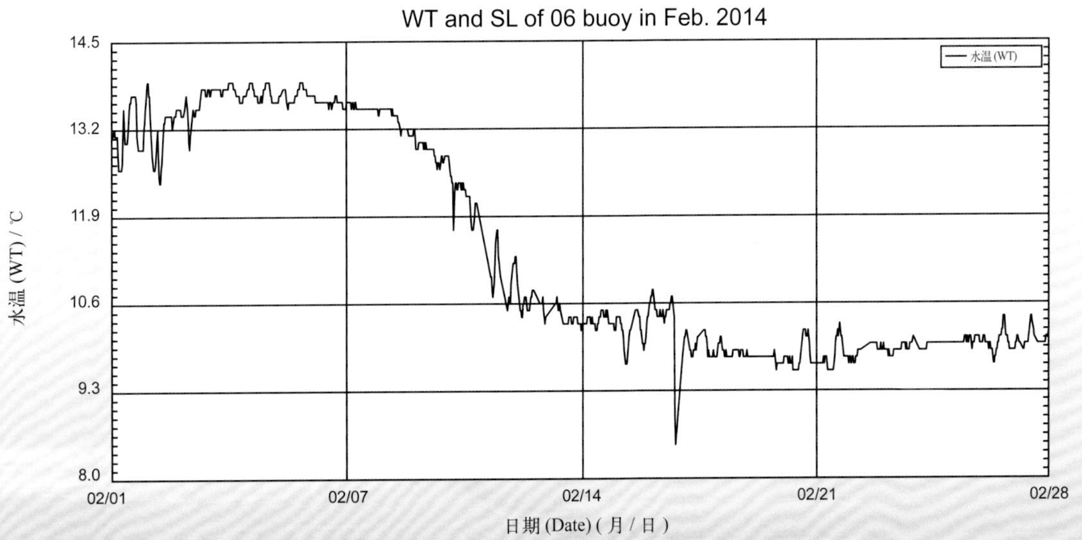

06 号浮标 2014 年 03 月水温、盐度观测数据曲线
WT and SL of 06 buoy in Mar. 2014

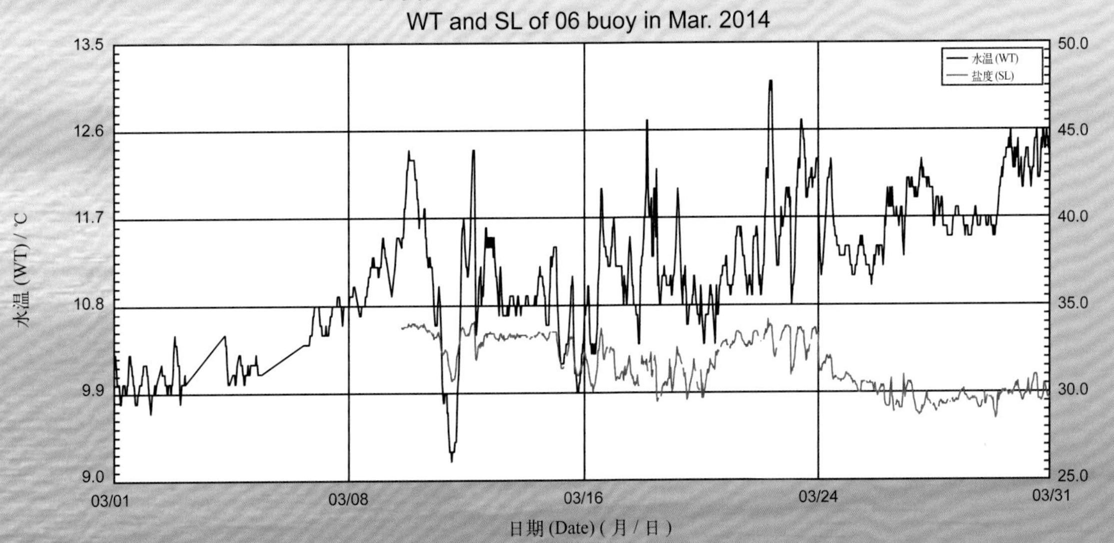

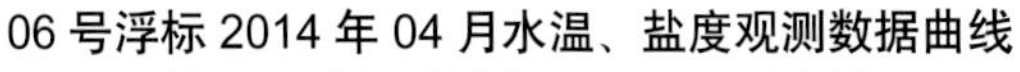

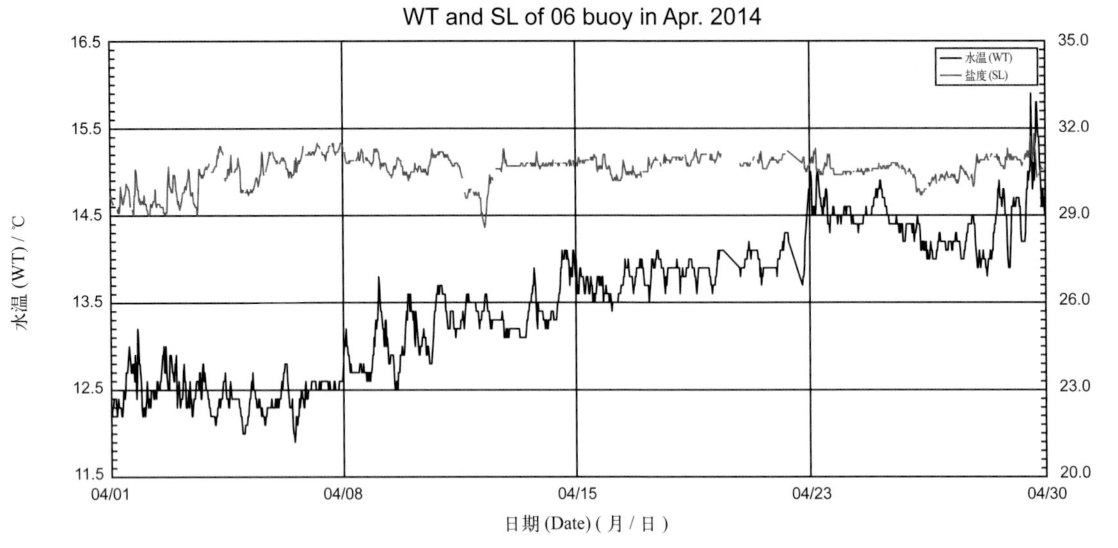

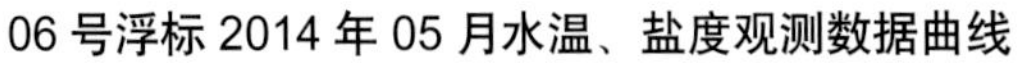

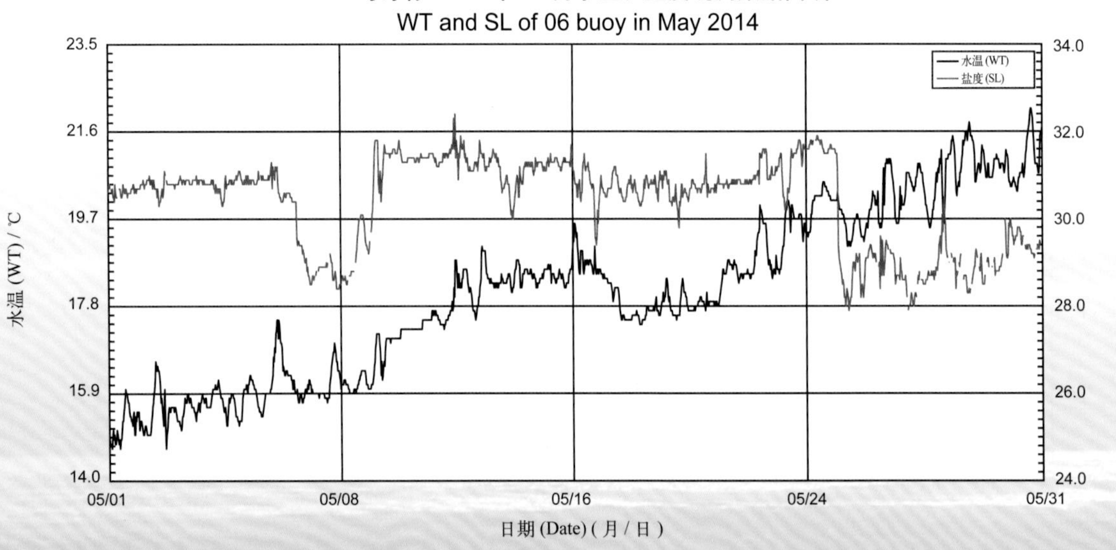

06 号浮标 2014 年 06 月水温、盐度观测数据曲线
WT and SL of 06 buoy in Jun. 2014

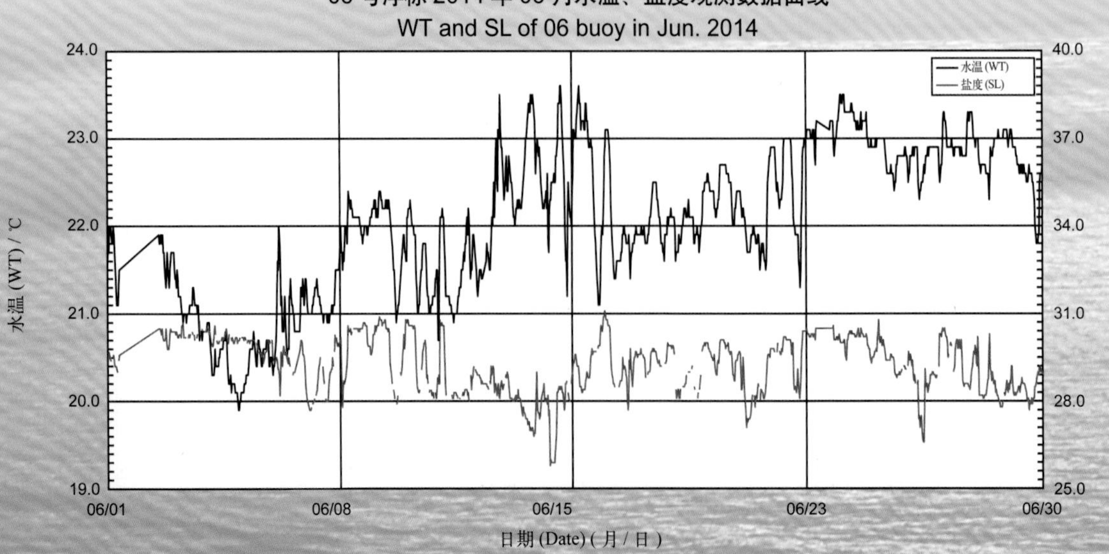

06 号浮标 2014 年 07 月水温、盐度观测数据曲线
WT and SL of 06 buoy in Jul. 2014

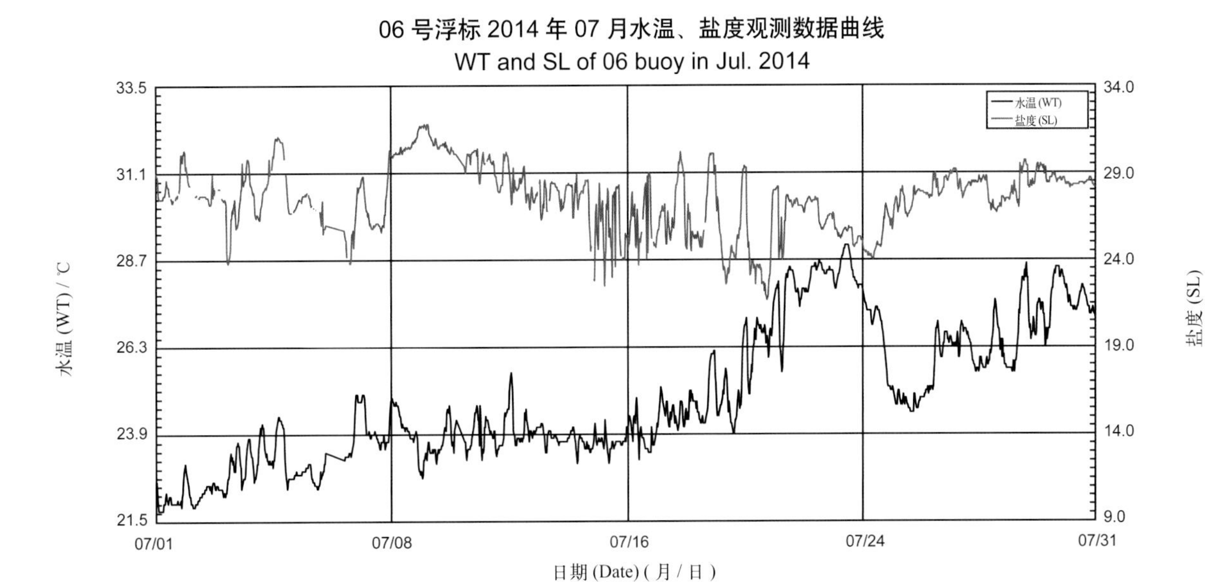

06 号浮标 2014 年 08 月水温、盐度观测数据曲线
WT and SL of 06 buoy in Aug. 2014

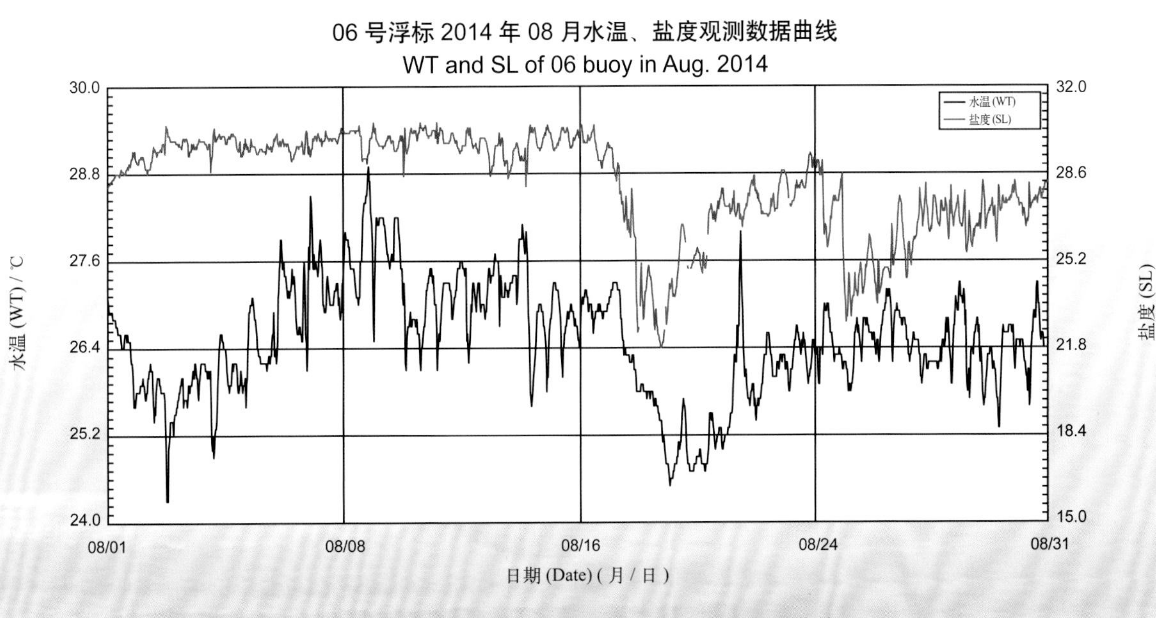

06 号浮标 2014 年 09 月水温、盐度观测数据曲线
WT and SL of 06 buoy in Sep. 2014

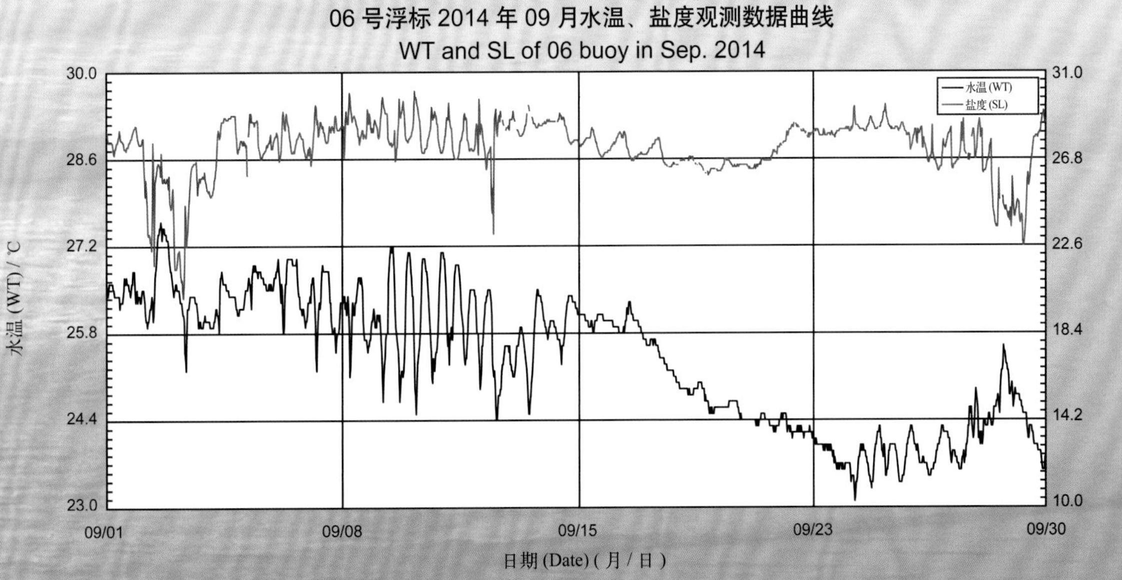

06 号浮标 2014 年 10 月水温、盐度观测数据曲线
WT and SL of 06 buoy in Oct. 2014

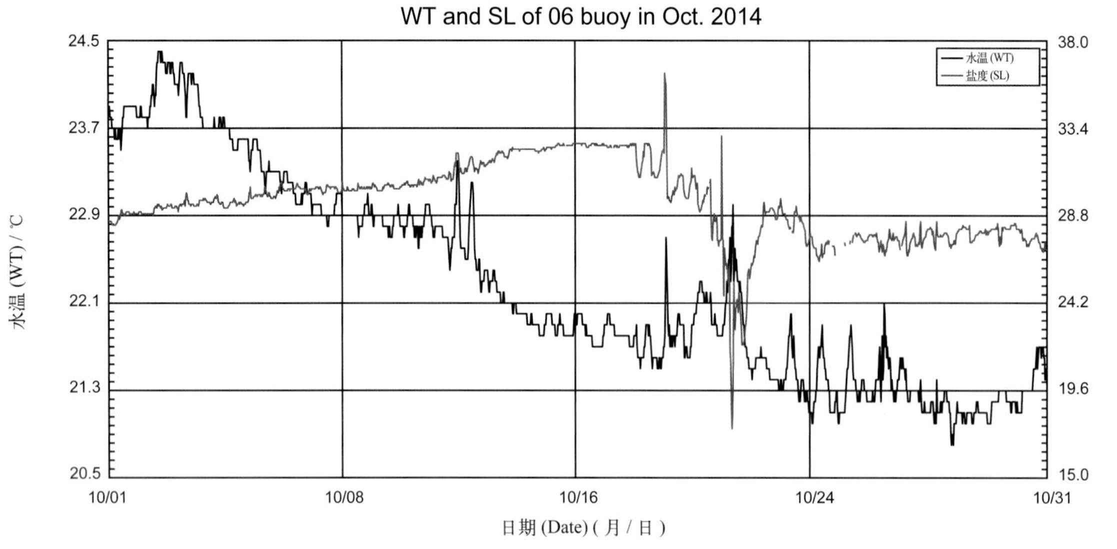

06 号浮标 2014 年 11 月水温、盐度观测数据曲线
WT and SL of 06 buoy in Nov. 2014

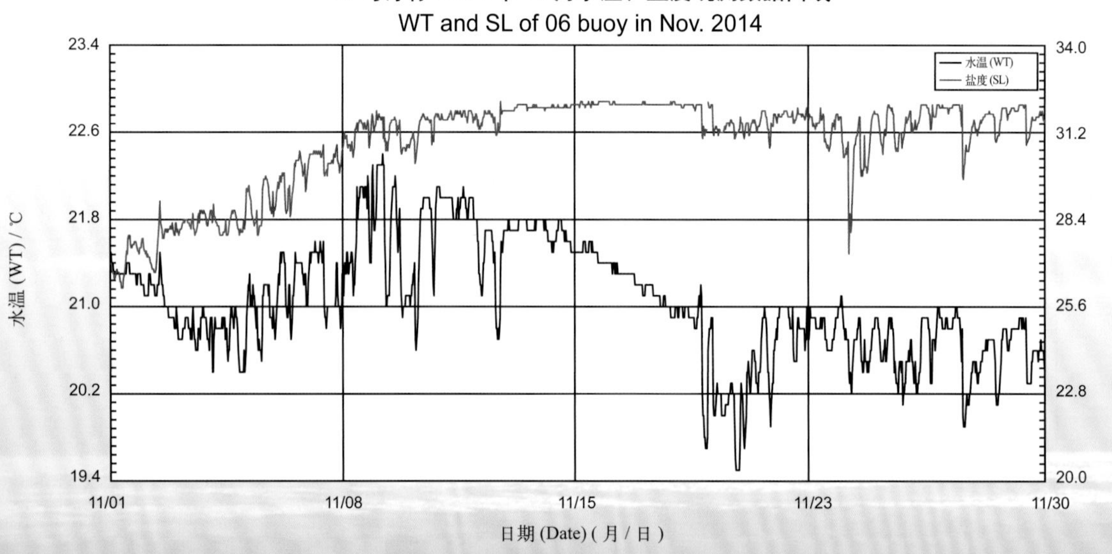

06 号浮标 2014 年 12 月水温、盐度观测数据曲线
WT and SL of 06 buoy in Dec. 2014

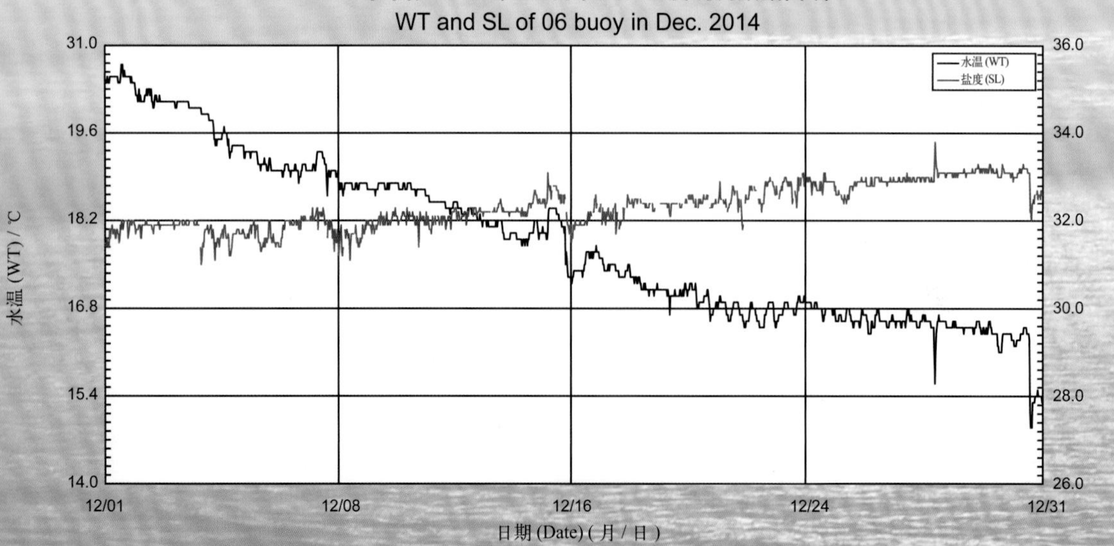

2014 年度 07 号浮标观测数据概述及曲线（水温和盐度）

07 号浮标位于黄海荣成楮岛附近海域（37°04′N，122°35′E），是一套直径 3 m 的圆盘形综合观测平台。可获取的观测参数包括气象、水文和水质，水温和盐度数据是水文参数中的重要观测内容。

2014 年，黄海站 07 号浮标获取到 328 天的水温和盐度长序列观测数据。获取数据的区间共两个时间段，具体为 1 月 1 日 00:00 至 6 月 6 日 08:10 和 7 月 14 日 18:40 至 12 月 31 日 23:50。

通过对获取数据进行质量控制和分析，07 号浮标观测海域 2014 年度水温、盐度数据和季节数据特征如下。年度水温平均值为 12.4℃，年度盐度平均值为 30.9。测得的年度最高水温和最低水温分别为 25.6℃（8 月 4 日 18:40 和 19:30）和 2.9℃（2 月 11 日 04:00、04:20、05:00 至 10:50）；测得的年度最高盐度和最低盐度分别为 33.0（5 月 25 日 14:20）和 29.2（8 月 5 日 10:00）。以 2 月为冬季代表月，观测海域冬季的平均水温为 3.5℃，平均盐度为 31.0；以 5 月为春季代表月，观测海域春季的平均水温为 11.2℃，平均盐度为 32.1；以 8 月为夏季代表月，观测海域夏季的平均水温为 22.0℃，平均盐度为 30.3；以 11 月为秋季代表月，观测海域秋季的平均水温为 14.5℃，平均盐度为 31.1。

07 号浮标布放海域月度水温、盐度变化特征与该海域的气温和降水等因素密切相关。2014 年，浮标观测的月平均值、最高值、最低值数据参见表 19。从表中可以看出，水温平均值最低的月份为 2 月，并且在该时间段内观测到年度最低水温（2.9℃），水温平均值最高的月份为 9 月，年度最高水温（25.6℃）出现在 8 月。盐度平均值最低的月份为 8 月，并且在该时间段内观测到年度盐度最低值（29.2），盐度平均值最高的月份为 5 月，并且在该时间段内观测到年度盐度最高值（33.0）。从月度水温、盐度的变化情况分析，水温变化最为剧烈的是 12 月，最高水温为 12.7℃，最低水温为 4.3℃，变化幅度达 8.4℃；盐度变化最为剧烈的是 5 月，最高盐度为 33.0，最低盐度为 30.5，变化幅度达 2.5。比较而言，水温变化幅度较小的月份是 2 月，最高水温为 4.7℃，最低水温为 2.9℃，变化幅度为 1.8℃；盐度变化幅度较小的月份是 1 月和 11 月，最高盐度分别为 30.8 和 31.4，最低盐度分别为 30.2 和 30.8，变化幅度均为 0.6。这些变化特征与该海区的降水和气温等因素密切相关。

2014 年，07 号浮标共记录了 1 次寒潮过程和 2 次台风过程。3 月 22 日至 23 日寒潮期间，07 号浮标水温变化幅度为 0.6℃（5.2 ~ 4.6℃），平均值为 4.8℃，盐度比较稳定，平均值为 31.4。2014 年 7 月 24 日至 8 月 4 日，07 号浮标先后获取到第 10 号台风“麦德姆”和第 12 号台风“娜基莉”的相关数据，其中“麦德姆”期间 2.5 h 内水温变化幅度为 3.5℃，由 7 月 26 日 14:10 的 23.5℃降至 16:40 的 20.0℃，其间盐度变化范围为 1.7（31.2 ~ 29.5），平均盐度为 30.5；“娜基莉”期间 3.5 h 内水温变化幅度达到 5.2℃，由 8 月 4 日 18:40 的 25.6℃降至 22:20 的 20.4℃，其间盐度变化范围为 1.1（29.3 ~ 30.4），平均盐度为 29.9。

表 19　07 号浮标各月水温、盐度观测数据情况

月份	水温 / ℃			盐度			备注
	平均	最高	最低	平均	最高	最低	
1	4.7	6.0	3.6	30.6	30.8	30.2	
2	3.5	4.7	2.9	31.0	31.7	30.5	冬季代表月
3	4.5	6.4	3.6	31.3	32.0	30.9	记录 1 次寒潮过程
4	7.2	10.3	5.3	31.3	32.5	30.3	
5	11.2	16.1	8.7	32.1	33.0	30.5	春季代表月
6	14.3	16.4	12.5	31.0	31.4	30.6	只有 6 天数据
7	20.3	23.5	19.0	30.6	31.4	29.5	缺测 13 天数据；记录 1 次台风过程
8	22.0	25.6	18.9	30.3	31.4	29.2	夏季代表月，记录 1 次台风过程
9	22.3	24.3	20.9	30.5	31.0	30.1	
10	19.0	21.8	16.7	30.9	31.2	30.5	
11	14.5	17.4	12.0	31.1	31.4	30.8	秋季代表月
12	7.8	12.7	4.3	31.4	31.8	30.4	

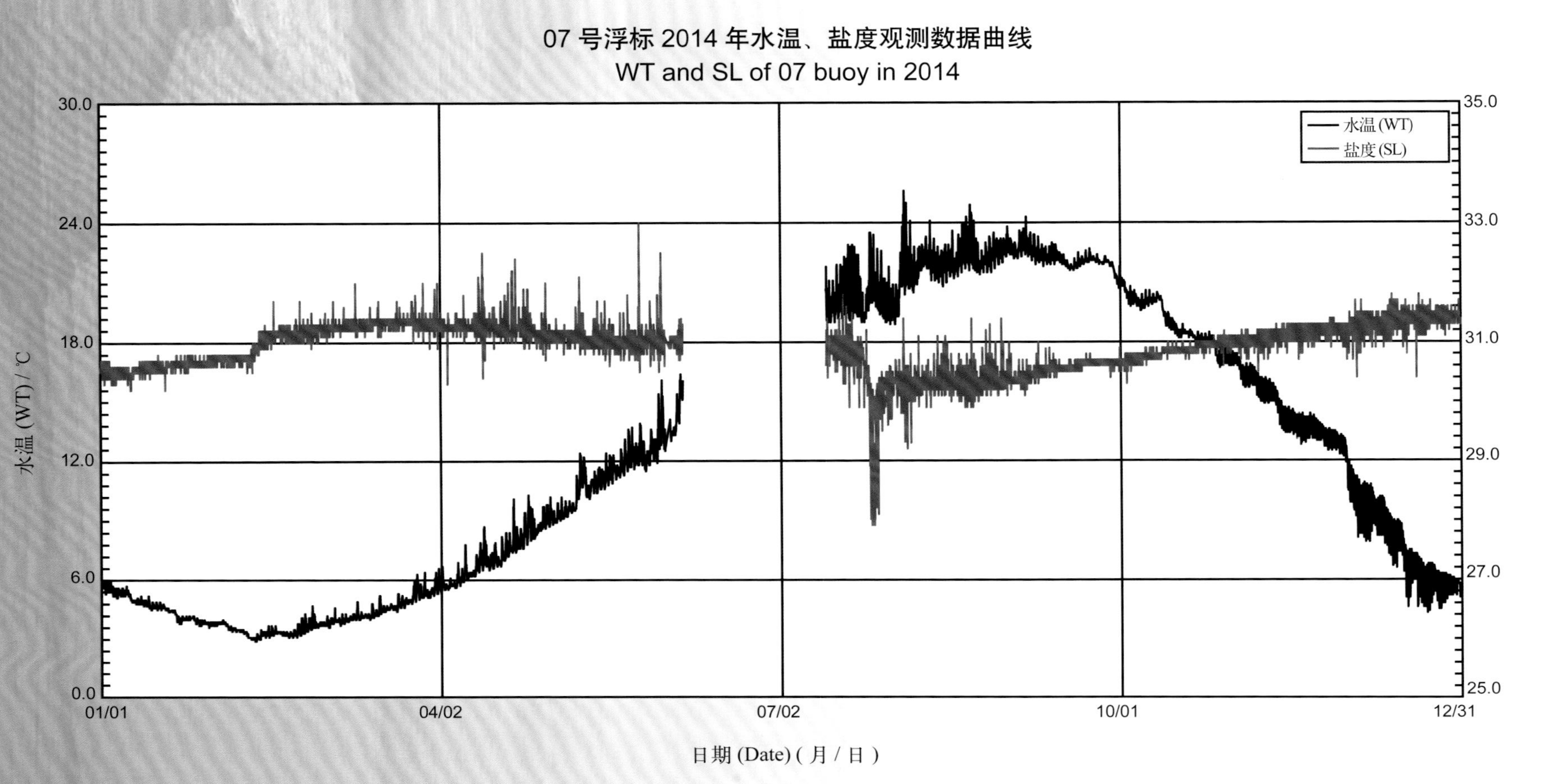

07 号浮标 2014 年水温、盐度观测数据曲线
WT and SL of 07 buoy in 2014

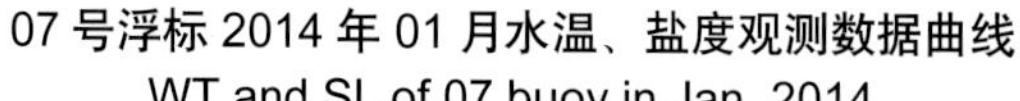

07 号浮标 2014 年 01 月水温、盐度观测数据曲线
WT and SL of 07 buoy in Jan. 2014

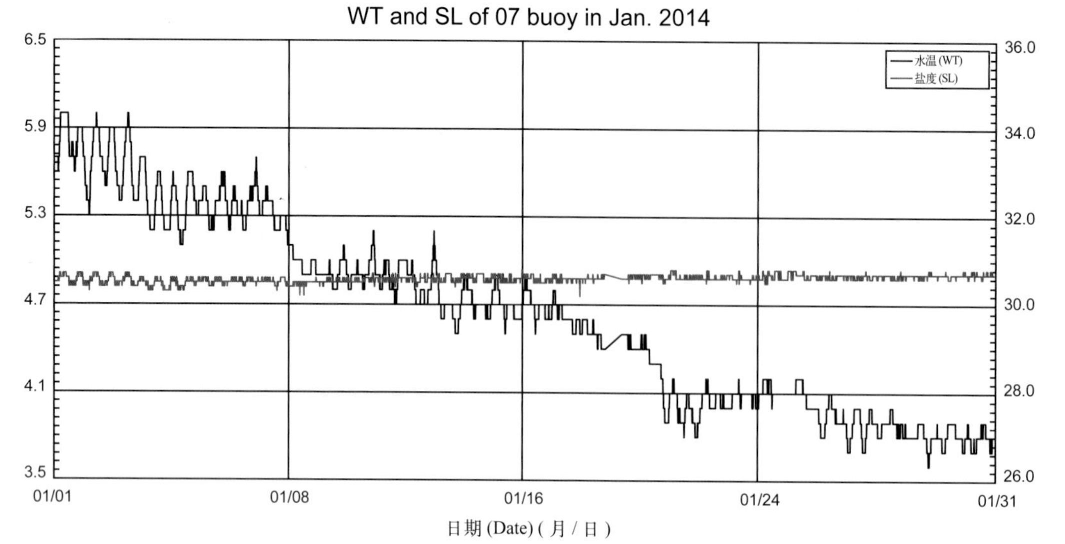

07 号浮标 2014 年 02 月水温、盐度观测数据曲线
WT and SL of 07 buoy in Feb. 2014

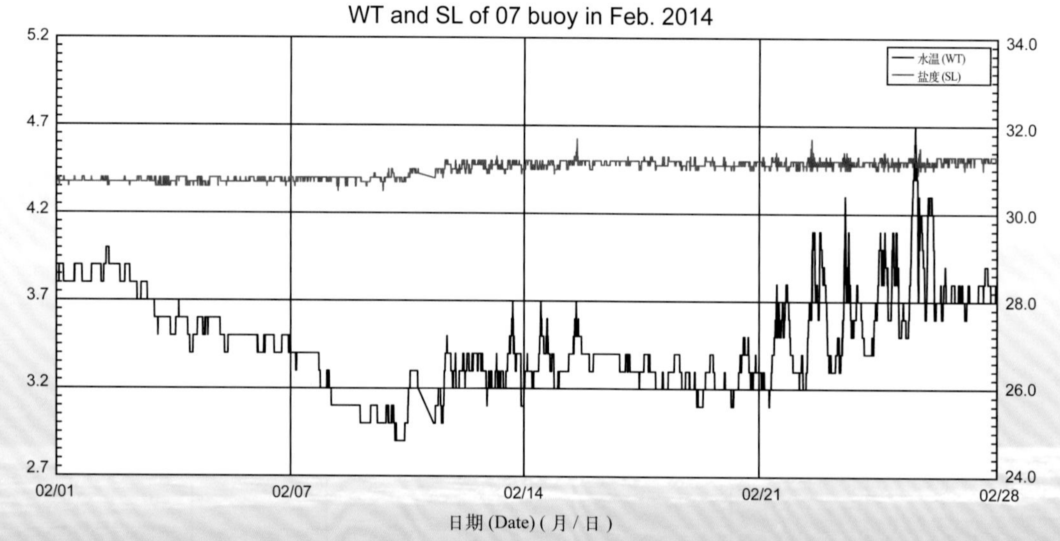

07 号浮标 2014 年 03 月水温、盐度观测数据曲线
WT and SL of 07 buoy in Mar. 2014

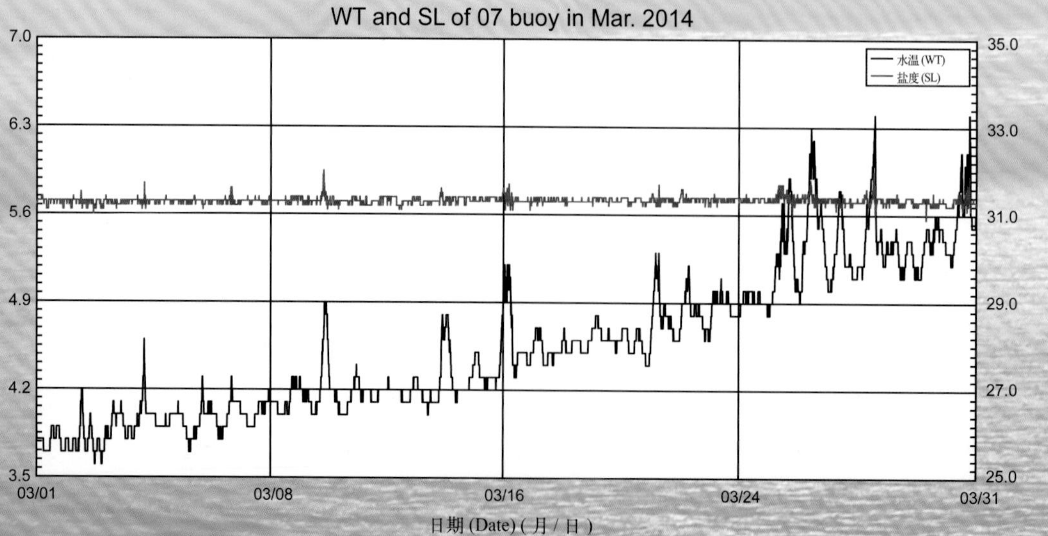

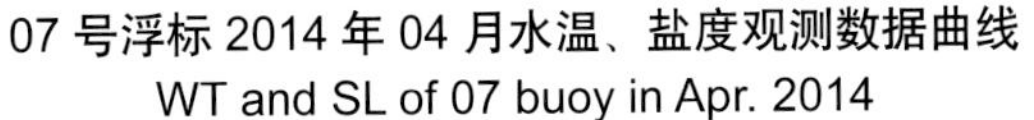

07 号浮标 2014 年 04 月水温、盐度观测数据曲线
WT and SL of 07 buoy in Apr. 2014

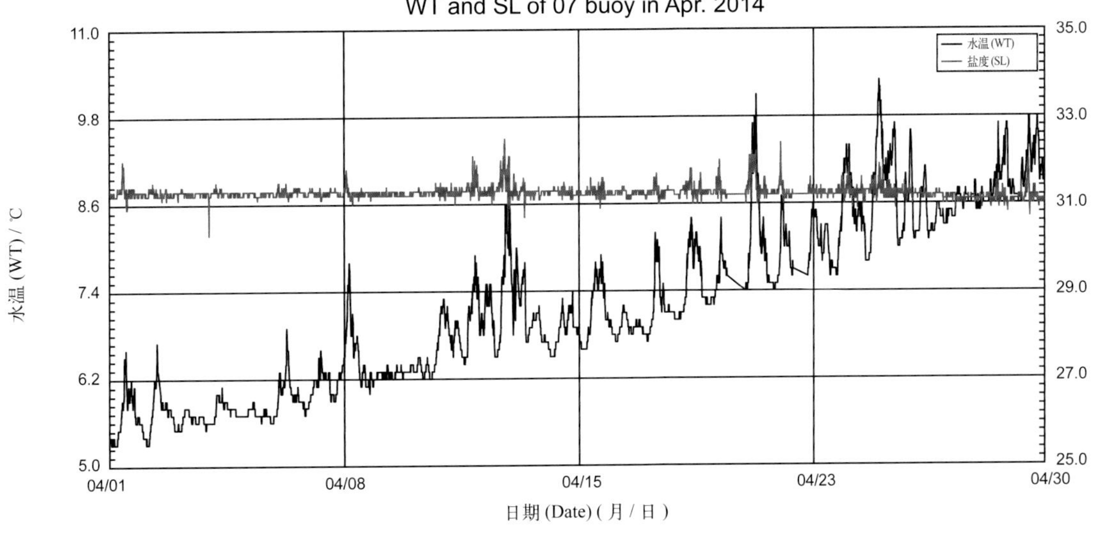

07 号浮标 2014 年 05 月水温、盐度观测数据曲线
WT and SL of 07 buoy in May 2014

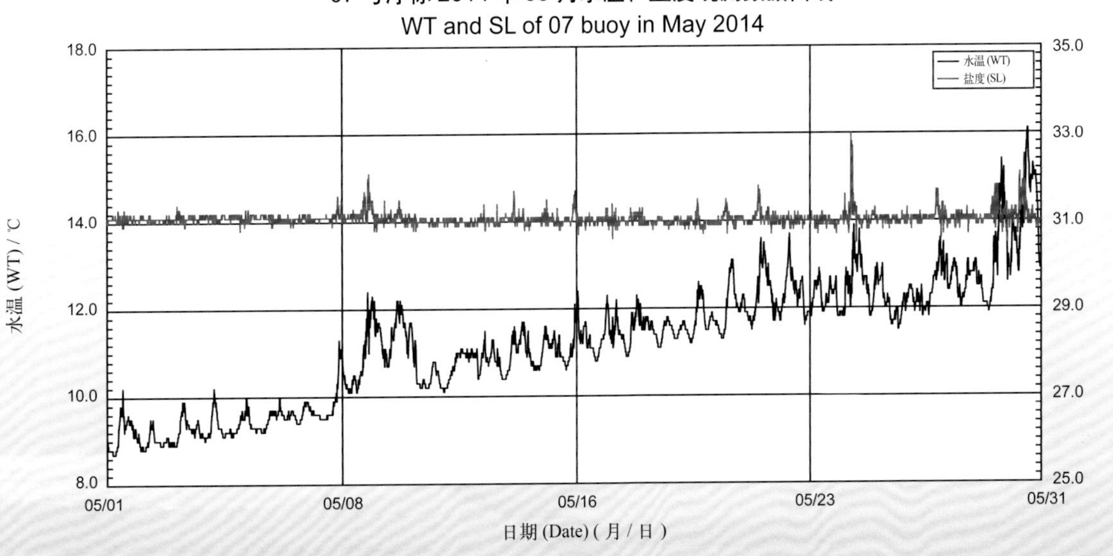

07 号浮标 2014 年 08 月水温、盐度观测数据曲线
WT and SL of 07 buoy in Aug. 2014

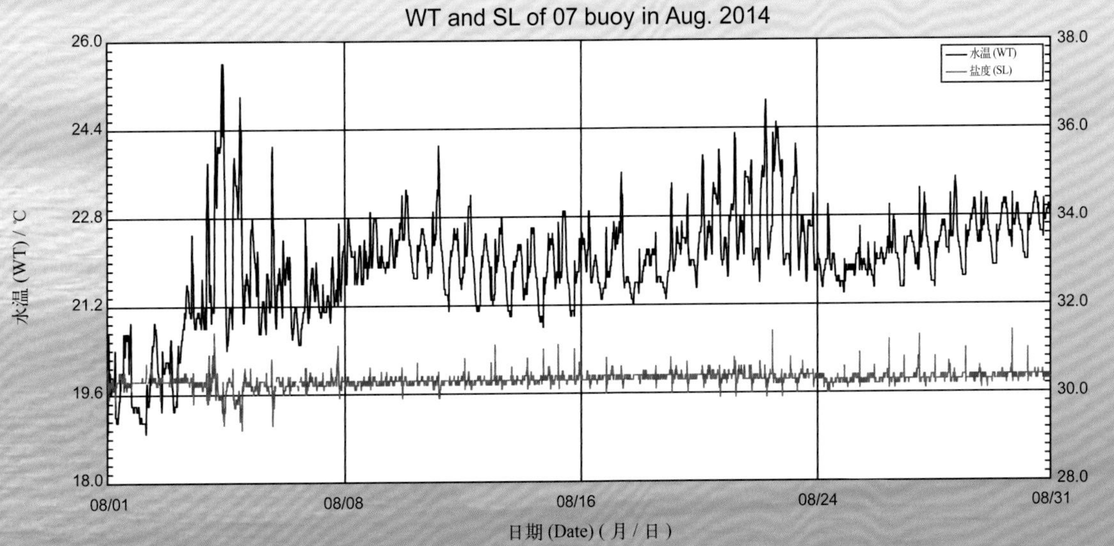

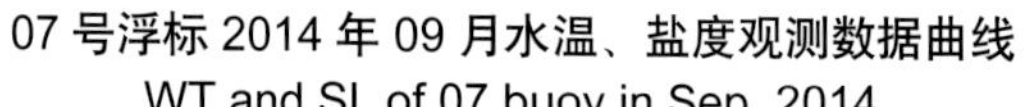

07 号浮标 2014 年 09 月水温、盐度观测数据曲线
WT and SL of 07 buoy in Sep. 2014

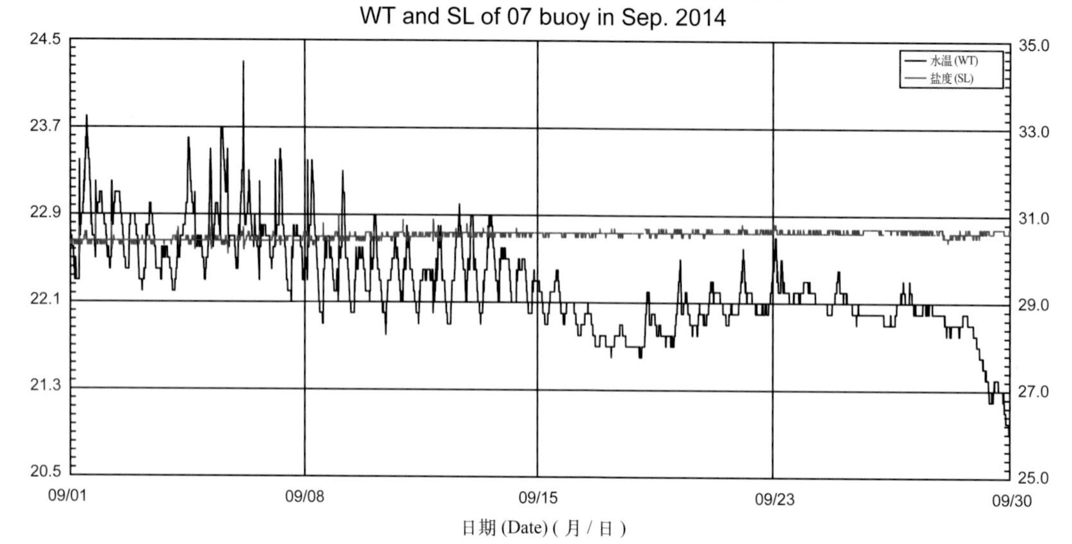

07 号浮标 2014 年 10 月水温、盐度观测数据曲线
WT and SL of 07 buoy in Oct. 2014

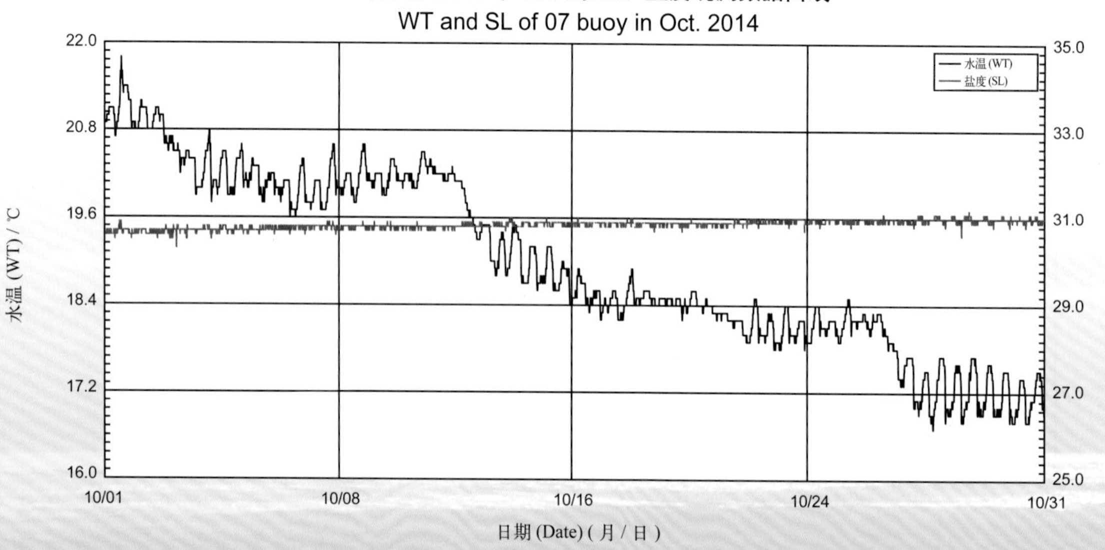

07 号浮标 2014 年 11 月水温、盐度观测数据曲线
WT and SL of 07 buoy in Nov. 2014

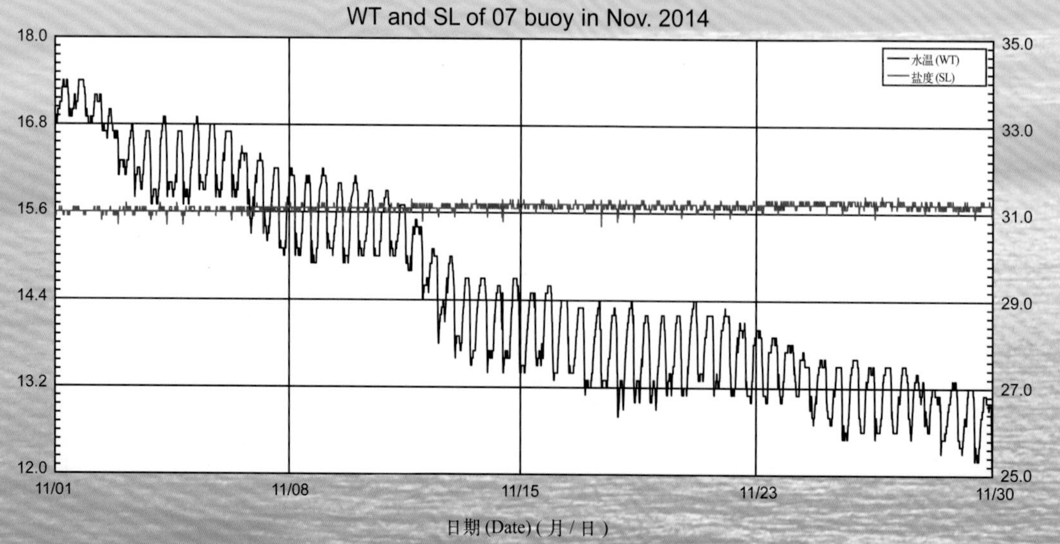

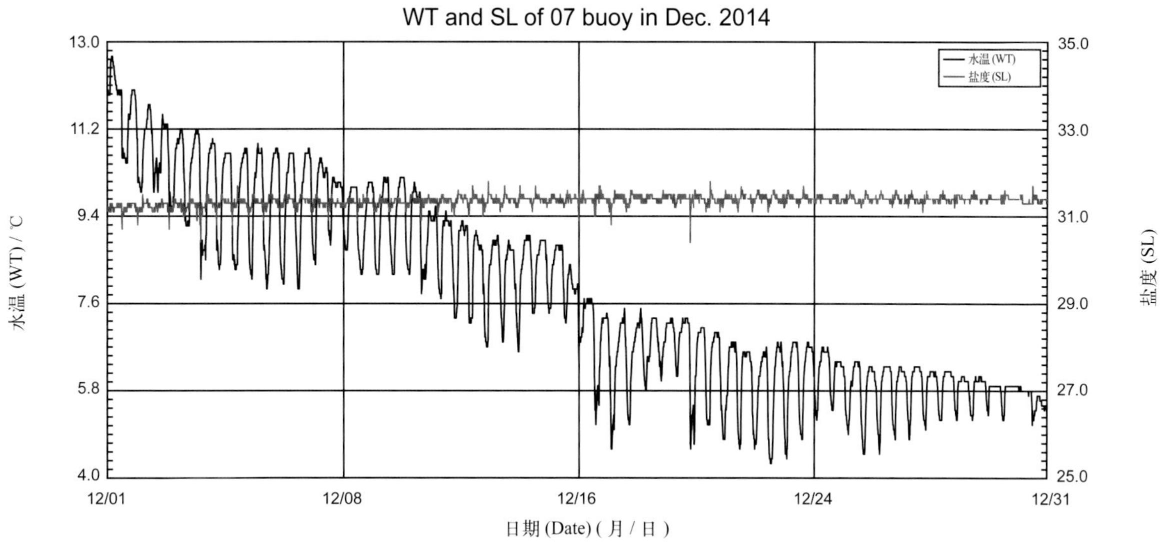
07 号浮标 2014 年 12 月水温、盐度观测数据曲线
WT and SL of 07 buoy in Dec. 2014
水温 (WT)
盐度 (SL)
13.0
11.2
9.4
7.6
5.8
4.0
35.0
33.0
31.0
29.0
27.0
25.0
水温 (WT) / ℃
盐度 (SL)
12/01
12/08
12/16
12/24
12/31
日期 (Date) (月 / 日)

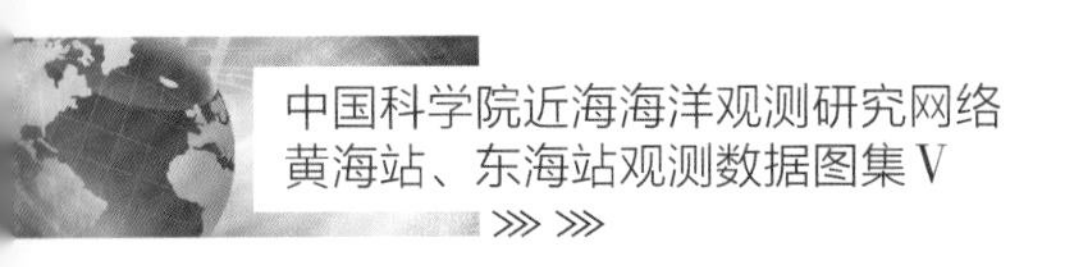

2014年度09号浮标观测数据概述及曲线
（水温和盐度）

09号浮标位于黄海灵山岛附近海域（35°55′N，120°16′E），是一套直径3 m的圆盘形综合观测平台。可获取的观测参数包括气象、水文和水质，水温和盐度数据是水文参数中的重要观测内容。

2014年，黄海站09号浮标共获取全年365天的水温长序列观测数据和336天的盐度长序列观测数据。盐度获取数据的区间共三个时间段，具体为1月1日00:00至4月1日00:30，4月20日11:10至10月8日01:00和10月20日00:00至12月31日23:30。

通过对获取数据进行质量控制和分析，09号浮标观测海域2014年度水温、盐度数据和季节数据特征如下。年度水温平均值为14.9℃，年度盐度平均值为30.1。测得的年度最高水温和最低水温分别为27.5℃（8月4日19:00）和3.9℃（均出现在2月，累计持续时长达到26.5 h）；测得的年度最高盐度和最低盐度分别为32.5（5月31日07:00）和24.8（9月3日13:00）。以2月为冬季代表月，观测海域冬季的平均水温为4.6℃，平均盐度为30.0；以5月为春季代表月，观测海域春季的平均水温为14.5℃，平均盐度为31.0；以8月为夏季代表月，观测海域夏季的平均水温为25.2℃，平均盐度为29.0；以11月为秋季代表月，观测海域秋季的平均水温为16.0℃，平均盐度为30.8。

09号浮标布放海域月度水温、盐度变化特征与该海域的气温和降水等因素密切相关。2014年度，浮标观测的月平均值、最高值、最低值数据参见表20。从表中可以看出，水温平均值最低的月份为2月，并且在该时间段内观测到年度最低水温（3.9℃），水温平均值最高的月份为8月，并且在该时间段内观测到年度最高水温（27.5℃）。盐度平均值最低的月份为9月，并且在该时间段内观测到年度最低盐度（24.8），盐度平均值最高的月份为4月，年度最高盐度（32.5）出现在5月。从月度水温、盐度的变化情况分析，水温变化最为剧烈的是5月，最高水温为20.3℃，最低水温为11.9℃，变化幅度达8.4℃；盐度变化最为剧烈的是8月，最大盐度为30.2，最小盐度为26.6，变化幅度达3.6。比较而言，水温变化幅度较小的月份是2月，最高水温为5.8℃，最低水温为3.9℃，变化幅度为1.9℃；盐度变化幅度较小的月份是11月，最大值为30.9，最小值为30.6，变化幅度为0.3。

2014年，09号浮标共记录了2次台风过程。分别是7月24日至26日观测到第10号台风“麦德姆”、8月2日至4日观测到第12号台风“娜基莉”。其中，“麦德姆”台风移动路径经过09号浮标站位附近，09号浮标观测到的水温数据于7月24日00:00的25.1℃降至25日04:30的22.2℃，28.5 h的降幅为2.9℃，同时盐度数据由于降雨影响下降0.9；“娜基莉”台风期间，09号浮标观测到的水温在18 h内下降2.2℃（8月4日19:00至8月5日11:00），其间盐度数据变化不大，范围为29.3 ~ 30.2。

表 20　09 号浮标各月水温、盐度观测数据情况

月份	水温 / ℃			盐度			备注
	平均	最高	最低	平均	最高	最低	
1	6.1	7.4	4.9	30.0	30.1	29.5	
2	4.6	5.8	3.9	30.0	30.2	29.7	冬季代表月
3	6.2	8.8	4.5	30.0	30.2	29.7	
4	10.0	14.2	7.9	31.1	32.0	30.6	缺测 18 天盐度数据
5	14.5	20.3	11.9	31.0	32.5	30.3	春季代表月
6	18.9	23.3	16.5	30.7	31.7	29.5	
7	22.3	26.0	19.5	30.6	32.2	29.4	记录 1 次台风过程
8	25.2	27.5	23.5	29.0	30.2	26.6	夏季代表月， 记录 1 次台风过程
9	23.8	25.6	22.5	28.2	29.8	24.8	
10	20.6	23.0	18.6	29.9	30.8	25.8	缺测 11 天盐度数据
11	16.0	18.7	13.6	30.8	30.9	30.6	秋季代表月
12	9.5	13.9	6.9	30.8	31.0	30.5	

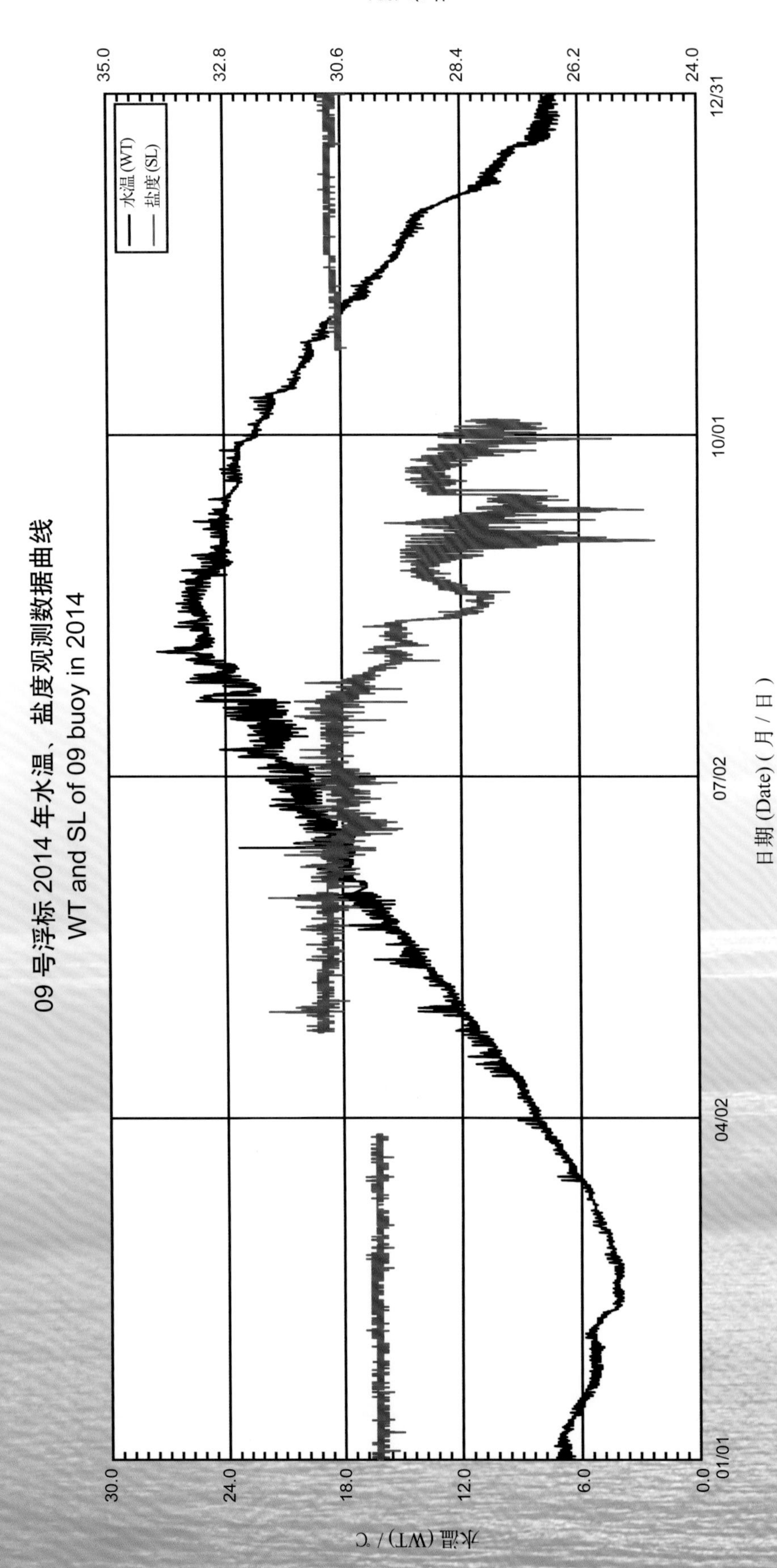
09 号浮标 2014 年水温、盐度观测数据曲线
WT and SL of 09 buoy in 2014
水温 (WT)
盐度 (SL)
水温 (WT) / ℃
30.0
24.0
18.0
12.0
6.0
0.0
盐度 (SL)
35.0
32.8
30.6
28.4
26.2
24.0
01/01
04/02
07/02
10/01
12/31
日期 (Date) (月 / 日)

09 号浮标 2014 年 01 月水温、盐度观测数据曲线
WT and SL of 09 buoy in Jan. 2014

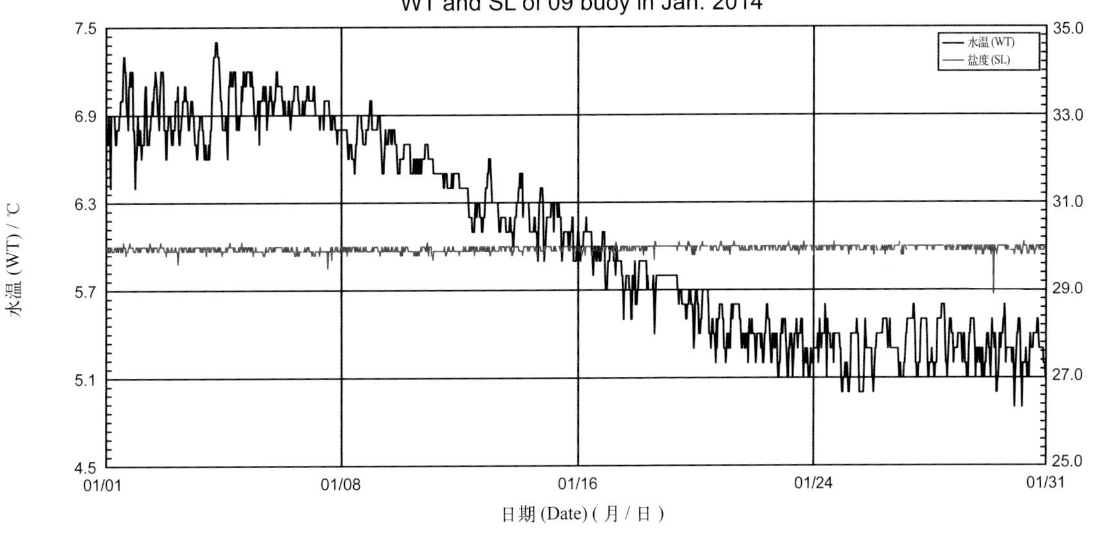

09 号浮标 2014 年 02 月水温、盐度观测数据曲线
WT and SL of 09 buoy in Feb. 2014

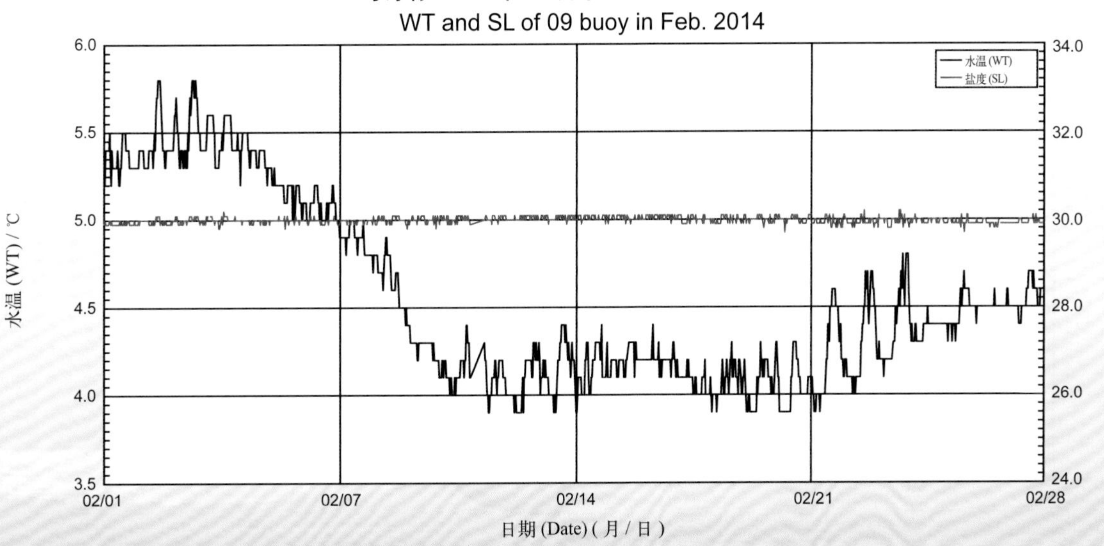

09 号浮标 2014 年 03 月水温、盐度观测数据曲线
WT and SL of 09 buoy in Mar. 2014

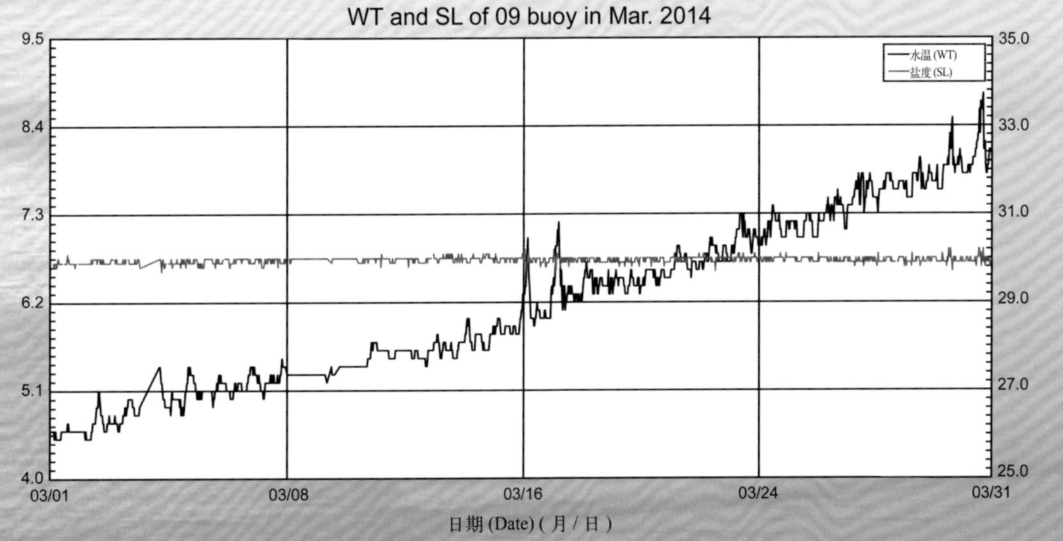

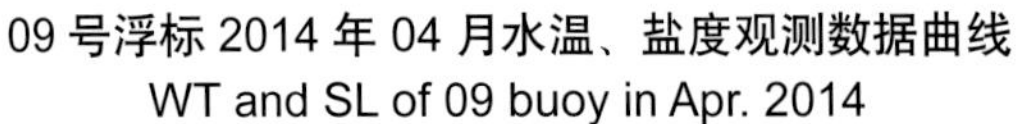

09 号浮标 2014 年 04 月水温、盐度观测数据曲线
WT and SL of 09 buoy in Apr. 2014

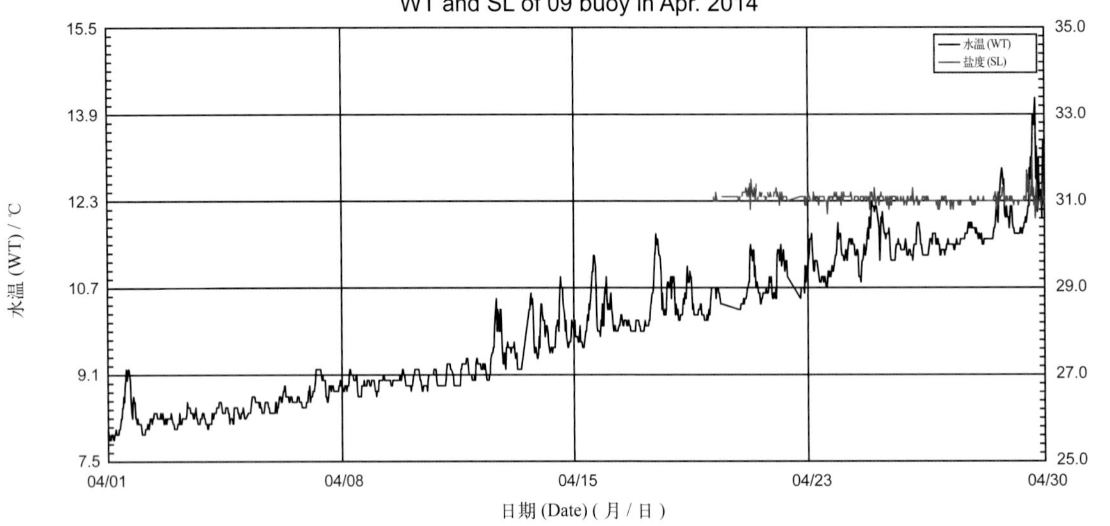

09 号浮标 2014 年 05 月水温、盐度观测数据曲线
WT and SL of 09 buoy in May 2014

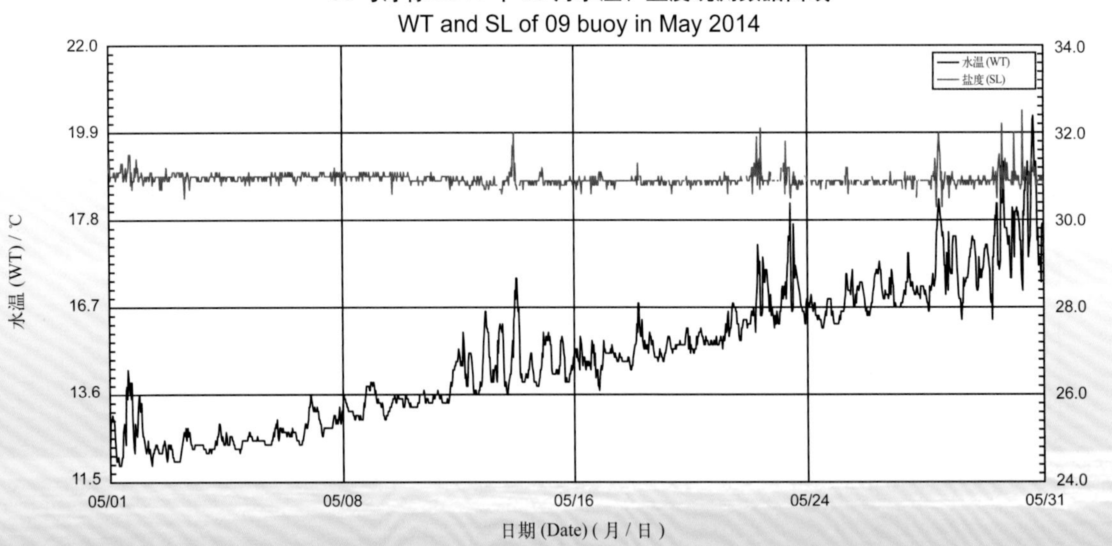

09 号浮标 2014 年 06 月水温、盐度观测数据曲线
WT and SL of 09 buoy in Jun. 2014

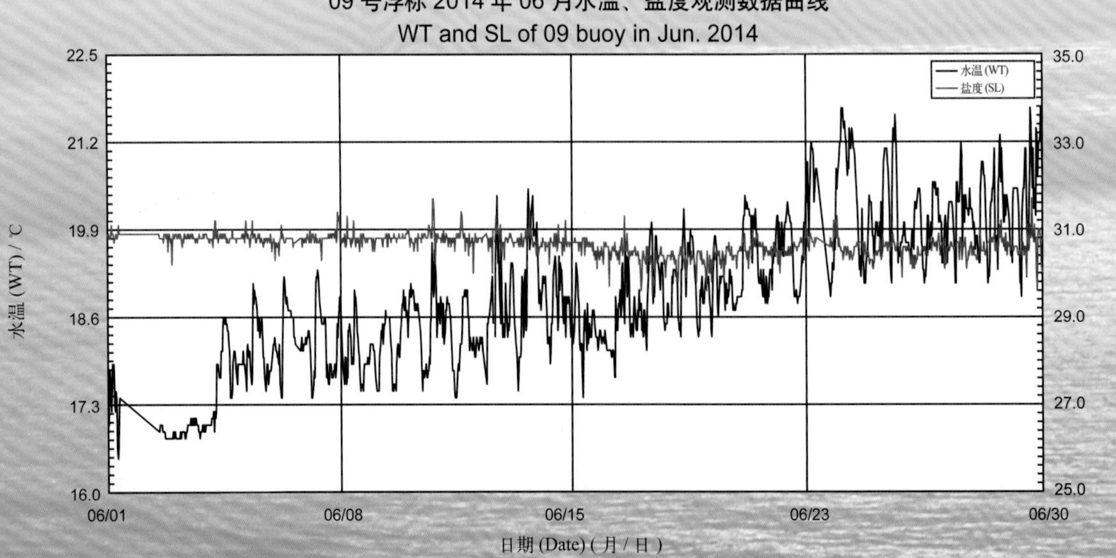

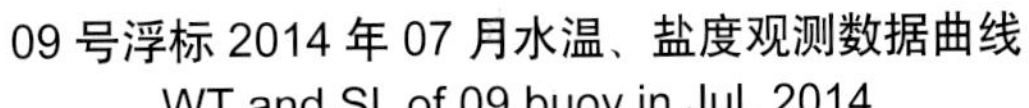

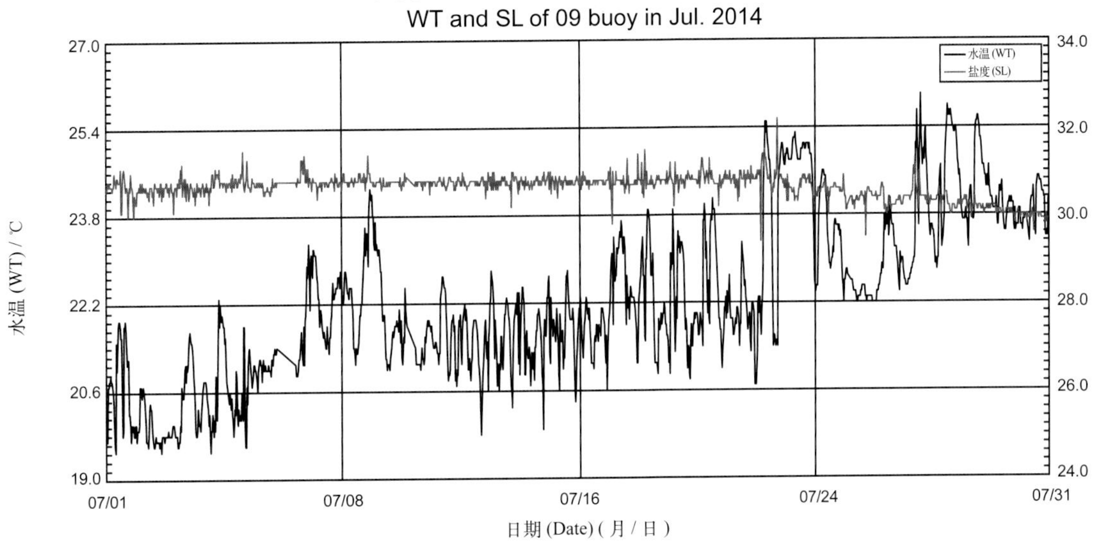
09 号浮标 2014 年 07 月水温、盐度观测数据曲线
WT and SL of 09 buoy in Jul. 2014
水温 (WT)
盐度 (SL)
水温 (WT) / ℃
盐度 (SL)
27.0
25.4
23.8
22.2
20.6
19.0
34.0
32.0
30.0
28.0
26.0
24.0
07/01
07/08
07/16
07/24
07/31
日期 (Date) (月 / 日)

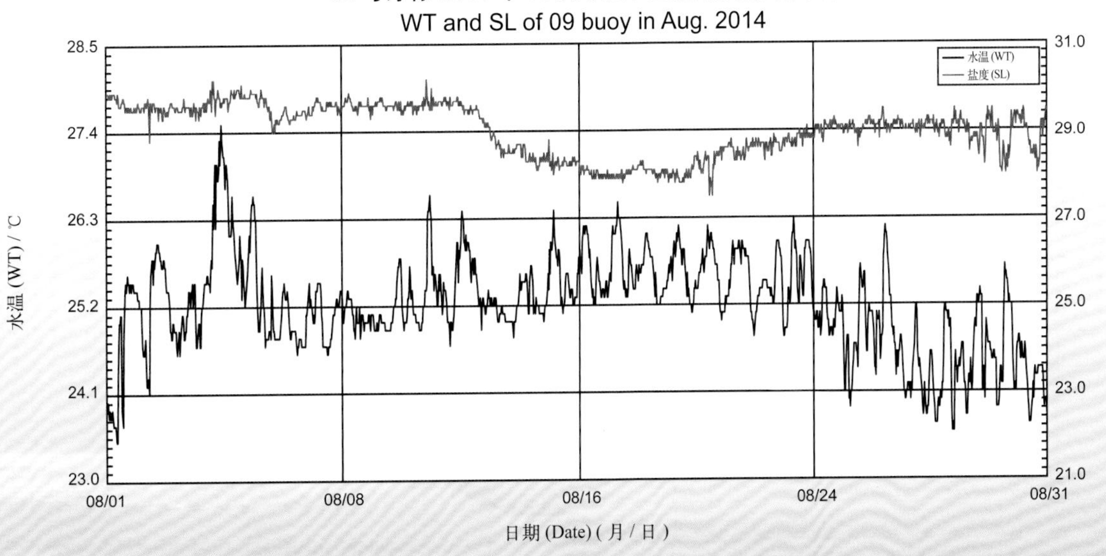
09 号浮标 2014 年 08 月水温、盐度观测数据曲线
WT and SL of 09 buoy in Aug. 2014
水温 (WT)
盐度 (SL)
水温 (WT) / ℃
盐度 (SL)
28.5
27.4
26.3
25.2
24.1
23.0
31.0
29.0
27.0
25.0
23.0
21.0
08/01
08/08
08/16
08/24
08/31
日期 (Date) (月 / 日)

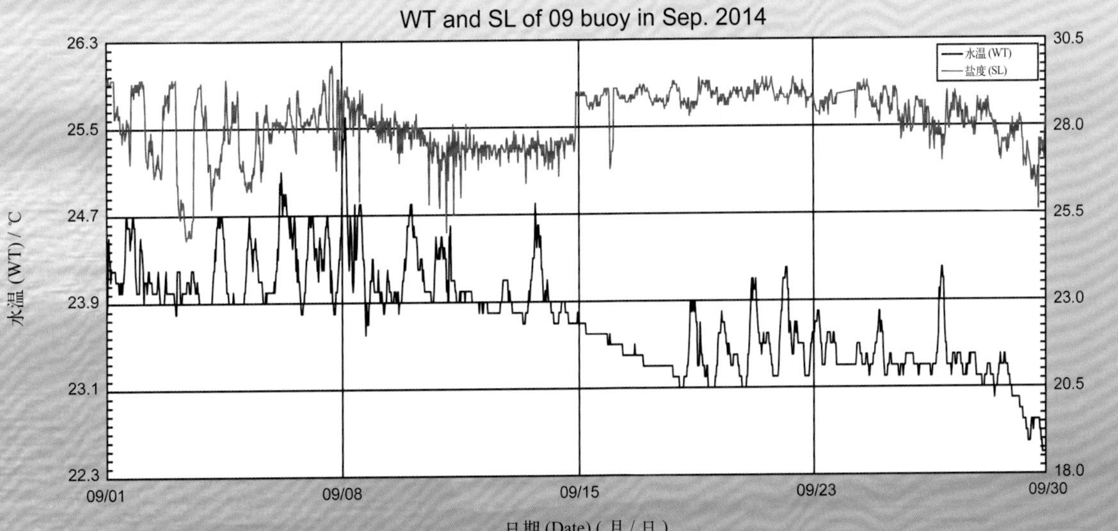
09 号浮标 2014 年 09 月水温、盐度观测数据曲线
WT and SL of 09 buoy in Sep. 2014
水温 (WT)
盐度 (SL)
水温 (WT) / ℃
盐度 (SL)
26.3
25.5
24.7
23.9
23.1
22.3
30.5
28.0
25.5
23.0
20.5
18.0
09/01
09/08
09/15
09/23
09/30
日期 (Date) (月 / 日)

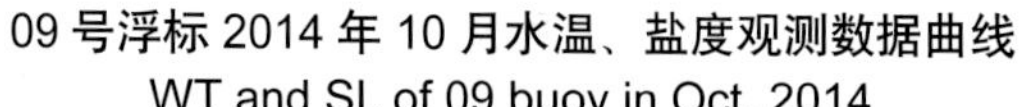

09 号浮标 2014 年 10 月水温、盐度观测数据曲线
WT and SL of 09 buoy in Oct. 2014

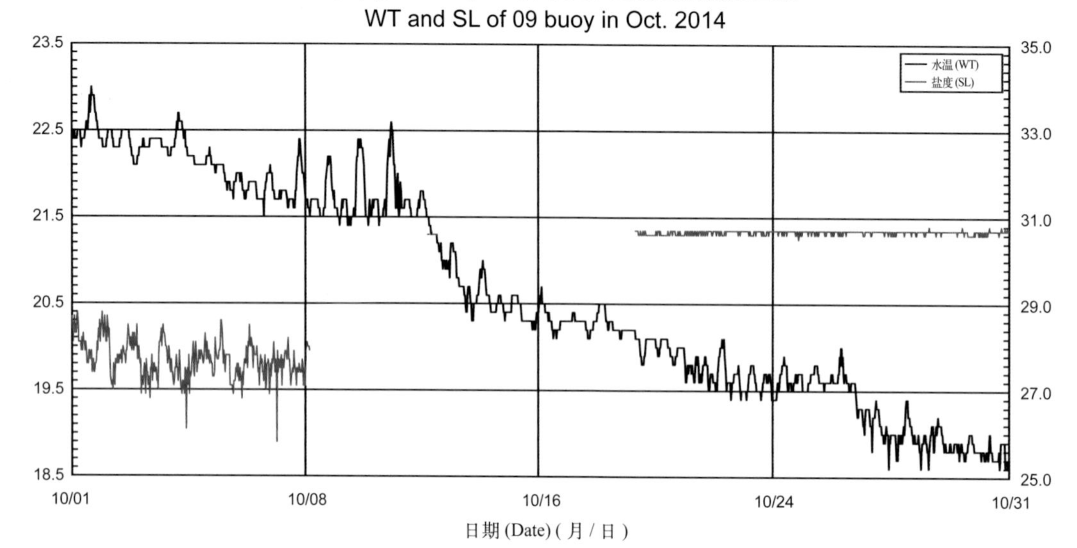

09 号浮标 2014 年 11 月水温、盐度观测数据曲线
WT and SL of 09 buoy in Nov. 2014

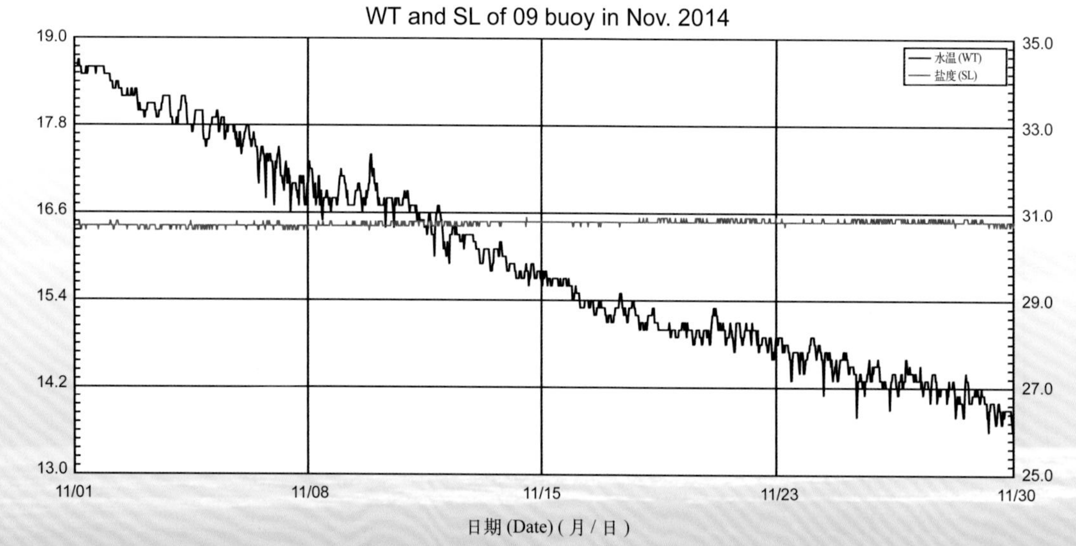

09 号浮标 2014 年 12 月水温、盐度观测数据曲线
WT and SL of 09 buoy in Dec. 2014

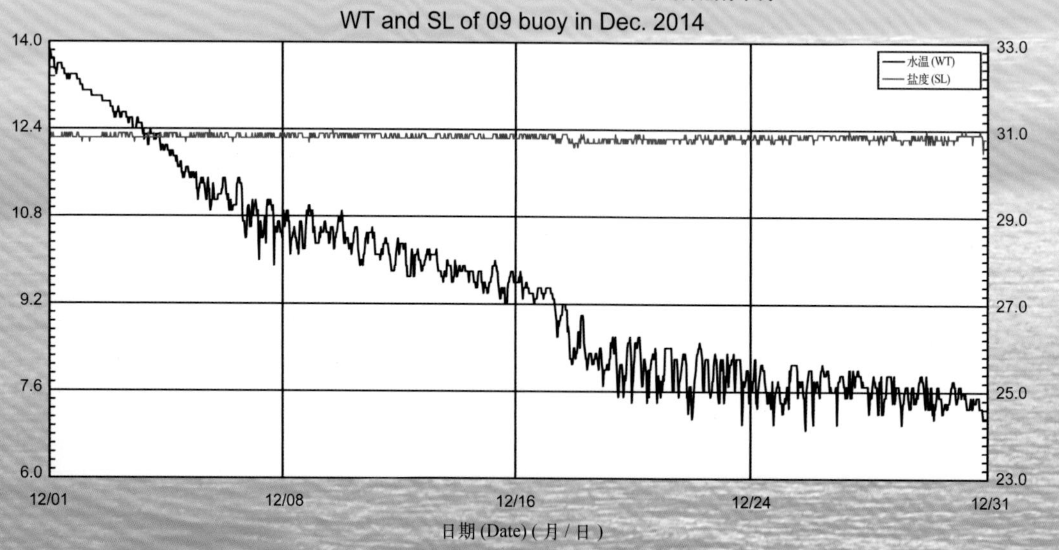

2014 年度 01 号浮标观测数据概述及曲线（有效波高和有效波周期）

01 号浮标位于中国近海观测研究网络黄海站观测范围最北端的海域（38°45′N，122°45′E），是一套直径 3 m 的圆盘形综合观测平台。可获取的观测参数包括气象、水文和水质，有效波高和有效波周期是水文参数中的重要观测内容。

2014 年，黄海站 01 号浮标共获取到 364 天的有效波高和有效波周期长序列观测数据。获取数据的区间共两个时间段，具体为 1 月 1 日 00:00 至 11 月 13 日 16:00 和 11 月 15 日 12:00 至 12 月 31 日 23:50。

通过对获取数据进行质量控制和分析，01 号浮标观测海域 2014 年度有效波高、有效波周期数据和季节数据特征如下。年度有效波高平均值为 0.7 m，年度有效波周期平均值为 4.6 s。测得的年度最大有效波高为 3.5 m（7 月 25 日 23:30），对应的有效波周期为 7.5 s，有效波高≥ 2 m 的海浪持续了 18 h（7 月 25 日 12:00 至 7 月 26 日 06:00）。测得的年度最大有效波周期和最小有效波周期分别为 13.1 s（7 月 9 日 22:00 至 7 月 10 日 00:30）和 2.6 s（1 月 15 日 02:30、4 月 23 日 23:30 和 5 月 1 日 19:00）。以 2 月为冬季代表月，观测海域冬季的平均有效波高为 0.7 m，平均有效波周期为 4.1 s；以 5 月为春季代表月，观测海域春季的平均有效波高为 0.7 m，平均有效波周期为 4.8 s；以 8 月为夏季代表月，观测海域夏季的平均有效波高为 0.4 m，平均有效波周期为 5.0 s；以 11 月为秋季代表月，观测海域秋季的平均有效波高为 0.7 m，平均有效波周期为 4.3 s。

2014 年，01 号浮标布放海域有效波高、有效波周期变化特征与该海域常年风速、风向特征和寒潮发生等因素密切相关。浮标观测的月平均值、最大值、最小值数据参见表 21。从表中可以看出，有效波高平均值最小的月份为 4 月、6 月和 8 月，月最大有效波高最小的是 8 月（1.1 m），有效波高平均值最大的月份为 12 月，年度最大有效波高（3.5 m）出现在 7 月；有效波周期平均值最小的月份为 2 月，年度最小有效波周期（2.6 s）发生在 1 月、4 月和 5 月，有效波周期平均值最大的月份为 7 月，年度最大有效波周期（13.1 s）亦出现在 7 月。从月度有效波高、有效波周期的变化情况分析，有效波高变化最为剧烈的是 7 月，最大有效波高为 3.5 m，最小有效波高为 0.2 m，变化幅度达 3.3 m；有效波周期变化最为剧烈的亦为 7 月，最大有效波周期为 13.1 s，最小有效波周期为 2.8 s，变化幅度达 10.3 s。比较而言，有效波高变化幅度较小的月份是 6 月，最大有效波高为 1.3 m，最小有效波高为 0.1 m，变化幅度为 1.2 m；有效波周期变化幅度较小的月份是 11 月，最大有效波周期为 6.4 s，最小有效波周期为 2.9 s，变化幅度为 3.5 s。

表 21　01 号浮标各月有效波高、有效波周期数据情况

月份	有效波高 / m			有效波周期 / s			备注
	平均	最大	最小	平均	最大	最小	
1	0.9	2.5	0.2	4.4	6.5	2.6	记录 2 次寒潮过程，记录 5 次有效波高≥ 2 m 过程
2	0.7	2.3	0.1	4.1	7.2	2.7	冬季代表月，记录 4 次有效波高≥ 2 m 过程
3	0.6	1.6	0.1	4.3	7.3	2.8	
4	0.4	1.6	0.1	4.3	8.1	2.6	
5	0.7	3.2	0.1	4.8	8.3	2.6	春季代表月，记录 2 次有效波高≥ 2 m 过程
6	0.4	1.3	0.1	4.6	9.0	2.7	
7	0.7	3.5	0.2	5.4	13.1	2.8	记录 1 次台风过程，记录 1 次有效波高≥ 2 m 过程
8	0.4	1.1	0.1	5.0	10.1	2.8	夏季代表月
9	0.5	2.6	0.1	4.8	12.2	2.7	记录 1 次有效波高≥ 2 m 过程
10	0.8	2.5	0.1	4.4	7.2	2.8	记录 2 次有效波高≥ 2 m 过程
11	0.7	2.5	0.2	4.3	6.4	2.9	秋季代表月，缺测 1 天数据，记录 1 次有效波高≥ 2 m 过程
12	1.1	3.0	0.2	4.7	7.3	2.7	记录 5 次有效波高≥ 2 m 过程

2014 年，01 号浮标获取到有效波高≥ 2 m 的海浪过程共有 21 次，其中 7 月、9 月和 11 月均为 1 次，5 月和 10 月为 2 次，2 月为 4 次，1 月和 12 月为 5 次。2014 年，01 号浮标共记录了 2 次寒潮过程和 1 次台风过程。1 月 7 日至 9 日第一次寒潮期间，01 号浮标获取的有效波高变化幅度为 1.7 m（0.4 ~ 2.1 m），有效波高≥ 2 m 的时长累计达 2 h；1 月 19 日至 20 日第二次寒潮期间，01 浮标获取的有效波高变化幅度为 2.1 m（0.4 ~ 2.5 m），有效波高≥ 2 m 的持续时长为 8 h（1 月 20 日 17:00 至 21 日 01:00），该时间段平均有效波高为 2.2 m，平均有效波周期为 5.7 s。2014 年 7 月第 10 号台风“麦德姆”期间，01 号浮标观测到的有效波高从 7 月 25 日 12:00 开始增大至 2 m 以上，最大有效波高达到 3.5 m（7 月 25 日 23:30），有效波高≥ 2 m 的海浪一直持续到 7 月 26 日 08:00，平均有效波高为 2.7 m，平均有效波周期为 7.2 s。

01 号浮标 2014 年有效波高、有效波周期观测数据曲线
SignWH and SignWP of 01 buoy in 2014

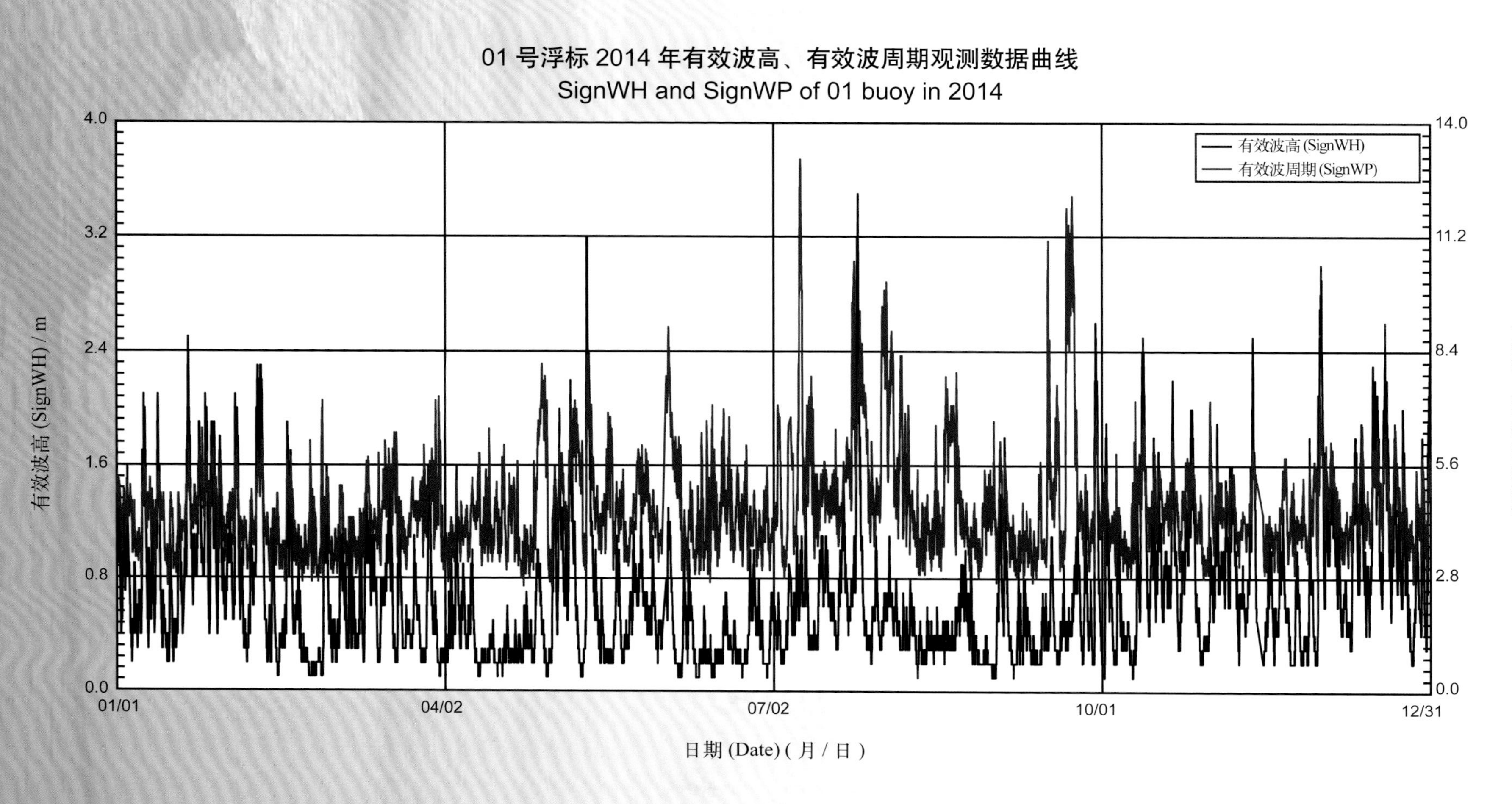

01 号浮标 2014 年 01 月有效波高、有效波周期观测数据曲线
SignWH and SignWP of 01 buoy in Jan. 2014

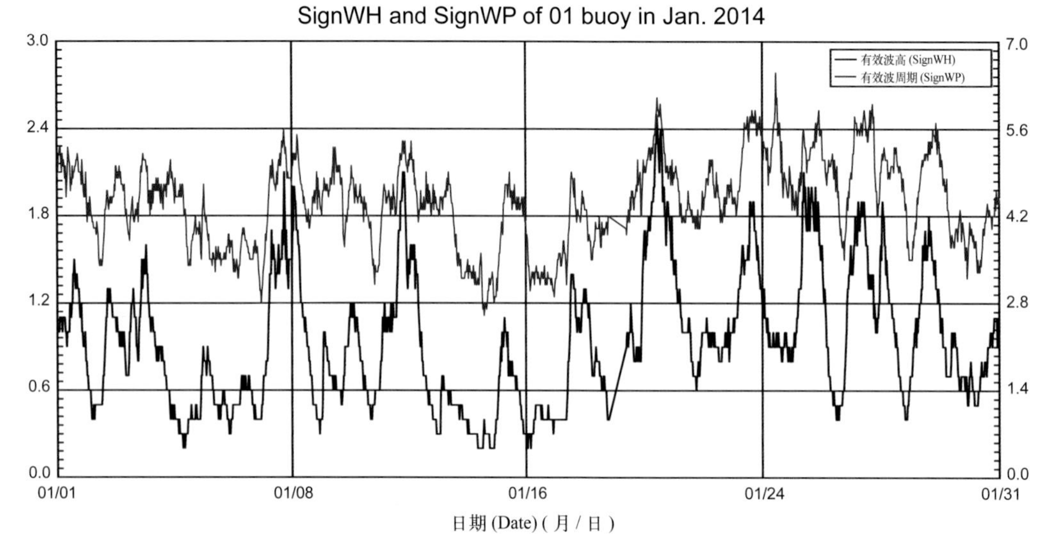

01 号浮标 2014 年 02 月有效波高、有效波周期观测数据曲线
SignWH and SignWP of 01 buoy in Feb. 2014

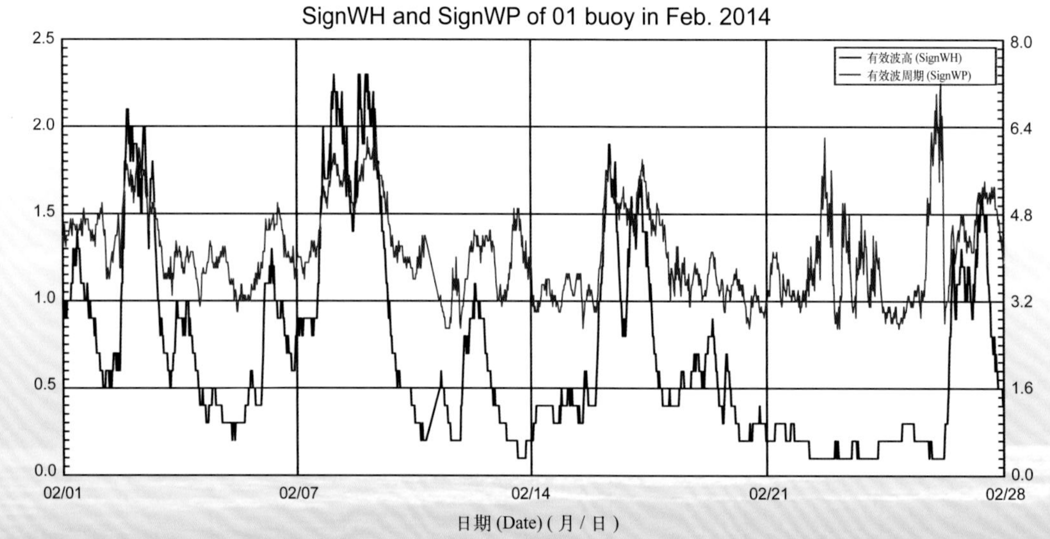

01 号浮标 2014 年 03 月有效波高、有效波周期观测数据曲线
SignWH and SignWP of 01 buoy in Mar. 2014

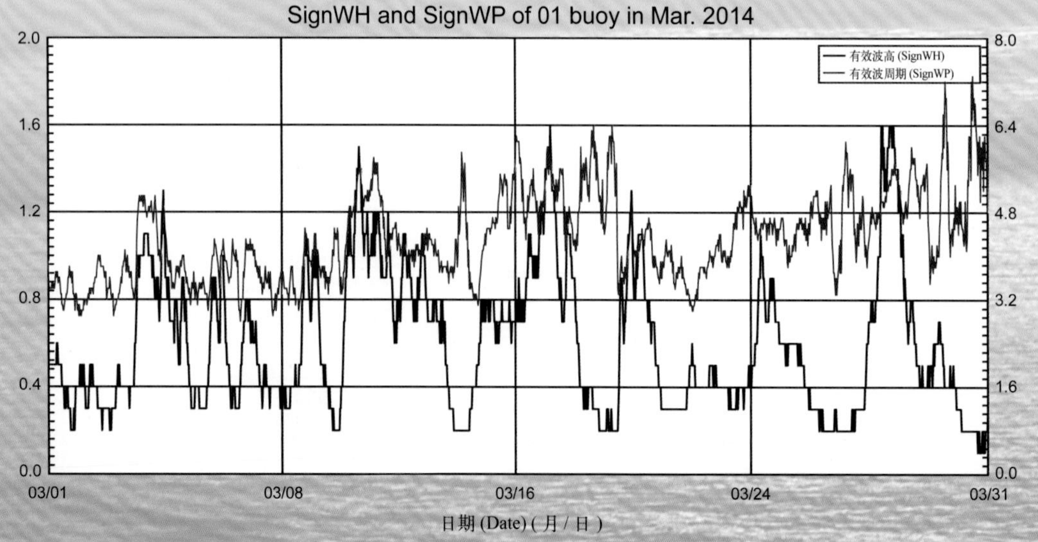

01 号浮标 2014 年 04 月有效波高、有效波周期观测数据曲线
SignWH and SignWP of 01 buoy in Apr. 2014

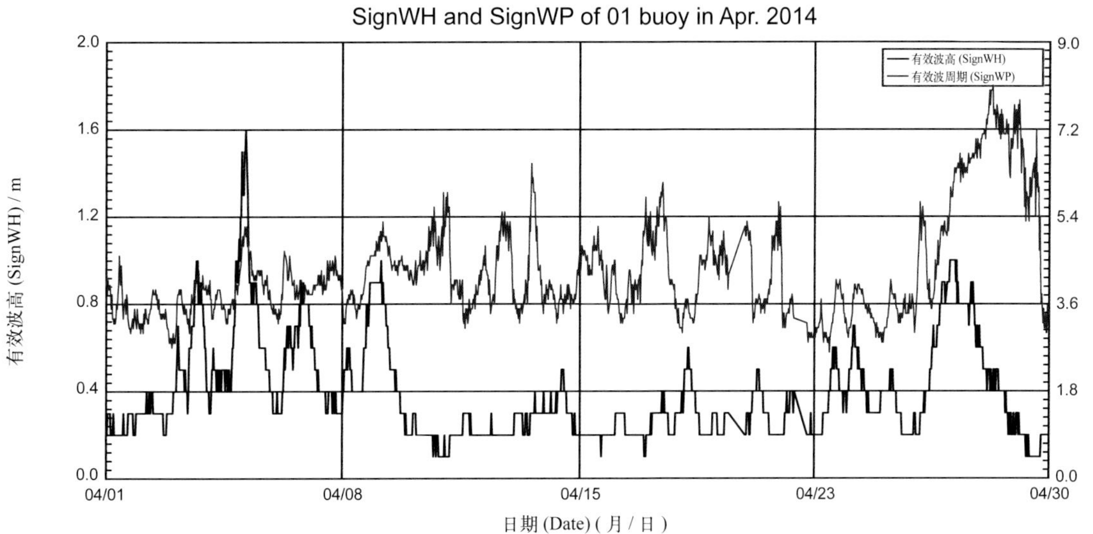

01 号浮标 2014 年 05 月有效波高、有效波周期观测数据曲线
SignWH and SignWP of 01 buoy in May 2014

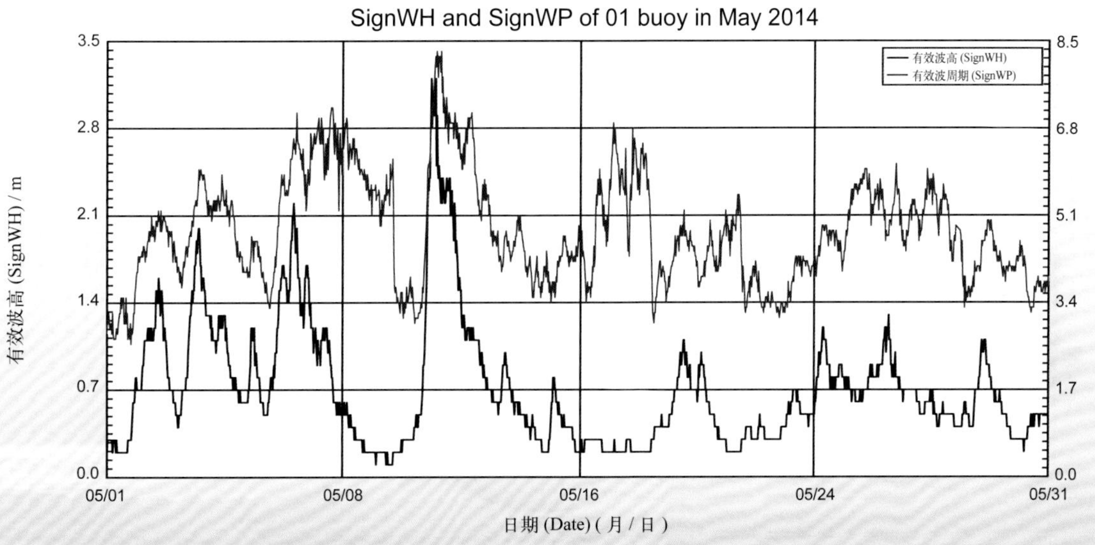

01 号浮标 2014 年 06 月有效波高、有效波周期观测数据曲线
SignWH and SignWP of 01 buoy in Jun. 2014

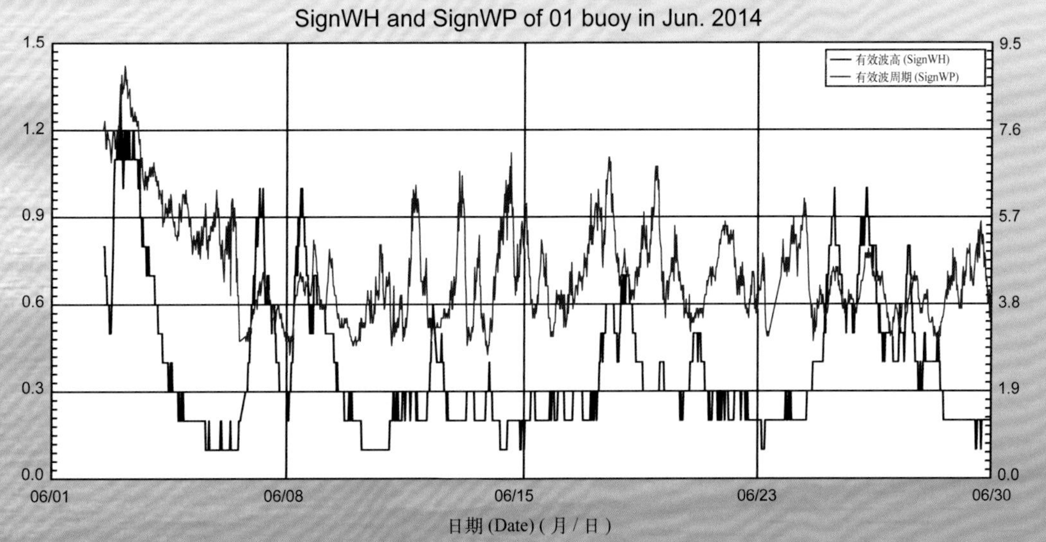

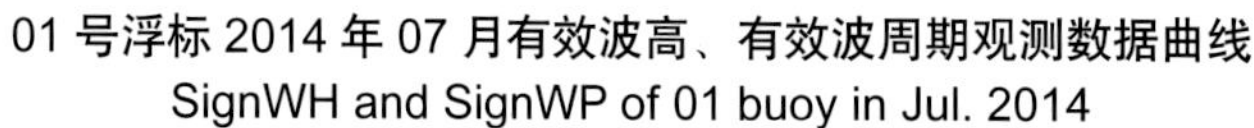

01 号浮标 2014 年 07 月有效波高、有效波周期观测数据曲线
SignWH and SignWP of 01 buoy in Jul. 2014

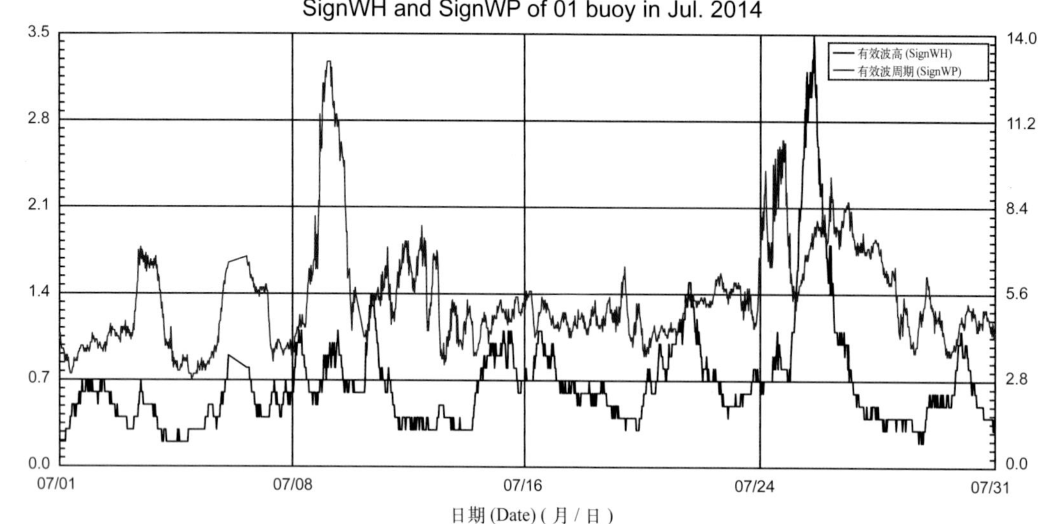

01 号浮标 2014 年 08 月有效波高、有效波周期观测数据曲线
SignWH and SignWP of 01 buoy in Aug. 2014

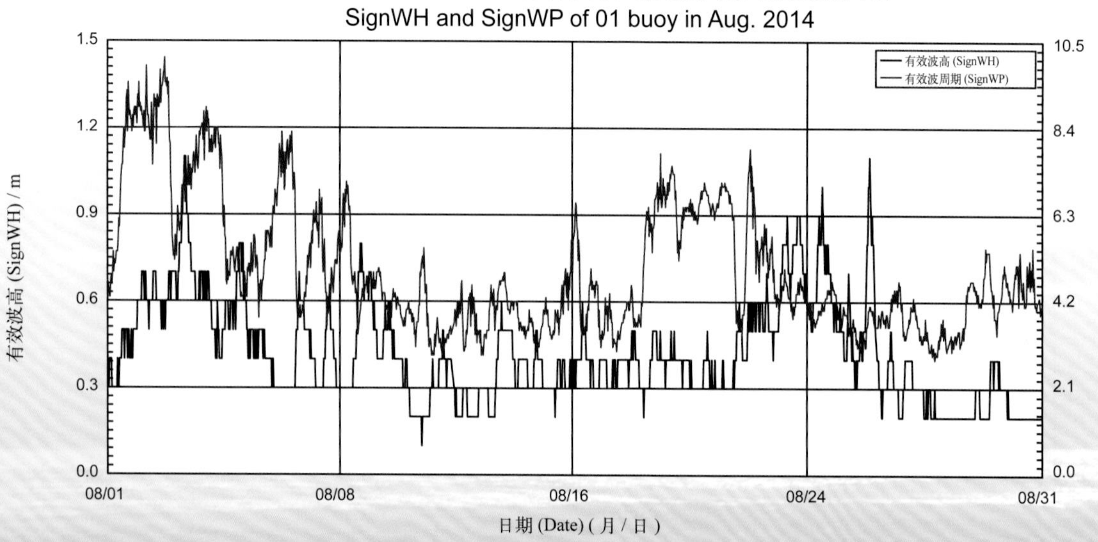

01 号浮标 2014 年 09 月有效波高、有效波周期观测数据曲线
SignWH and SignWP of 01 buoy in Sep. 2014

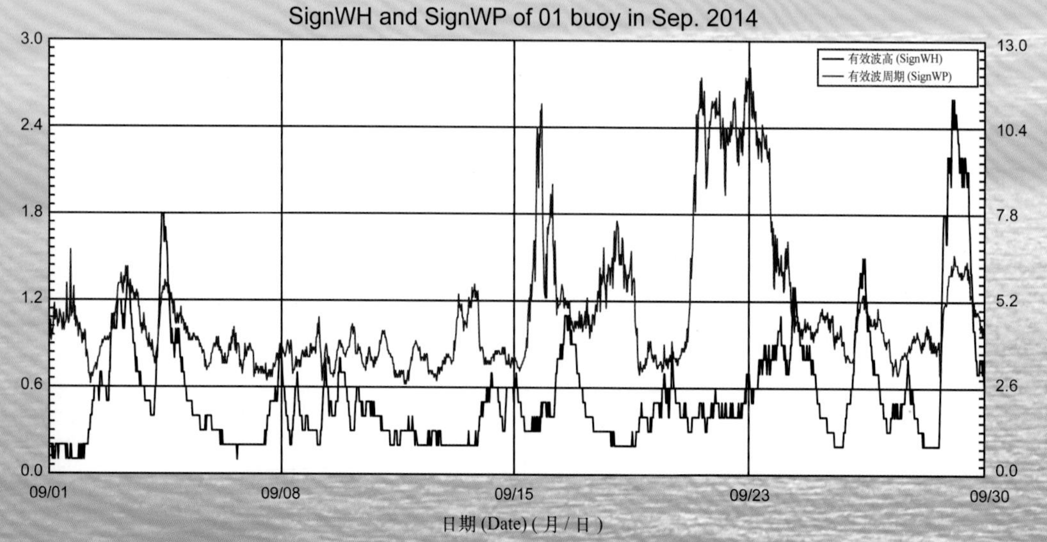

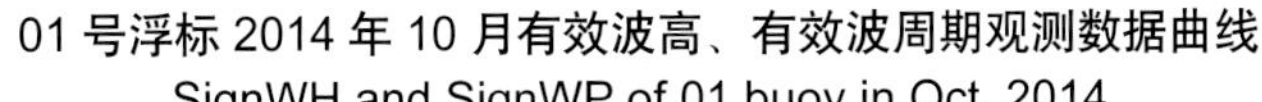

01 号浮标 2014 年 10 月有效波高、有效波周期观测数据曲线

SignWH and SignWP of 01 buoy in Oct. 2014

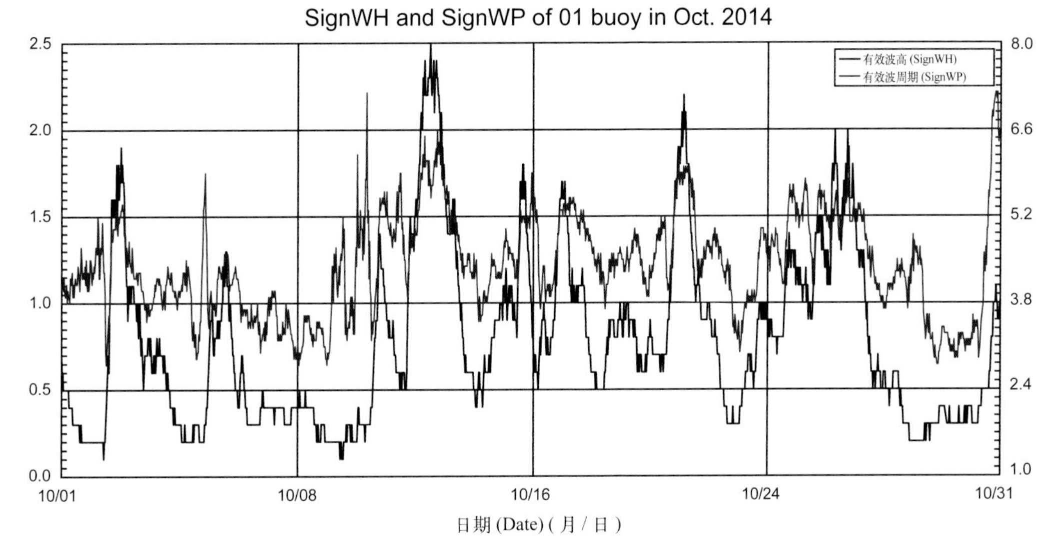

01 号浮标 2014 年 11 月有效波高、有效波周期观测数据曲线

SignWH and SignWP of 01 buoy in Nov. 2014

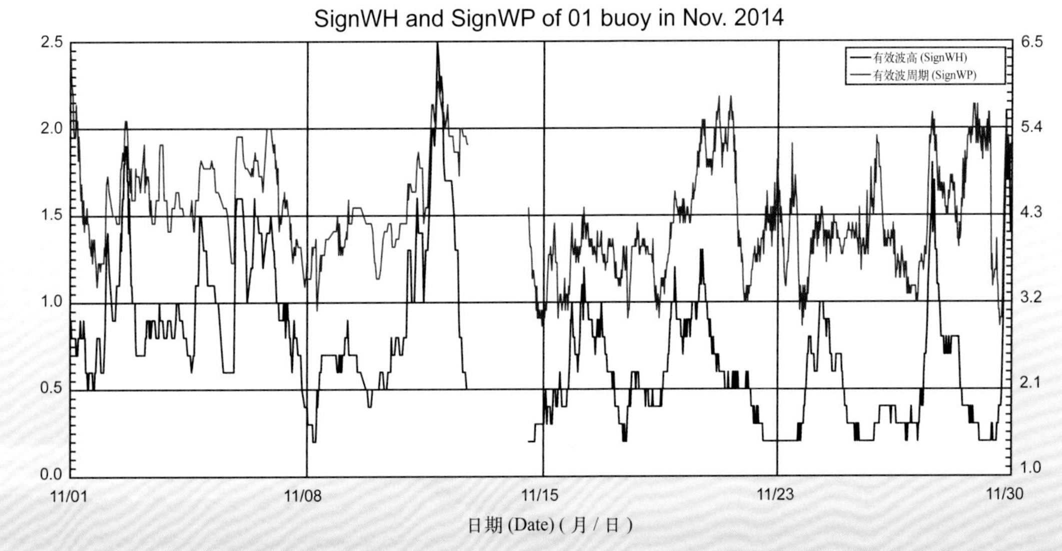

01 号浮标 2014 年 12 月有效波高、有效波周期观测数据曲线

SignWH and SignWP of 01 buoy in Dec. 2014

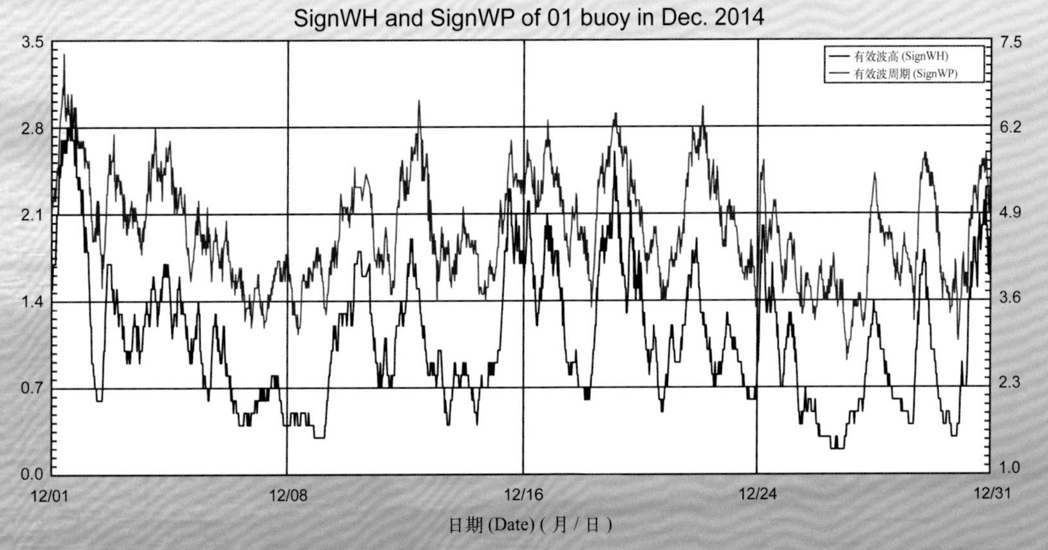

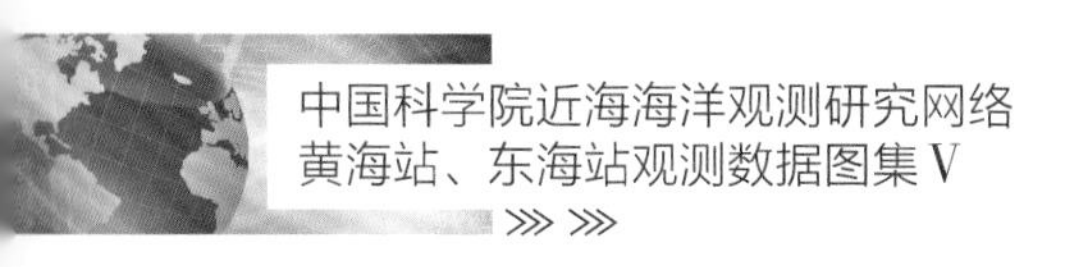

2014 年度 03 号浮标观测数据概述及曲线（有效波高和有效波周期）

03 号浮标位于北黄海西北海域（38°45′N，122°45′E），是一套直径 2 m 的小型观测平台。可获取的观测参数包括水文和水质，有效波高和有效波周期是水文参数中的重要观测内容。

2014 年，黄海站 03 号浮标共获取到 273 天的有效波高和有效波周期长序列观测数据。获取数据的区间共两个时间段，具体为 1 月 1 日 00:00 至 4 月 30 日 23:50 和 8 月 1 日 00:00 至 12 月 31 日 23:30。

通过对获取数据进行质量控制和分析，03 号浮标观测海域 2014 年度有效波高、有效波周期数据和季节数据特征如下。年度有效波高平均值为 0.5 m，年度有效波周期平均值为 4.2 s。测得的年度最大有效波高为 2.3 m（12 月 19 日 10:00 至 10:10、11:30 至 11:50），对应的有效波周期为 6.4 s，有效波高≥ 2 m 的海浪持续近 13 h（12 月 19 日 00:30 至 13:20）。以 2 月为冬季代表月，观测海域冬季的平均有效波高为 0.5 m，平均有效波周期为 3.8 s；以 8 月为夏季代表月，观测海域夏季的平均有效波高为 0.4 m，平均有效波周期为 5.1 s；以 11 月为秋季代表月，观测海域秋季的平均有效波高为 0.6 m，平均有效波周期为 3.9 s。

2014 年度，03 号浮标观测的月平均值、最大值、最小值数据参见表 22。从表中可以看出，有效波高平均值最小的月份为 4 月、8 月和 9 月，有效波高平均值最大的月份为 1 月和 12 月，并且在该时间段内观测到年度最大有效波高（2.3 m）；有效波周期平均值最小的月份为 2 月，并且在该时间段内观测到年度最小波周期（2.3 s），有效波周期平均值最大的月份为 8 月，年度最大有效波周期（12.7 s）出现在 9 月。从月度有效波高、有效波周期的变化情况分析，有效波高变化最为剧烈的是 12 月，最大有效波高为 2.3 m，最小有效波高为 0.1 m，变化幅度达 2.2 m；有效波周期变化最为剧烈的是 9 月，最大有效波周期为 12.7 s，最小有效波周期为 2.4 s，变化幅度达 10.3 s。比较而言，有效波高变化幅度较小的月份是 4 月和 8 月，最大有效波高均为 1.0 m，最小有效波高均为 0.1 m，变化幅度均为 0.9 m；有效波周期变化幅度较小的月份是 1 月，最大有效波周期为 6.1 s，最小有效波周期为 2.5 s，变化幅度为 3.6 s。

2014 年，03 号浮标获取到有效波高≥ 2 m 的海浪过程只有 1 次，发生在 12 月，累计时长为 95 h。2014 年 01 月，03 号浮标经历了 1 次寒潮过程并捕获到波浪数据有显著升高的现象，5 h 内由 0.4 m 升高至 1.2 m，有效波高≥ 1 m 的海浪过程持续了 5.5 h。7 月，台风“麦德姆”影响 03 号浮标布放站位，但由于波浪传感器故障未能获取到台风期间的波浪数据。

表 22　03 号浮标各月有效波高、有效波周期数据情况

月份	有效波高 / m			有效波周期 / s			备注
	平均	最大	最小	平均	最大	最小	
1	0.7	1.9	0.1	4.1	6.1	2.5	记录 1 次寒潮过程
2	0.5	1.4	0.1	3.8	6.4	2.3	冬季代表月
3	0.5	1.5	0.1	4.1	8.2	2.4	
4	0.4	1.0	0.1	4.1	8.5	2.5	
5	—	—	—	—	—	—	春季代表月，传感器故障，无数据
6	—	—	—	—	—	—	传感器故障，无数据
7	—	—	—	—	—	—	传感器故障，无数据
8	0.4	1.0	0.1	5.1	11.3	2.4	夏季代表月
9	0.4	1.9	0.1	4.6	12.7	2.4	
10	0.6	1.8	0.1	4.1	7.2	2.4	
11	0.6	1.7	0.1	3.9	6.5	2.5	秋季代表月
12	0.7	2.3	0.1	4.0	6.4	2.5	记录 1 次有效波高≥ 2m 过程

03 号浮标 2014 年有效波高、有效波周期观测数据曲线
SignWH and SignWP of 03 buoy in 2014

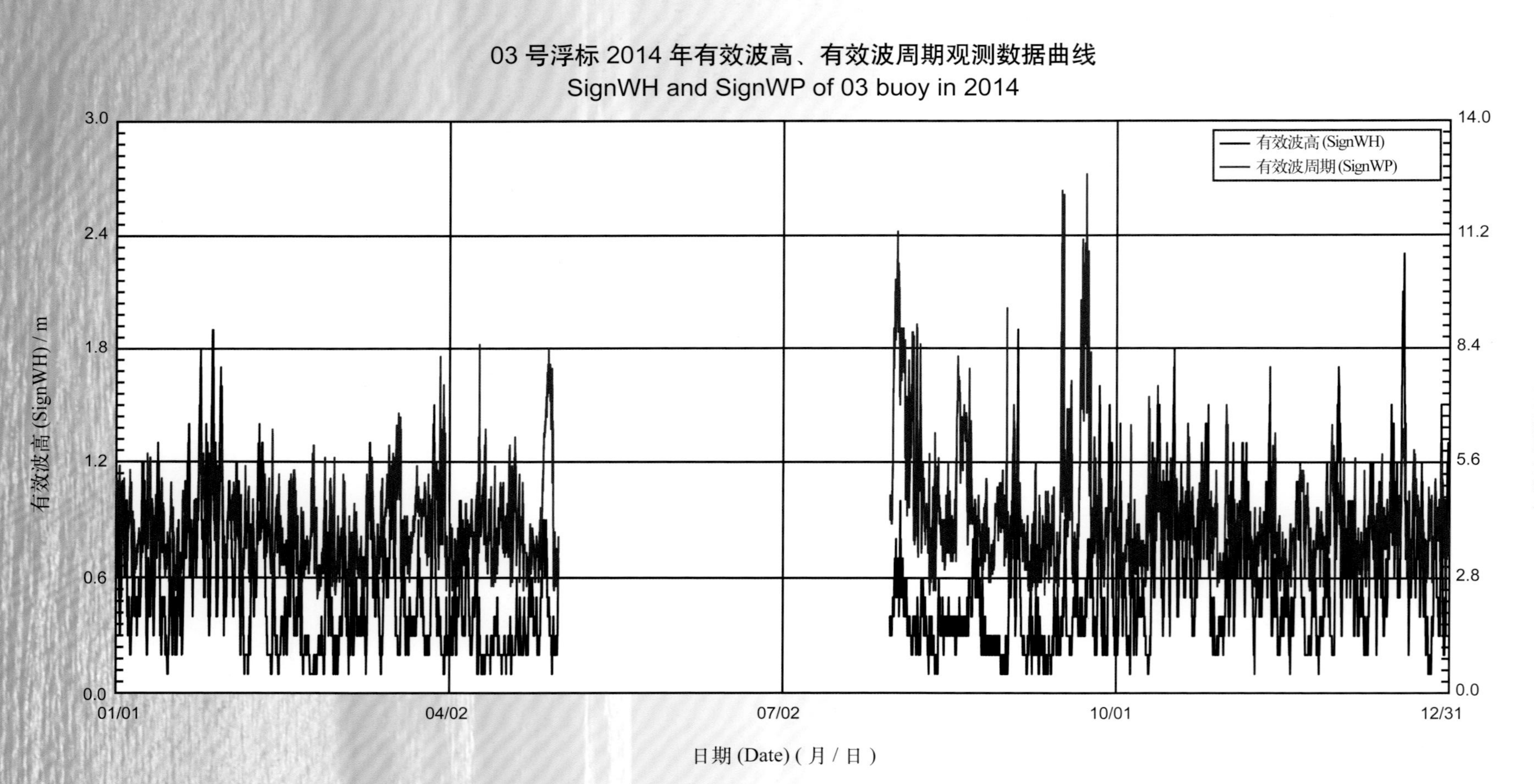

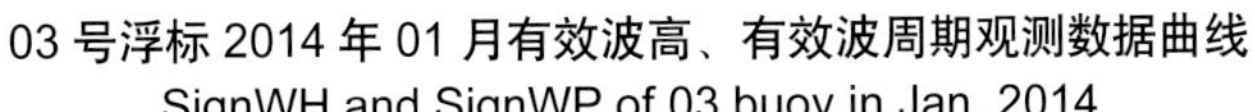

03 号浮标 2014 年 01 月有效波高、有效波周期观测数据曲线
SignWH and SignWP of 03 buoy in Jan. 2014

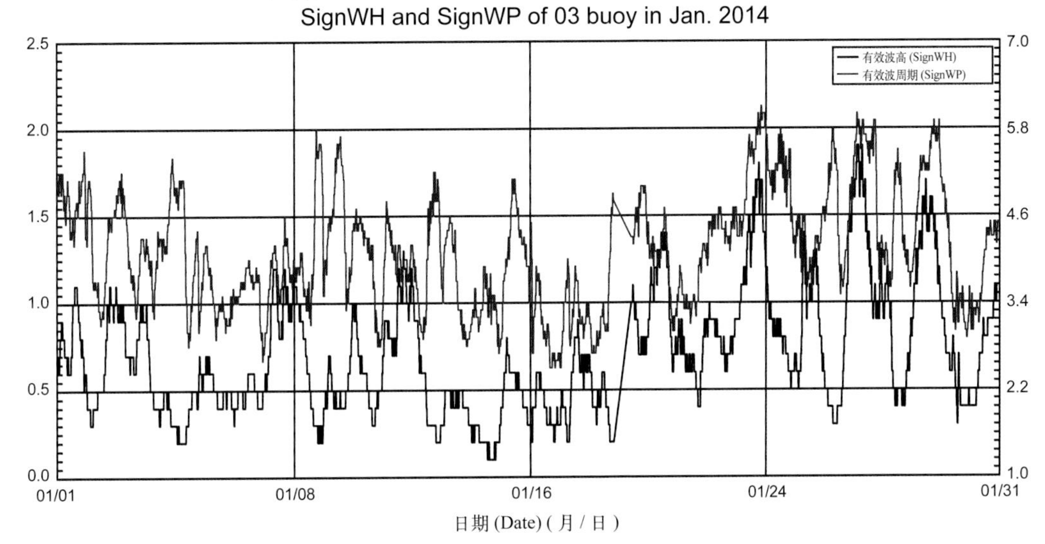

03 号浮标 2014 年 02 月有效波高、有效波周期观测数据曲线
SignWH and SignWP of 03 buoy in Feb. 2014

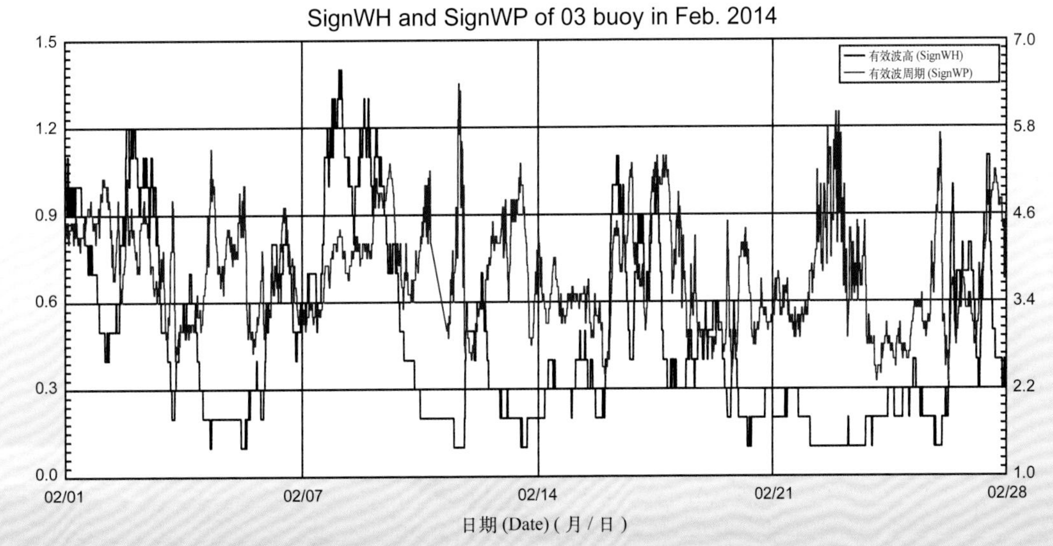

03 号浮标 2014 年 03 月有效波高、有效波周期观测数据曲线
SignWH and SignWP of 03 buoy in Mar. 2014

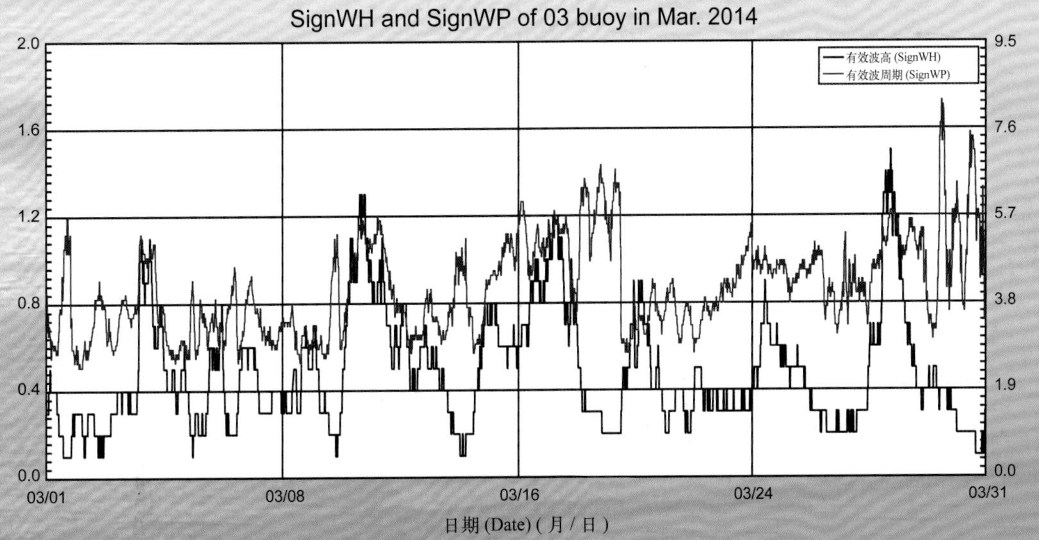

03 号浮标 2014 年 04 月有效波高、有效波周期观测数据曲线
SignWH and SignWP of 03 buoy in Apr. 2014

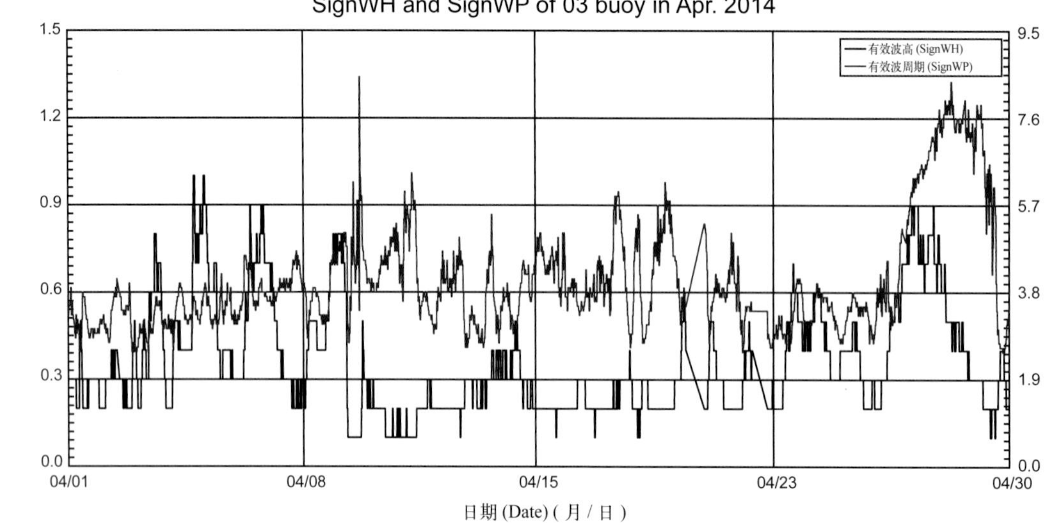

03 号浮标 2014 年 08 月有效波高、有效波周期观测数据曲线
SignWH and SignWP of 03 buoy in Aug. 2014

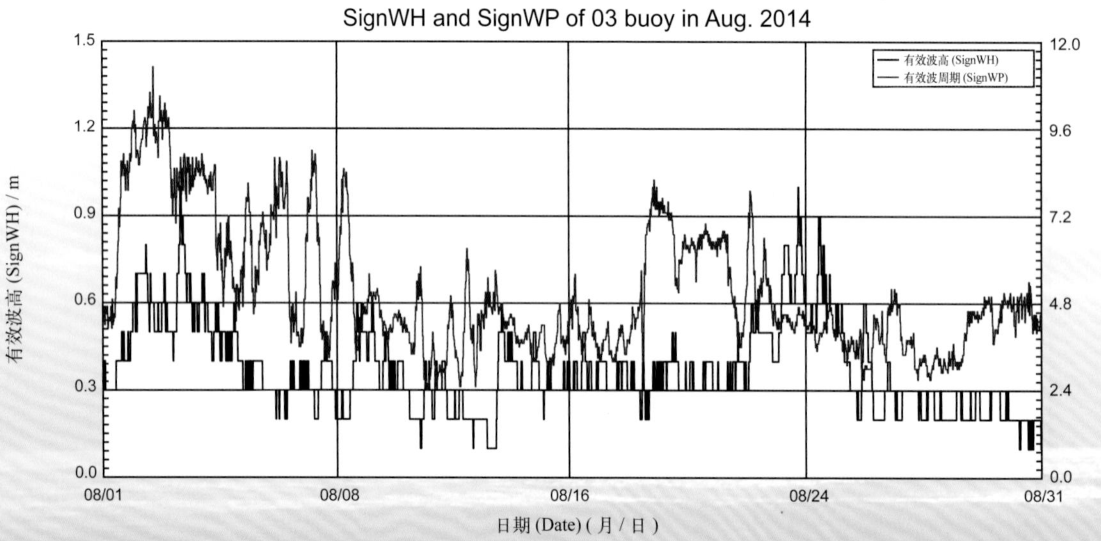

03 号浮标 2014 年 09 月有效波高、有效波周期观测数据曲线
SignWH and SignWP of 03 buoy in Sep. 2014

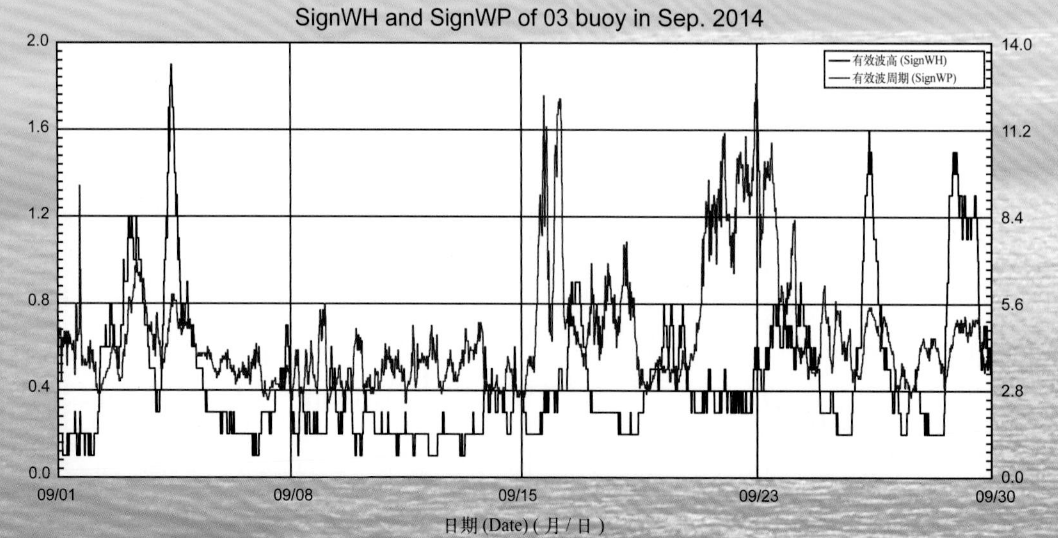

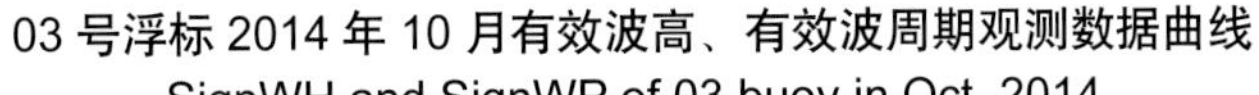

03号浮标2014年10月有效波高、有效波周期观测数据曲线
SignWH and SignWP of 03 buoy in Oct. 2014

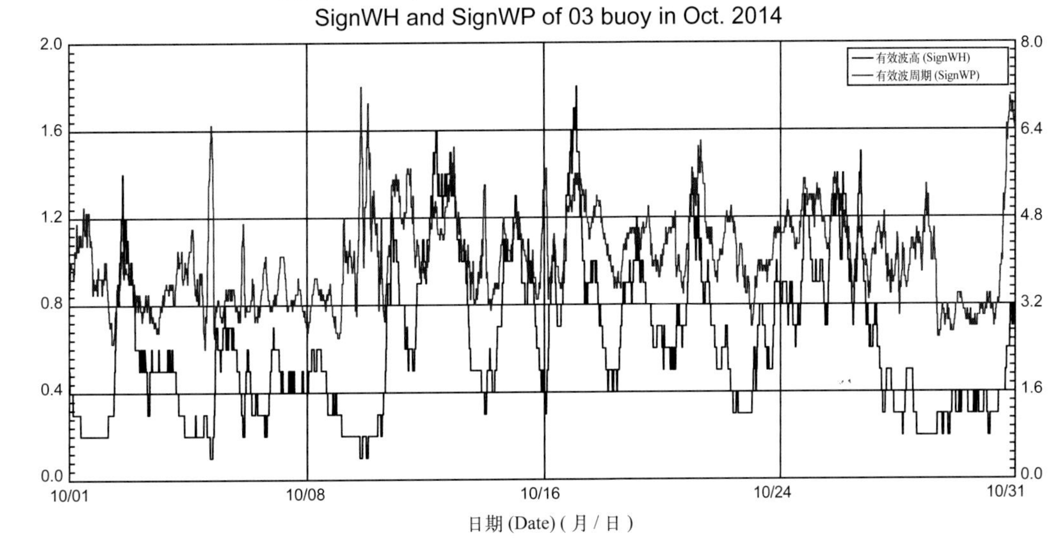

03号浮标2014年11月有效波高、有效波周期观测数据曲线
SignWH and SignWP of 03 buoy in Nov. 2014

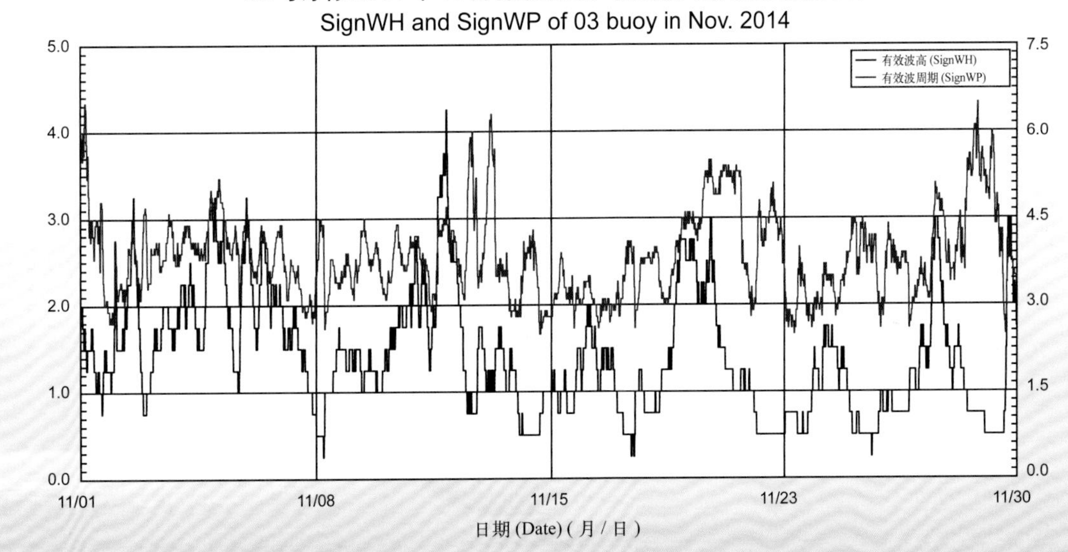

03号浮标2014年12月有效波高、有效波周期观测数据曲线
SignWH and SignWP of 03 buoy in Dec. 2014

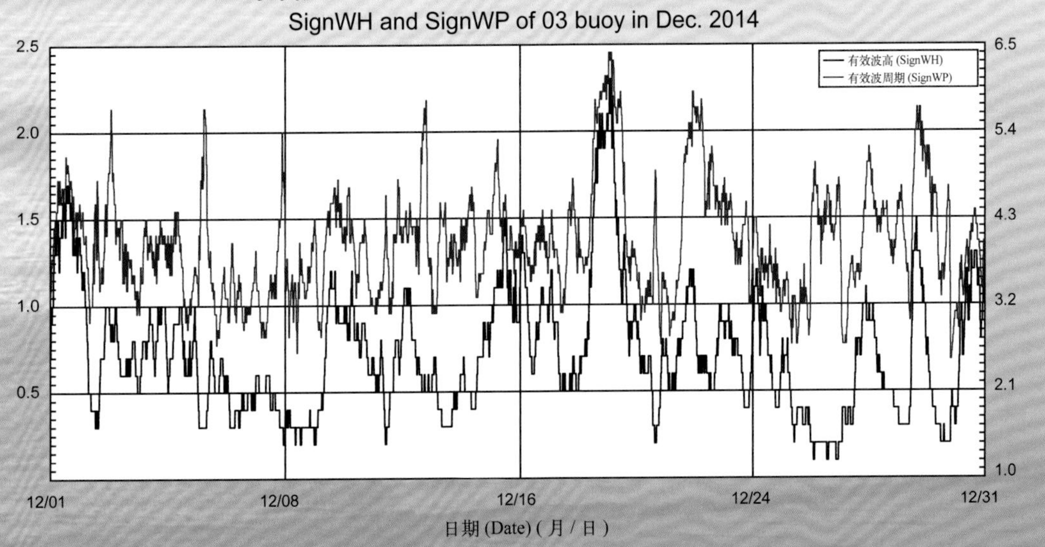

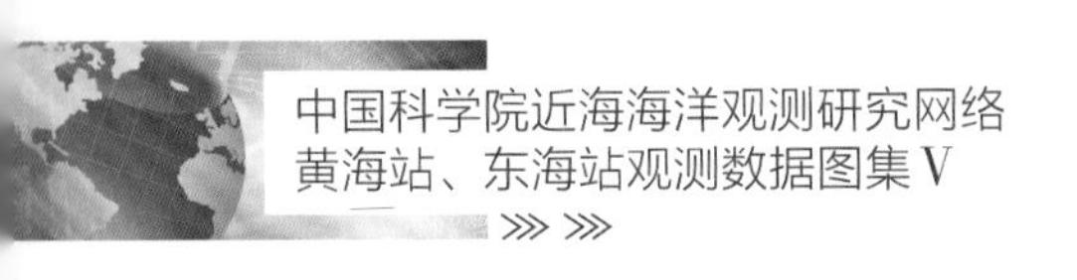

2014年度06号浮标观测数据概述及曲线
（有效波高和有效波周期）

06号浮标位于东海嵊山岛海礁附近海域（30°43′N，123°08′E），是一套直径10 m的圆盘形综合观测平台。可获取的观测参数包括气象、水文和水质，有效波高和有效波周期是水文参数中的重要观测内容。

2014年，东海站06号浮标获取到全年365天的有效波高和有效波周期长序列观测数据。

通过对获取数据进行质量控制和分析，06号浮标观测海域2014年度有效波高、有效波周期数据和季节数据特征如下。年度有效波高平均值为1.4 m，年度有效波周期平均值为6.4 s。年度平均有效波高（1.4 m）大于2013年相同时间区间的平均有效波高（1.3 m），年度有效波周期平均值大于2013年相同时间区间的平均有效波周期（6.2 s）。2014年测得的有效波高范围为0.3 ~ 6.5 m，年度最大有效波高获取时间为10月13日00:00（台风“黄蜂”期间），对应的有效波周期为9.8 s，有效波高≥ 4 m的海浪持续近52.5 h（10月11日20:00至14日00:30）；测得年度最大有效波周期为15.6 s（7月8日00:00）。以2月为冬季代表月，观测海域冬季的平均有效波高为1.9 m，平均有效波周期为6.9 s；以5月为春季代表月，观测海域春季的平均有效波高为0.9 m，平均有效波周期为5.8 s；以8月为夏季代表月，观测海域夏季的平均有效波高为1.3 m，平均有效波周期为6.9 s；以11月为秋季代表月，观测海域秋季的平均有效波高为1.3 m，平均有效波周期为6.2 s。

2014年，06号浮标观测的月平均值、最大值、最小值数据参见表23。从表中可以看出，有效波高平均值最小的月份为5月和6月，有效波高平均值最大的月份为2月，年度最大有效波高（6.5 m）出现在10月；有效波周期平均值最小的月份为5月，并且在该时间段内出现年度最小有效波周期（3.5 s），有效波周期平均值最大的月份为10月，年度最大有效波周期（15.6 s）出现在7月。从月度有效波高、有效波周期的变化情况分析，有效波高变化最为剧烈的是10月，最大有效波高为6.5 m，最小有效波高为0.4 m，变化幅度达6.1 m；有效波周期变化最为剧烈的是7月，最大有效波周期为15.6 s，最小有效波周期为3.7 s，变化幅度达11.9 s。比较而言，有效波高变化幅度较小的月份是5月，最大有效波高为2.1 m，最小有效波高为0.3 m，变化幅度为1.8 m；有效波周期变化幅度较小的月份是2月，最大有效波周期为9.1 s，最小有效波周期为4.3 s，变化幅度为4.8 s。

2014年，06号浮标获取到有效波高≥ 4 m的灾害性海浪过程共8次。其中3次为受冷空气影响，分别为1月8日（冷空气影响）、12月1日（冷空气影响）和12月16日（冷空气影响）；5次为受台风影响，分别为7月8日至9日（台风“浣熊”影响）、7月31日至8月2日（台风“娜基莉”影响）、9月22日至23日（台风“凤凰”影响）、10月5日（台风“巴蓬”影响）、10月11日至14日（台风“黄蜂”影响）。2014年，06号浮标获取到有效波高≥ 2 m的海浪过程共有45次，其中1月、2月、12月为6次，11月为5次，3月为4次，6月、8月、9月和10月为3次，4月、5月和7月均为2次。

表 23　06 号浮标各月有效波高、有效波周期数据情况

月份	有效波高 / m			有效波周期 / s			备注
	平均	最大	最小	平均	最大	最小	
1	1.3	4.5	0.4	6.0	13.1	3.6	记录 1 次有效波高≥ 4m 过程
2	1.9	4.1	0.6	6.9	9.1	4.3	冬季代表月
3	1.3	4.2	0.5	6.0	9.2	3.9	
4	1.1	3.6	0.4	6.3	9.2	3.8	
5	0.9	2.1	0.3	5.8	10.2	3.5	春季代表月
6	0.9	2.3	0.3	5.9	8.6	3.6	记录 1 次台风过程
7	1.3	6.2	0.3	6.7	15.6	3.7	记录 2 次台风过程，记录 1 次有效波高≥ 4m 过程，
8	1.3	5.3	0.4	6.9	14.7	3.8	夏季代表月，记录 1 次台风过程，记录 1 次有效波高≥ 4m 过程
9	1.3	4.9	0.4	6.7	13.4	4.4	记录 1 次台风过程，记录 1 次有效波高≥ 4m 过程
10	1.8	6.5	0.4	7.0	12.7	4.0	记录 1 次台风过程，记录 2 次有效波高≥ 4m 过程
11	1.3	3.5	0.5	6.2	10.9	4.0	秋季代表月
12	1.7	4.9	0.3	6.3	9.7	3.6	记录 1 次寒潮过程，记录 2 次有效波高≥ 4m 过程

2014 年，06 号浮标共记录了 1 次寒潮过程和 6 次台风过程。寒潮期间，06 号浮标获取的有效波高从 12 月 16 日 04:30 开始增大至 3 m 以上，最大有效波高为 4.2 m（12 月 16 日 16:30），有效波高≥ 3 m 的大浪一直持续到 17 日 20:30，其间平均有效波高为 3.6 m，平均有效波周期为 7.4 s。第一次台风过程，受第 7 号台风“海贝思”影响，有效波高从 6 月 16 日 12:00 开始增大至 1.5 m 以上，最大有效波高为 2.3 m（6 月 16 日 22:00 至 23:00），有效波高≥ 1.5 m 的海浪一直持续到 17 日 07:00，其间平均有效波高为 1.8 m，平均有效波周期为 5.6 s。第二次台风过程，受第 8 号台风“浣熊”影响，有效波高从 7 月 8 日 12:30 开始增大至 4 m 以上，最大有效波高达到 6.2 m（7 月 9 日 03:00），有效波高≥ 4.0 m 的大浪一直持续到 7 月 9 日 11:00，其间平均有效波高为 4.9 m，平均有效波周期为 10.6 s。第三次台风过程，受第 10 号台风“麦德姆”影响，有效波高从 7 月 23 日开始增大至 3 m 以上，最大有效波高达到 3.9 m（7 月 25 日 07:00），有效波高≥ 3.0 m 的大浪一直持续到

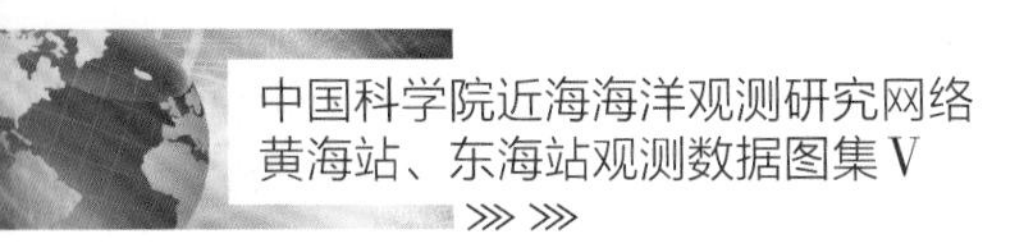

25 日 11:30，其间平均有效波高为 3.5 m，平均有效波周期为 7.4 s。第四次台风过程，受第 12 号台风“娜基莉”影响，有效波高从 7 月 31 日 20:30 开始增大至 4 m 以上，最大有效波高为 5.3 m（8 月 1 日 20:00），有效波高≥ 4.0 m 的大浪一直持续到 2 日 01:30，其间平均有效波高为 4.4 m，平均有效波周期为 9.2 s。第五次台风过程，受第 16 号台风“凤凰”影响，有效波高从 9 月 22 日 18:00 开始增大至 4 m 以上，最大有效波高为 4.9 m（9 月 23 日 02:00），有效波高≥ 4.0 m 的大浪一直持续到 23 日 09:00，其间平均有效波高为 4.3 m，平均有效波周期为 8.7 s。第六次台风过程，受第 19 号超强台风“黄蜂”影响，有效波高从 10 月 12 日 00:00 开始增大至 5m 以上，最大有效波高为 6.5 m（10 月 13 日 00:00），有效波高≥ 5.0 m 的大浪一直持续到 13 日 15:30，其间平均有效波高为 5.5 m，平均有效波周期为 10.4 s。

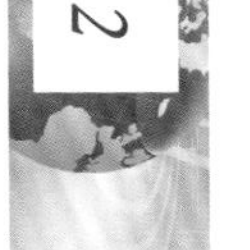

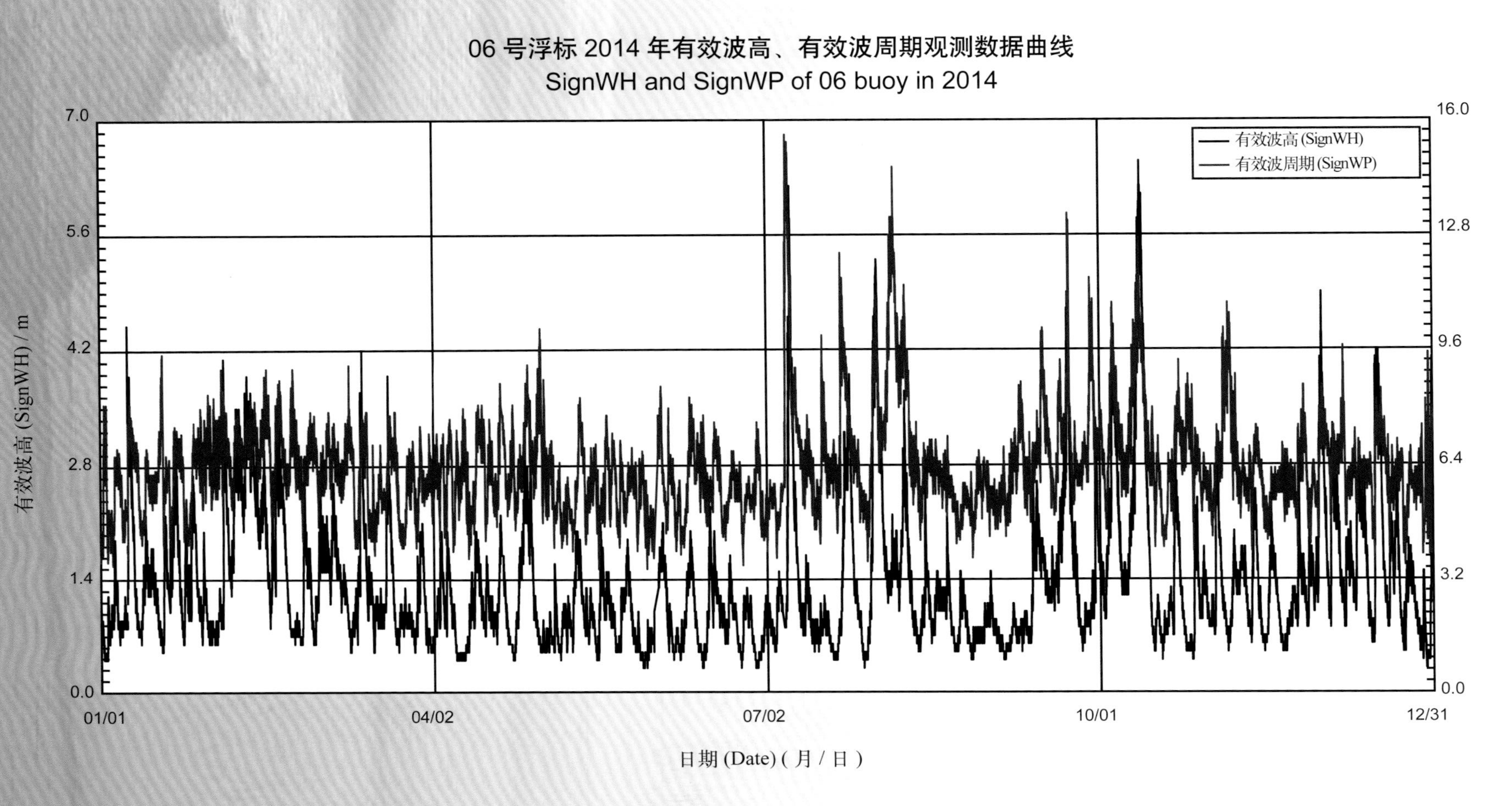
06 号浮标 2014 年有效波高、有效波周期观测数据曲线
SignWH and SignWP of 06 buoy in 2014
有效波高 (SignWH)
有效波周期 (SignWP)
7.0
5.6
4.2
2.8
1.4
0.0
16.0
12.8
9.6
6.4
3.2
0.0
01/01
04/02
07/02
10/01
12/31
日期 (Date) (月 / 日)
有效波高 (SignWH) / m

有效波周期 (SignWP) / s

06号浮标2014年01月有效波高、有效波周期观测数据曲线
SignWH and SignWP of 06 buoy in Jan. 2014

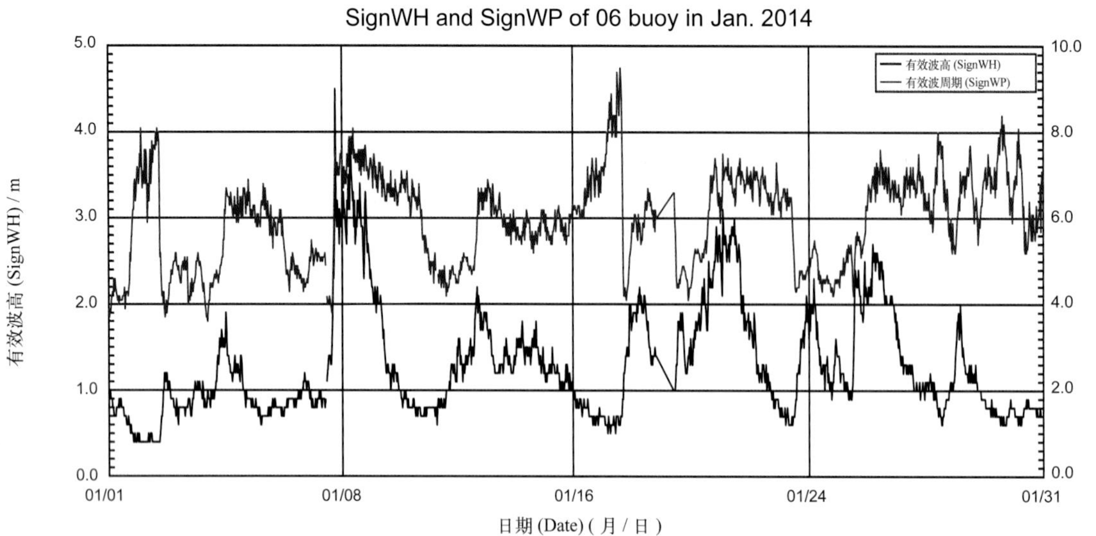

06号浮标2014年02月有效波高、有效波周期观测数据曲线
SignWH and SignWP of 06 buoy in Feb. 2014

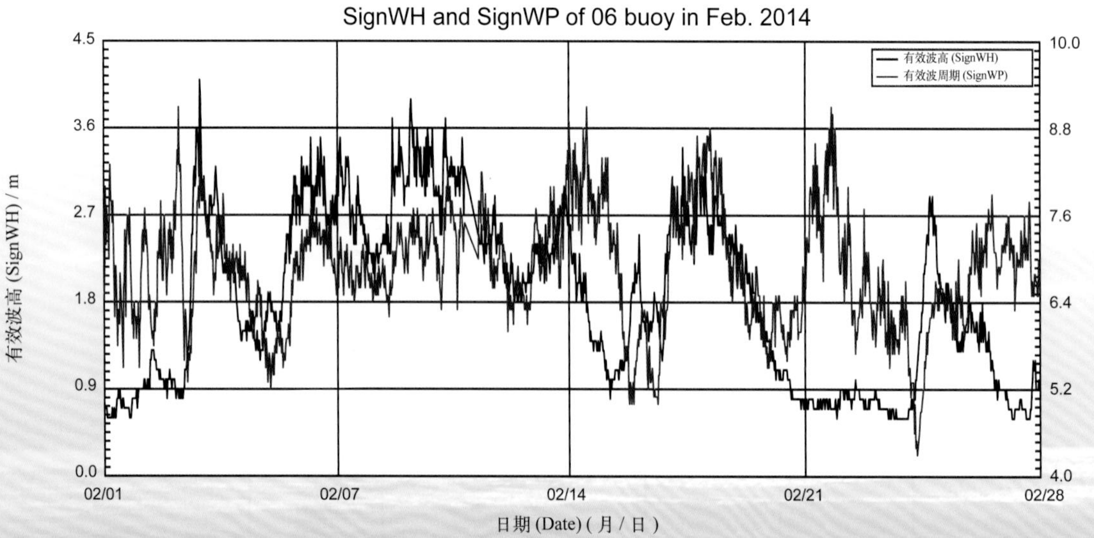

06号浮标2014年03月有效波高、有效波周期观测数据曲线
SignWH and SignWP of 06 buoy in Mar. 2014

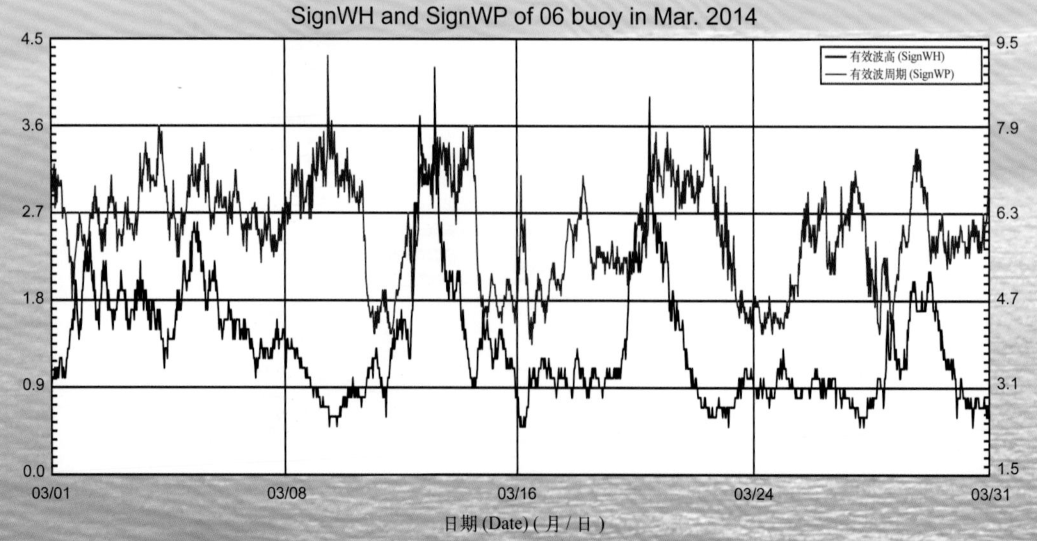

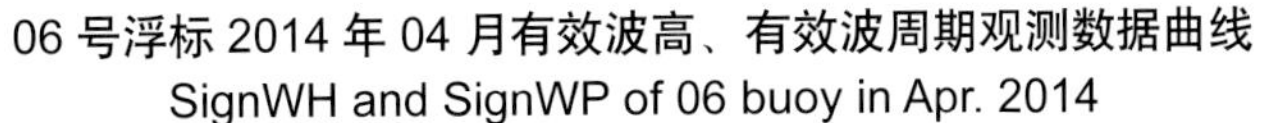
06 号浮标 2014 年 04 月有效波高、有效波周期观测数据曲线
SignWH and SignWP of 06 buoy in Apr. 2014

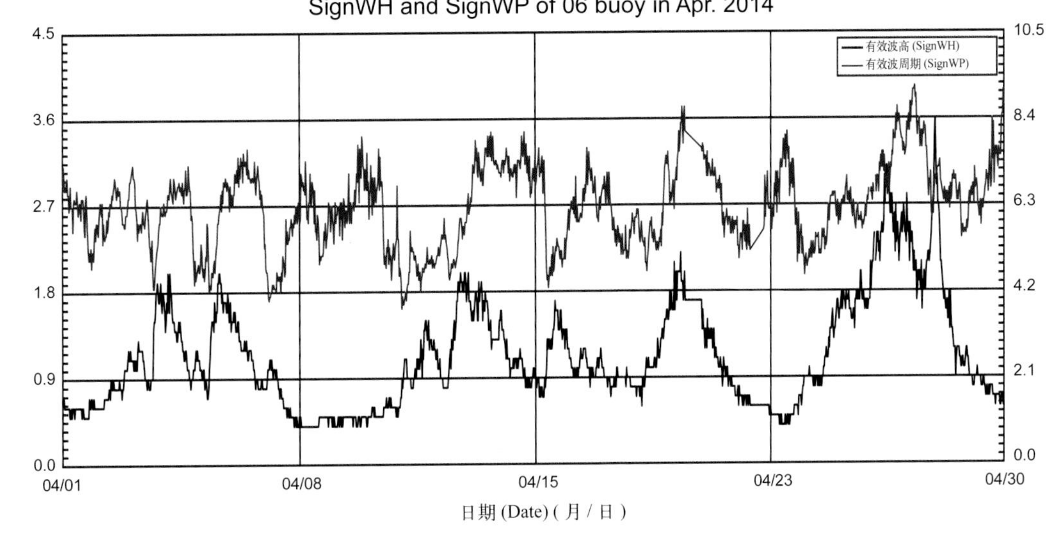
有效波高 (SignWH)
有效波周期 (SignWP)
有效波高 (SignWH) / m
有效波周期 (SignWP) / s
4.5
3.6
2.7
1.8
0.9
0.0
10.5
8.4
6.3
4.2
2.1
0.0
04/01
04/08
04/15
04/23
04/30
日期 (Date) (月 / 日)

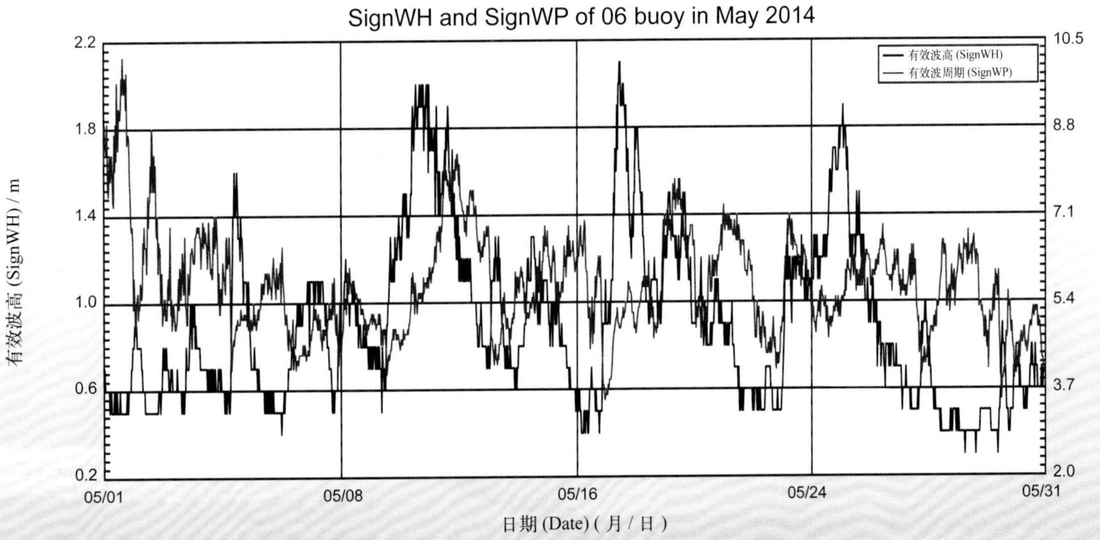
06 号浮标 2014 年 05 月有效波高、有效波周期观测数据曲线
SignWH and SignWP of 06 buoy in May 2014
有效波高 (SignWH)
有效波周期 (SignWP)
有效波高 (SignWH) / m
有效波周期 (SignWP) / s
2.2
1.8
1.4
1.0
0.6
0.2
10.5
8.8
7.1
5.4
3.7
2.0
05/01
05/08
05/16
05/24
05/31
日期 (Date) (月 / 日)

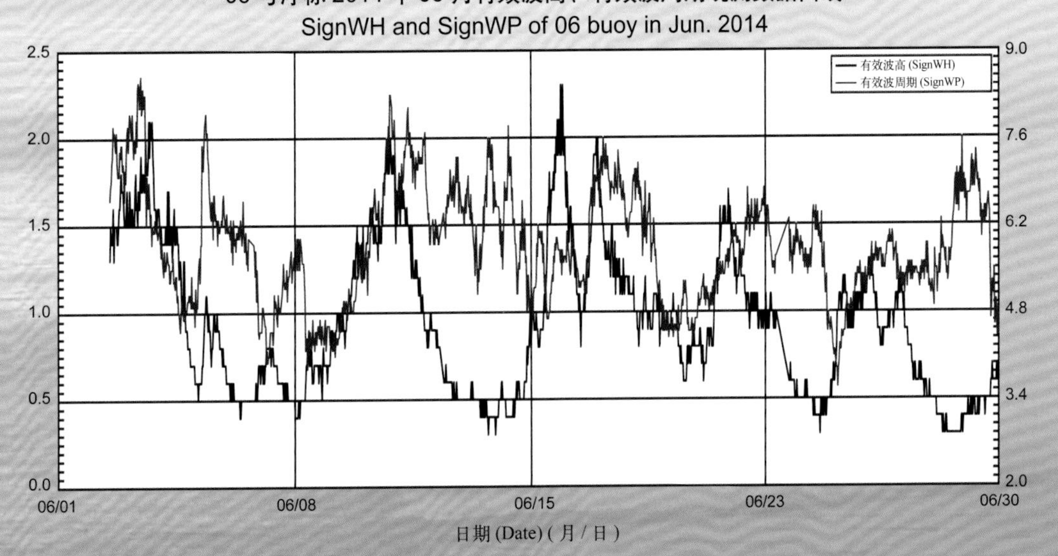
06 号浮标 2014 年 06 月有效波高、有效波周期观测数据曲线
SignWH and SignWP of 06 buoy in Jun. 2014
有效波高 (SignWH)
有效波周期 (SignWP)
有效波高 (SignWH) / m
有效波周期 (SignWP) / s
2.5
2.0
1.5
1.0
0.5
0.0
9.0
7.6
6.2
4.8
3.4
2.0
06/01
06/08
06/15
06/23
06/30
日期 (Date) (月 / 日)

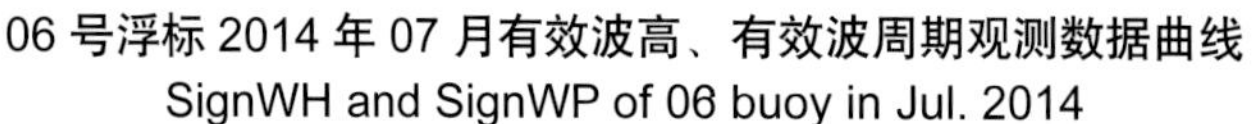

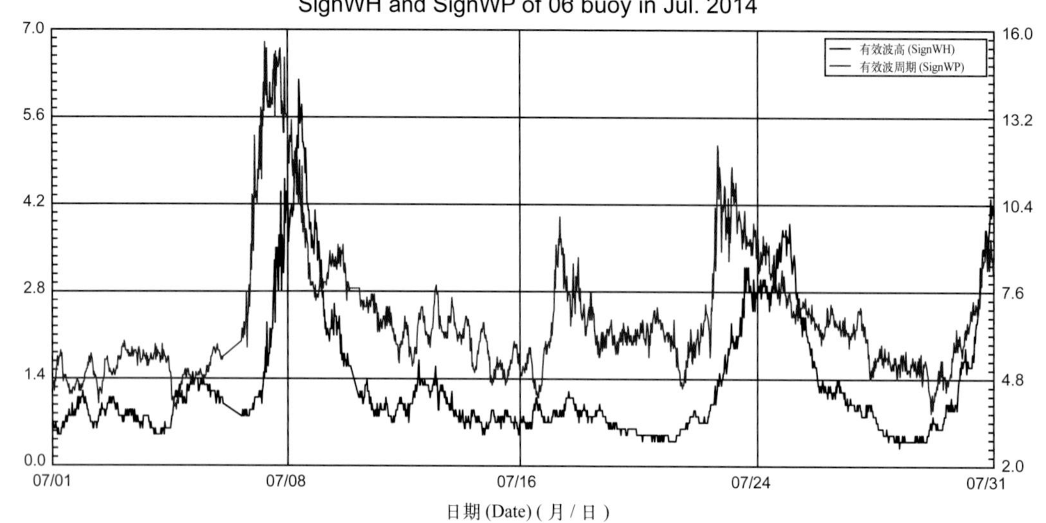

06 号浮标 2014 年 08 月有效波高、有效波周期观测数据曲线
SignWH and SignWP of 06 buoy in Aug. 2014

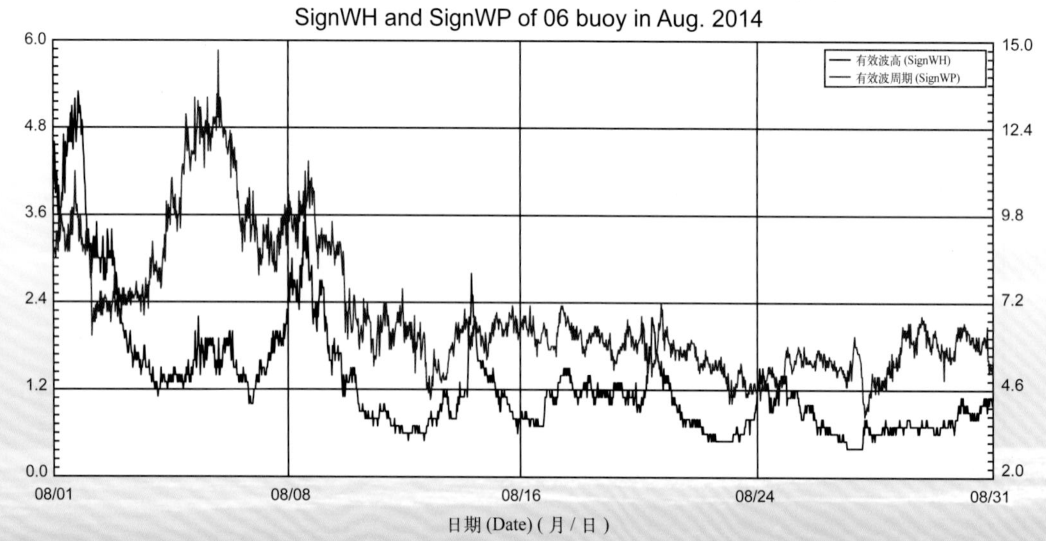

06 号浮标 2014 年 09 月有效波高、有效波周期观测数据曲线
SignWH and SignWP of 06 buoy in Sep. 2014

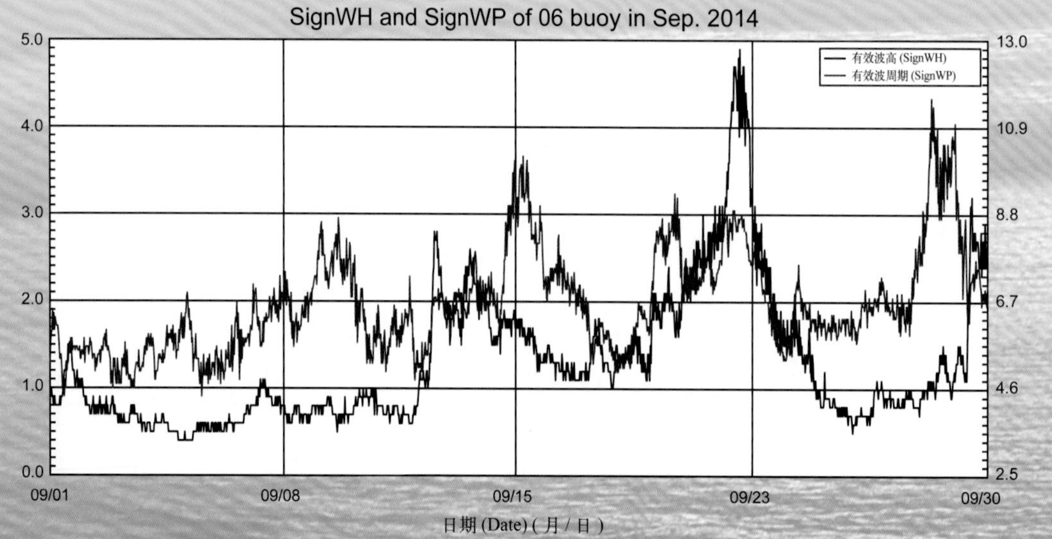

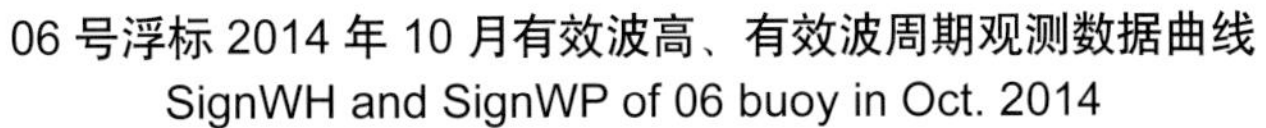

06 号浮标 2014 年 10 月有效波高、有效波周期观测数据曲线

SignWH and SignWP of 06 buoy in Oct. 2014

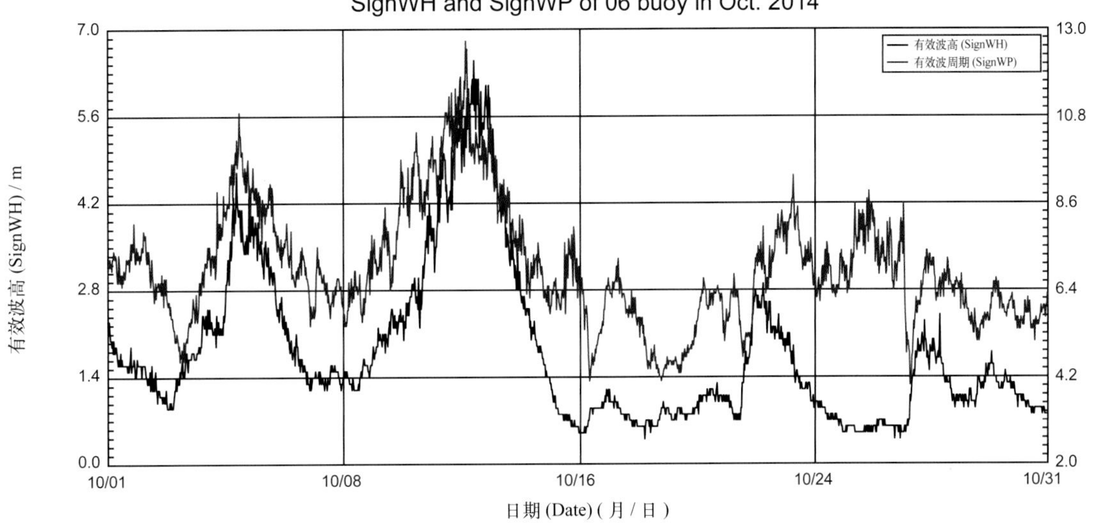

06 号浮标 2014 年 11 月有效波高、有效波周期观测数据曲线

SignWH and SignWP of 06 buoy in Nov. 2014

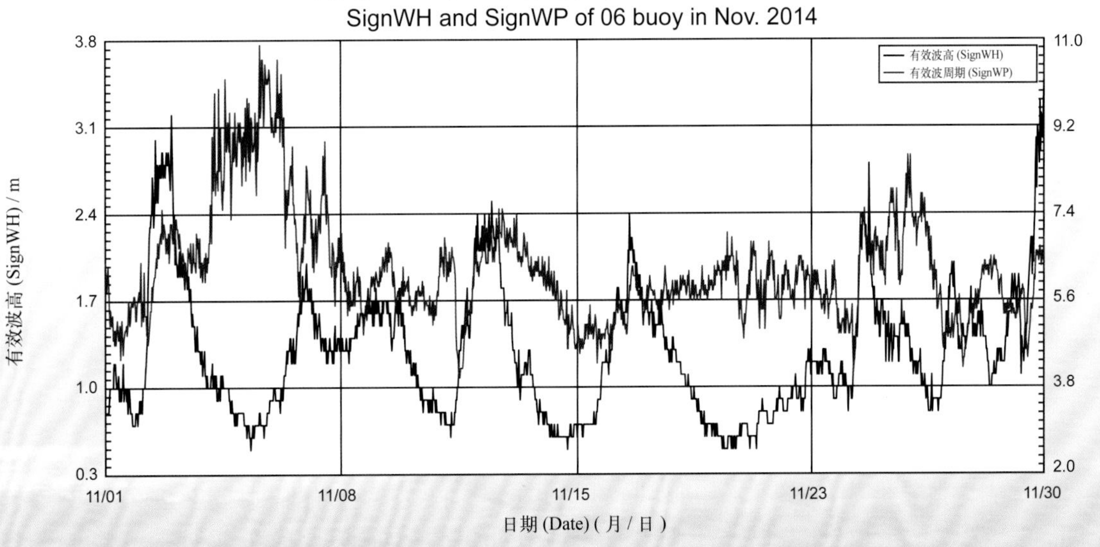

06 号浮标 2014 年 12 月有效波高、有效波周期观测数据曲线

SignWH and SignWP of 06 buoy in Dec. 2014

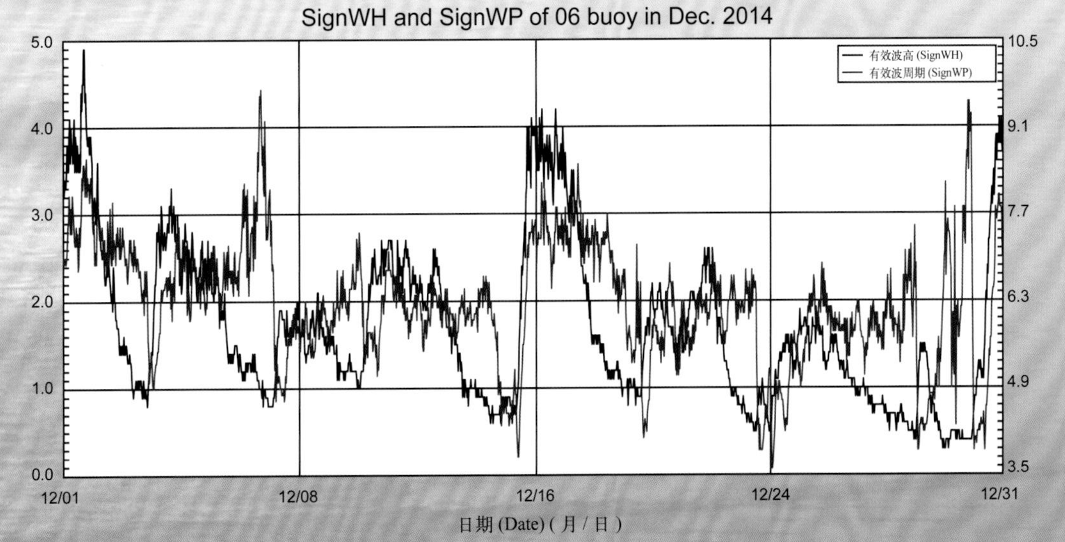

2014 年度 07 号浮标观测数据概述及曲线
（有效波高和有效波周期）

07 号浮标位于黄海荣成楮岛附近海域（37°04′N，122°35′E），是一套直径 3 m 的圆盘形综合观测平台。可获取的观测参数包括气象、水文和水质，有效波高和有效波周期是水文参数中的重要观测内容。

2014 年，黄海站 07 号浮标共获取到 323 天的有效波高和有效波周期长序列观测数据。获取数据的区间共两个时间段，具体为 1 月 1 日 00:00 至 6 月 1 日 09:10 和 7 月 14 日 17:30 至 12 月 31 日 23:50。

通过对获取数据进行质量控制和分析，07 号浮标观测海域 2014 年度有效波高、有效波周期数据和季节数据特征如下。年度有效波高平均值为 0.6 m，年度有效波周期平均值为 5.3 s。测得的年度最大有效波高为 3.8 m（2 月 3 日 09:30 至 09:50），对应的有效波周期为 8.2 s，有效波高≥ 2 m 的海浪持续了 15.3 h（2 月 3 日 00:00 至 15:20）；测得的年度最大有效波周期为 12.9 s（7 月 23 日 23:30 至 23:50 和 9 月 16 日 17:30 至 17:50）。以 2 月为冬季代表月，观测海域冬季的平均有效波高为 0.9 m，平均有效波周期为 5.1 s；以 5 月为春季代表月，观测海域春季的平均有效波高为 0.6 m，平均有效波周期为 5.0 s；以 8 月为夏季代表月，观测海域夏季的平均有效波高为 0.4 m，平均有效波周期为 6.3 s；以 11 月为秋季代表月，观测海域秋季的平均有效波高为 0.4 m，平均有效波周期为 4.9 s。

2014 年，07 号浮标观测的月平均值、最大值、最小值数据参见表 24。从表中可以看出，月平均有效波高最大的月份为 2 月，并且在该时间段内出现了年度最大有效波高（3.8 m），月平均有效波周期最大的月份为 8 月，年度最大有效波周期（12.9 s）出现在 7 月和 9 月。从月度有效波高、有效波周期的变化情况分析，有效波高变化最为剧烈的是 2 月，最大有效波高为 3.8 m，最小有效波高为 0.1 m，变化幅度达 3.7 m，有效波周期变化最为剧烈的是 9 月，最大有效波周期为 12.9 s；有效波周期变化幅度较小的月份是 3 月，最大有效波周期为 7.2 s，最小有效波周期为 2.7 s，变化幅度为 4.5 s。

2014 年，07 号浮标获取到有效波高≥ 3 m 的海浪过程共有 3 次，1 月、2 月和 5 月各 1 次。2014 年，07 号浮标共记录了 1 次冷空气过程、1 次寒潮过程和 2 次台风过程。冷空气过程，从 1 月 8 日 01:30 开始有效波高增大至 1 m 以上，最大有效波高为 3.1 m（1 月 8 日 12:00 至 12:20），有效波高≥ 1.0 m 的海浪一直持续到 1 月 9 日 17:50，其间平均有效波高为 1.8 m，平均有效波周期为 6.3 s；寒潮过程，有效波高从 3 月 20 日 08:30 开始增大至 1 m 以上，最大有效波高为 1.6 m（3 月 20 日 09:30 至 10:20），有效波高≥ 1.0 m 的海浪一直持续到 3 月 21 日 01:20，其间平均有效波高为 1.2 m，平均有效波周期为 5.0 s。7 月 24 日至 26 日，受第 10 号台风“麦德姆”影响，07 号浮标获取到的最大有效波高为 2.3 m（7 月 25 日 13:00 至 14:20），有效波高超过 2.0 m 的海浪持续了近 10 h（7 月 25 日 13:00 至 22:50），该时间段内平均有效波高为 2.1 m，平均有效波周期为 8.1 s。8 月 1 日至 4 日，

受第 12 号台风“娜基莉”影响，07 号浮标获取到的最大有效波高为 1.9 m（8 月 3 日 04:30 至 05:20 和 06:20 至 06:50），有效波高超过 1.5 m 的海浪持续了近 7 h（8 月 3 日 01:30 至 08:20），该时间段内平均有效波高为 1.7 m，平均有效波周期为 7.8 s。

表 24　07 号浮标各月有效波高、有效波周期数据情况

月份	有效波高 / m			有效波周期 / s			备注
	平均	最大	最小	平均	最大	最小	
1	0.8	3.1	0.1	5.0	7.9	2.3	记录 1 次有效波高≥ 3m 过程，记录 1 次冷空气过程
2	0.9	3.8	0.1	5.1	8.4	2.6	冬季代表月，记录 1 次有效波高≥ 3m 过程
3	0.6	2.6	0.2	4.8	7.2	2.7	记录 1 次寒潮过程
4	0.5	2.5	0.2	4.6	7.5	2.4	
5	0.6	3.7	0.1	5.0	8.3	2.7	春季代表月，记录 1 次有效波高≥ 3m 过程
6	—	—	—	—	—	—	浮标大修，无数据
7	0.6	2.3	0.2	6.2	12.9	3.6	浮标大修，缺测 13 天数据，记录 1 次台风过程
8	0.4	1.9	0.1	6.3	11.5	3.0	夏季代表月，记录 1 次台风过程
9	0.4	2.1	0.0	5.7	12.9	0.0	
10	0.5	2.0	0.0	5.2	11.4	0.0	
11	0.4	1.6	0.0	4.9	9.1	0.0	秋季代表月
12	0.4	1.6	0.0	5.5	10.7	0.0	

07 号浮标 2014 年有效波高、有效波周期观测数据曲线
SignWH and SignWP of 07 buoy in 2014

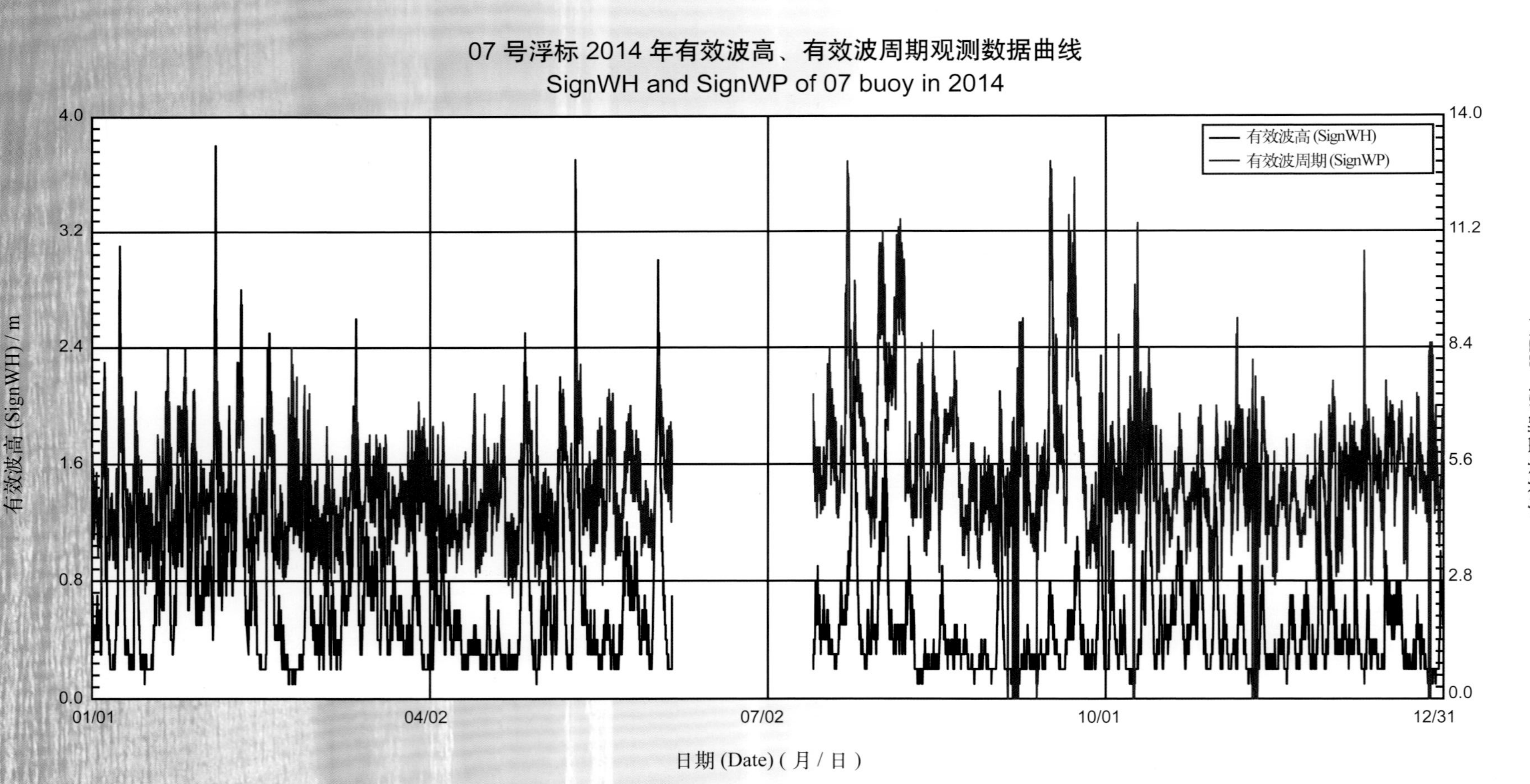

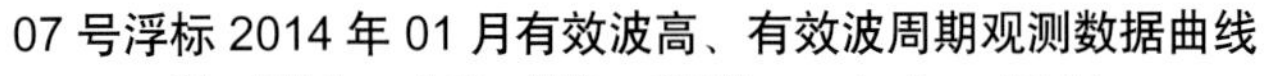

07 号浮标 2014 年 01 月有效波高、有效波周期观测数据曲线

SignWH and SignWP of 07 buoy in Jan. 2014

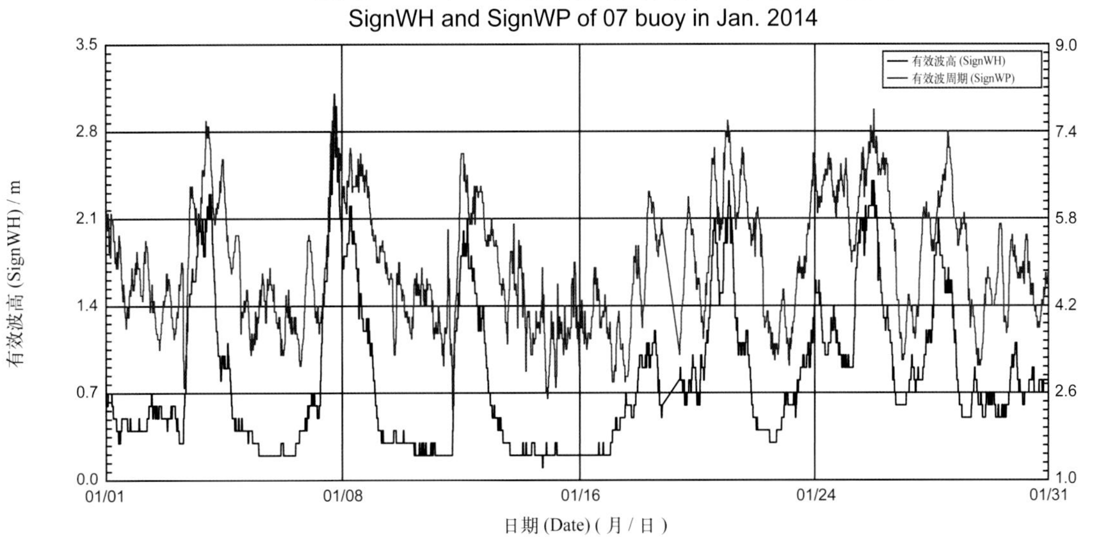

07 号浮标 2014 年 02 月有效波高、有效波周期观测数据曲线

SignWH and SignWP of 07 buoy in Feb. 2014

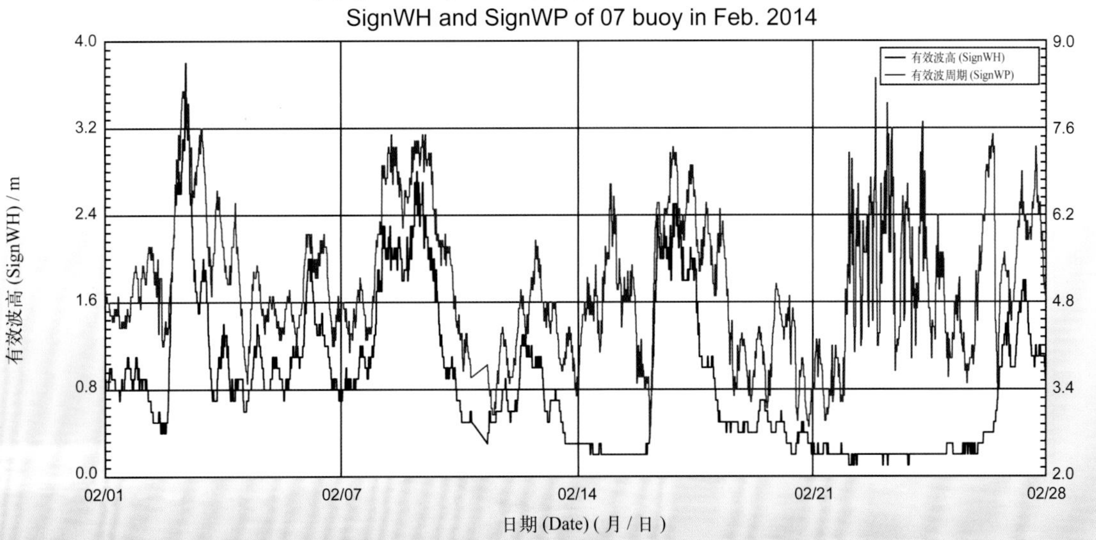

07 号浮标 2014 年 03 月有效波高、有效波周期观测数据曲线

SignWH and SignWP of 07 buoy in Mar. 2014

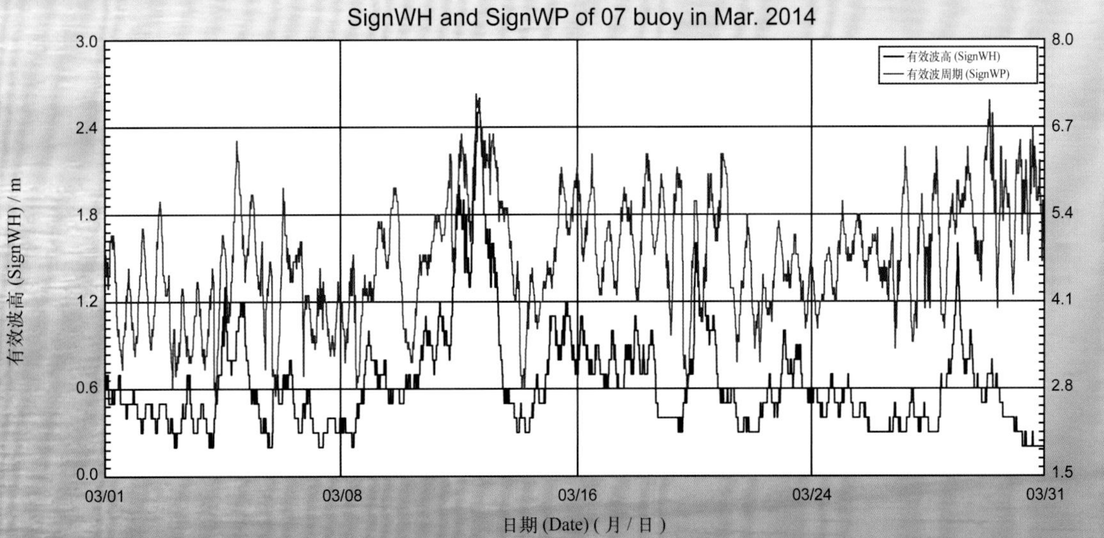

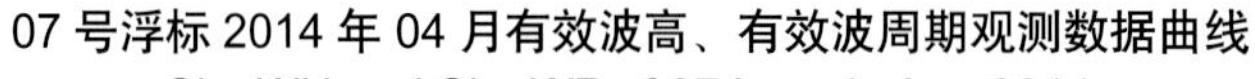

07 号浮标 2014 年 04 月有效波高、有效波周期观测数据曲线
SignWH and SignWP of 07 buoy in Apr. 2014

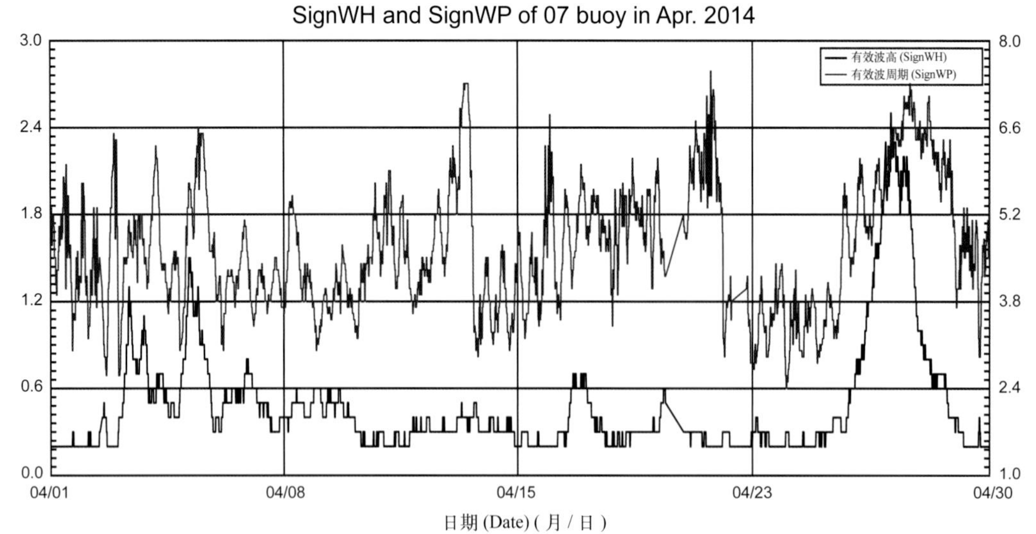

07 号浮标 2014 年 05 月有效波高、有效波周期观测数据曲线
SignWH and SignWP of 07 buoy in May 2014

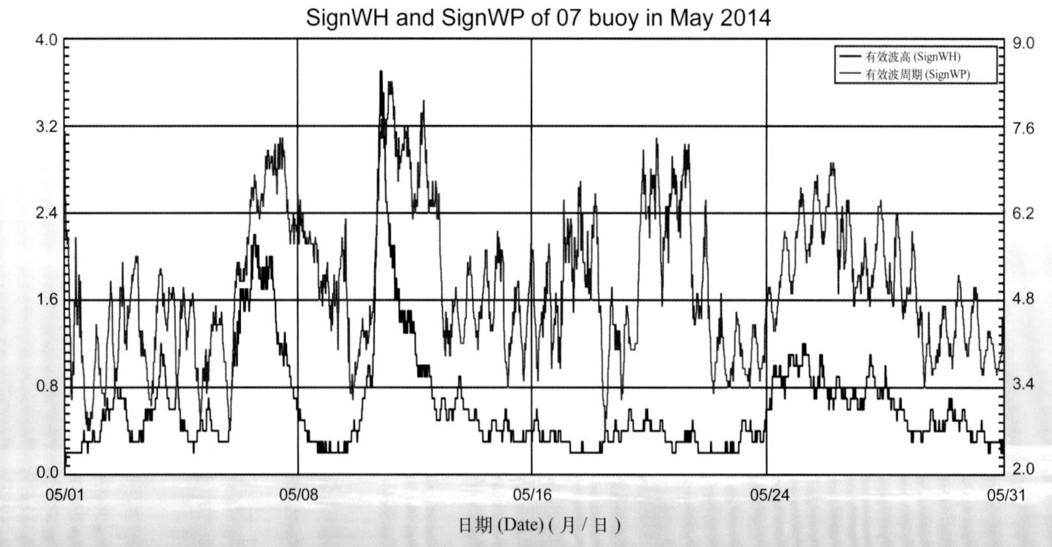

07 号浮标 2014 年 07 月有效波高、有效波周期观测数据曲线
SignWH and SignWP of 07 buoy in Jul. 2014

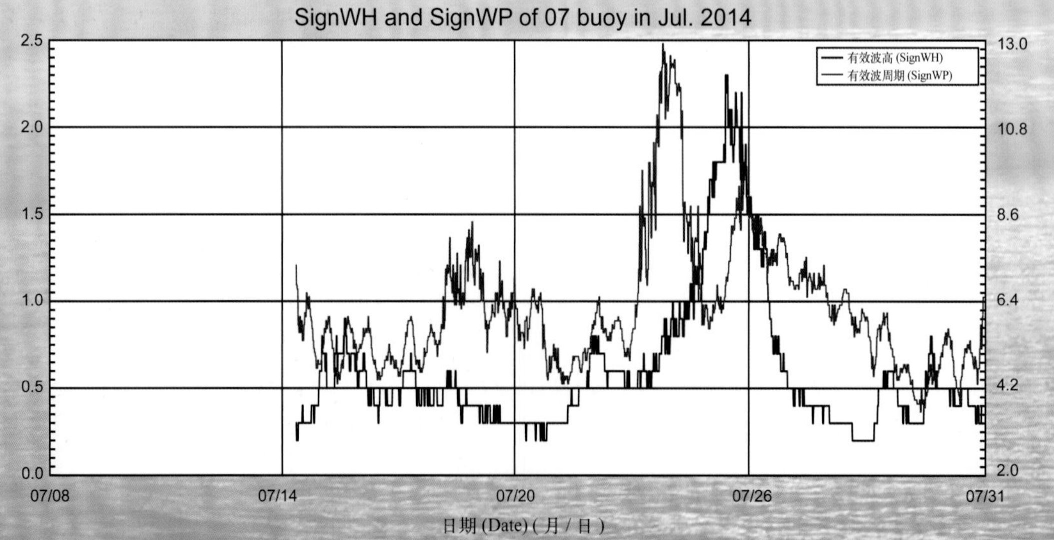

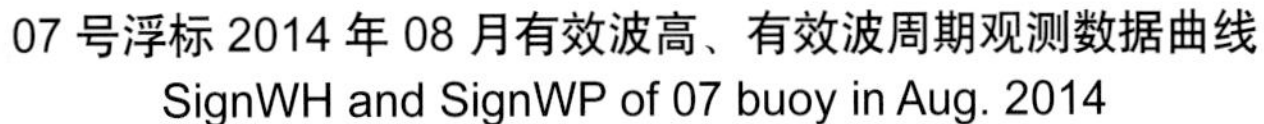

07 号浮标 2014 年 08 月有效波高、有效波周期观测数据曲线
SignWH and SignWP of 07 buoy in Aug. 2014

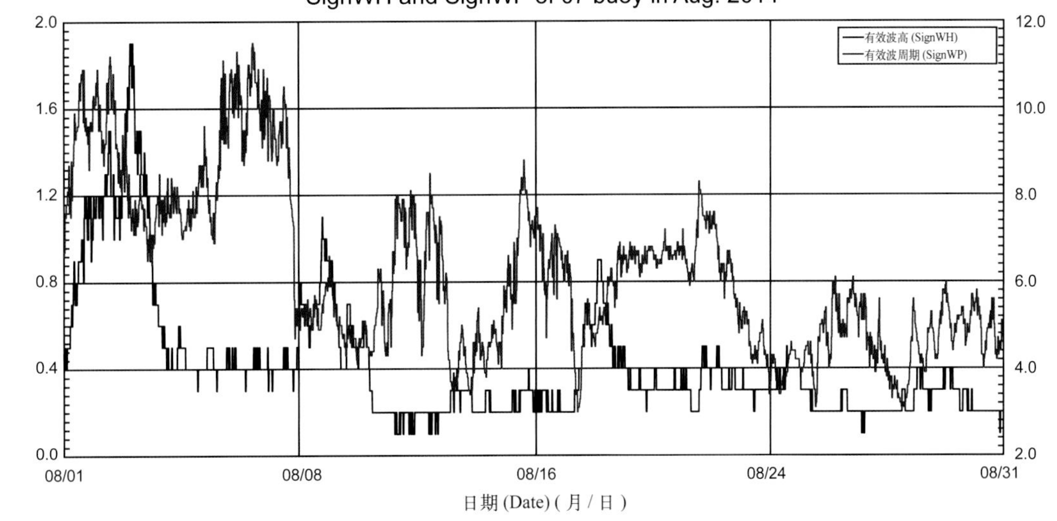

07 号浮标 2014 年 09 月有效波高、有效波周期观测数据曲线
SignWH and SignWP of 07 buoy in Sep. 2014

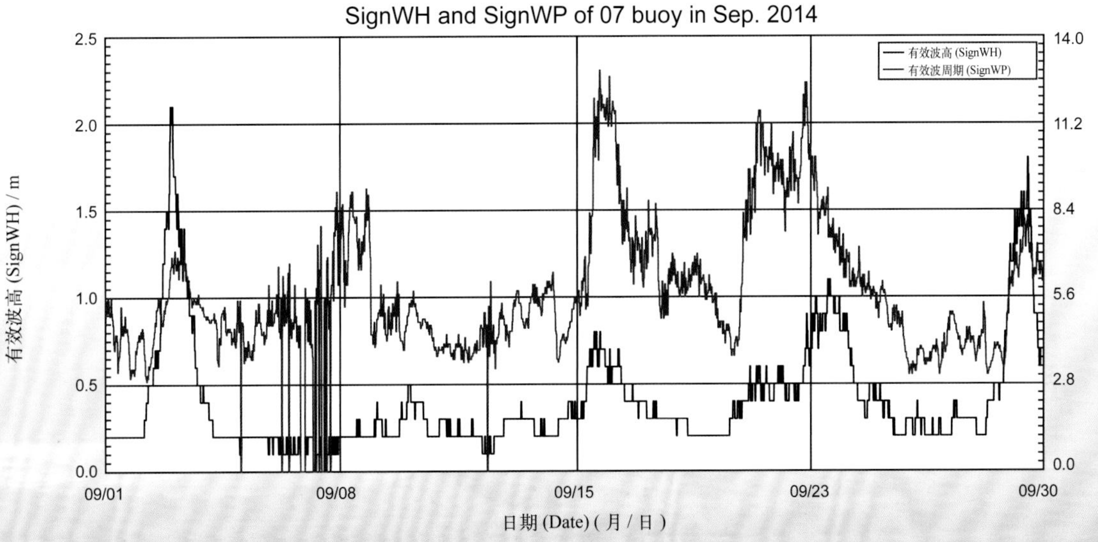

07 号浮标 2014 年 10 月有效波高、有效波周期观测数据曲线
SignWH and SignWP of 07 buoy in Oct. 2014

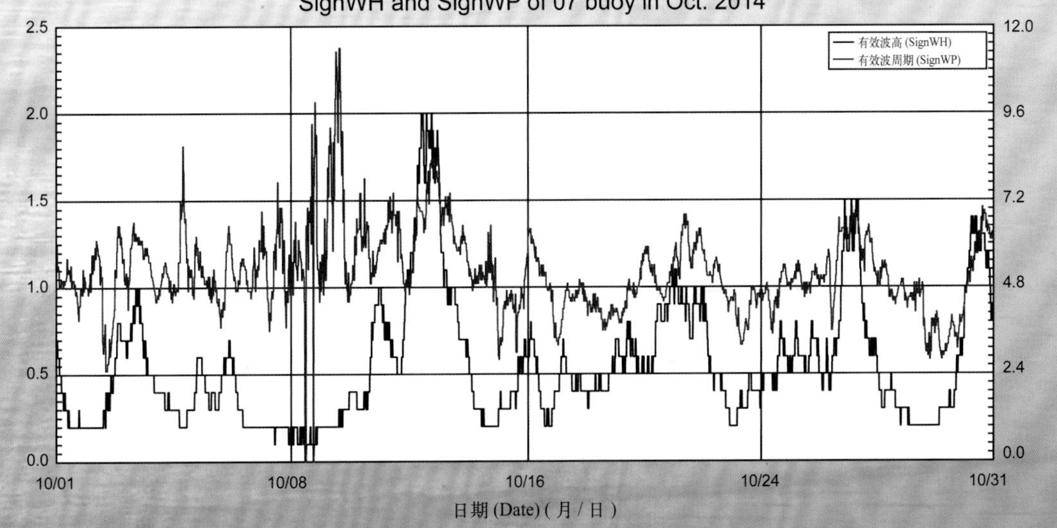

07 号浮标 2014 年 11 月有效波高、有效波周期观测数据曲线
SignWH and SignWP of 07 buoy in Nov. 2014

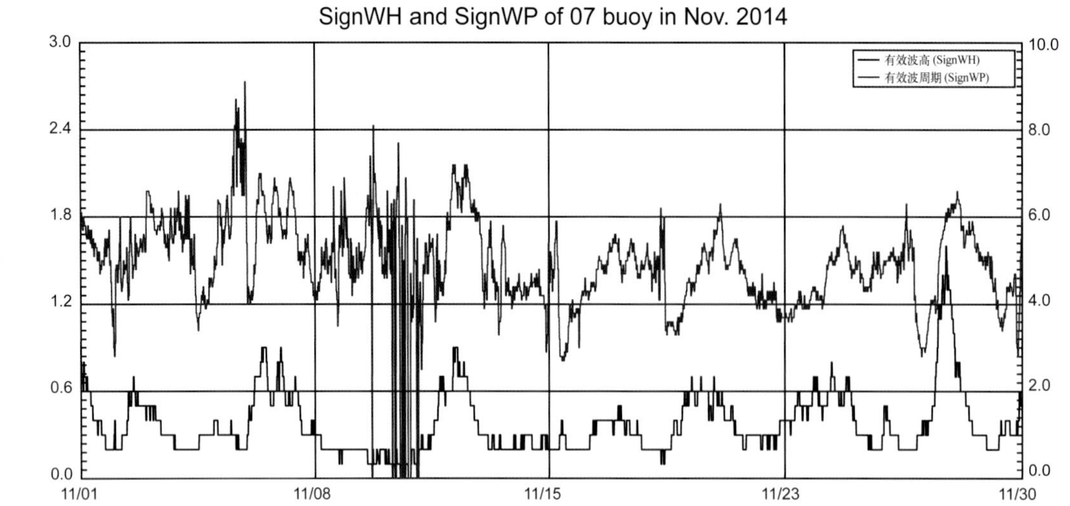

07 号浮标 2014 年 12 月有效波高、有效波周期观测数据曲线
SignWH and SignWP of 07 buoy in Dec. 2014

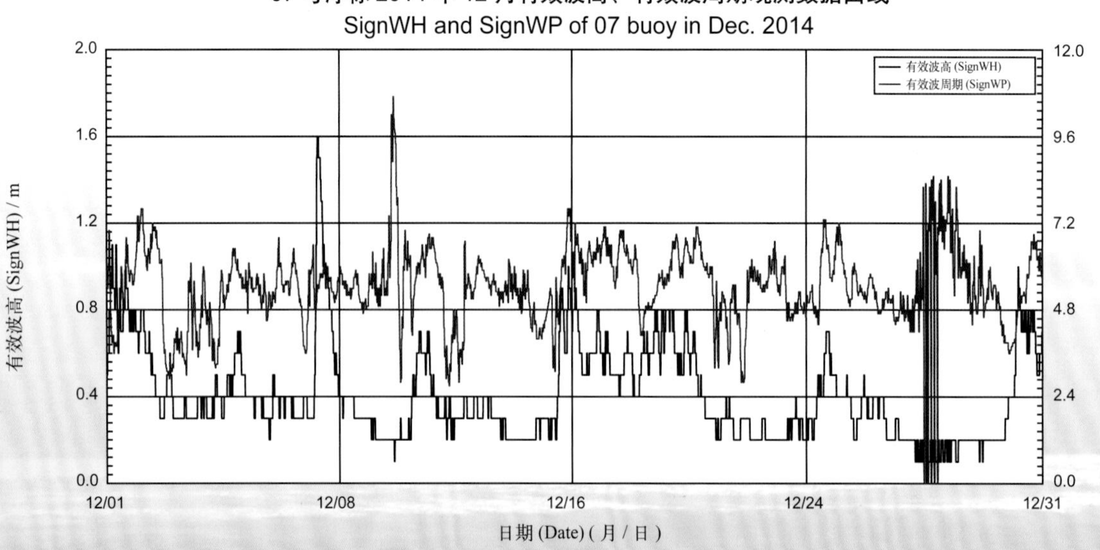

2014 年度 09 号浮标观测数据概述及曲线
（有效波高和有效波周期）

09 号浮标位于黄海灵山岛附近海域（35°55′N，120°16′E），是一套直径 3 m 的圆盘形综合观测平台。可获取的观测参数包括气象、水文和水质，有效波高和有效波周期是水文参数中的重要观测内容。

2014 年，黄海站 09 号浮标获取到全年 365 天的有效波高和有效波周期长序列观测数据。

通过对获取数据进行质量控制和分析，09 号浮标观测海域 2014 年度有效波高、有效波周期数据和季节数据特征如下。年度有效波高平均值为 0.5 m，年度有效波周期平均值为 4.9 s。测得的年度最大有效波高为 3.0 m（5 月 11 日 04:30），对应的有效波周期为 6.7 s，有效波高≥ 2 m 的海浪持续了 16 h（5 月 11 日 01:30 至 17:30）；测得的年度最大有效波周期和最小有效波周期分别为 15.1 s（7 月 9 日 20:30）和 2.3 s（1 月 20 日 10:00）。以 2 月为冬季代表月，观测海域冬季的平均有效波高为 0.6 m，平均有效波周期为 4.9 s；以 5 月为春季代表月，观测海域春季的平均有效波高为 0.6 m，平均有效波周期为 4.7 s；以 8 月为夏季代表月，观测海域夏季的平均有效波高为 0.5 m，平均有效波周期为 5.4 s；以 11 月为秋季代表月，观测海域秋季的平均有效波高为 0.5 m，平均有效波周期为 4.8 s。

2014 年，09 号浮标观测的月平均值、最大值、最小值数据参见表 25。从表中可以看出，有效波高平均值最小的月份为 12 月，有效波高平均值最大的月份为 10 月，年度最大有效波高（3.0 m）出现在 5 月；有效波周期平均值最小的月份为 12 月，年度最小有效波周期（2.3 s）出现在 1 月，有效波周期平均值最大的月份为 7 月，并且在该月出现了年度最大有效波周期（15.1 s）。从月度有效波高、有效波周期的变化情况分析，有效波高变化最为剧烈的是 5 月，最大有效波高为 3.0 m，最小有效波高为 0.1 m，变化幅度达 2.9 m；有效波周期变化最为剧烈的是 7 月，最大有效波周期为 15.1 s，最小有效波周期为 2.9 s，变化幅度达 12.2 s。比较而言，有效波高变化幅度较小的月份是 3 月，最大有效波高为 1.4 m，最小有效波高为 0.1 m，变化幅度为 1.3 m；有效波周期变化幅度较小的月份是 9 月，最大有效波周期为 7.6 s，最小有效波周期为 2.8 s，变化幅度为 4.8 s。

2014 年，09 号浮标获取到有效波高≥ 2 m 的海浪过程共 5 次，分别为 2 月、5 月、6 月、7 月、10 月各 1 次。2014 年，09 号浮标共记录了 2 次台风过程，分别是 7 月 24 日至 26 日观测到第 10 号台风“麦德姆”、8 月 2 日至 4 日观测到第 12 号台风“娜基莉”。其中，“麦德姆”期间最大有效波高为 1.7 m（7 月 25 日 11:00），有效波高≥ 1.0 m 的时间持续了 16.5 h（7 月 25 日 04:00 至 20:30），该时间段内平均有效波高为 1.2 m，平均有效波周期为 6.4 s。“娜基莉”期间，最大有效波高达到 1.9 m（8 月 3 日 08:00），有效波高≥ 1.0 m 的时间持续了 56 h（8 月 1 日 15:00 至 8 月 3 日 23:00），该时间段内平均有效波高为 1.3 m，平均有效波周期为 8.6 s。

表25　09号浮标各月有效波高、有效波周期数据情况

月份	有效波高 / m			有效波周期 / s			备注
	平均	最大	最小	平均	最大	最小	
1	0.5	1.7	0.1	4.5	8.1	2.3	
2	0.6	2.0	0.2	4.9	7.8	2.5	冬季代表月，记录1次有效波高≥2m过程
3	0.5	1.4	0.1	4.5	8.6	2.6	
4	0.5	1.7	0.1	4.6	7.9	2.7	
5	0.6	3.0	0.1	4.7	8.2	2.4	春季代表月，记录1次有效波高≥2m过程
6	0.5	2.5	0.1	5.0	8.8	2.7	记录1次有效波高≥2m过程
7	0.6	2.0	0.1	5.5	15.1	2.9	记录1次台风过程，记录1次有效波高≥2m过程
8	0.5	1.9	0.1	5.4	10.7	2.7	夏季代表月，记录1次台风过程
9	0.5	1.8	0.2	4.9	7.6	2.8	
10	0.7	2.0	0.2	5.3	12.6	2.7	记录1次有效波高≥2m过程
11	0.5	1.7	0.1	4.8	8.4	2.5	秋季代表月
12	0.4	1.8	0.1	4.3	9.4	2.5	

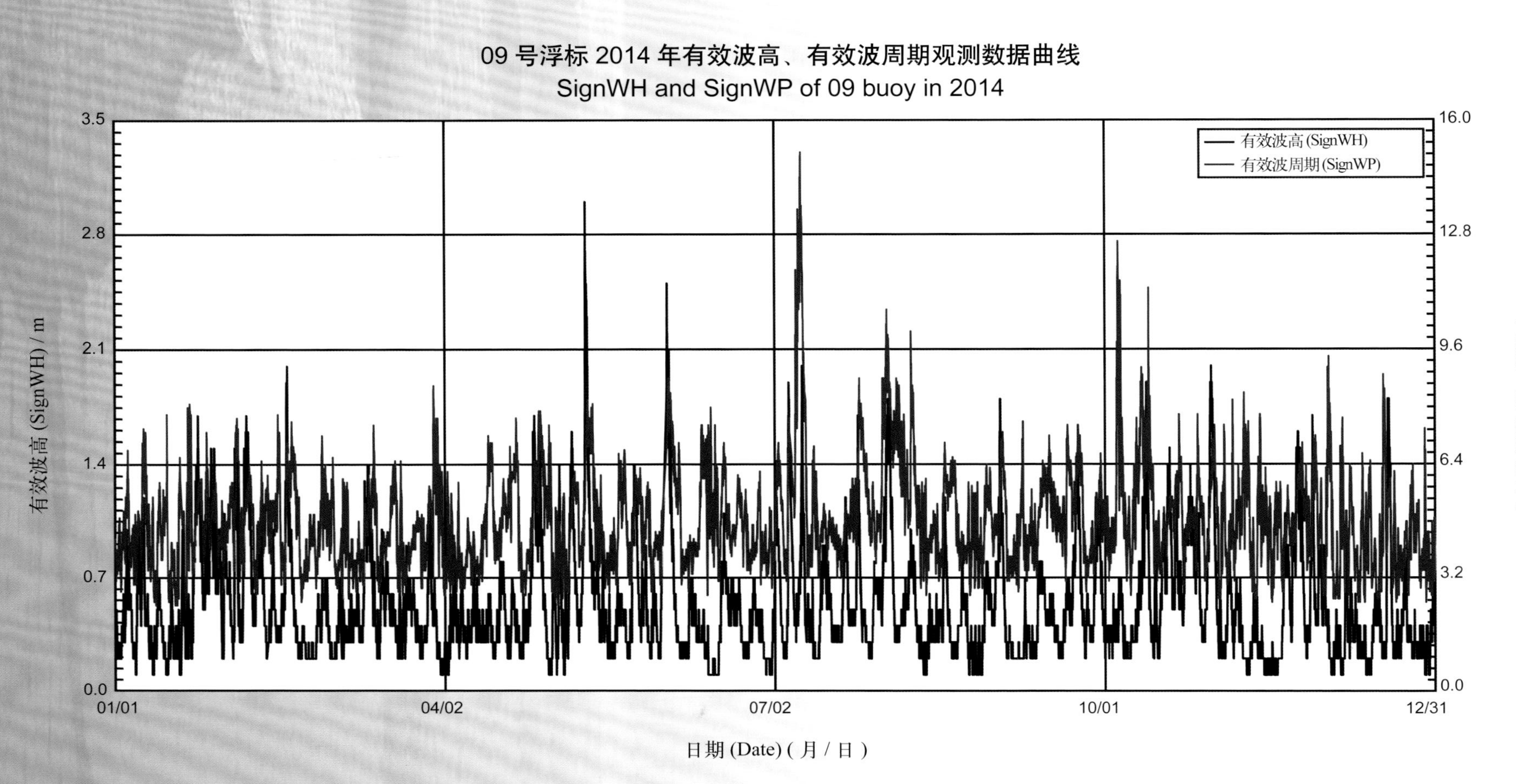
09 号浮标 2014 年有效波高、有效波周期观测数据曲线
SignWH and SignWP of 09 buoy in 2014
有效波高 (SignWH)
有效波周期 (SignWP)
3.5
2.8
2.1
1.4
0.7
0.0
16.0
12.8
9.6
6.4
3.2
0.0
01/01
04/02
07/02
10/01
12/31
日期 (Date) (月 / 日)
有效波高 (SignWH) / m

有效波周期 (SignWP) / s

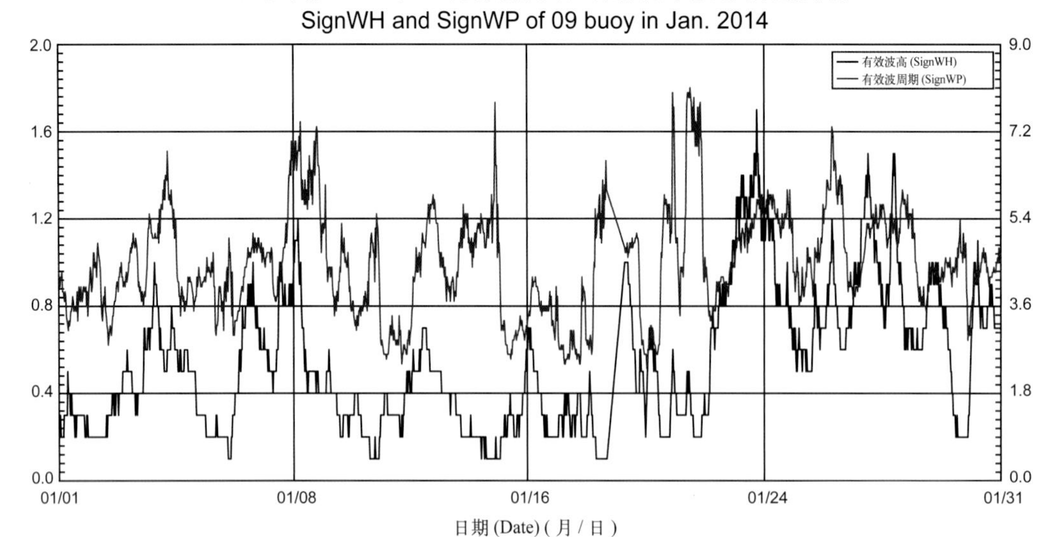
09 号浮标 2014 年 01 月有效波高、有效波周期观测数据曲线
SignWH and SignWP of 09 buoy in Jan. 2014
有效波高 (SignWH)
有效波周期 (SignWP)
有效波高 (SignWH) / m
有效波周期 (SignWP) / s
日期 (Date) (月 / 日)
2.0
1.6
1.2
0.8
0.4
0.0
9.0
7.2
5.4
3.6
1.8
0.0
01/01
01/08
01/16
01/24
01/31

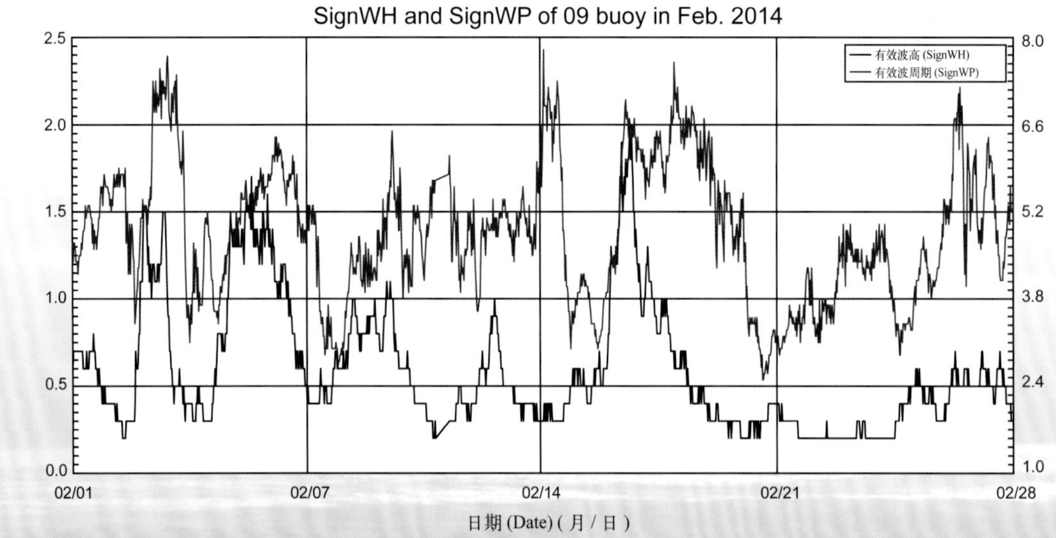
09 号浮标 2014 年 02 月有效波高、有效波周期观测数据曲线
SignWH and SignWP of 09 buoy in Feb. 2014
有效波高 (SignWH)
有效波周期 (SignWP)
有效波高 (SignWH) / m
有效波周期 (SignWP) / s
日期 (Date) (月 / 日)
2.5
2.0
1.5
1.0
0.5
0.0
8.0
6.6
5.2
3.8
2.4
1.0
02/01
02/07
02/14
02/21
02/28

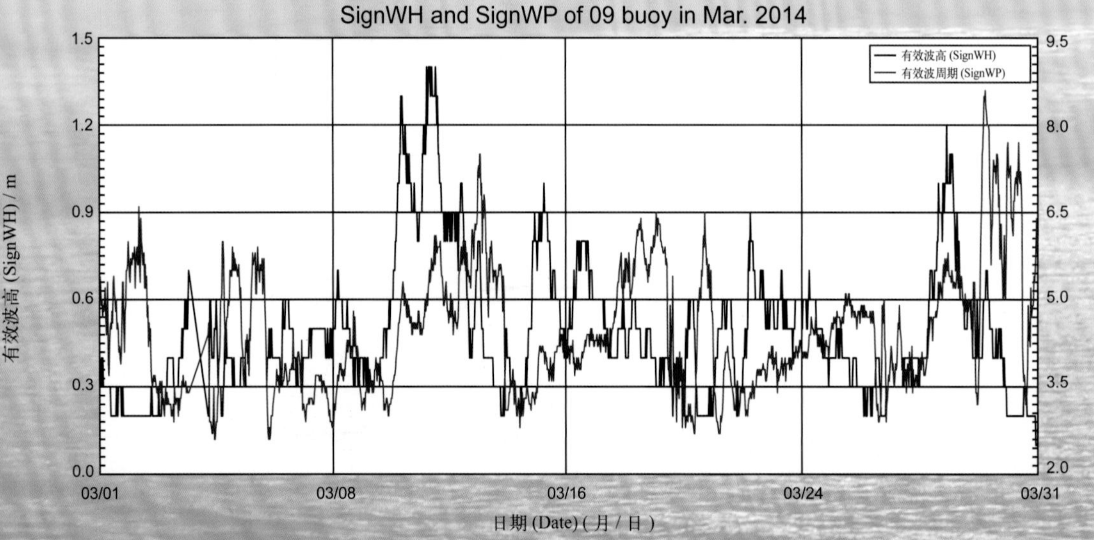
09 号浮标 2014 年 03 月有效波高、有效波周期观测数据曲线
SignWH and SignWP of 09 buoy in Mar. 2014
有效波高 (SignWH)
有效波周期 (SignWP)
有效波高 (SignWH) / m
有效波周期 (SignWP) / s
日期 (Date) (月 / 日)
1.5
1.2
0.9
0.6
0.3
0.0
9.5
8.0
6.5
5.0
3.5
2.0
03/01
03/08
03/16
03/24
03/31

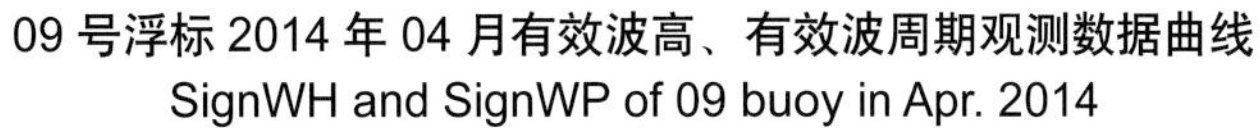

09 号浮标 2014 年 04 月有效波高、有效波周期观测数据曲线
SignWH and SignWP of 09 buoy in Apr. 2014

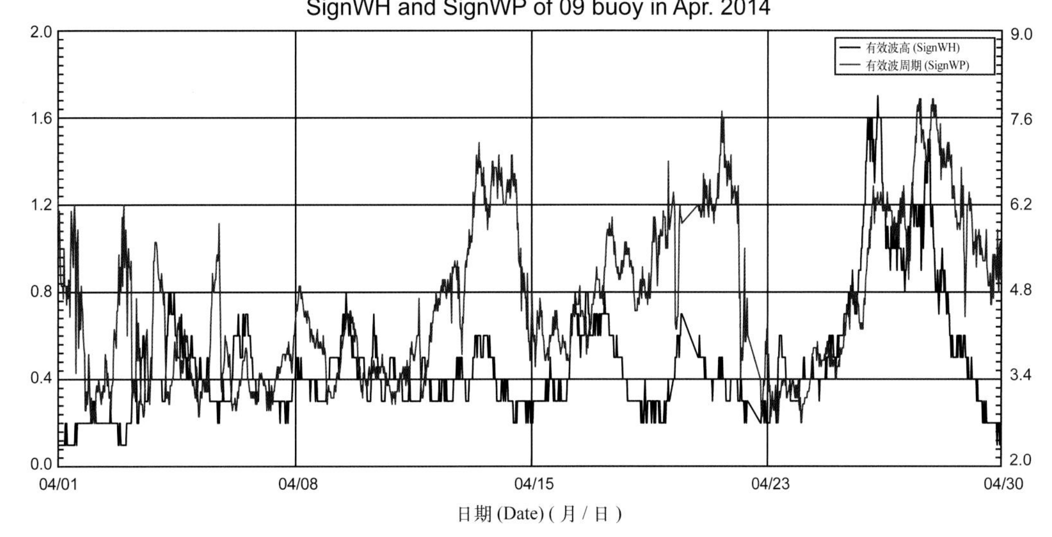

09 号浮标 2014 年 05 月有效波高、有效波周期观测数据曲线
SignWH and SignWP of 09 buoy in May 2014

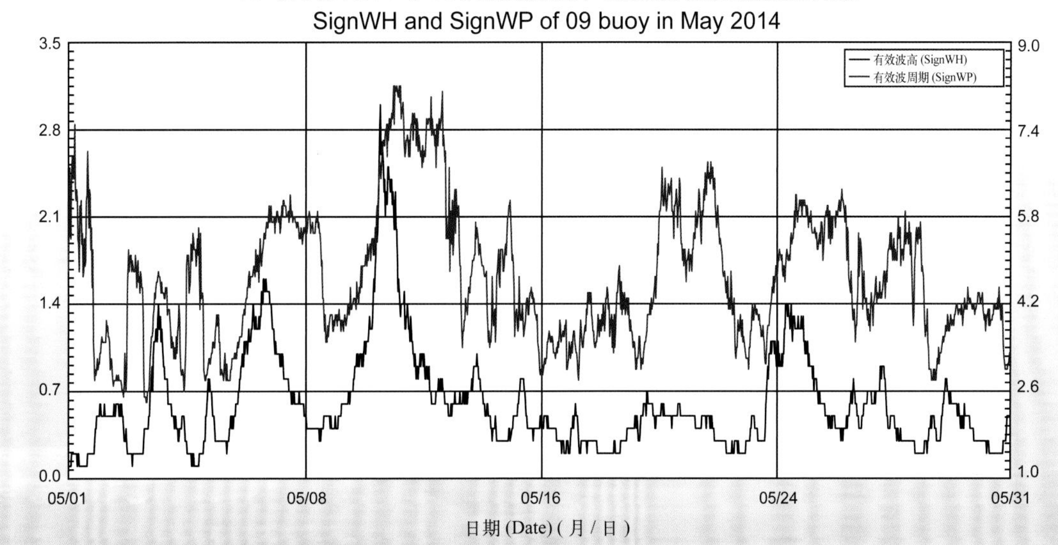

09 号浮标 2014 年 06 月有效波高、有效波周期观测数据曲线
SignWH and SignWP of 09 buoy in Jun. 2014

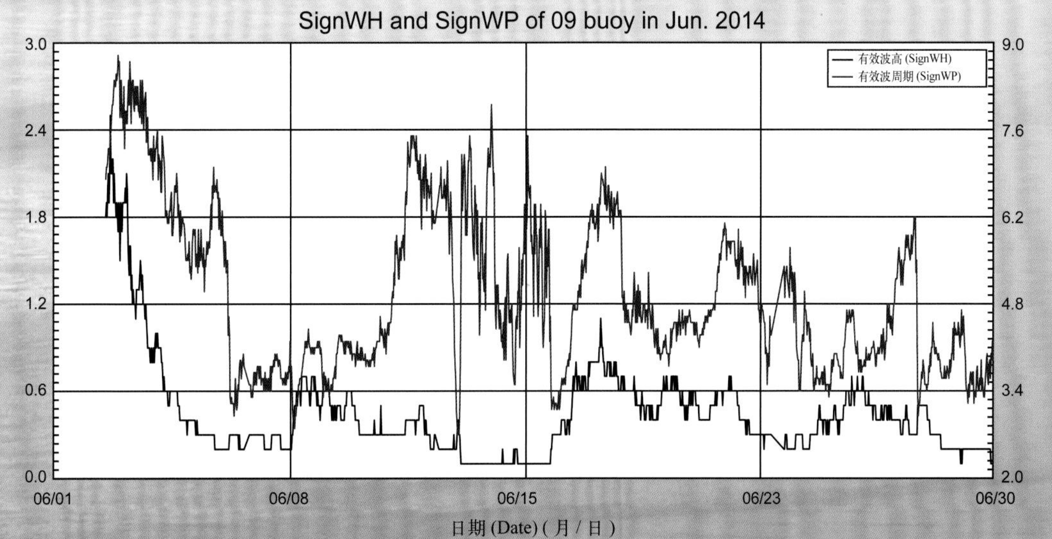

09 号浮标 2014 年 07 月有效波高、有效波周期观测数据曲线
SignWH and SignWP of 09 buoy in Jul. 2014

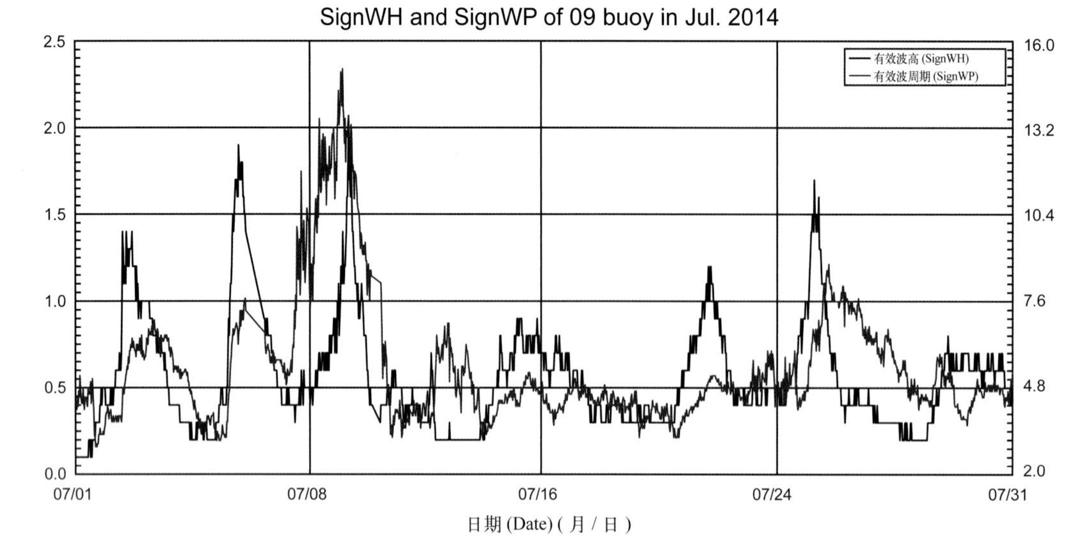

09 号浮标 2014 年 08 月有效波高、有效波周期观测数据曲线
SignWH and SignWP of 09 buoy in Aug. 2014

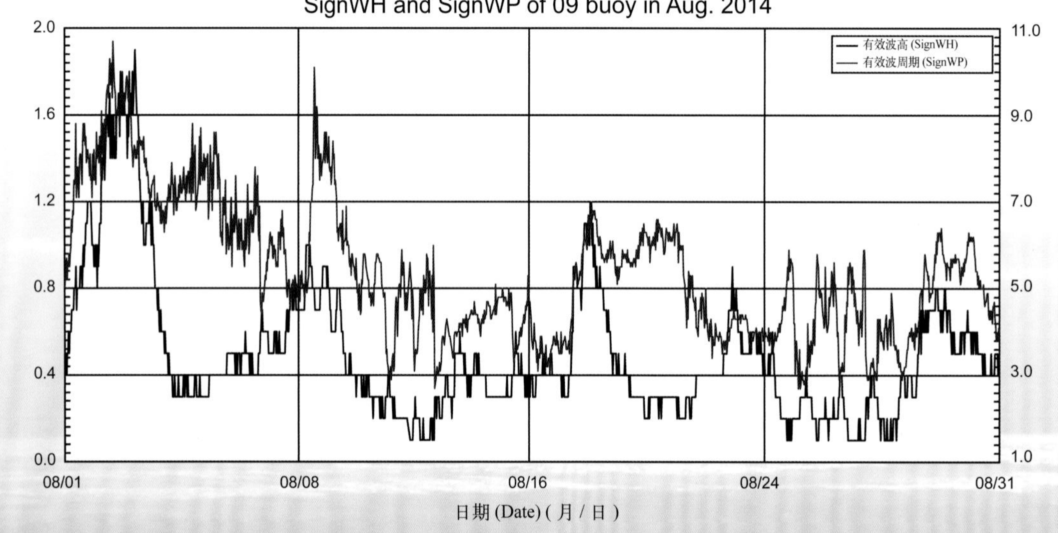

09 号浮标 2014 年 09 月有效波高、有效波周期观测数据曲线
SignWH and SignWP of 09 buoy in Sep. 2014

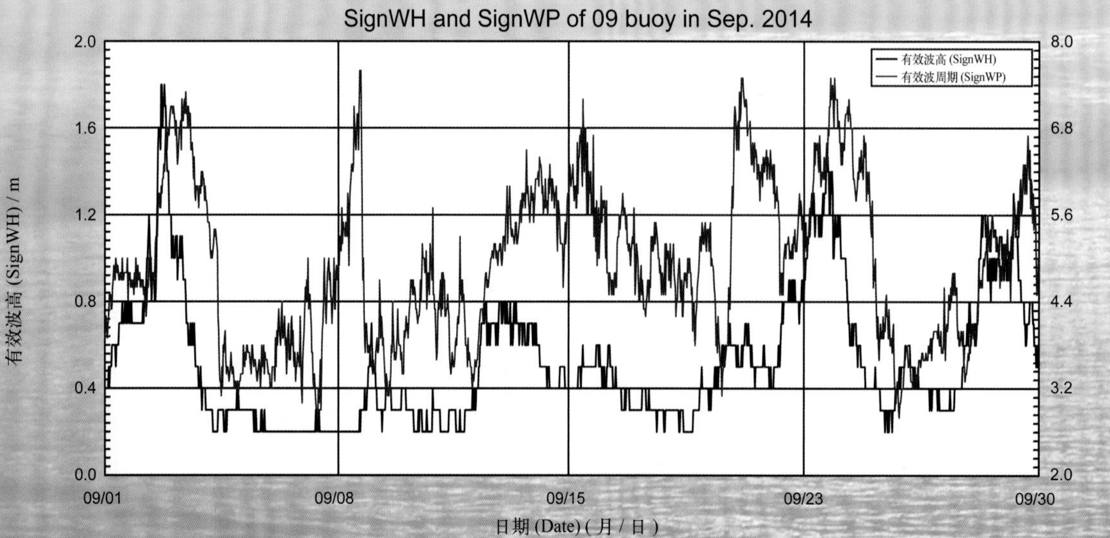

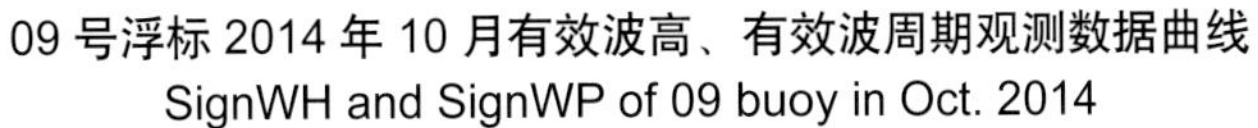

09 号浮标 2014 年 10 月有效波高、有效波周期观测数据曲线
SignWH and SignWP of 09 buoy in Oct. 2014

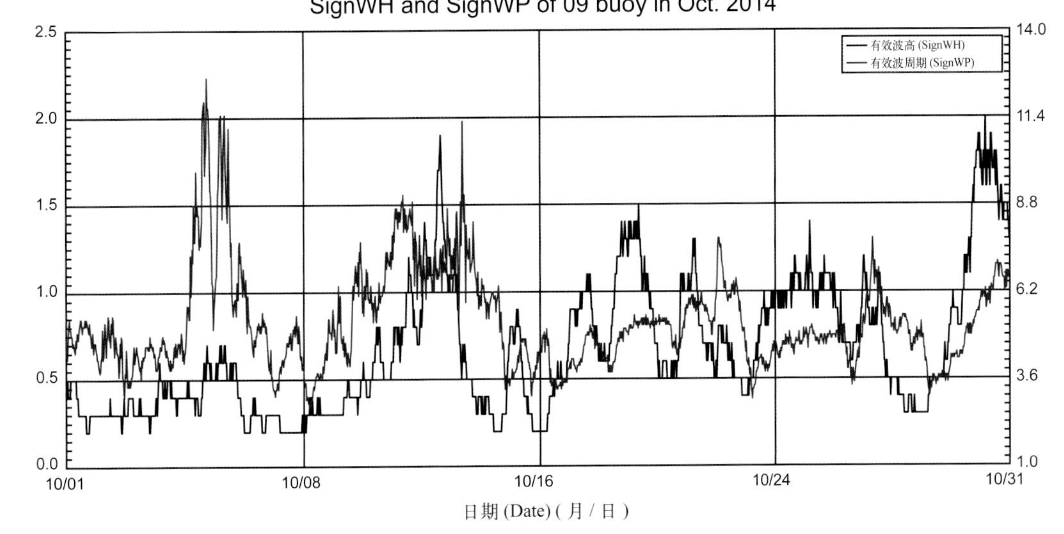

09 号浮标 2014 年 11 月有效波高、有效波周期观测数据曲线
SignWH and SignWP of 09 buoy in Nov. 2014

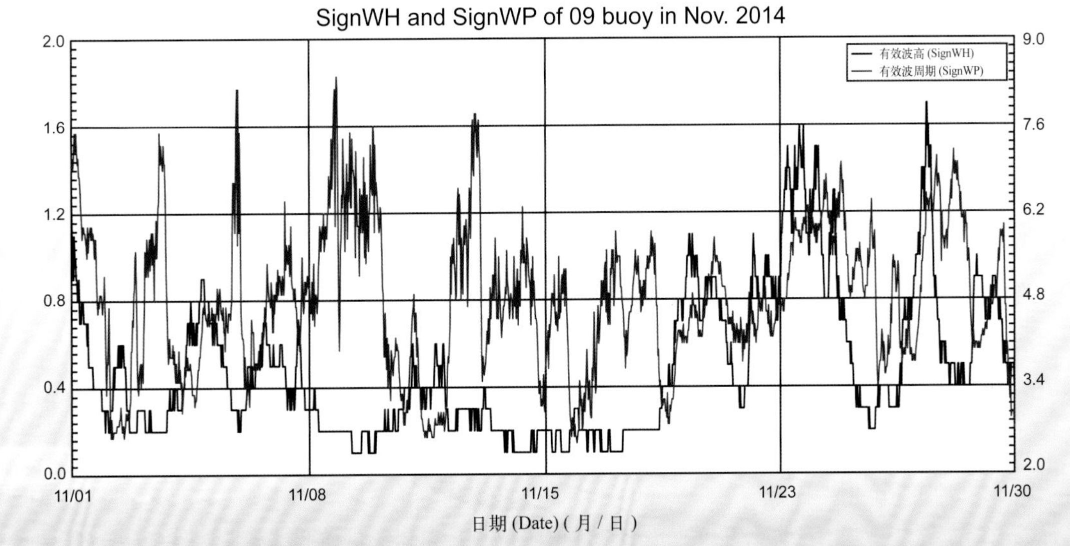

09 号浮标 2014 年 12 月有效波高、有效波周期观测数据曲线
SignWH and SignWP of 09 buoy in Dec. 2014

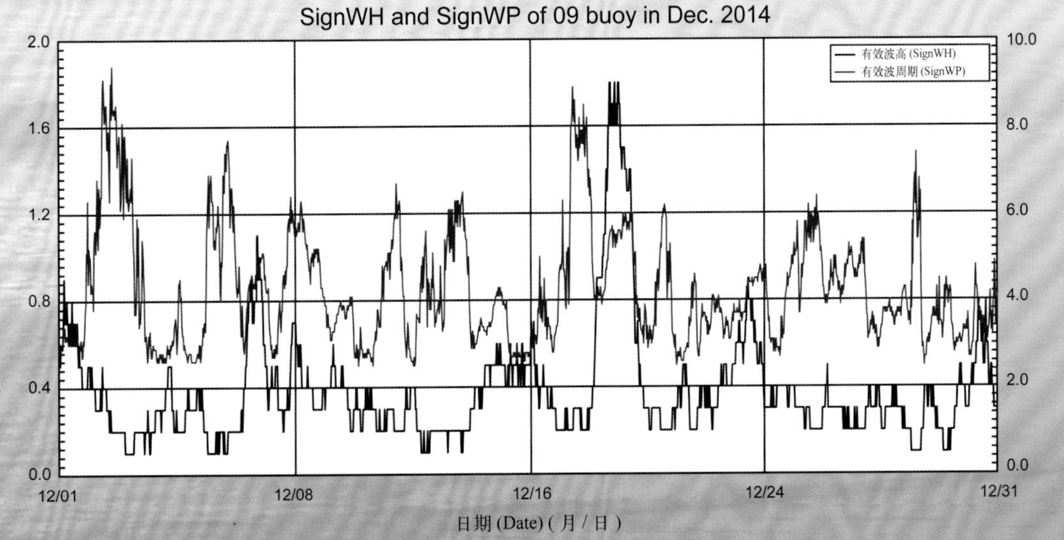

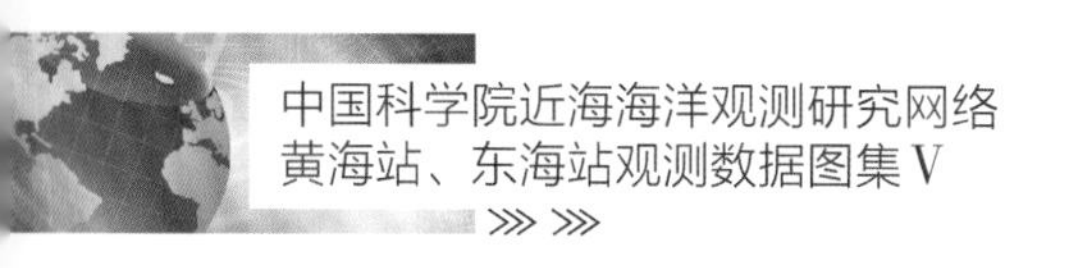

2014年度10号浮标观测数据概述及曲线
（有效波高和有效波周期）

10号浮标位于长江口崇明岛附近海域（31°23′N，121°56′E），是一套直径3 m的圆盘形综合观测平台。可获取的观测参数包括气象、水文和水质，有效波高和有效波周期是水文参数中的重要观测内容。

2014年，东海站10号浮标近乎获取到全年365天的有效波高和有效波周期长序列观测数据。获取数据的区间共三个时间段，具体为1月1日00:00至7月6日15:00、7月7日05:30至10月10日08:30和10月11日11:30至12月31日23:00。

通过对获取数据进行质量控制和分析，10号浮标观测海域2014年度气温、气压数据和季节数据特征如下。年度有效波高平均值为0.5 m，年度有效波周期平均值为4.0 s。测得的年度最大有效波高为2.9 m（10月12日12:00），对应的有效波周期为9.9 s，有效波高≥2 m的海浪持续了17 h（10月12日10:00至13日03:30）；测得的年度最大有效波周期为17.5 s（9月25日04:30）。以2月为冬季代表月，观测海域冬季的平均有效波高为0.6 m，平均有效波周期为4.4 s；以5月为春季代表月，观测海域春季的平均有效波高为0.5 m，平均有效波周期为3.5 s；以8月为夏季代表月，观测海域夏季的平均有效波高为0.5 m，平均有效波周期为4.5 s；以11月为秋季代表月，观测海域秋季的平均有效波高为0.5 m，平均有效波周期为3.7 s。

2014年，10号浮标观测的月平均值、最大值、最小值数据参见表26。从表中可以看出，有效波高平均值最小的月份为1月，有效波高平均值最大的月份为10月，年度最大有效波高（2.9 m）出现在10月；有效波周期平均值最小的月份为1月和5月，有效波周期平均值最大的月份为10月，年度最大有效波周期（17.5 s）出现在9月。

2014年，10号浮标获取到有效波高≥2 m的海浪过程共7次，其中6月、7月和8月各1次，9月和10月各2次。2014年，10号浮标共记录了6次台风过程，分别为6月15日至18日观测到第7号台风“海贝思”、7月8日至10日观测到第8号超强台风“浣熊”、7月23日至26日观测到第10号台风“麦德姆”、7月31日至8月3日观测到第12号台风“娜基莉”、9月21日至24日观测到第16号台风“凤凰”，10月12日至13日观测到第19号台风“黄蜂”。“海贝思”影响期间，观测到的最大有效波高为2.0 m（6月16日12:00），有效波高≥1.0 m的时间持续了14 h（6月16日10:00至24:00），这时间段内平均有效波高为1.1 m，平均有效波周期为4.1 s；“浣熊”影响期间，观测到的最大有效波高为2.4 m（7月9日06:00），对应的有效波周期为9.5 s，其间有效波高≥1.0 m的时间持续了32 h（7月8日16:30至7月10日00:30），这时间段内平均有效波高为1.4 m，平均有效波周期为7.4 s；“麦德姆”影响期间，观测到的最大有效波高为1.7 m（7月24日19:30至21:30），有效波高≥1.0 m的时间持续了19.5 h（7月24日16:30至7月25日12:00），这时间段内平均有效波高为1.3 m，平均有效波周期为3.7 s；“娜基莉”影响期间，观测到的最大有效波高为 2.5 m（8 月 2 日 00:00），有效波高≥ 1.0 m 的时间持续了 61 h（7 月 31 日 10:30 至 8 月 2 日 23:30），这时间段内平均有效波高为 1.5 m，平均有效波周期为 5.9 s；“凤凰”影响期间，观测到的最大有效波高为 2.6 m（9 月 22 日 09:00），其间有效波高≥ 1.0 m 的时间持续了 55.5 h（9 月 21 日 06:30 至 9 月 23 日 14:00），这时间段内平均有效波高为 1.5 m，平均有效波周期为 5.8 s；“黄蜂”影响期间，观测到的最大有效波高为 2.9 m（10 月 12 日 12:00），有效波高≥ 1.0 m 的时间持续了 55 h（10 月 11 日 11:30 至 13 日 18:30），这时间段内平均有效波高为 1.7 m，平均有效波周期为 6.7 s。

表 26　10 号浮标各月有效波高、有效波周期数据情况

月份	有效波高 / m			有效波周期 / s			备注
	平均	最大	最小	平均	最大	最小	
1	0.4	1.5	0.0	3.5	9.6	0.0	
2	0.6	1.9	0.0	4.4	10.9	0.0	冬季代表月
3	0.5	1.6	0.0	3.7	10.3	0.0	
4	0.6	1.8	0.0	3.9	10.6	0.0	
5	0.5	1.9	0.0	3.5	9.5	0.0	春季代表月
6	0.5	2.0	0.0	3.9	10.1	0.0	记录 1 次台风过程，记录 1 次有效波高≥ 2m 过程
7	0.5	2.4	0.0	4.0	13.5	0.0	记录 2 次台风过程，记录 1 次有效波高≥ 2m 过程
8	0.5	2.5	0.0	4.5	13.2	0.0	夏季代表月，记录 1 次台风过程，记录 1 次有效波高≥ 2m 过程
9	0.6	2.6	0.0	4.2	17.5	0.0	记录 1 次台风过程，记录 2 次有效波高≥ 2m 过程
10	0.7	2.9	0.0	5.2	12.9	0.0	记录 1 次台风过程，记录 2 次有效波高≥ 2m 过程
11	0.5	1.7	0.0	3.7	13.5	0.0	秋季代表月
12	0.6	1.7	0.0	3.8	16.6	0.0	

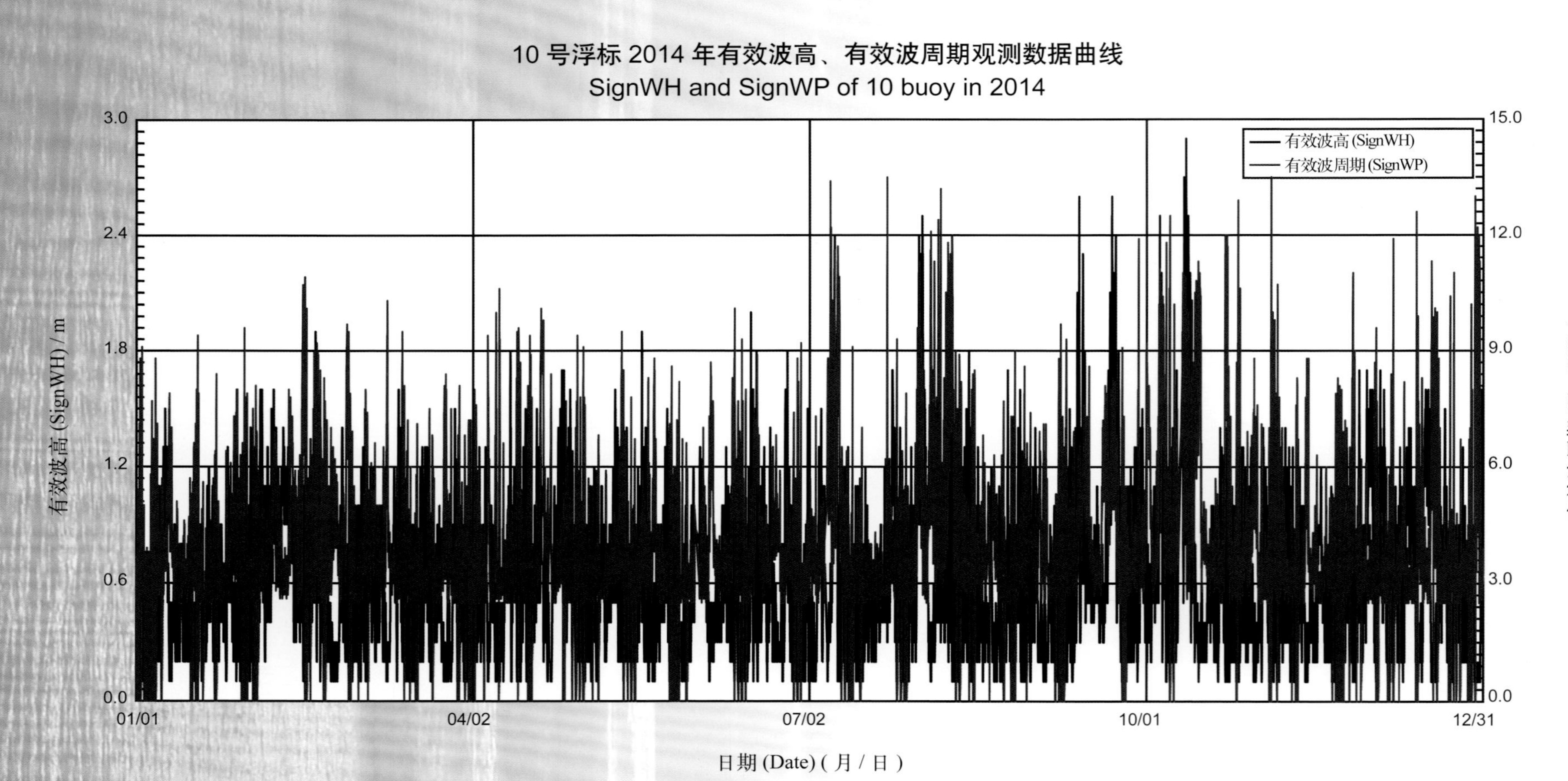
10 号浮标 2014 年有效波高、有效波周期观测数据曲线
SignWH and SignWP of 10 buoy in 2014
有效波高 (SignWH)
有效波周期 (SignWP)
有效波高 (SignWH) / m
有效波周期 (SignWP) / s
日期 (Date) (月 / 日)
0.0
0.6
1.2
1.8
2.4
3.0
0.0
3.0
6.0
9.0
12.0
15.0
01/01
04/02
07/02
10/01
12/31

10 号浮标 2014 年 01 月有效波高、有效波周期观测数据曲线
SignWH and SignWP of 10 buoy in Jan. 2014

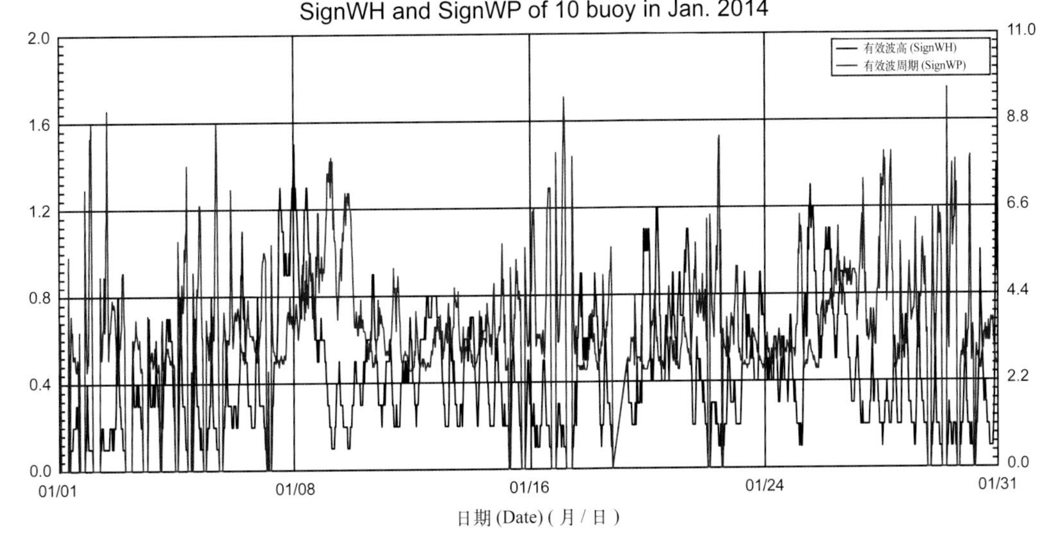

10 号浮标 2014 年 02 月有效波高、有效波周期观测数据曲线
SignWH and SignWP of 10 buoy in Feb. 2014

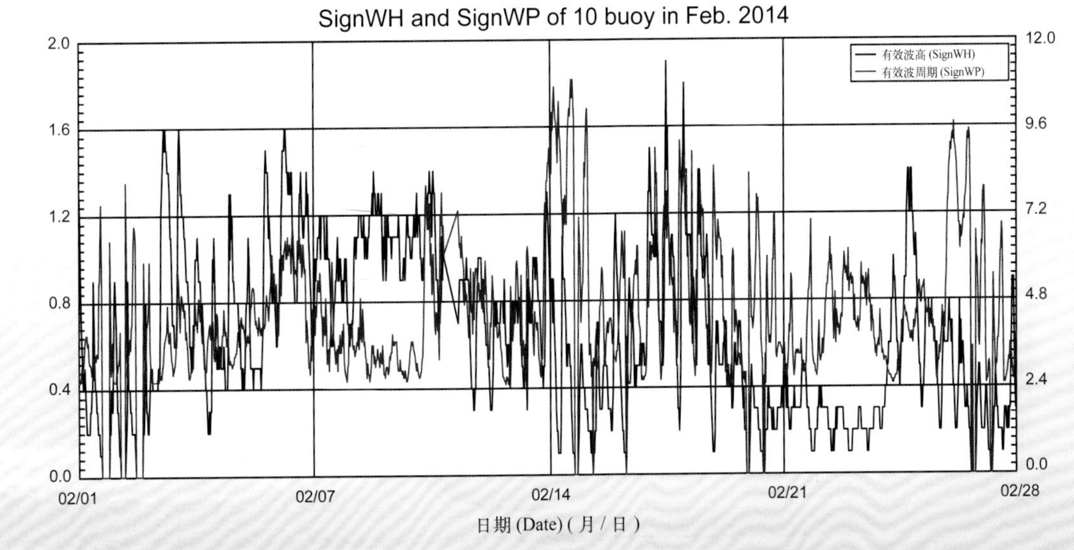

10 号浮标 2014 年 03 月有效波高、有效波周期观测数据曲线
SignWH and SignWP of 10 buoy in Mar. 2014

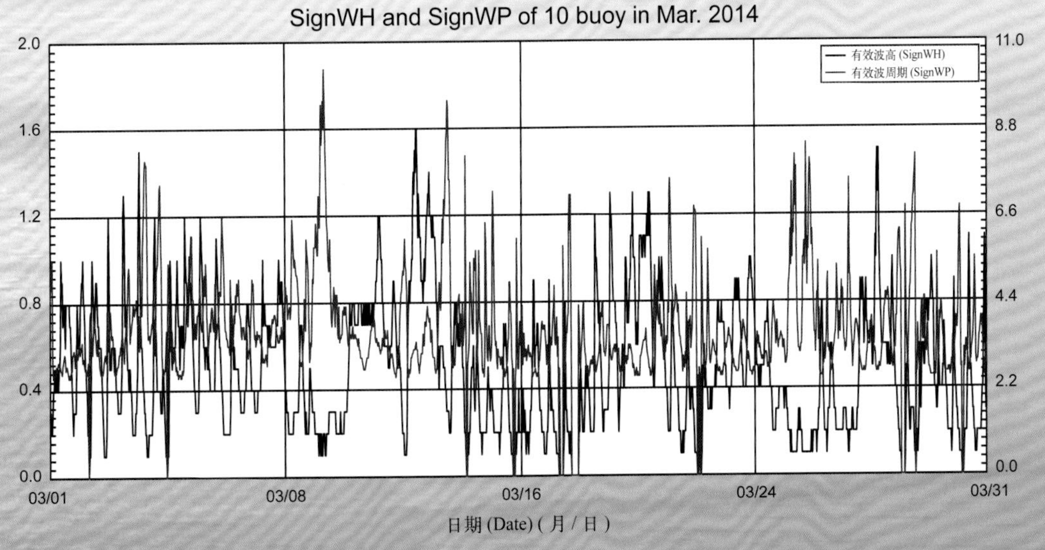

10号浮标2014年04月有效波高、有效波周期观测数据曲线
SignWH and SignWP of 10 buoy in Apr. 2014

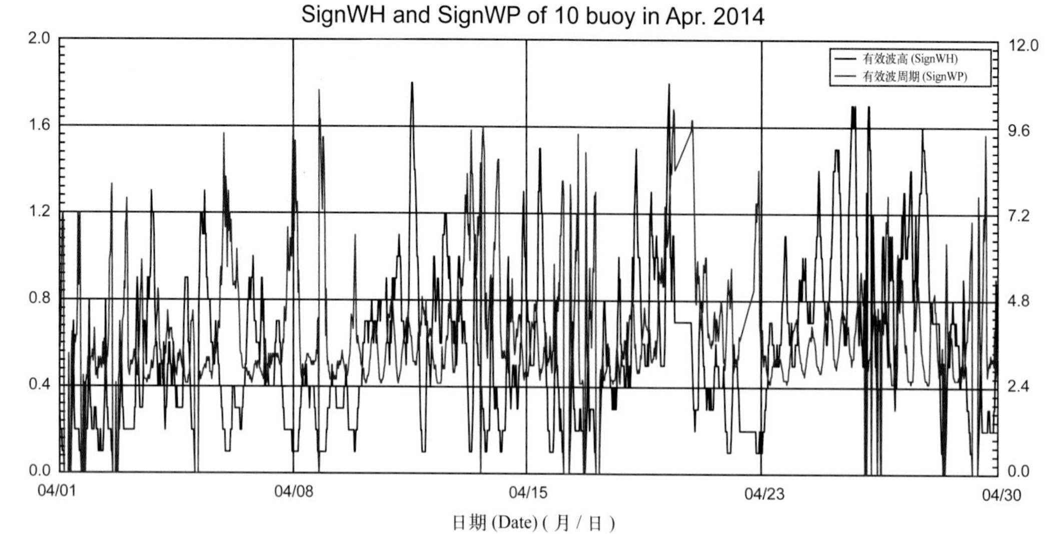

10号浮标2014年05月有效波高、有效波周期观测数据曲线
SignWH and SignWP of 10 buoy in May 2014

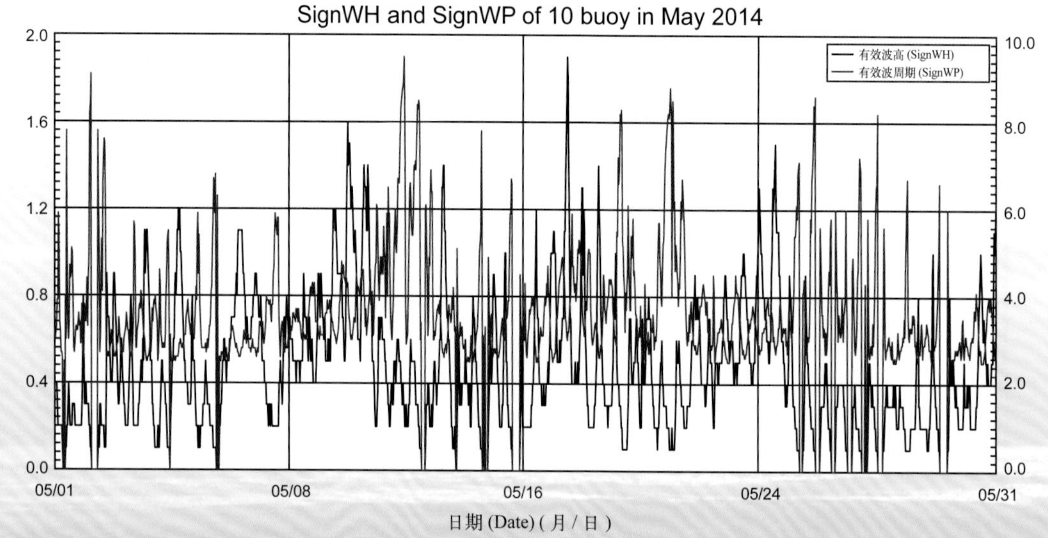

10号浮标2014年06月有效波高、有效波周期观测数据曲线
SignWH and SignWP of 10 buoy in Jun. 2014

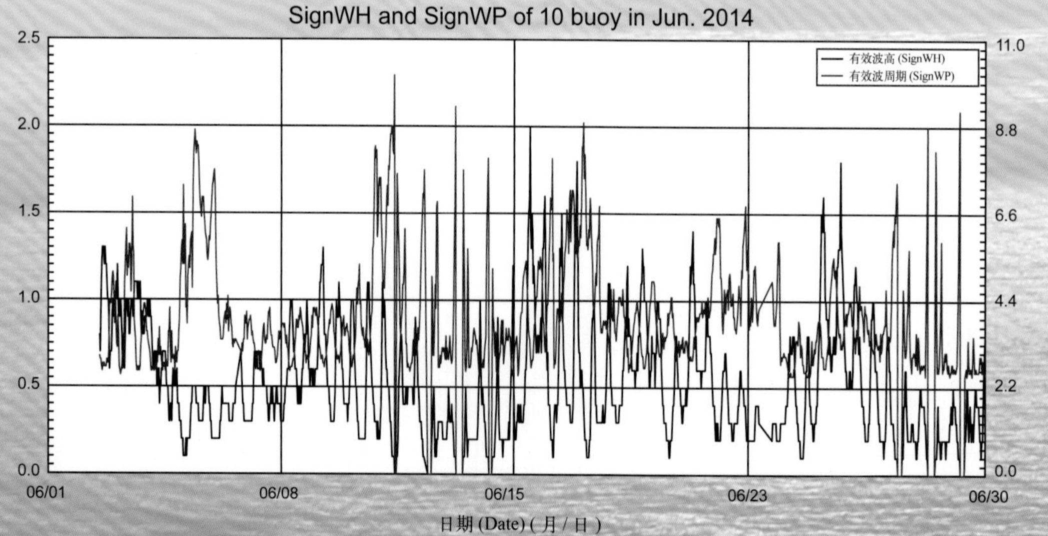

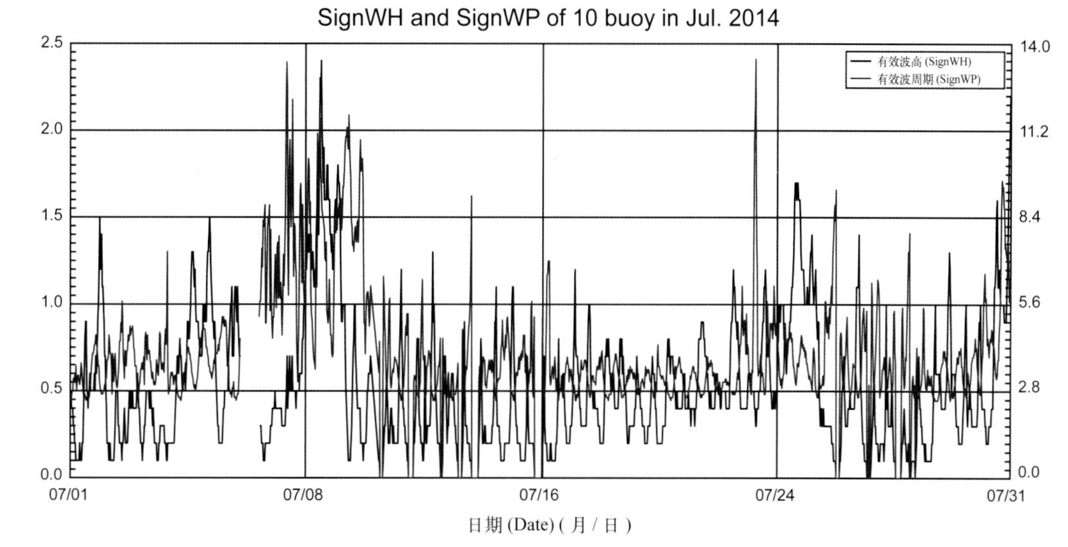
10 号浮标 2014 年 07 月有效波高、有效波周期观测数据曲线
SignWH and SignWP of 10 buoy in Jul. 2014
有效波高 (SignWH)
有效波周期 (SignWP)
有效波高 (SignWH) / m
有效波周期 (SignWP) / s
日期 (Date) (月 / 日)
07/01
07/08
07/16
07/24
07/31

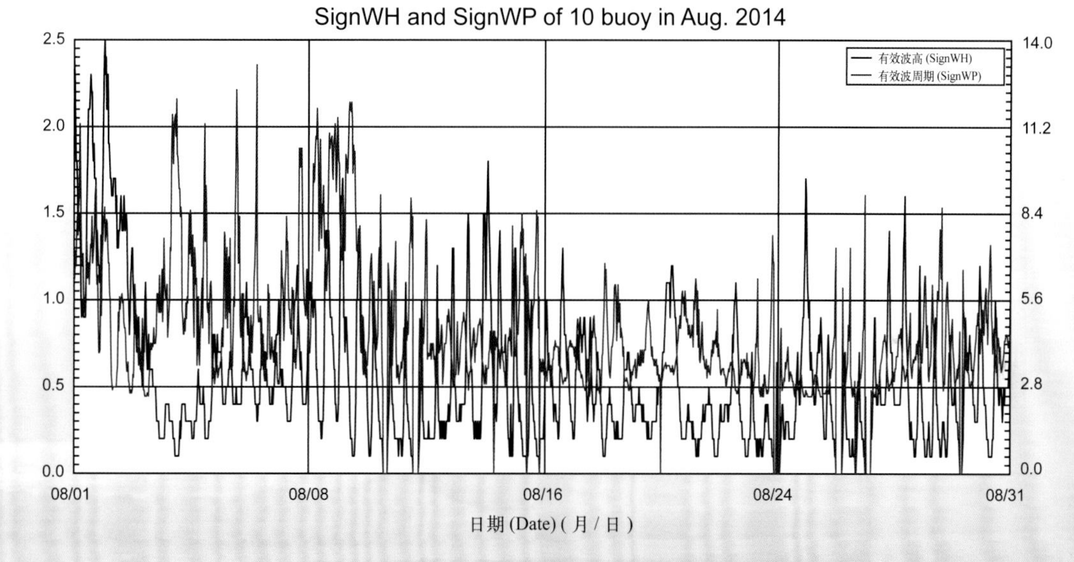
10 号浮标 2014 年 08 月有效波高、有效波周期观测数据曲线
SignWH and SignWP of 10 buoy in Aug. 2014
有效波高 (SignWH)
有效波周期 (SignWP)
有效波高 (SignWH) / m
有效波周期 (SignWP) / s
日期 (Date) (月 / 日)
08/01
08/08
08/16
08/24
08/31

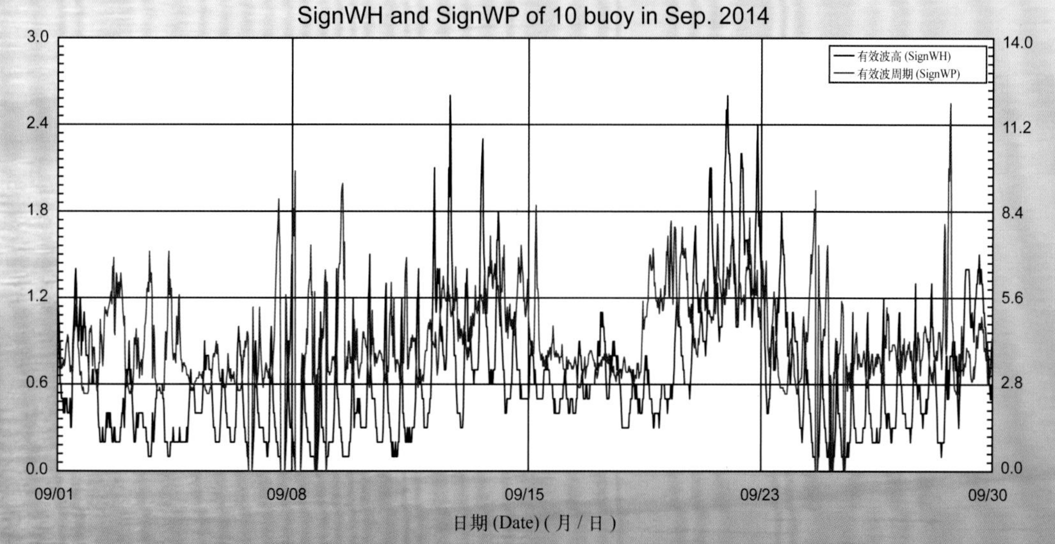
10 号浮标 2014 年 09 月有效波高、有效波周期观测数据曲线
SignWH and SignWP of 10 buoy in Sep. 2014
有效波高 (SignWH)
有效波周期 (SignWP)
有效波高 (SignWH) / m
有效波周期 (SignWP) / s
日期 (Date) (月 / 日)
09/01
09/08
09/15
09/23
09/30

10 号浮标 2014 年 10 月有效波高、有效波周期观测数据曲线
SignWH and SignWP of 10 buoy in Oct. 2014

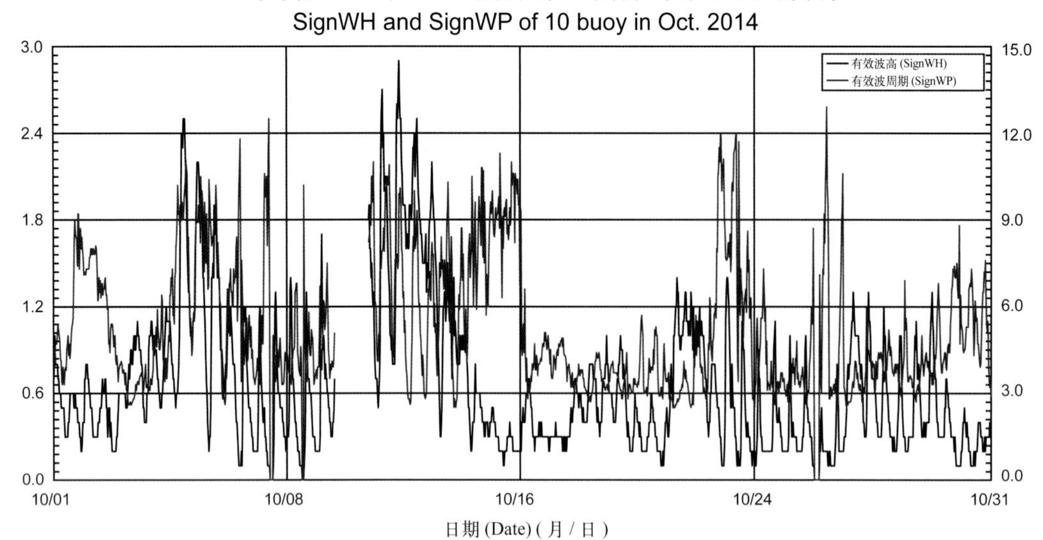

10 号浮标 2014 年 11 月有效波高、有效波周期观测数据曲线
SignWH and SignWP of 10 buoy in Nov. 2014

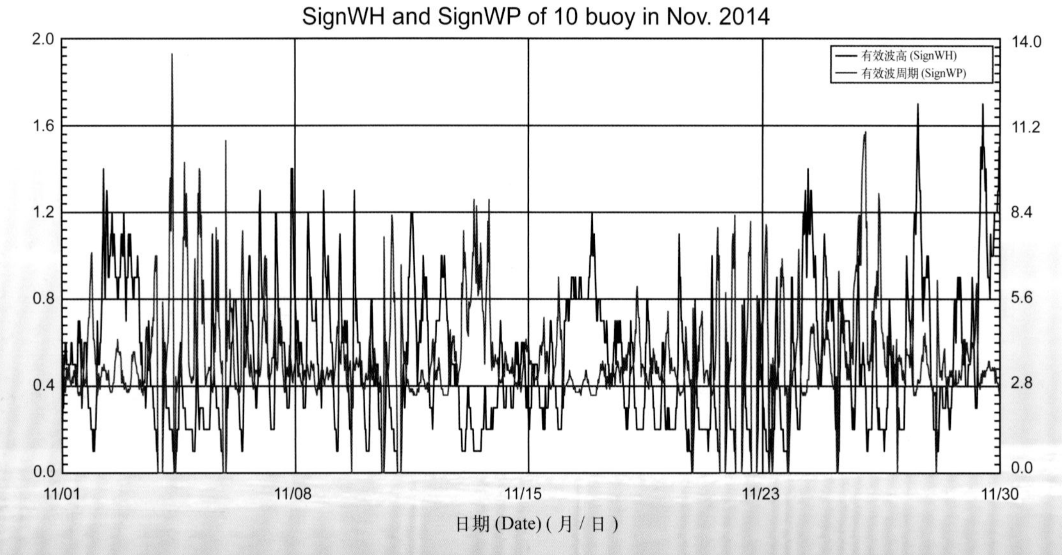

10 号浮标 2014 年 12 月有效波高、有效波周期观测数据曲线
SignWH and SignWP of 10 buoy in Dec. 2014

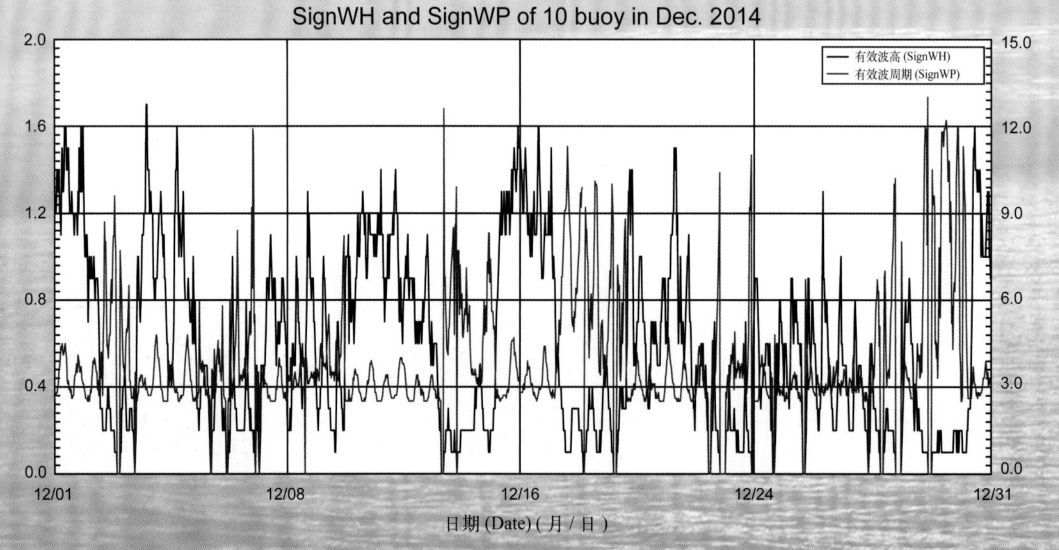

2014 年度 11 号浮标观测数据概述及曲线（有效波高和有效波周期）

11 号浮标位于舟山花鸟岛附近海域（31.00°N，122°49′E），是一套直径 10 m 的圆盘形综合观测平台。可获取的观测参数包括气象、水文和水质，有效波高和有效波周期是水文参数中的重要观测内容。

2014 年，东海站 11 号浮标共获取到 307 天的有效波高和有效波周期长序列观测数据。获取数据的区间共两个时间段，具体为 1 月 1 日 00:00 至 2 月 2 日 02:50 和 4 月 2 日 02:00 至 12 月 31 日 23:00，此外，1 月 17 日至 2 月 2 日及 4 月 2 日至 11 日期间由于浮标通信问题每天均存在一些点次的数据缺测情况。

通过对获取数据进行质量控制和分析，11 号浮标观测海域 2014 年度有效波高、有效波周期数据和季节数据特征如下。年度有效波高平均值为 1.1 m，年度有效波周期平均值为 6.4 s。测得的有效波高范围为 0.2 ~ 5.7 m，最大有效波高获取时间为 10 月 12 日 22:00 至 22:20 和 23:30 至 23:50（台风“黄蜂”期间），对应的有效波周期为 10.1 s 和 10.5 s，有效波高≥ 4 m 的灾害性海浪持续了近 33 h（10 月 12 日 09:00 至 13 日 17:50）；测得的年度最大有效波周期为 15.5 s（7 月 8 日 11:30 至 11:50）。以 5 月为春季代表月，观测海域春季的平均有效波高为 0.7 m，平均有效波周期为 5.8 s；以 8 月为夏季代表月，观测海域夏季的平均有效波高为 1.1 m，平均有效波周期为 6.9 s；以 11 月为秋季代表月，观测海域秋季的平均有效波高为 1.1 m，平均有效波周期为 6.3 s。

2014 年，11 号浮标观测的月平均值、最大值、最小值数据参见表 27。从表中可以看出，有效波高平均值最小的月份为 5 月，年度最小有效波高（0.2 m）出现在 6 月，有效波高平均值最大的月份为 10 月，并且该月份出现年度最大有效波高（5.7 m）；有效波周期平均值最小的月份亦为 5 月，年度最小有效波周期（3.4 s）出现在 1 月，有效波周期平均值最大的月份为 8 月和 10 月，年度最大有效波周期（15.5 s）出现在 7 月。从月度有效波高、有效波周期的变化情况分析，有效波高变化最为剧烈的是 10 月，最大有效波高为 5.7 m，最小有效波高为 0.4 m，变化幅度达 5.3 m；有效波周期变化最为剧烈的是 7 月，最大有效波周期为 15.5 s，最小有效波周期为 3.9 s，变化幅度达 11.6 s。比较而言，有效波高变化幅度较小的月份是 5 月，最大有效波高为 1.8 m，最小有效波高为 0.3 m，变化幅度为 1.5 m；有效波周期变化幅度较小的月份是 4 月，最大有效波周期为 9.1 s，最小有效波周期为 4.3 s，变化幅度为 4.8 s。

表 27　11 号浮标各月有效波高、有效波周期数据情况

月份	有效波高 / m			有效波周期 / s			备注
	平均	最大	最小	平均	最大	最小	
1	1.1	3.5	0.3	5.9	8.7	3.4	通信故障，缺测少量数据
2	—	—	—	—	—	—	冬季代表月，系统故障，仅 2 天数据，未进行统计
3	—	—	—	—	—	—	系统故障，无数据
4	1.1	2.8	0.3	6.4	9.1	4.3	缺测少量数据
5	0.7	1.8	0.3	5.8	10.3	3.6	春季代表月
6	0.8	1.8	0.2	5.9	8.9	3.7	记录 1 次台风过程
7	1.0	5.1	0.3	6.7	15.5	3.9	记录 2 次台风过程，记录 1 次有效波高≥ 4m 过程
8	1.1	5.1	0.3	6.9	13.4	3.7	夏季代表月，记录 1 次台风过程，记录 1 次有效波高≥ 4m 过程
9	1.2	4.1	0.3	6.5	11.5	4.4	记录 1 次台风过程，记录 1 次有效波高≥ 4m 过程
10	1.5	5.7	0.4	6.9	11.3	3.5	记录 1 次台风过程，记录 1 次有效波高≥ 4m 过程
11	1.1	2.7	0.4	6.3	11.0	3.8	秋季代表月
12	1.4	3.7	0.3	6.3	9.9	3.6	

2014 年，11 号浮标获取到有效波高≥ 4 m 的灾害性海浪过程共 4 次，分别为 7 月 9 日（台风“浣熊”影响）、8 月 1 日至 2 日（台风“娜基莉”影响）、9 月 23 日（台风“凤凰”影响）、10 月 11 日至 13 日（台风“黄蜂”影响）。

2014 年，11 号浮标共记录了 6 次台风过程。第一次台风过程，受第 7 号台风“海贝思”影响，有效波高从 6 月 16 日 19:50 开始增大至 1.5 m 以上，最大有效波高为 1.8 m（6 月 16 日 21:30 至 21:50），有效波高≥ 1.5 m 的海浪间断性地累计持续了 32.7 h，累计时间段内的平均有效波高为 1.6 m，平均有效波周期为 6.51 s；第二次台风过程，受第 8 号台风“浣熊”影响，有效波高从 7 月 9 日 02:20 开始增大至 4.0 m 以上，最大有效波高为 5.1 m（7 月 9 日 06:30 至 06:50），有效波高≥ 4.0 m 的海浪一直持续到 7 月 9 日 10:40，其间平均有效波高为 4.4 m，平均有效波周期为 10.0 s；第三次台风过

程，受第 10 号台风“麦德姆”影响，有效波高从 7 月 24 日 19:00 开始增大至 2.0 m 以上，最大有效波高为 3.0 m（7 月 25 日 07:00 至 07:20），有效波高≥ 2.0 m 的海浪一直持续到 7 月 25 日 11:20，其间平均有效波高为 2.4 m，平均有效波周期为 6.9 s；第四次台风过程，受第 12 号台风“娜基莉”影响，有效波高从 8 月 1 日 09:30 开始增大至 4.0 m 以上，最大有效波高为 5.1 m（8 月 1 日 21:10），有效波高≥ 4.0 m 的海浪一直持续到 8 月 2 日 02:20，其间平均有效波高为 4.2 m，平均有效波周期为 9.1 s；第五次台风过程，受第 16 号台风“凤凰”影响，有效波高从 9 月 22 日 05:20 开始增大至 3.0 m 以上，最大有效波高为 4.1 m（9 月 23 日 00:30 至 00:50），有效波高≥ 3.0 m 的海浪一直持续到 9 月 23 日 09:50，其间平均有效波高为 3.3 m，平均有效波周期为 7.7 s；第六次台风过程，受第 19 号超强台风“黄蜂”影响，有效波高从 10 月 11 日 23:00 开始增大至 4.0 m 以上，最大有效波高为 5.7 m（10 月 12 日 22:00 至 22:20、23:30 至 23:50），有效波高≥ 4.0 m 的海浪一直持续到 10 月 13 日 18:50，其间平均有效波高为 4.7 m，平均有效波周期为 9.8 s。

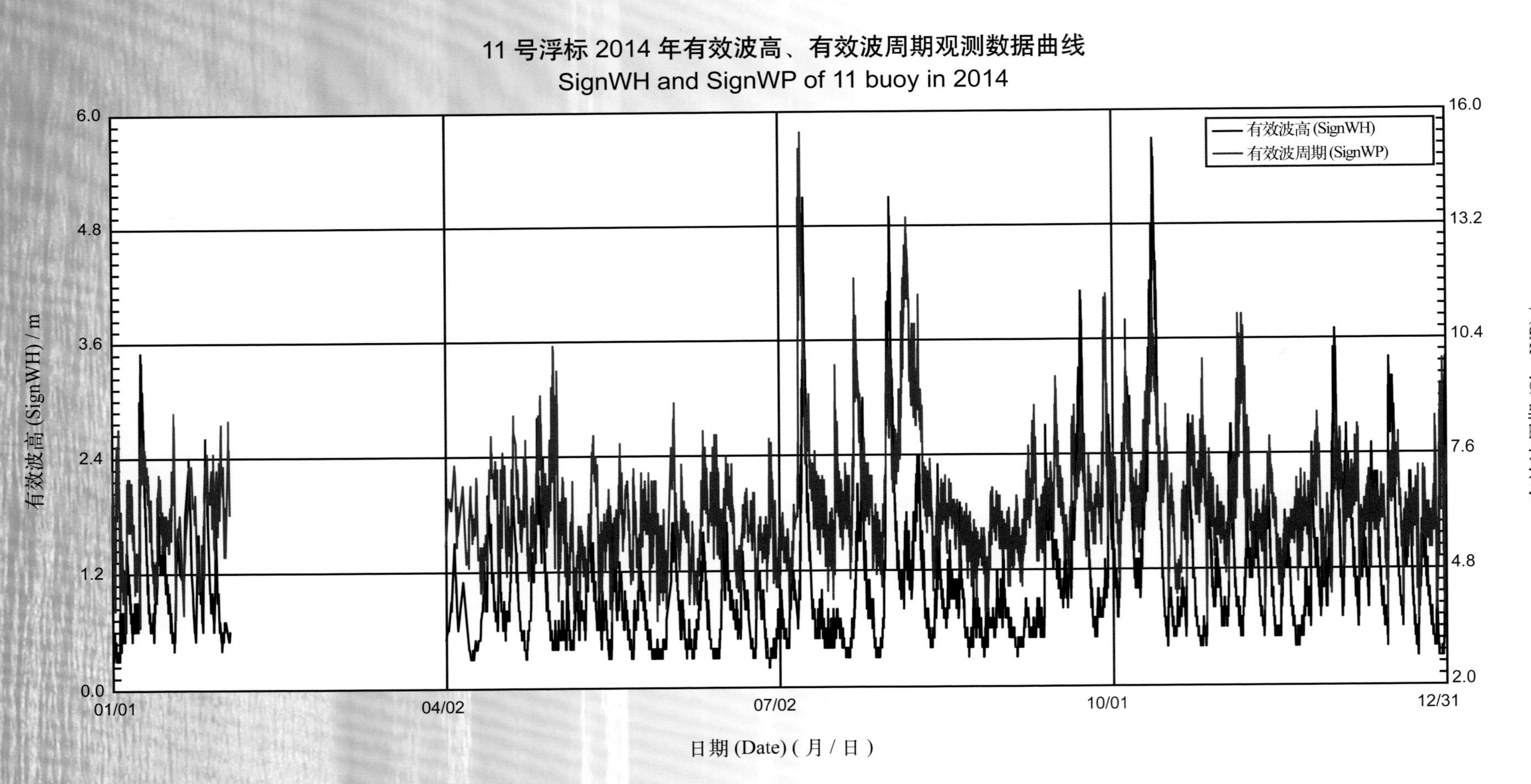
11 号浮标 2014 年有效波高、有效波周期观测数据曲线
SignWH and SignWP of 11 buoy in 2014
有效波高 (SignWH)
有效波周期 (SignWP)
有效波高 (SignWH) / m
有效波周期 (SignWP) / s
0.0
1.2
2.4
3.6
4.8
6.0
2.0
4.8
7.6
10.4
13.2
16.0
01/01
04/02
07/02
10/01
12/31
日期 (Date) (月 / 日)

11 号浮标 2014 年 01 月有效波高、有效波周期观测数据曲线
SignWH and SignWP of 11 buoy in Jan. 2014

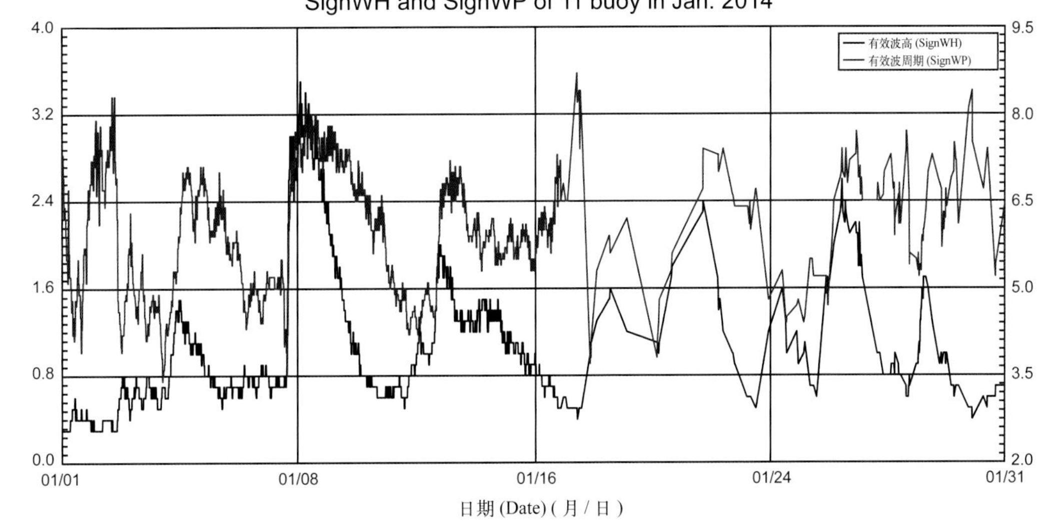

11 号浮标 2014 年 04 月有效波高、有效波周期观测数据曲线
SignWH and SignWP of 11 buoy in Apr. 2014

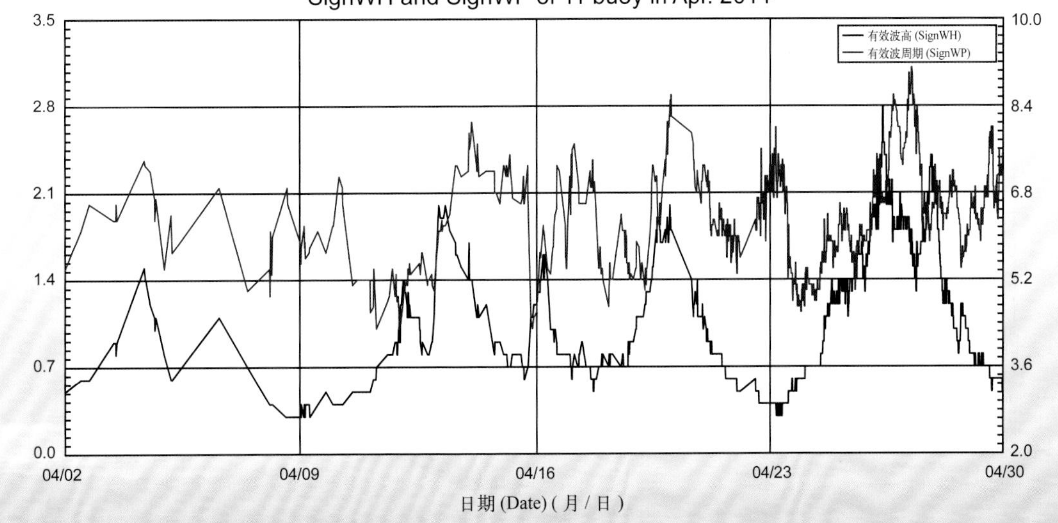

11 号浮标 2014 年 05 月有效波高、有效波周期观测数据曲线
SignWH and SignWP of 11 buoy in May 2014

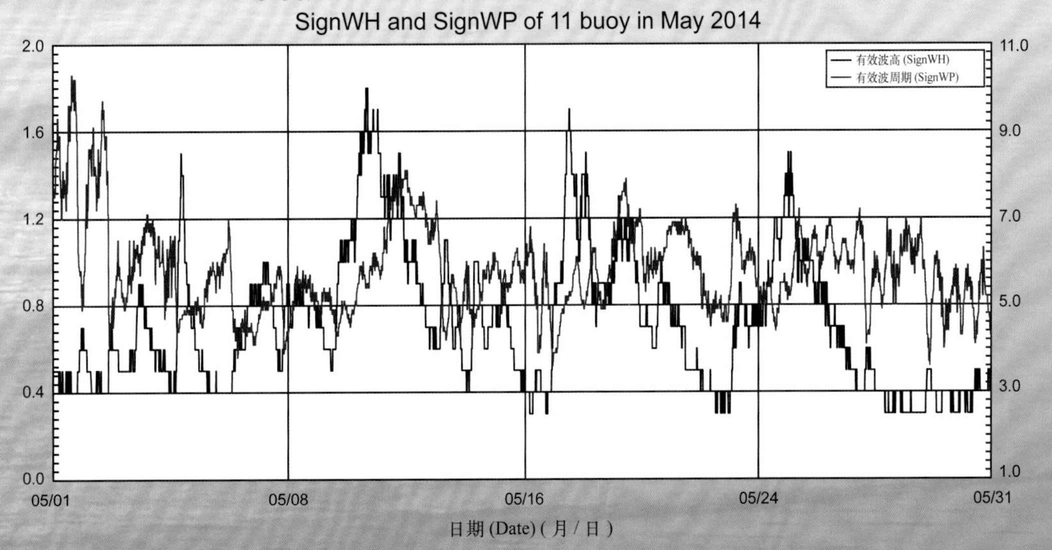

11 号浮标 2014 年 06 月有效波高、有效波周期观测数据曲线
SignWH and SignWP of 11 buoy in Jun. 2014

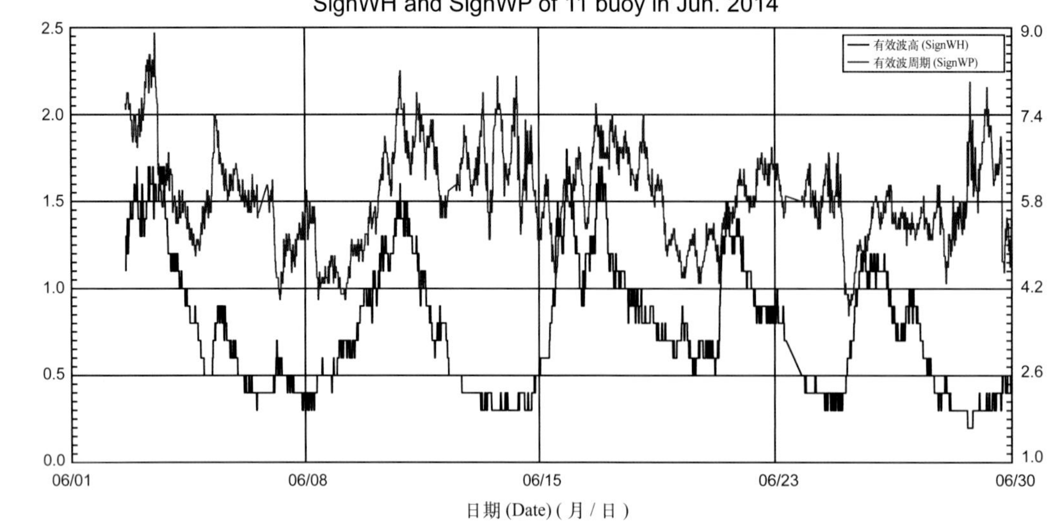

11 号浮标 2014 年 07 月有效波高、有效波周期观测数据曲线
SignWH and SignWP of 11 buoy in Jul. 2014

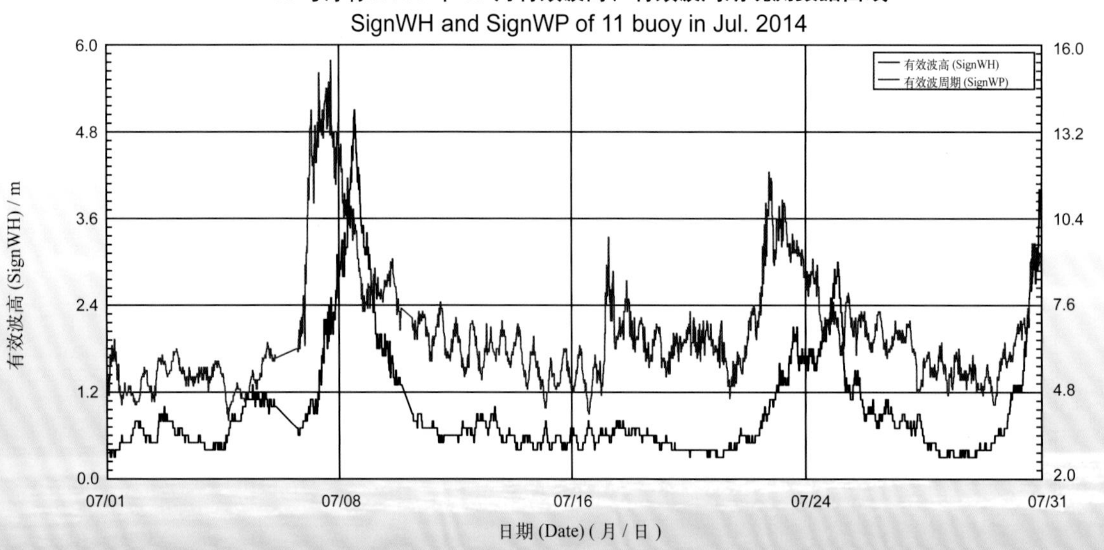

11 号浮标 2014 年 08 月有效波高、有效波周期观测数据曲线
SignWH and SignWP of 11 buoy in Aug. 2014

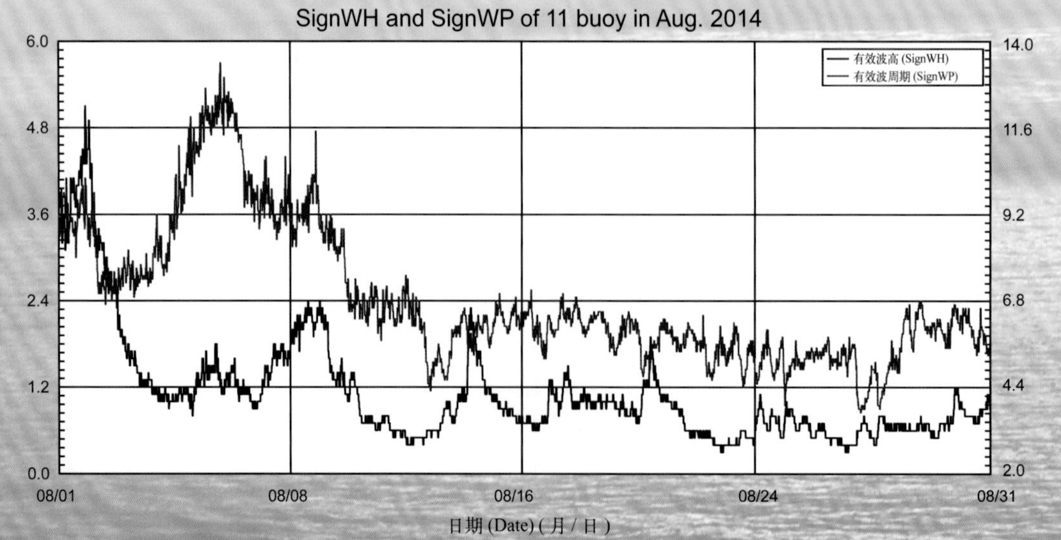

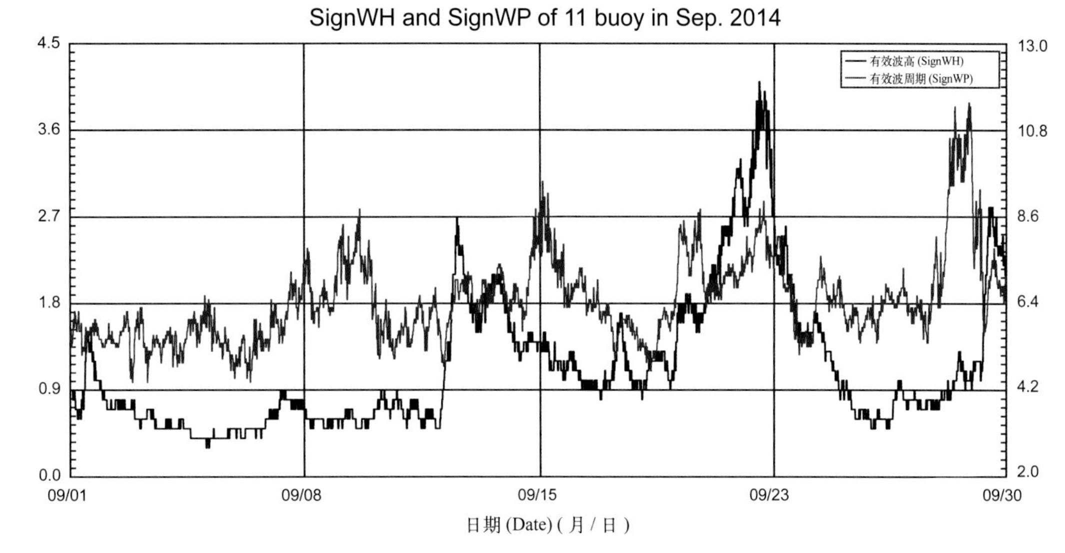
11 号浮标 2014 年 09 月有效波高、有效波周期观测数据曲线
SignWH and SignWP of 11 buoy in Sep. 2014
有效波高 (SignWH)
有效波周期 (SignWP)
有效波高 (SignWH) / m
有效波周期 (SignWP) / s
4.5
3.6
2.7
1.8
0.9
0.0
13.0
10.8
8.6
6.4
4.2
2.0
09/01
09/08
09/15
09/23
09/30
日期 (Date) (月 / 日)

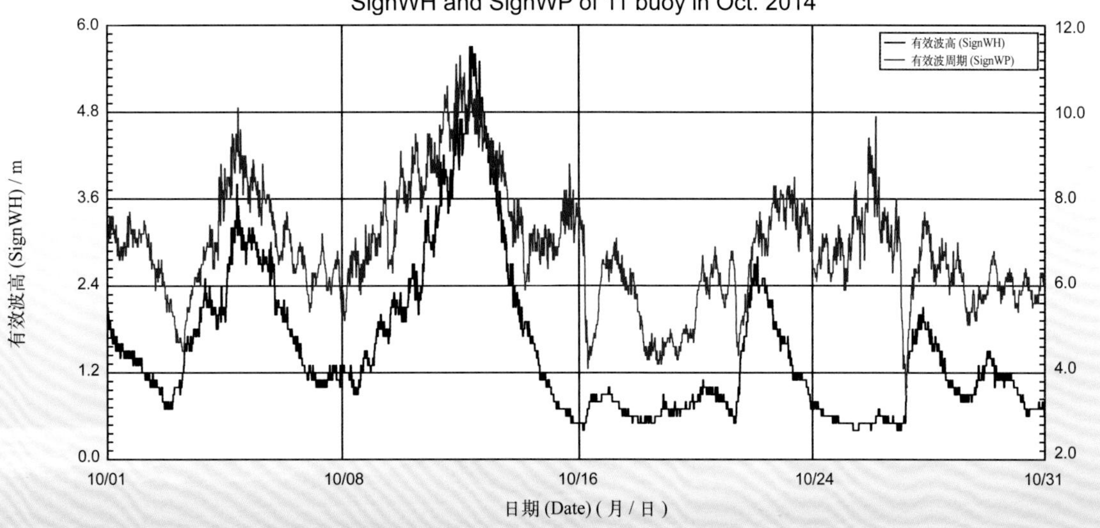
11 号浮标 2014 年 10 月有效波高、有效波周期观测数据曲线
SignWH and SignWP of 11 buoy in Oct. 2014
有效波高 (SignWH)
有效波周期 (SignWP)
有效波高 (SignWH) / m
有效波周期 (SignWP) / s
6.0
4.8
3.6
2.4
1.2
0.0
12.0
10.0
8.0
6.0
4.0
2.0
10/01
10/08
10/16
10/24
10/31
日期 (Date) (月 / 日)

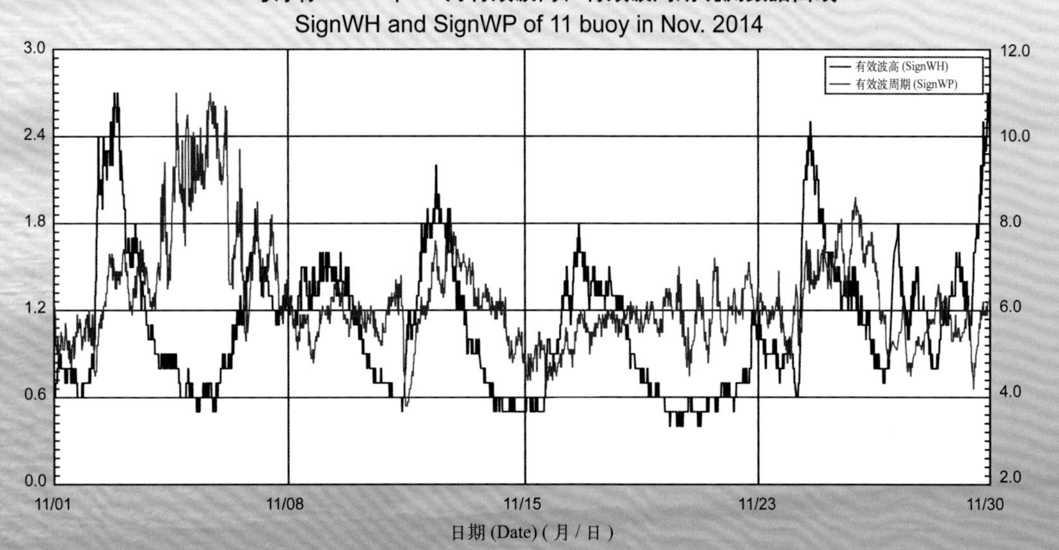
11 号浮标 2014 年 11 月有效波高、有效波周期观测数据曲线
SignWH and SignWP of 11 buoy in Nov. 2014
有效波高 (SignWH)
有效波周期 (SignWP)
有效波高 (SignWH) / m
有效波周期 (SignWP) / s
3.0
2.4
1.8
1.2
0.6
0.0
12.0
10.0
8.0
6.0
4.0
2.0
11/01
11/08
11/15
11/23
11/30
日期 (Date) (月 / 日)

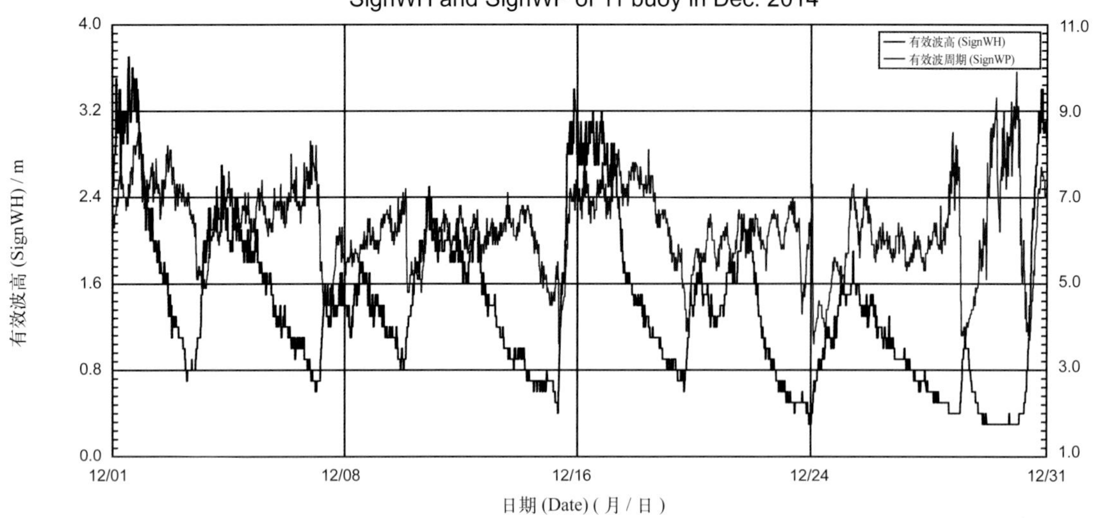
11 号浮标 2014 年 12 月有效波高、有效波周期观测数据曲线
SignWH and SignWP of 11 buoy in Dec. 2014
有效波高 (SignWH)
有效波周期 (SignWP)
有效波高 (SignWH) / m
有效波周期 (SignWP) / s
日期 (Date) (月 / 日)
4.0
3.2
2.4
1.6
0.8
0.0
11.0
9.0
7.0
5.0
3.0
1.0
12/01
12/08
12/16
12/24
12/31

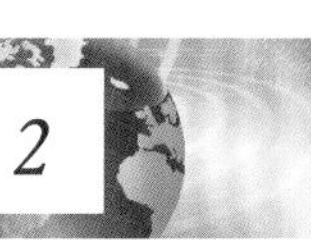

2014 年度 12 号浮标观测数据概述及曲线（有效波高和有效波周期）

12 号浮标位于东海舟山黄泽洋附近海域（30°30′N，122°33′E），是一套船形综合观测平台。可获取的观测参数包括气象、水文和水质，有效波高和有效波周期是水文参数中的重要观测内容。

2014 年，东海站 12 号浮标共获取到 184 天的有效波高和有效波周期长序列观测数据，获取的观测数据区间共四个时间段，具体为 1 月 1 日 00:00 至 3 月 26 日 16:10、3 月 29 日 09:30 至 6 月 25 日 23:00、6 月 29 日 07:00 至 7 月 5 日 05:40 和 12 月 19 日 09:30 至 12 月 31 日 23:50。

通过对获取数据进行质量控制和分析，12 号浮标观测海域 2014 年度有效波高、有效波周期数据和季节数据特征如下。年度有效波高平均值为 0.7 m，年度有效波周期平均值为 6.5 s。测得的最大有效波高为 2.5 m（2 月 25 日 16:30 至 16:50），对应的有效波周期为 6.6 s。测得的年度最大有效波周期和最小有效波周期分别为 13.1 s（1 月 1 日 02:30 至 02:50）和 3.6 s（1 月 8 日 08:30 至 08:50 和 10:00 至 10:20）。以 2 月为冬季代表月，观测海域冬季的平均有效波高为 1.1 m，平均有效波周期为 7.1 s；以 5 月为春季代表月，观测海域春季的平均有效波高为 0.6 m，平均有效波周期为 6.4 s。6 月之后波浪传感器故障。

2014 年，12 号浮标观测的月平均值、最大值、最小值数据参见表 28。从数据表中可以看出，有效波高平均值最小的月份为 5 月，年度最小有效波高（0.1 m）出现在 1 月，有效波高平均值最大的月份为 2 月，年度最大有效波高（2.5 m）出现在 2 月；有效波周期平均值最小的月份为 1 月，并且在该月出现年度最小波周期（3.6 s），有效波周期平均值最大的月份为 2 月，年度最大有效波周期（13.1 s）出现在 1 月。从月度有效波高、有效波周期的变化情况分析，有效波高变化最为剧烈的是 2 月，最大有效波高为 2.5 m，最小有效波高为 0.3 m，变化幅度达 2.2 m；有效波周期变化最为剧烈的是 1 月，最大有效波周期为 13.1 s，最小有效波周期为 3.6 s，变化幅度达 9.5 s。比较而言，有效波高变化幅度较小的月份是 3 月和 5 月，最大有效波高均为 1.8 m，最小有效波高均为 0.2 m，变化幅度均为 1.6 m；有效波周期变化幅度较小的月份是 6 月，最大有效波周期为 9.4 s，最小有效波周期为 3.9 s，变化幅度为 5.5 s。

2014 年，12 号浮标获取到有效波高≥ 2.0 m 的海浪过程共 6 次，分别为 2 月 4 次，4 月和 6 月各 1 次。2014 年 6 月，12 号浮标获取到第 7 号台风“海贝思”的相关海浪数据，获取到的最大有效波高为 2.1 m（6 月 16 日 21:30 至 22:20），其间有效波高≥ 1.0 m 的海浪过程持续了近 18.5 h（6 月 16 日 09:30 至 17 日 03:50），这时间段内平均有效波高为 1.3 m，平均有效波周期为 5.7 s。

表 28　12 号浮标各月有效波高、有效波周期数据情况

月份	有效波高 / m			有效波周期 / s			备注
	平均	最大	最小	平均	最大	最小	
1	0.6	1.9	0.1	6.2	13.1	3.6	
2	1.1	2.5	0.3	7.1	10.0	4.4	冬季代表月，记录 4 次有效波高≥ 2m 过程
3	0.7	1.8	0.2	6.4	10.2	3.7	
4	0.7	2.2	0.2	6.6	10.3	3.8	记录 1 次有效波高≥ 2m 过程
5	0.6	1.8	0.2	6.4	11.0	3.9	春季代表月
6	0.6	2.1	0.2	6.3	9.4	3.9	记录 1 次台风过程，记录 1 次有效波高≥ 2m 过程
7	—	—	—	—	—	—	传感器故障，只有 5 天数据
8	—	—	—	—	—	—	传感器故障，无数据
9	—	—	—	—	—	—	传感器故障，无数据
10	—	—	—	—	—	—	传感器故障，无数据
11	—	—	—	—	—	—	传感器故障，无数据
12	—	—	—	—	—	—	传感器故障，无数据

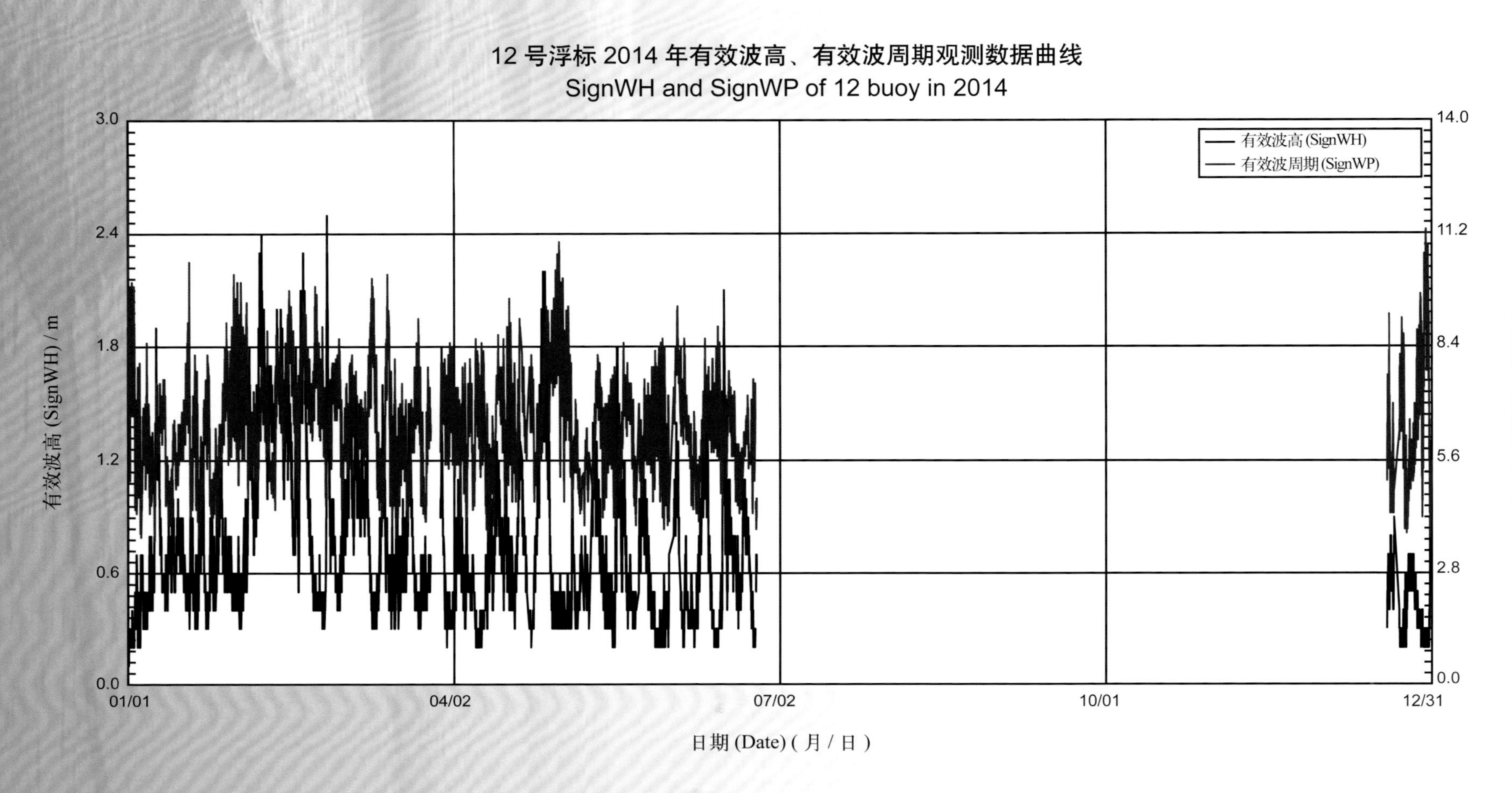
12 号浮标 2014 年有效波高、有效波周期观测数据曲线
SignWH and SignWP of 12 buoy in 2014
有效波高 (SignWH)
有效波周期 (SignWP)
有效波高 (SignWH) / m
3.0
2.4
1.8
1.2
0.6
0.0
14.0
11.2
8.4
5.6
2.8
0.0
01/01
04/02
07/02
10/01
12/31
日期 (Date) (月 / 日)

有效波周期 (SignWP) / s

12 号浮标 2014 年 01 月有效波高、有效波周期观测数据曲线
SignWH and SignWP of 12 buoy in Jan. 2014

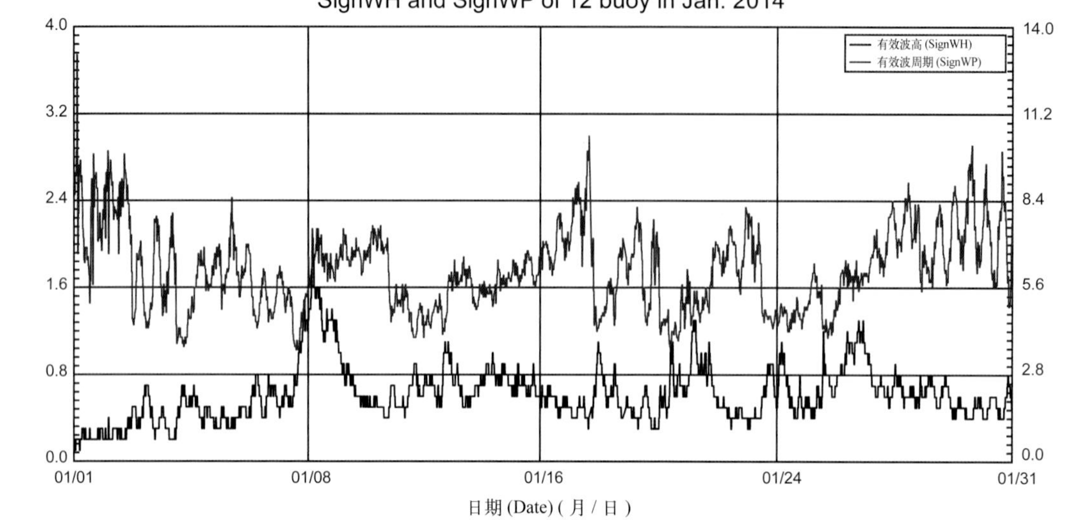

12 号浮标 2014 年 02 月有效波高、有效波周期观测数据曲线
SignWH and SignWP of 12 buoy in Feb. 2014

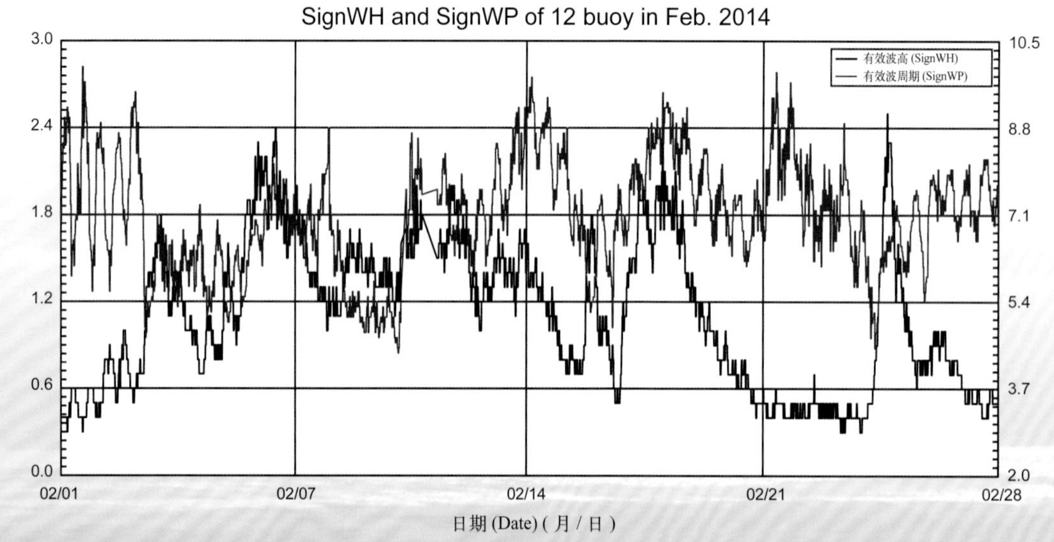

12 号浮标 2014 年 03 月有效波高、有效波周期观测数据曲线
SignWH and SignWP of 12 buoy in Mar. 2014

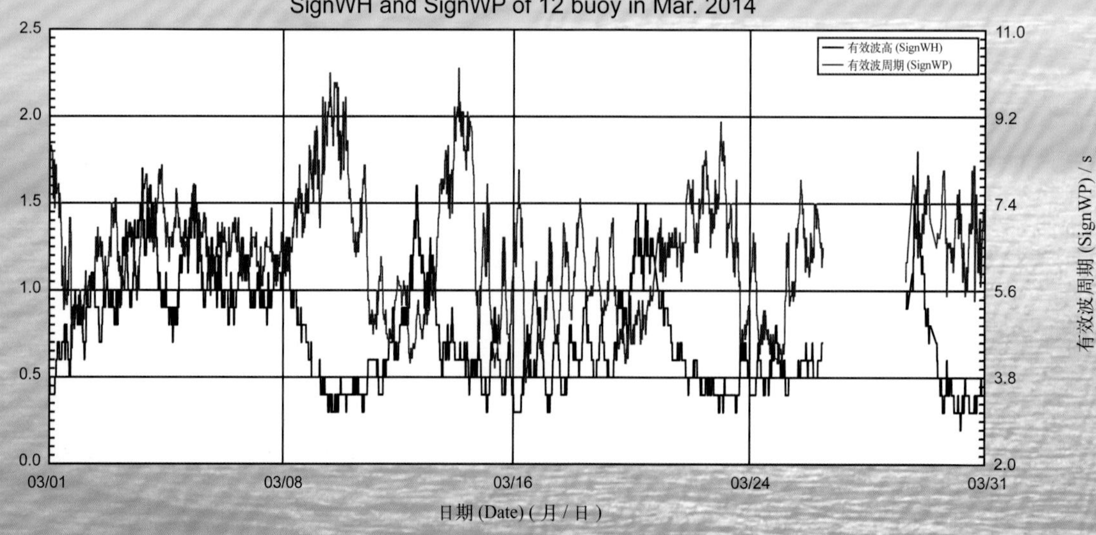

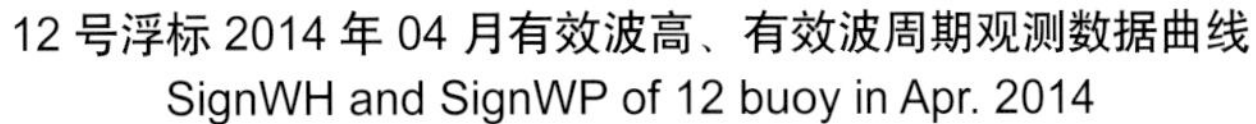

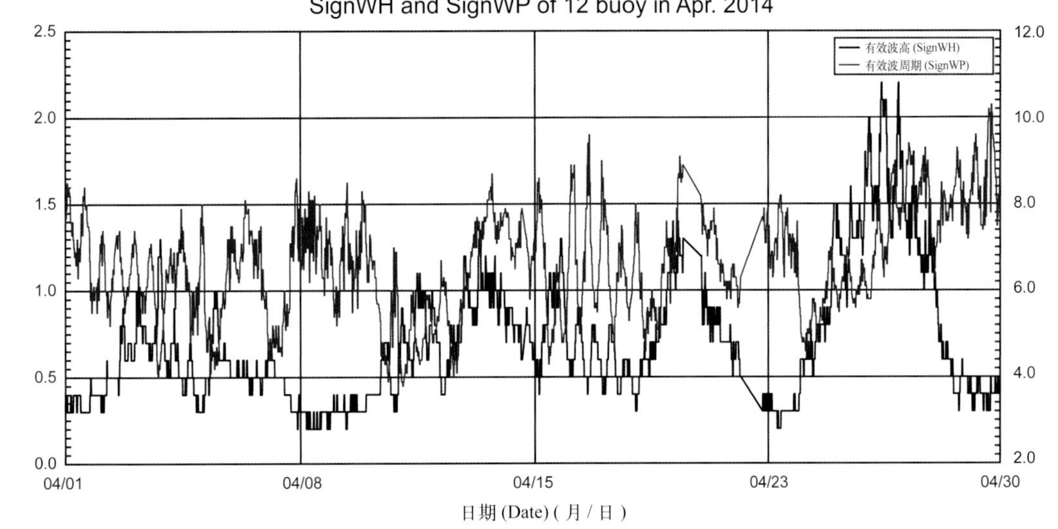

12 号浮标 2014 年 05 月有效波高、有效波周期观测数据曲线
SignWH and SignWP of 12 buoy in May 2014

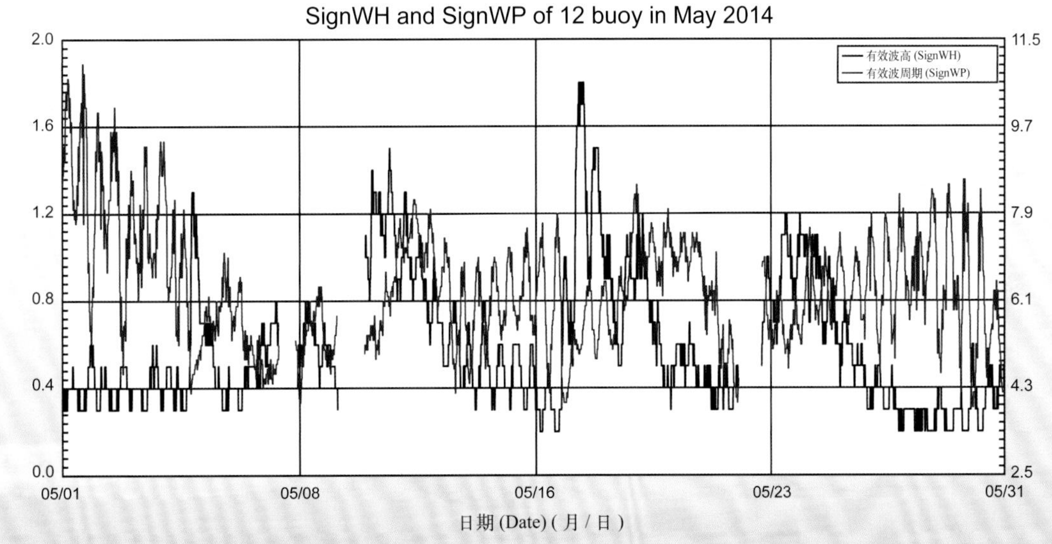

12 号浮标 2014 年 06 月有效波高、有效波周期观测数据曲线
SignWH and SignWP of 12 buoy in Jun. 2014

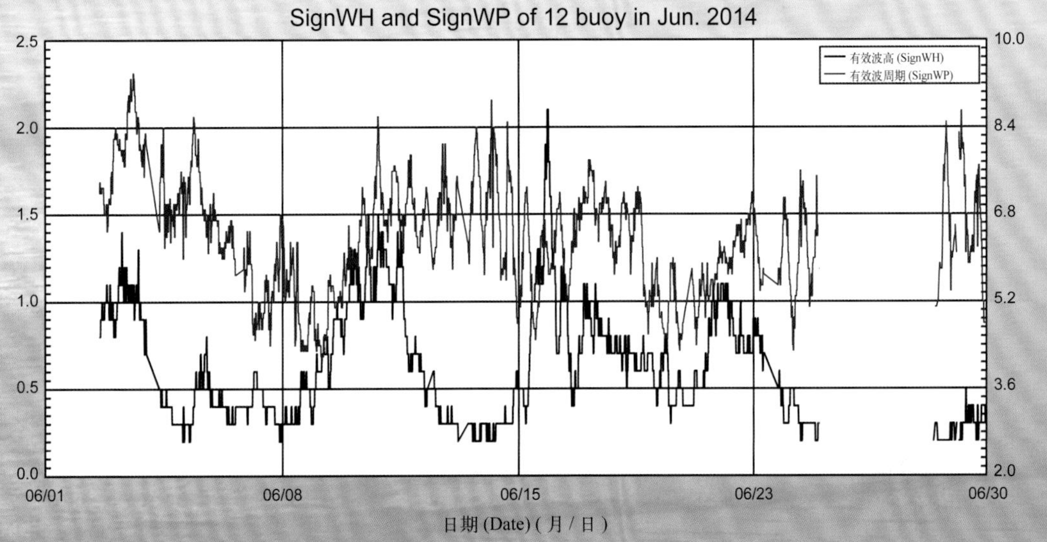

2014年度14号浮标观测数据概述及曲线
（有效波高和有效波周期）

14号浮标位于东海长江口外海海域（31°06′N，122°32′E），是一套船形综合观测平台。可获取的观测参数包括气象、水文和水质，有效波高和有效波周期是水文参数中的重要观测内容。

2014年，东海站14号浮标共获取到346天的有效波高和有效波周期长序列观测数据。获取数据的区间共两个时间段，具体为1月1日00:00至2月26日14:00和3月18日13:30至12月31日23:50。

通过对获取数据进行质量控制和分析，14号浮标观测海域2014年度气温、气压数据和季节数据特征如下。年度有效波高平均值为0.9 m，年度有效波周期平均值为6.5 s。测得的有效波高范围为0.2 ~ 4.9 m，年度最大有效波高获取时间为7月9日07:30至07:50，对应的有效波周期为11.3 s，有效波高≥ 4 m的灾害性海浪持续了5.3 h（7月9日04:00至09:20）；测得的年度最大有效波周期和最小有效波周期分别为16.8 s（7月8日10:30至10:50）和3.5 s（1月4日07:00至07:20、8月25日05:00至05:20、10月27日08:00、12月31日09:30至09:50）。以2月为冬季代表月，观测海域冬季的平均有效波高为0.8 m，平均有效波周期为6.8 s；以5月为春季代表月，观测海域春季的平均有效波高为0.6 m，平均有效波周期为5.9 s；以8月为夏季代表月，观测海域夏季的平均有效波高为0.9 m，平均有效波周期为7.1 s；以11月为秋季代表月，观测海域秋季的平均有效波高为0.9 m，平均有效波周期为6.3 s。

2014年，14号浮标观测的月平均值、最大值、最小值数据参见表29。从表中可以看出，有效波高平均值最小的月份为5月和6月，5月最大有效波高（1.4 m）为2014年度最小值，有效波高平均值最大的月份为2月，年度最大有效波高（4.9 m）出现在7月；有效波周期平均值最小的月份为3月和5月，年度最小有效波周期（3.5 s）出现在1月、8月、10月和12月，有效波周期平均值最大的月份为8月，年度最大有效波周期（16.8 s）出现在7月。从月度有效波高、有效波周期的变化情况分析，有效波高变化最为剧烈的是7月，最大有效波高为4.9 m，最小有效波高为0.2 m，变化幅度达4.7 m；有效波周期变化最为剧烈的亦是7月，最大有效波周期为16.8 s，最小有效波周期为3.9 s，变化幅度达12.9 s。比较而言，有效波高变化幅度较小的月份是5月，最大有效波高为1.4 m，最小有效波高为0.2 m，变化幅度为1.2 m；有效波周期变化幅度较小的月份是3月，最大有效波周期为9.0 s，最小有效波周期为3.9 s，变化幅度为5.1 s。

2014年，14号浮标获取到有效波高≥ 4 m的灾害性海浪过程3次，分别为7月8日至9日（台风“浣熊”影响）、8月1日（台风“娜基莉”影响）、10月12日至13日（台风“黄蜂”影响）。

2014年14号浮标共记录了6次台风过程。第一次台风过程，受第7号台风“海贝思”影响，有效波高从6月16日14:30开始增大至1.0 m以上，最大有效波高为1.5 m（6月18日00:00），有效波高≥ 1.0m的海浪间断性地持续到6月18日06:20，其间平均有效波高为1.1 m，平均有效波周期为6.3 s；第二次台风过程，受第8号台风“浣熊”影响，观测到最大有效波高达到4.9 m（7月9日07:30至07:50），有效波高≥ 4 m的灾害性海浪过程持续了7.5 h（7月8日19:30至19:50、22:30至

23:20，7 月 9 日 03:00 至 09:20）；第三次台风过程，受第 10 号台风“麦德姆”影响，有效波高从 7 月 24 日 22:30 开始增大至 1.5m 以上，最大有效波高为 2.2 m（7 月 25 日 05:30 至 05:50），有效波高≥ 1.5m 的海浪一直持续到 7 月 25 日 08:50，其间平均有效波高为 1.8 m，平均有效波周期为 5.6 s；第四次台风过程，受第 12 号台风“娜基莉”影响，有效波高从 7 月 31 日 21:00 开始增大至 3.0 m 以上，最大有效波高为 4.1 m（8 月 1 日 12:30 至 12:50、22:30 至 23:20），有效波高≥ 3.0 m 的海浪一直持续到 8 月 2 日 04:20，其间平均有效波高为 3.4 m，平均有效波周期为 9.4 s，其间有效波高≥ 4 m 的灾害性海浪过程持续了近 2 h（8 月 1 日 12:30 至 12:50、21:30 至 21:50、22:30 至 23:20）；第五次台风过程，受第 16 号台风“凤凰”影响，有效波高从 9 月 21 日 13:30 开始增大至 2.0 m 以上，最大有效波高为 3.5 m（9 月 23 日 06:00 至 06:20），有效波高≥ 2.0 m 的海浪一直持续到 9 月 23 日 12:50，其间平均有效波高为 2.6 m，平均有效波周期为 7.5 s；第六次台风过程，受台风“黄蜂”影响，有效波高从 10 月 11 日 21:00 开始增大至 3.0 m 以上，最大有效波高为 4.8 m（10 月 12 日 23:30 至 23:50），有效波高≥ 3.0 m 的海浪一直持续到 10 月 13 日 17:50，其间平均有效波高为 3.5 m，平均有效波周期为 9.9 s，其间有效波高≥ 4 m 的灾害性海浪累计持续了近 7.5 h（10 月 12 日 10:30 至 11:20、12:00 至 13:50、15:00 至 15:10、10 月 12 日 22:00 至 13 日 02:30）。

表 29　14 号浮标各月有效波高、有效波周期数据情况

月份	有效波高 / m			有效波周期 / s			备注
	平均	最大	最小	平均	最大	最小	
1	0.8	2.6	0.2	6.1	10.5	3.5	
2	1.3	2.9	0.3	6.8	10.2	4.3	冬季代表月，缺测 2 天数据
3	0.8	2.1	0.3	5.9	9.0	3.9	缺测 17 天数据
4	0.8	2.1	0.2	6.3	10.4	3.7	
5	0.6	1.4	0.2	5.9	11.0	3.6	春季代表月
6	0.6	1.5	0.2	5.9	9.3	3.7	记录 1 次台风过程
7	0.8	4.9	0.2	6.9	16.8	3.9	记录 2 次台风过程，记录 1 次有效波高≥ 4m 过程
8	0.9	4.1	0.2	7.1	14.9	3.5	夏季代表月，记录 1 次台风过程，记录 1 次有效波高≥ 4m 过程，
9	0.9	3.5	0.3	6.6	12.3	4.2	记录 1 次台风过程
10	1.2	4.8	0.3	7.1	11.7	3.5	记录 1 次台风过程，记录 1 次有效波高≥ 4m 过程
11	0.9	2.4	0.3	6.3	12.6	3.7	秋季代表月
12	1.1	2.7	0.2	6.3	11.2	3.5	

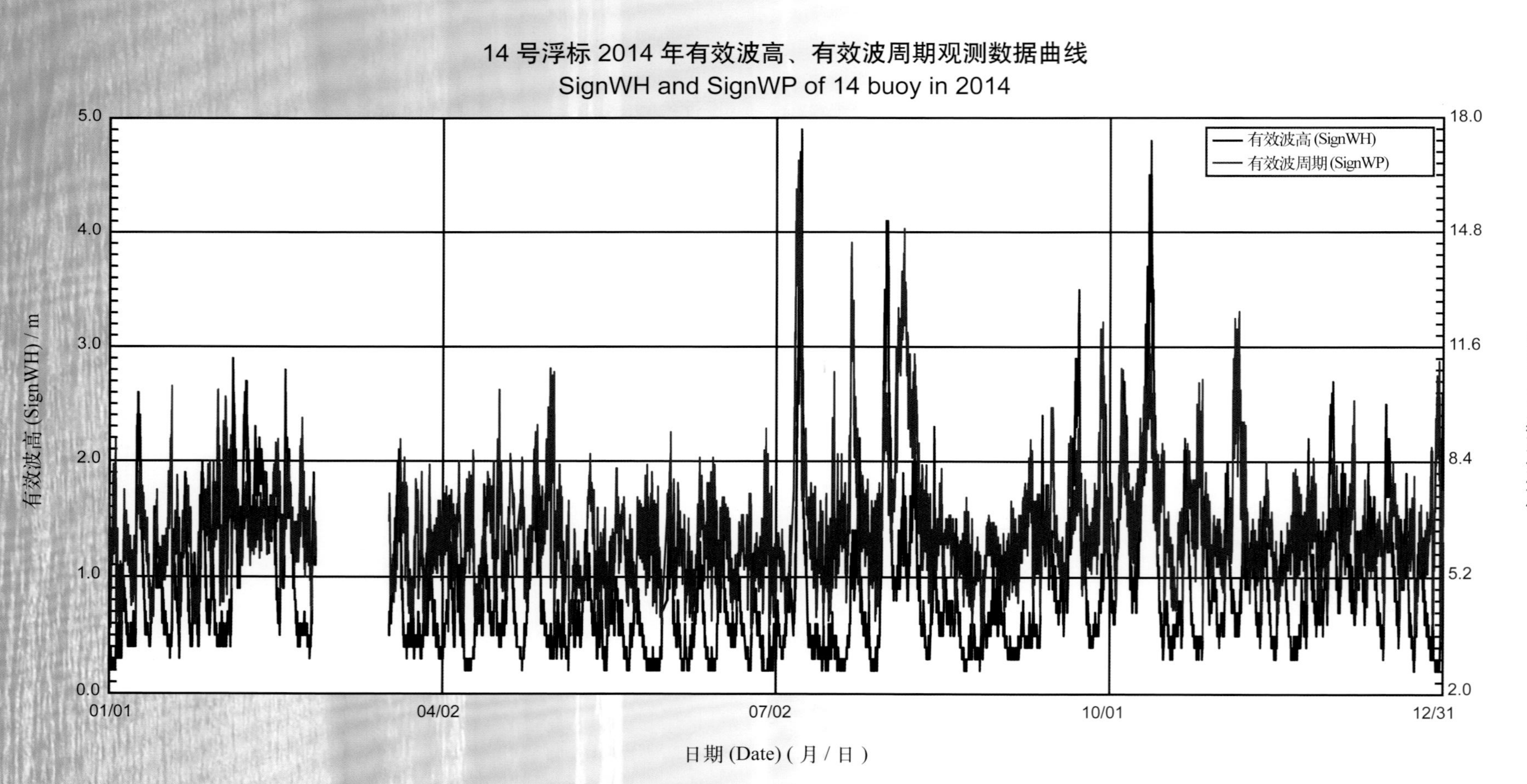
14 号浮标 2014 年有效波高、有效波周期观测数据曲线
SignWH and SignWP of 14 buoy in 2014
有效波高 (SignWH)
有效波周期 (SignWP)
有效波高 (SignWH) / m
有效波周期 (SignWP) / s
日期 (Date) (月 / 日)
01/01
04/02
07/02
10/01
12/31
0.0
1.0
2.0
3.0
4.0
5.0
2.0
5.2
8.4
11.6
14.8
18.0

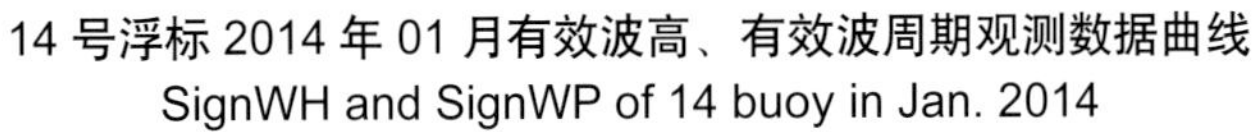

14 号浮标 2014 年 01 月有效波高、有效波周期观测数据曲线
SignWH and SignWP of 14 buoy in Jan. 2014

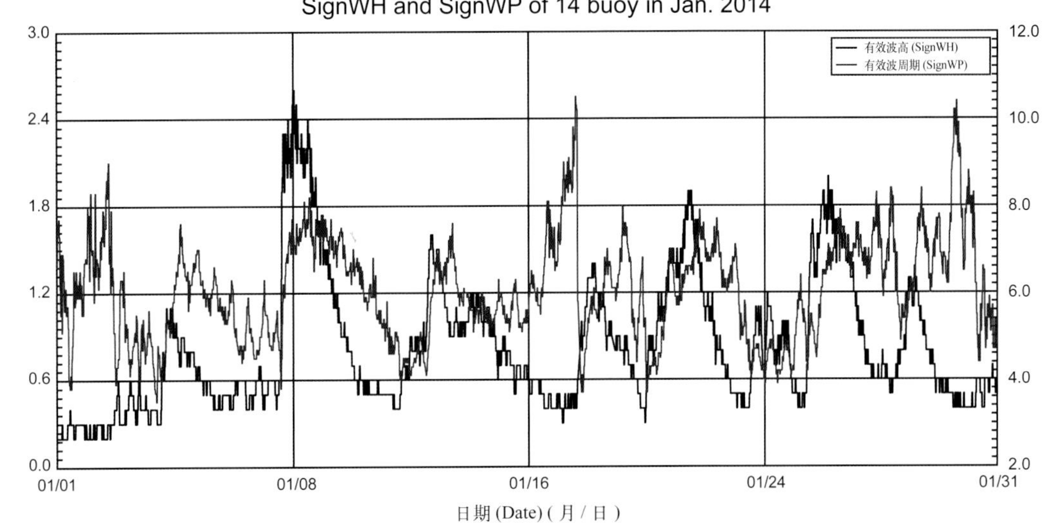

14 号浮标 2014 年 02 月有效波高、有效波周期观测数据曲线
SignWH and SignWP of 14 buoy in Feb. 2014

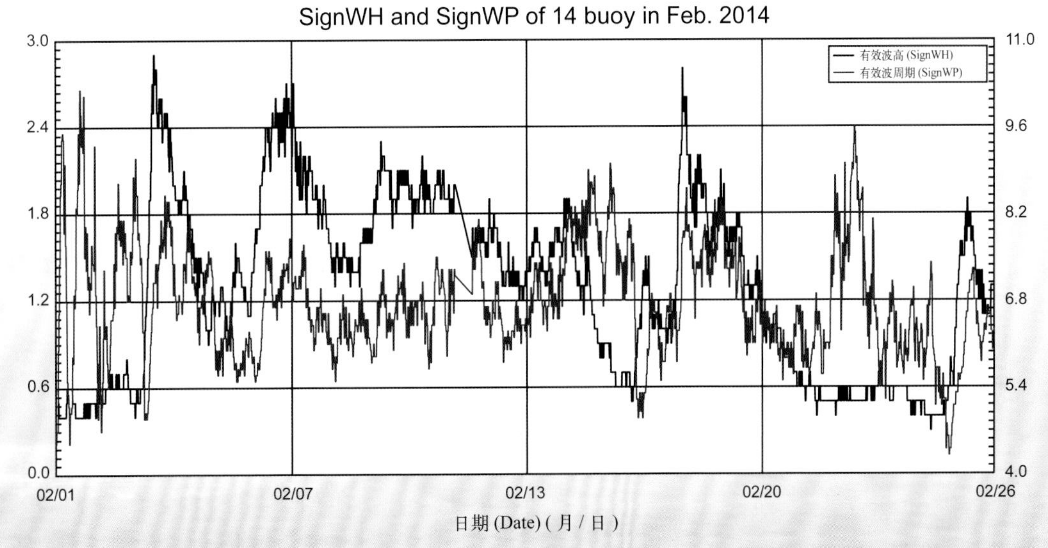

14 号浮标 2014 年 03 月有效波高、有效波周期观测数据曲线
SignWH and SignWP of 14 buoy in Mar. 2014

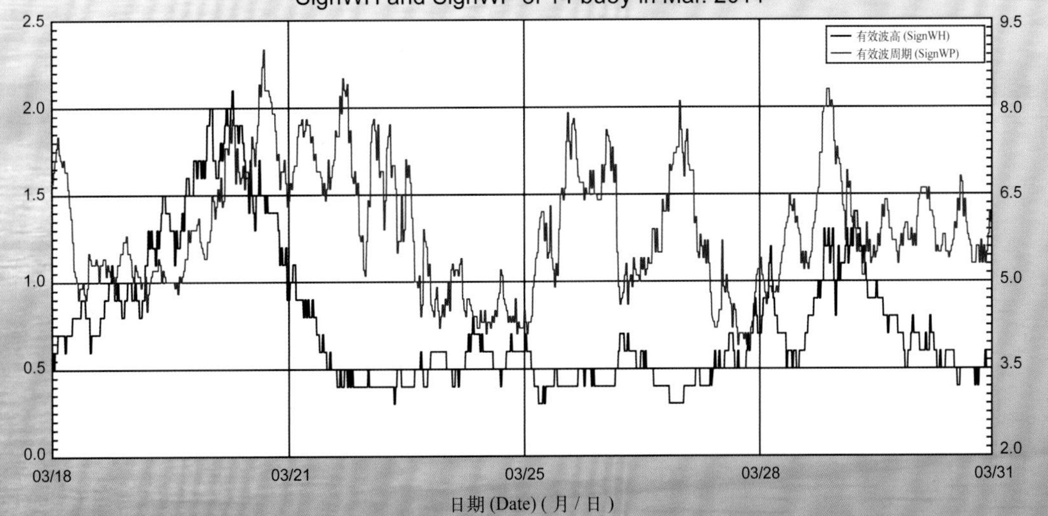

14 号浮标 2014 年 04 月有效波高、有效波周期观测数据曲线
SignWH and SignWP of 14 buoy in Apr. 2014

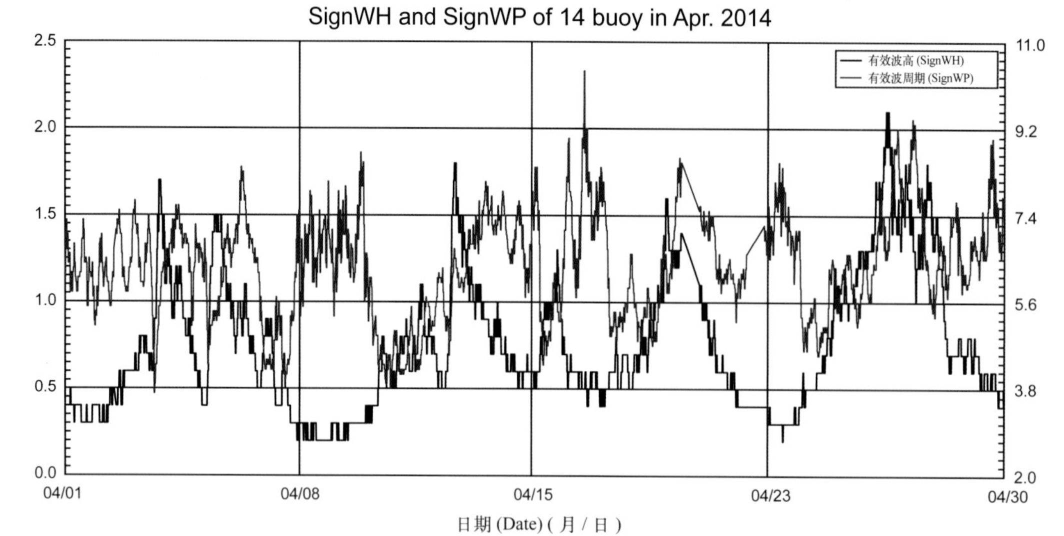

14 号浮标 2014 年 05 月有效波高、有效波周期观测数据曲线
SignWH and SignWP of 14 buoy in May 2014

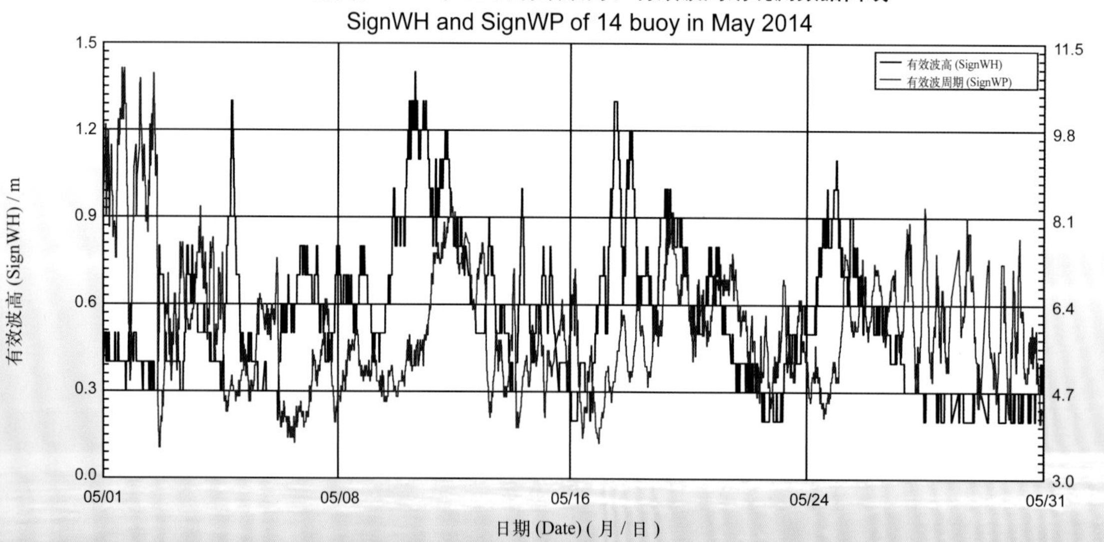

14 号浮标 2014 年 06 月有效波高、有效波周期观测数据曲线
SignWH and SignWP of 14 buoy in Jun. 2014

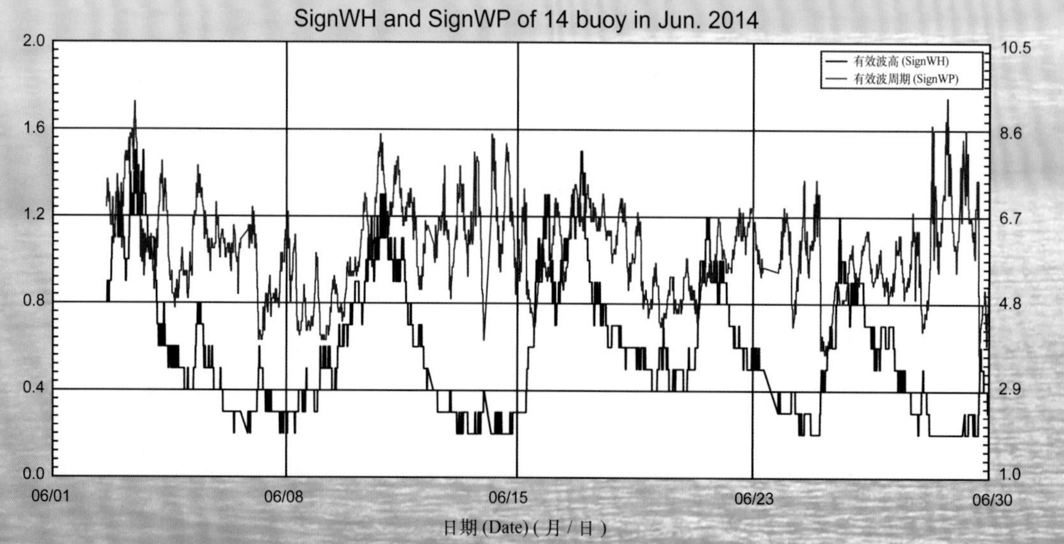

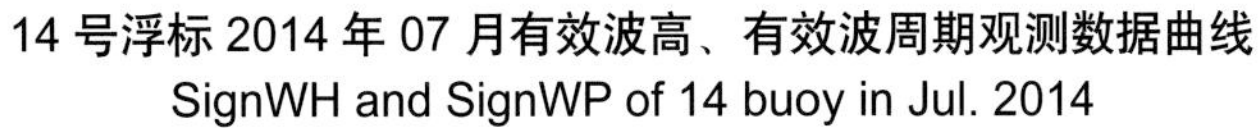

14 号浮标 2014 年 07 月有效波高、有效波周期观测数据曲线

SignWH and SignWP of 14 buoy in Jul. 2014

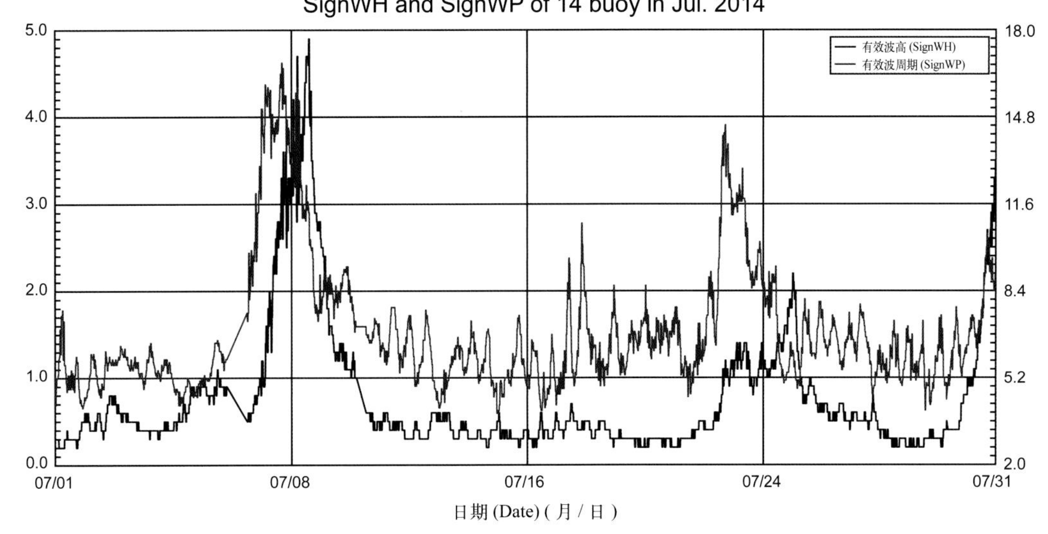

14 号浮标 2014 年 08 月有效波高、有效波周期观测数据曲线

SignWH and SignWP of 14 buoy in Aug. 2014

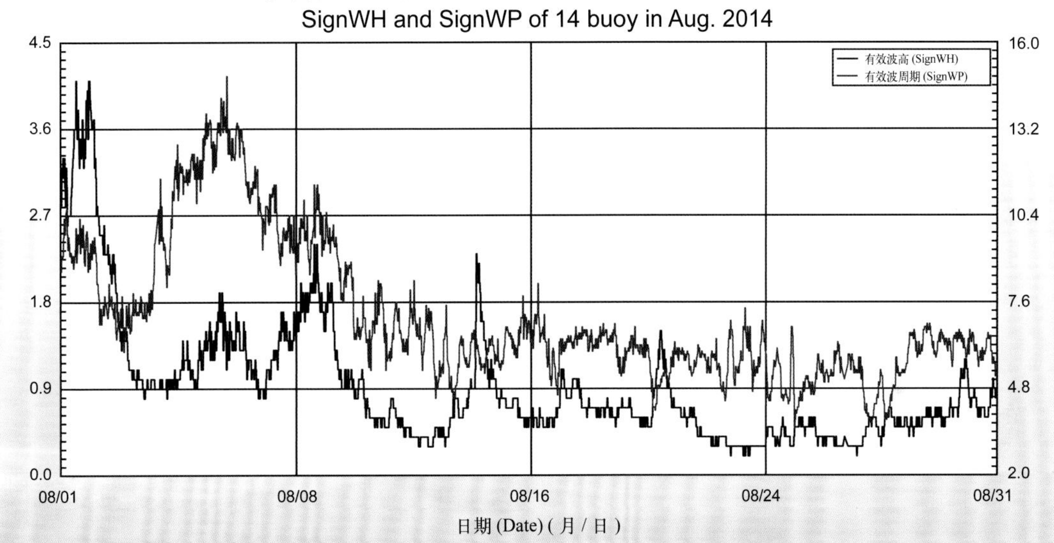

14 号浮标 2014 年 09 月有效波高、有效波周期观测数据曲线

SignWH and SignWP of 14 buoy in Sep. 2014

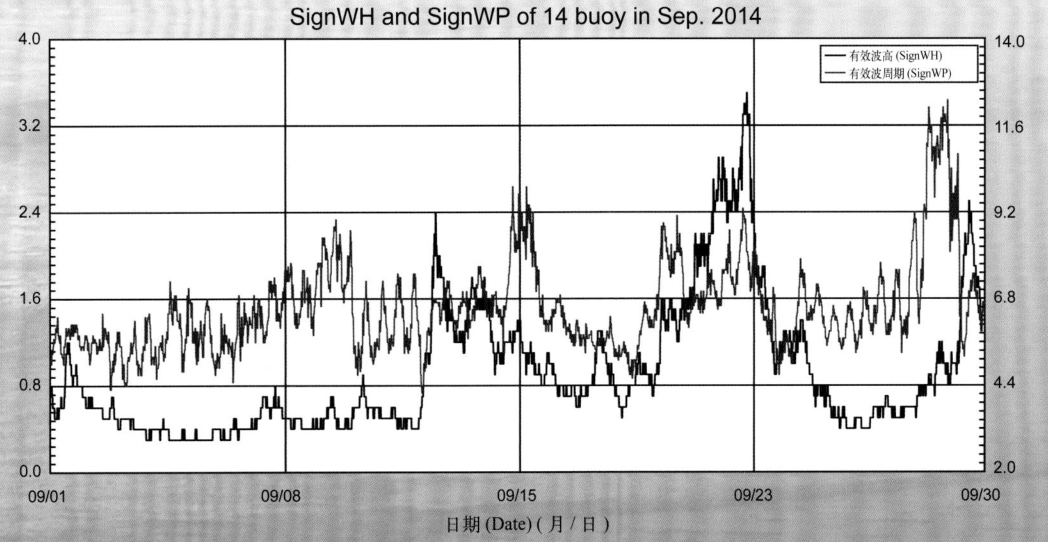

14 号浮标 2014 年 10 月有效波高、有效波周期观测数据曲线
SignWH and SignWP of 14 buoy in Oct. 2014

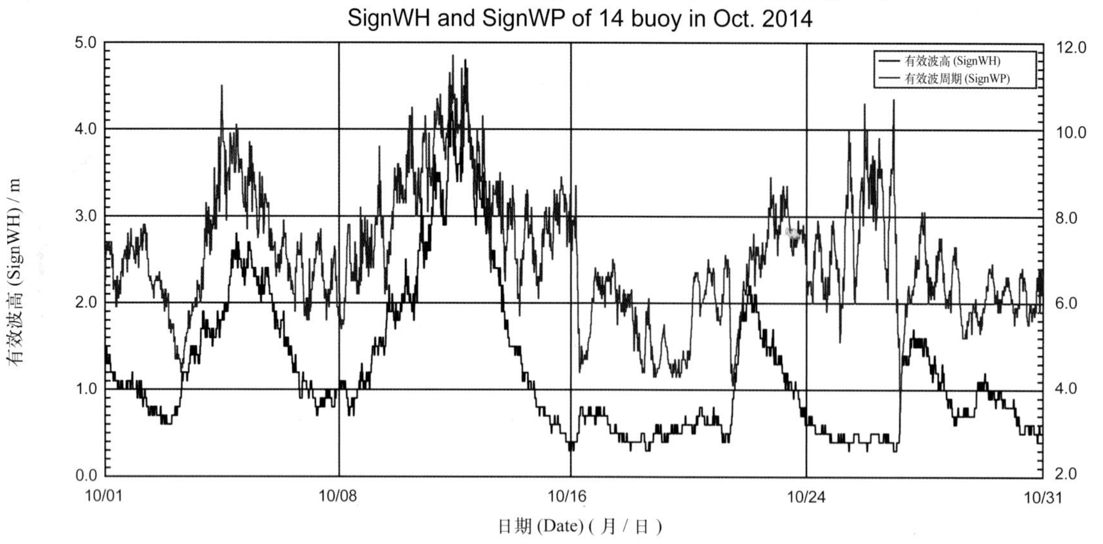

14 号浮标 2014 年 11 月有效波高、有效波周期观测数据曲线
SignWH and SignWP of 14 buoy in Nov. 2014

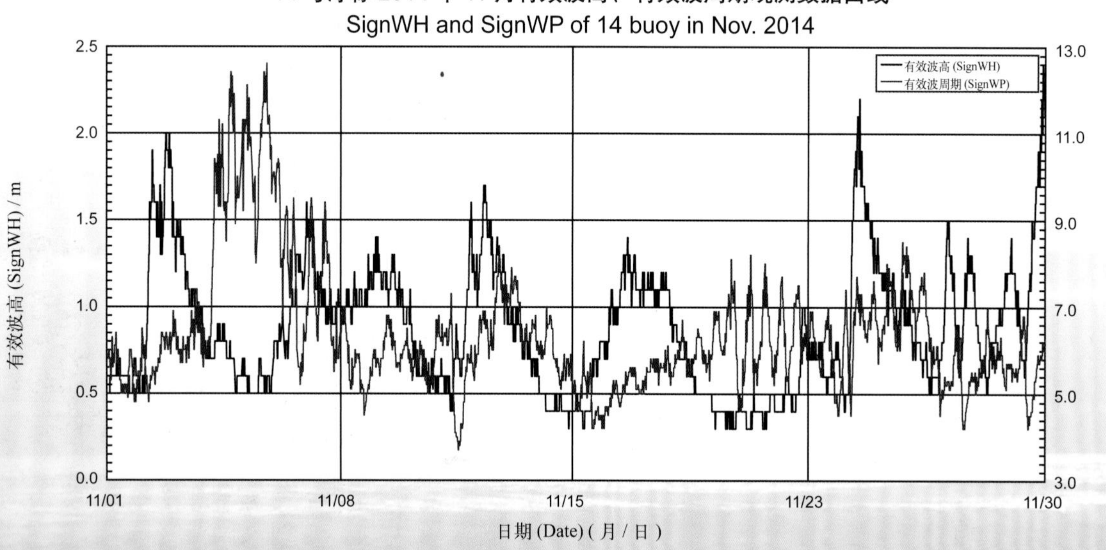

14 号浮标 2014 年 12 月有效波高、有效波周期观测数据曲线
SignWH and SignWP of 14 buoy in Dec. 2014

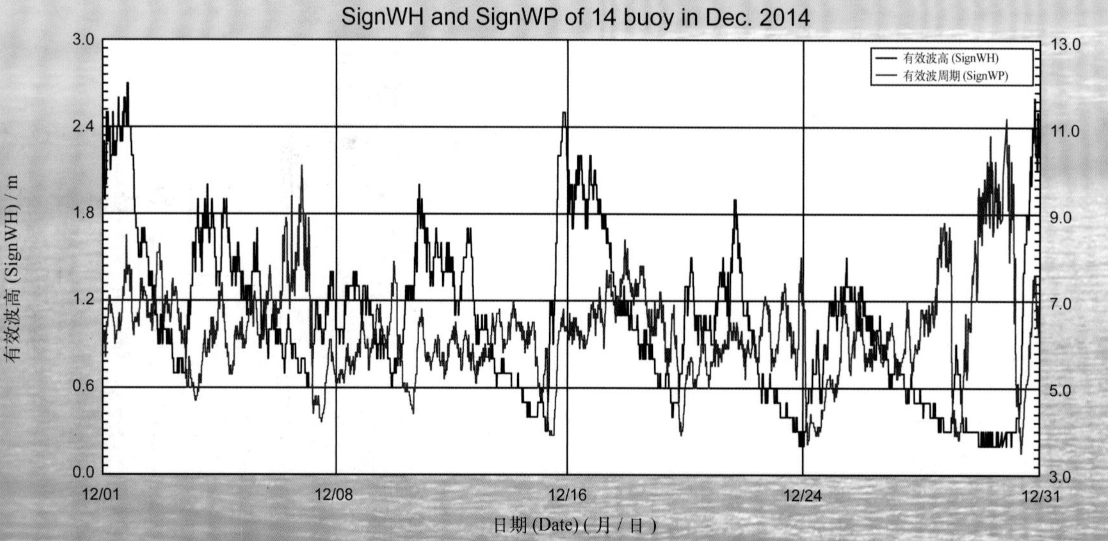